凝煉知識品味閱讀

凝煉知識品味閱讀

選擇權交易：使用Python語言

林進益 著

五南圖書出版公司 印行

序 言

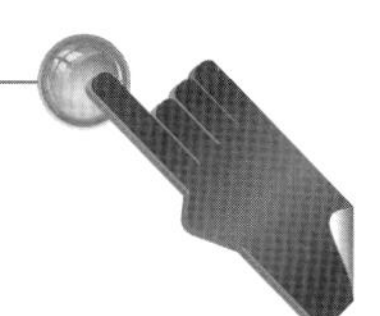

完成《衍商》、《時選》或《歐選》等書後，筆者總覺得尚欠缺一個環節；也就是說，《衍商》是介紹「衍生性商品」而《時選》或《歐選》卻是介紹 BSM 之後的模型，那 BSM 模型呢？BSM 模型的重要性不言而喻，甚至於臺灣期貨交易所網站亦有提供利用 BSM 模型以計算買權或賣權的價格。因此，BSM 模型可說是最重要的模型，畢竟市場上交易雙方普遍使用該模型以計算理論價格。

於 BSM 模型內，我們可以看到（歐式）選擇權價格以及對應的避險參數的意義；另一方面，透過 BSM 模型，我們亦可以進一步檢視選擇權交易策略的優缺點以及上述交易策略對應的避險參數所扮演的角色。可惜的是，上述檢視似乎容易被忽略；或者說，上述檢視似乎零星散落於各個角落，例如可參考本書的參考文獻。本書的目的就是欲彌補上述的遺憾，即本書除了介紹 BSM 模型之外，最主要就是欲說明如何根據 BSM 模型以瞭解選擇權價格、選擇權交易策略以及對應的避險參數意義。

本書底下簡稱爲《選擇》，即《選擇》從最早構思至完成費時將近一整年。完成後筆者有下列的感想：

(1) 通常衍生性商品或選擇權交易的書籍大多缺乏完整的介紹。
(2) 即使有完整的介紹，但是我們卻不知如何操作？
(3) 上述書籍內也許有提供若干輔助工具如 Excel 的操作，但是我們要的不止於此。我們希望的是，我們也能針對自己的需要「寫程式」解決。
(4) 早期電腦資訊不發達，閱讀專業書籍更困難，但是現在自由軟體如 R 或 Python 等程式語言已相當普及且應用，我們希望能將上述書籍轉換成用例如 R 或 Python 等程式語言思考，如此方能掌握上述書籍所要傳達的意思。
(5) 衍生性商品或選擇權交易的技術門檻頗高，希望有興趣的讀者可以跨過。
(6) 雖然跨入門檻高，但是使用程式語言如 R 或 Python 等卻可降低該門檻。
(7) 欲瞭解選擇權價格或選擇權交易策略價格所對應的避險參數是相當具挑戰性的，還好我們可以先透過 BSM 模型熟悉。

(8) 程式語言應該已是學習衍生性商品或選擇權交易所必備的工具了，有興趣的讀者應該花點時間熟悉或習慣用程式語言思考。

《選擇》的寫法與筆者過去的書籍不同，即筆者並不是用教科書的方式撰寫，反而較偏向於用直覺的方式說明。爲何筆者可以用此方式？原因就是複雜的模型或數學式子，筆者皆已用 Python 的函數取代，是故普羅大眾未必不能掌握；換句話說，也許《選擇》的困難處並不在於選擇權交易觀念的建立，反而是讀者必須先知道如何使用 Python。因此，讀者最好有操作並熟悉《資處》或《統計》的經驗。《選擇》的閱讀對象並不局限於財金專業，只要對選擇權交易有興趣的讀者，筆者當然歡迎讀者能研究《選擇》看看。值得再提醒一次，閱讀《選擇》的讀者要先知道如何操作 Python；另一方面，若需要的話，讀者可進一步嘗試修改筆者所提供的 Python 程式碼，以供自己使用。《選擇》仍沿襲筆者過去書籍的特色，即舉凡書內有牽涉到例如讀存資料、計算、模擬、編表、估計或甚至於繪圖等動作，筆者皆有提供對應的 Python 程式碼供讀者參考。

如前所述，《選擇》是專爲對選擇權交易有興趣的社會大眾所寫，其內容共分成 III 篇而以 12 章說明；雖說如此，讀者應該具備些許的統計學基礎以及曾經有操作過 Python 的經驗。《選擇》的第 I 篇介紹基本的觀念與 BSM 模型，其以第 1～3 章說明。即第 1 章簡單介紹包括期貨與選擇權等金融契約的意義，而第 2 章說明如何利用 Python 以繪製買權、賣權與投資組合的到期利潤曲線以及第 3 章則介紹 BSM 模型以及 BSM 價格公式的意義。

第 II 篇是避險參數的介紹，其可包括第 4～6 章。換言之，第 4 章介紹第一個選擇權價格的避險參數：Delta；另一方面，該章亦說明 Delta 避險中立以及動態避險的意思。第 5 章除了解釋 Gamma 値的意義之外，該章亦說明了 Gamma 値所扮演的角色。第 6 章除了進一步介紹其餘避險參數的意義之外，同時亦說明避險參數之間的關係。

第 III 篇是選擇權交易策略的檢視，其分別以第 7～12 章介紹。也就是說，第 7 章介紹基本的選擇權交易策略，其中包括賣出裸部位買權與賣權、掩護性買權與賣權以及保護性買權與賣權策略。第 8 章說明垂直價差交易策略而第 9～10 章則分別介紹跨式與勒式交易策略。第 11 章介紹蝶式與禿鷹交易策略，我們發現上述交易策略的分析方法非常類似。最後，第 12 章則介紹日曆價差策略，其中包括水平價差與對角價差交易策略。

筆者寫了一系列用 R 或 Python 程式語言思考的書籍，深深體會到程式語言於當代學習環境內所扮演的重要角色；換個角度思考，若沒有《選擇》，筆者面對選擇權交易如參考文獻內的書籍，恐怕仍愁眉苦臉，一籌莫展，不知如何是好？《選擇》內仍附上兒子的一些作品，與大家共勉之。感謝內人提供一些意見，筆者才疏識淺，倉促成書，錯誤難免，望各界先進指正。最後，祝　操作順利。

林進益

寫於屏東三地門

2022/5/23

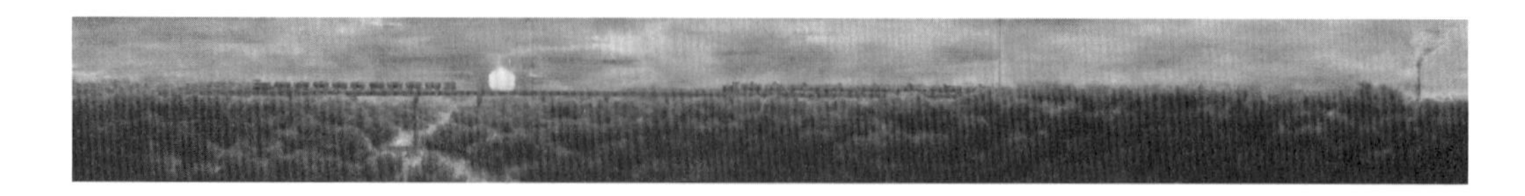

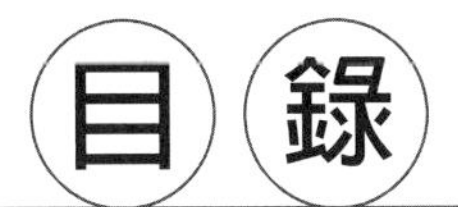

Contents

第I篇
基本的觀念與 BSM 模型

金融契約

如序言所述，本書將以 BSM 模型（後面章節會介紹）爲主，搭配以 Python 語言（簡稱 Python）爲輔助工具來說明選擇權契約（簡稱爲選擇權）交易的特性（包括交易策略或風險控管等）。因此，讀者必須要有操作過《資處》與《統計》的經驗。本書仍沿襲作者之前著作的特色，即書內只要有可以用 Python 表示（包括計算、繪圖、編表或模擬等過程），本書內所附的光碟內皆有對應的操作指令，希望讀者能隨時使用，同時能跟上本書的速度。

本章將分成 2 部分，其中第 1 部分除了說明衍生性商品（derivatives）的意義之外，第 2 部分則介紹期貨契約（簡稱爲期貨）的（結算）架構以及如何定價。

1.1 何謂衍生性商品？

我們經常聽到衍生性商品，或者也知道該商品頗爲複雜或甚至於吸引人（畢竟背後有可能代表龐大的資金）。又或是讀者也聽過衍生性商品可用於投機或避險。那衍生性商品究竟表示何意思？其又如何用於投機或避險？聽起來好像頗神祕，其實看了下面的例子應該就可以知道，也許讀者也會如此操作。

1.1.1 一個例子

老葉現在面臨一個問題：是否應該搬離鄉下老家？往都市去。不過因政府宣布未來會將高鐵延伸至鄉下老家附近，聽到此訊息老葉猶豫了，「應該可在高鐵站附近開一家商店（老葉的本業），未來應有商機」；因此，老葉詢問高鐵站附近的空地地主老王，老葉頗滿意那塊地，兩人談妥的條件是 10,000,000 元。倘若老葉與老王皆有興趣上述交易，我們就說二人即將進行現貨或即期（spot）或稱爲現金交易（cash transaction）。

現金交易是一種尋常易見的交易方式，即「一手交錢，一手交物」；換言之，現金交易的結算期（settlement period）非常短。除了日常交易之外，股票交易所（exchange）內的股票（現貨）交易，因買方付錢，賣方交割股票的時間差距幾乎微乎其微，即買賣（股票）雙方幾乎是同一時間達成交易，故上述股票交易亦屬於現金交易。

眞的要買嗎？等到馬上要付錢了，老葉又猶豫了。畢竟高鐵延伸至鄉下老家的計畫，眞正要執行完畢可能仍需多年；因此，老葉向老王提出一個建議：「還是買，只不過明年才付錢。」倘若老王也答應了，則二人相當於簽了一個 1 年期的「遠期契約（forward contract）」，反而進入了所謂的「遠期交易（forward transaction）」。於遠期交易內，交易雙方除了現在達成名目上的協議之外，另外亦同意在未來某一日期結算，此時未來結算日亦可稱爲遠期交易的到期日（maturity date or expiration date）。其實，老王未必會立即答應上述的 1 年期遠期契約交易，尤其是交易金額竟然今年與明年相同，雖說上述交易對買方與賣方各有利弊，但是老王直接想到的是，他有 10,000,000 元的利息損失，因此堅持要將利息損失納入契約的考慮範圍內。

遠期交易的出現可說是自然產生的，買賣雙方預期未來對某產品有需求與供給，雙方碰到自然會達成交易。例如：進口商擔心未來外匯價格會上升，因此買進遠期外匯以避險；相反地，出口商亦會擔心未來外匯價格下跌而有損失，故賣出遠期外匯以保值。是故，理論上進口商與出口商容易達成遠期交易協議；當然，進口商與出口商是透過外匯市場完成交易。如此，可看出外匯市場的用處。

上述遠期契約交易若被有組織的交易所（organized exchange）採用，其就變成了期貨契約（futures contract）交易了。於期貨交易所內，爲了能提高交易量，交易所將期貨契約規格標準化：即嚴格規定標的物的價格、數量、交割品質、交割日期、交割地點或支付方式等。重要的是，透過期貨交易所的「擔保」，竟然可以免除遠期交易買賣雙方毀約的風險，以維持（遠期）契約交易的完整性。對於實物商品（如穀類、貴重金屬與能源產品）的需求者與供給者而言，早期期貨交易所能提供一種免除價格波動風險的環境，不過近年來，許多交易所已引進金融工具（如股票、股價指數、利率以及外匯等）期貨契約。雖說於許多著名的期貨交易所內仍有明顯的實物商品期貨契約交易，但是就金額或交易數量而言，金融工具期貨契約交易已是最大宗。

我們再回到上述老葉的例子。其實，老葉的心中還有一個隱憂，「只聽樓梯響，不見人下來」，最怕政府只是口頭說說，不見任何實際行動；換言之，萬一遷建計畫遭刪除，則「買地蓋商店」豈不是風險更大！想到此點，老葉立即向老王提出一個建議：「一年之內，若要買，則按照已經談妥的遠期價格購買；但是，也有可能不買！」看到老王面有難色，老葉立即說明他願意賠償老王的損失；因此，老葉與老王有可能會進行另外一種型態的交易：「一年之內，老葉有權利向老王購買土地，但是並無義務必須買；另一方面，老葉額外提供一筆資金充當『訂金』，到期該訂金並不退還。」

現在，我們已經知道老葉與老王有可能會進行一種「選擇權契約（option contract）」交易，其中老葉與老王分別扮演著「買權（call option，簡稱 call）」契約（簡稱買權）的買方與賣方；另一方面，上述訂金就是權利金（premium），即是買權的價格。因此，上述買權相當於老葉向老王買了一個「一年之內買地的權利而已」，故價格稱爲權利金；或者說，上述買權的有效期限爲 1 年。

其實，老葉還有跟老林正打算簽了一個契約，原因就在於當初有了往都市發展的構想後，一時衝動，要將現住的房子賣掉，結果老林有興趣購買。萬一「買地蓋商店」實現了，現住的房子就不需賣掉，否則老葉全家住哪？老葉想到剛剛那個得意的「買權」構想，立即通知老林亦打算來簽一種「賣權（put option，簡稱 put）」契約（簡稱賣權），該賣權的內容大致爲：「老葉有權利將房子於一年之內賣給老林，但是並無義務必須如此做；另一方面，老葉亦額外付給老林一筆資金充當權利金，到期不必退還。」因此，老葉與老林正在談一個賣權（契約），其中老葉與老林分別是該契約的買方與賣方。

上述老葉的例子說明了一個事實，那就是許多金融交易其實是發生在我們周遭附近，衍生性商品的交易亦不例外。再舉一個例子。就選擇權交易而言，熟悉的例子是「買保險」；或者說，屋主買「火險」的行爲，其實頗類似於買了一種賣權，即不幸發生火災而向保險公司要求理賠，相當於將房子賣給保險公司（甚至於該房子已淪爲火舌不復存在）；同理，若房子無任何火災傷害，房子自然不賣給保險公司，而屋主也只有損失火險費（權利金）而已。上述保險契約的協議，類似於選擇權的磋商；或者說，一種選擇權（契約），如同保險契約，有其有效期限（即有到期日），即上述屋主究竟要買 6 個月期，抑或是 1 年期的火險？另一方面，火險契約內亦會說明一旦發生火災，保險公司的理賠金額，此可對應於選擇權內的履約價格（exercise price or strike price）。理論上，履約價格如同上述的遠期價格，是買賣雙方協商後的結果。

就機率而言，保險公司是有辦法計算出「公平的」保險費用（即保險價格），加上一定的利潤後，使得實際的保險費用高於上述公平價格。同理，我們應該也有辦法計算出選擇權的公平價格；也就是說，我們可以想像於何種情況下，選擇權的價值會提高？於何種情況下，選擇權的價值會下降？上述對應的機率分別爲何？若有辦法計算出機率，則在考慮不同情況下，同時給予不同的機率分派，終究有辦法計算或決定出選擇權的公平價格！於底下或後面的章節內，我們會詳細介紹如何計算出遠期、期貨以及選擇權的價格。

如前所述，上述遠期、期貨以及選擇權皆屬於衍生性商品契約。我們以上述老葉的例子說明。就老葉與老王的買權而言，該買權的標的資產（underlying asset）爲土地，因此只要（當地）土地的價格有波動，上述買權的價格亦會波動。同理，老葉與老林的賣權的標的資產是房子，只要當地的房地產上升（下降），連帶的上述賣權的價格亦會上升（下降）。因此，上述買權或賣權的價值是依標的資產的價值而生，故上述二契約皆屬於衍生性商品契約。利用類似的觀念亦可以解釋老葉與老王之前所論及到的遠期與期貨契約的履約價格的制定。

1.1.2 買與賣

直覺而言，若我們要賣「東西」，首先必須先擁有該「東西」；換言之，通常交易是「先買後賣」。不過到了衍生性商品市場上，除了上述的「先買後賣」的交易行爲之外，我們尙可以使用「先賣後買」的交易策略。因此，於衍生性商品市場上，獲利的取得除了「買低賣高」之外，亦可以使用「賣高買低」策略。

是故，初次交易可能包括買進或賣出交易，我們稱爲「開倉或建倉交易（opening trade）」而開啟的部位（position）則稱爲「開倉或持倉部位（open position）」。接下來，初次交易的後續交易，即初次交易的「反面策略」（如賣出或買進交易），稱爲「平倉交易（closing trade）」，而其對應的部位則爲「結清或平倉部位（closing position）」。有了上述觀念，我們就可以解釋「未平倉量（open interest）」的意思，即未平倉量是指尙未平倉（或未結清）掉的合約數量。通常，交易所用未平倉量衡量衍生性商品契約交易的活絡程度。

若投資人初次買進衍生性商品契約，我們可稱其做多（long）該契約；同理，若初次賣出衍生性商品契約，我們則稱該投資人放空（short）該契約。就會計簿記原則而言，做多部位記於借方（debit），而放空部位則記於貸方（credit）；因此，若同時有多種合約交易記於借方，隱含著其屬於多頭部位；同理，若同時有多種合約交易記於貸方，隱含著其屬於空頭部位。

通常，例如於股票市場上，做多部位表示投資人預期未來股價會上升；相反地，放空股票表示投資人預期未來股價會下跌。但是，於衍生性商品市場上呢？做多契約是否表示投資人預期未來標的資產價格會上升呢？那倒未必，也許該投資人其實希望未來標的資產價格會下跌。例如：我們時常聽到：「外資現貨做多持續買超，但是期貨放空數則愈來愈多，那到底該做多或放空呢？」因此，於衍生性商品市場上，做多部位或放空部位所隱含的意義較模糊。

1.2 期貨交易

透過期貨交易的說明，我們大致可以瞭解衍生性商品交易的架構。例如遠期契約的協議是指未來某一時間「以錢易物或以物易錢」，而簽訂契約的期初不需任何現金流量，故遠期契約的價值應爲 0。不過，遠期契約上卻有名目價值（notional value）或稱爲帳面價值。就實物商品契約而言，若合約上記載 1,000 個單位（數量），而單一價格爲 100 元，則該契約的名目價值爲 100,000（1,000×100）元，因此，理論上，畢竟到期交割日是「一手交錢，一手交物」，故期貨契約的價值爲 0，但是該期貨契約仍有名目價值例如 100,000 元。

上述到期交割實物商品有點不切實際，尤其是許多交易所的期貨契約的標的物是金融指數。例如：臺灣期貨交易所（簡稱臺灣期交所）所發行的臺股期貨（TX）的標的物是臺灣加權股價指數，我們如何交割股價指數？或者說，交割股價指數相當麻煩，因會牽涉到「一籃子股票」的交割，可行的方式是改用現金結算。換句話說，上述臺股期貨的單口契約價值爲臺股期貨指數乘上 200 元，故若臺股期貨指數爲 12,000 點，則買進一口需 2,400,000（120,000×200）元，即一口臺股期貨契約的名目價值爲 2,400,000 元。因此，期貨契約的結算除了實物交割之外，亦可以用現金結算。從底下可看出期貨契約的結算從繁瑣的實物交割改爲簡單的現金結算，究竟有何涵義？我們發現期貨交易的目標，除了避險之外，竟還能投機或套利！

1.2.1 收益曲線

雖說期貨契約的交割亦可以採用實物交割，不過我們的興趣仍集中於現金結算方式。仍以上述臺股期貨契約爲例。於臺股期貨指數爲 12,000 點之下，若投資人買進一口臺股期貨契約，則到期該投資人的收益爲何？雖說尚未到期，我們可以幫該投資人想像。若期貨到期臺股股價指數爲 12,100 或 19,000 點[①]，則該投資人的到期收益爲 20,000 或 −20,000 元。若期貨到期臺股股價指數爲 12,200 或 18,000 點，

---

① 以期貨指數到期爲 12,100 點爲例，買進的成本價爲 12,000 點而現貨的價格爲 12,100 點，故買進一口期貨合約到期可賺 100 點。因 1 點爲 200 元，故可得 20,000 元。依此類推。

則該投資人的到期收益爲 40,000 或 –40,000 元。依此類推。

因此，我們不難計算出投資人的買進與賣出期貨之到期收益（payoff）：

買進一口期貨的到期收益： $F_T = S_T - K$ （1-1）

與

賣出一口期貨的到期收益： $-F_T = K - S_T$ （1-2）

其中 S_T 與 K 分別表示到期期貨標的資產價格與期貨的名目價格（或稱 K 爲履約價）。就上述臺股期貨契約而言，S_T 與 K 分別表示到期臺灣加權股價指數與臺股期貨指數[②]。

爲了簡化分析起見，底下的說明皆假定期貨指數 1 點表示（新臺幣）1 元。從（1-1）與（1-2）式可看出買進與賣出衍生性商品如期貨的到期收益的「一體兩面」，即從買進期貨的到期收益如 F_T 可看到賣出期貨的到期收益如 $-F_T$。我們比較圖 1-1 與 1-2 的結果亦可看出端倪。

圖 1-1 與 1-2 是根據（1-1）與（1-2）式所繪製而成，即我們可以想像到期時 S_T 爲何？就採取買進期貨策略的投資人而言，顯然 S_T 愈高（低）其對應的到期收益就愈大（小）；同理，就採取賣出期貨策略的投資人而言，可看出 S_T 愈小（大）其對應的到期收益就愈高（低）。因此，檢視上述二圖，我們竟然看到了「投機」。例如：投資人預期 S_T 會大於 K 故買進上述期貨，若預期爲眞，該投資人就可獲利如圖 1-1 內的黑點所示；同理，讀者可嘗試解釋圖 1-2 內的黑點所表示的意思。

② 到期時，臺股期貨指數會等於臺灣加權股價指數。想像再過 1 分鐘就到期的臺股期貨契約，我們如何解釋該契約？若是買進契約，其意思不就是到期時我們用臺股期貨指數價格買臺灣加權股價指數嗎？同理，可想像賣出契約的意思。最終，臺股期貨指數會趨向於臺灣加權股價指數！

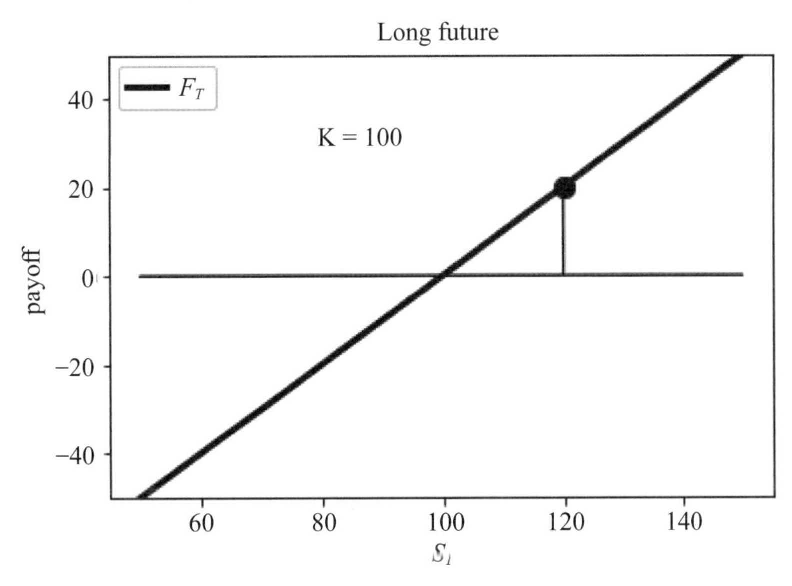

圖 1-1　買進一口期貨的到期收益曲線

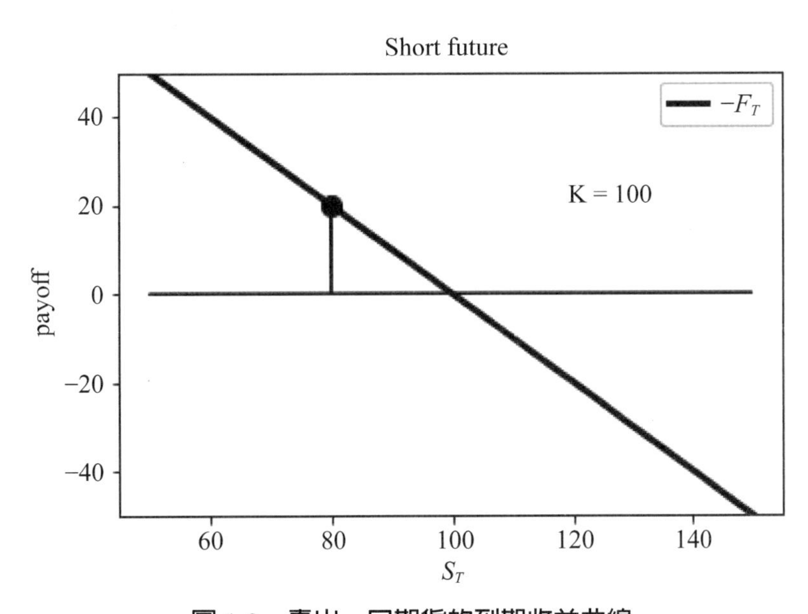

圖 1-2　賣出一口期貨的到期收益曲線

因此，當衍生性商品轉換成「衍生性金融商品」後，原本「避險」的目標亦容易轉換成「投機」目標；或者說，於期貨契約內放入股價指數，期貨契約反而給予投資人有投機的機會！畢竟現金結算比實物交割容易多了。是故，圖 1-1 或 1-2 的繪製顯得重要多了。

如本書序言所述，利用 Python 來分析衍生性商品的確相當方便，就圖 1-1 的繪製而言，可以參考下列指令：

```
ST = np.arange(50,151,1)
K = 100
F = ST - K
fig = plt.figure()
plt.plot(ST,F,lw=3,color='black',label=r"$F_T$")
plt.ylim(-50,50)
plt.ylabel("Payoff")
plt.xlabel((r'$S_T$'))
plt.text(80,30,'K = 100')
plt.title("Long future")
plt.arrow(50,0,100,0)
plt.arrow(120,0,0,20)
plt.plot(120,20, marker='o', markersize=10, color="black")
plt.legend(loc='best')
```

讀者可以練習繪製圖 1-2（可以參考所附檔案）。我們可以進一步將圖 1-1 與 1-2 的結果編成一個資料框（dataframe），然後轉存成一個 Excel 檔如：

```
FTLS = {" 現貨價格 ":ST," 買進期貨收益 ":F," 賣出期貨收益 ":-F}
FLS = pd.DataFrame(FTLS)
FLS.to_excel('F:/Greeks/ch1/FLS.xlsx')
```

讀者可以檢視上述 FLS.xlsx 檔案。表 1-1 就是上述檔案的簡化結果。是故，透過 Python，我們要繪製圖形或編製表格的確相當容易。

表 1-1　買賣期貨的到期收益（$K = 100$）

標的資產價格	買進期貨收益	賣出期貨收益
50	−50	50
51	−49	49

標的資產價格	買進期貨收益	賣出期貨收益
…	…	…
100	0	0
…	…	…
149	49	−49
150	50	−50

1.2.2 結算過程

於交易所內，期貨契約如何交易？考慮一個投資人於股票交易所內以每股 10 元買了 1 張 A 公司股票（1 張有 1,000 股），故該投資人必須支付賣方 10,000 元。股票交易所如何完成上述交易？股票交易所當然扮演著中介的角色，一方面向上述投資人收取 10,000 元交給賣方，另一方面又向賣方拿取 1 張股票再交給該投資人。是故，上述股票交易像現金交易。若上述 A 公司股價上升至 11 元，該投資人當然高興，不過那只是未實現的收益，該投資人必須賣出股票，結清部位才能得到收益。

至於期貨交易呢？由於期貨交易是一種遠期契約，期初買賣並未牽涉到「錢與物」的交換，不過買賣雙方一旦進入交易，雙方必須要有履行契約的義務；換言之，若沒有透過有組織的機構如期貨交易所作爲中介或保證，遠期交易的雙方的確擔心「夜長夢多」，擔心「日久生變」。期貨交易所如何保證期貨交易能順利進行，即單方面不能毀約呢？期貨交易所引進了結算保證金（clearing margin）[3]與採取會員制以保障交易雙方。

我們來看期貨交易所如何實施結算保證金。考慮一種如表 1-2 所述的情況。該表內的一口期貨契約相當於例如 A 公司股票 1,000 股，而每一口期貨契約所需準備的保證金爲 3,000 元。假定一位投資人之前並無期貨交易部位，考慮上述投資人於第 1 天賣了 9 口期貨契約，故該投資人必須準備 27,000 元的保證金；另一方面，第 1 天的期貨結算價爲每股 75 元，故第 1 天該投資人除了準備保證金之外，不須負擔額外的現金支出。

[3] 期貨結算保證金可分成原始保證金（original margin）與變動（variation margin）二種，前者是新增部位所需繳交的金額（存於存款內），而後者則因契約結算價格的變動所需調整的金額。爲了簡化說明，此處二種保證金合併爲單一保證金。

第 2 天，期貨結算價爲每股 77 元。雖然，上述投資人沒有交易，不過交易所會結算所有投資人的帳面價值；換言之，上述投資人於第 2 天帳面損失了 18,000 元[④]。原則上，該帳面損失會從投資人的保證金帳戶扣除。若投資人的保證金不足，期貨交易所會通知投資人補足保證金。是故，期貨交易的特色是透過結算保證金以「逐日清算」投資人的帳面價值。

第 3 天，期貨結算價爲每股 74 元。上述投資人買進 2 口合約，故其部位剩下「賣出 7 口」，保證金變成 21,000 元。若與第 1 天的期貨結算價 75 元比較，買進（結清）2 口契約可得 2,000 元，其次剩下「賣出 7 口」的帳面價值爲增加 7,000 元，故第 3 天上述投資人帳上可增加 9,000 元。當然，上述增加的帳上金額亦可依表 1-2 內的計算方式計算，即比較第 2 天與第 3 天的期貨結算價差距，可知第 3 天該投資人的帳面價值增加了 27,000 元（單口可得 3,000 元），扣除掉第 2 天帳面價值損失 18,000 元，可得帳面價值淨增加 9,000 元。

第 4 天，期貨結算價爲每股 70 元。上述投資人買進 4 口，其部位剩下「賣出 3 口」，故保證金只需 9,000 元。若與前一天比較，帳面價值可額外增加 28,000 元，故累計盈虧爲 37,000 元。第 5 天，期貨結算價爲每股 80 元。上述投資人結清剩下的 3 口而單口損失了 10,000 元（總共損失了 30,000 元），故最後累計盈虧爲 7,000 元。因此，上述投資人從第 1 天開始建倉交易至第 5 天平倉交易爲止，最後該投資人的收益爲 7,000 元。上述例子說明了期貨投資人於建倉初期雖說不需要交付任何資金，但是仍須準備資金因應保證金以及逐日的保證金變動。

表 1-2　期貨之結算過程：1 口 1,000 股，每合約保證金 3,000

	期貨價格	交易	目前部位	保證金	變動	累計盈虧
第 1 天	75	賣 9 口	short 9	27,000	0	0
第 2 天	77	無交易	short 9	27,000	−18,000(1)	−18,000
第 3 天	74	買 2 口	Short 7	21,000	27,000(2)	−18,000 +27,000 = 9,000
第 4 天	70	買 4 口	short 3	9,000	28,000(3)	9,000 + 28,000 = 37,000

[④]「賣 75 買 77」，每口契約損失 2,000 元。

	期貨價格	交易	目前部位	保證金	變動	累計盈虧
第 5 天	80	買 3 口	0	0	−30,000(4)	37,000 −30,000 = 7,000

說明：(1) (77 − 75)×−9×1,000 = −18,000。
(2) (74 − 77)×−9×1,000 = 27,000。
(3) (70 − 74)×−7×1,000 = 28,000。
(4) (80 − 70)×−3×1,000 = −30,000。

表 1-2 的結算方式是期貨交易的特色，該交易不同於股票交易的結算方式。例如：表 1-3 列出買賣股票的結算過程。比較表 1-2 與 1-3 的結果，顯然期貨交易與股票交易對於未實現 P&L（即損益）的處理並不相同，前者表現於保證金的增減上（實際上多退少補），而後者對於未實現 P&L 部分卻置之不理；也就是說，於金融商品交易內，期貨交易的逐日結算方式可以說是唯一的。換言之，即使是選擇權交易的結算方式仍類似於股票交易的結算方式，如表 1-3 所示。

表 1-3　買賣股票的結算過程

	股票價格	交易	目前部位	現金流量	累計實現 P&L	未實現之 P&L
第 1 天	70	買 10 張	long 10 張	−700,000 (1)	0	0
第 2 天	68	賣 3 張	long 7 張	204,000 (2)	−6,000 (3)	−14,000 (4)
第 3 天	72	無交易	long 7 張	0	−6,000	14,000 (5)
第 4 天	74	賣 7 張	short 7 張	518,000 (6)	22,000 (7)	0

說明：(1)−70×10×1,000 = −700,000。(2)68×3×1,000 = 204,000。(3)(68−70)×3×1,000 = −6,000。(4)(68 − 70)×7×1,000 = −14,000。(5)(72 − 70)×7×1,000 = 14,000。(6)74×7×1,000 = 518,000。(7)−6,000 + (74 − 70)×7×1,000 = 22,000。

雖說期貨與選擇權交易的結算方式不同，不過二者對應的交易所的組織架構卻是相同的。例如：於臺灣期交所內分別有股價指數期貨、個股期貨、股價指數選擇權、個股選擇權、商品期貨、匯率期貨以及匯率選擇權等契約交易。基本上，臺灣期交所是一種具有會員制的公司。臺灣期交所訂有結算會員標準；另一方面，結算會員爲代表期貨商進行期貨結算業務之法人。期貨交易人（即一般投資人）除了可委託期貨商代爲買賣期貨或選擇權契約之外，另外亦透過期貨商開設期貨交易帳戶。因此，期貨交易所可以透過組織嚴謹以及嚴格篩選會員的方式，以提高期貨交易人的信心與保障期貨交易人的權利。類似的組織架構亦可在著名的交易所內看到。

1.3 遠期契約的定價

究竟遠期契約如何定價？或者說，遠期契約的公平價格爲何？直覺而言，遠期價格應該能反映「現貨買賣」的優點與缺點，即：

$$遠期價格 = 現貨價格 + 現貨買賣的成本 - 現貨買賣的利益 \quad (1\text{-}3)$$

其中「現貨買賣」的優點與缺點分別用利益與成本表示。換句話說，投資人感覺「現在買賣」標的物與「未來買賣」標的物「差不多」，此時對應的遠期價格就是遠期契約的公平價格。因此，若（1-3）式無法成立，可能會引起套利（arbitrage）。

我們先舉前述老葉的例子說明。如前所述，老葉與老王談妥的現貨價格爲 10,000,000 元。老葉思考若現在就買地的缺點與優點爲何？老葉研究一下，可得下列結論：

(1) 必須向銀行貸款，經詢問目前的利率爲 5%，故除了 10,000,000 元之外，尚需額外負擔 500,000 元的利息[⑤]。
(2) 需額外負擔租稅等雜支約 150,000 元。
(3) 詢問附近的農民，可將地出租農用，每月租金 15,000 元，故 1 年約可得 184,125 元[⑥]。

是故，老葉計算出的 1 年期遠期契約價格爲 10,465,875 元（10,000,000 + 500,000 +

⑤ $10{,}000{,}000 \times 0.05 = 500{,}000$ 元。

⑥ 仍以利率爲 5% 計算。一年可得租金 180,000 元（$15{,}000 \times 12$）；另外利息收益爲：

$$15{,}000 \times 0.05 \times 11/12 + 15{,}000 \times 0.05 \times 10/12 + 15{,}000 \times 0.05 \times 9/12 + \cdots + 15{,}000 \times 0.05 \times 1/12 = 4{,}125$$

故總共 184,125 元。上述結果不難用 Python 計算，即：

150,000 – 184,125）。

若老葉的計算無誤，我們如何看待上述遠期價格爲 10,465,875 元？其不是表示老葉今年用 10,000,000 元買地與明年用 10,465,875 元買地，感覺差不多嗎[7]？此也許可以解釋上述「公平價格」的意思，那就是投資人經過深思熟慮後，感覺「差不多」的價格。老葉是用（1-3）式計算出上述的遠期價格。如前所述，遠期契約若經交易所採用就變成期貨契約；因此，利用（1-3）式亦能計算出對應的期貨價格。

就遠期或期貨交易而言，我們可以分成實物商品、股票、債券與外匯等四類檢視，其中（1-3）式將扮演著重要的角色。

實物商品

若我們購買標的物爲實物商品（包括穀類、能源或貴重金屬等）的遠期契約，除了需負擔利息成本之外，尙須考慮儲存成本[8]（因需要將物品儲存至到期）；另一方面，也許該商品恰能提供一些「優勢」，故存在所謂的「便利殖利率（convenient yield）」的利益[9]。是故，（1-3）式可改寫成：

$$F(T) = S(1 + rT) + s - \theta \qquad (1\text{-}4)$$

其中 F 與 S 表示遠期與現貨價格。r、s 與 θ 分別表示利率、儲存成本（每單位）以及便利殖利率，最後，T 表示到期期限。

```
y = np.arange(11/12,0,-1/12)
# array([0.91666667, 0.83333333, 0.75      , 0.66666667, 0.58333333,
#        0.5       , 0.41666667, 0.33333333, 0.25      , 0.16666667,
#        0.08333333])
11/12 # 0.9166666666666666
1/12 # 0.08333333333333333
15000*12 + np.sum(15000*y*0.05) # 184125.0
```

[7] 於期貨市場上現貨價格與期貨價格的差距稱爲基差（basis），故上述「買地」的基差爲 −465,875 元。通常，期貨契約的基差爲負數值（表示成本高於收益）；不過，於本例若出租給農民的租金提高，有可能基差爲正數值。

[8] 儲存成本亦包括保險成本。

[9] 例如：能源短缺（糧食短缺）時，擁有石油（穀類）存貨反而可以用更高的油價（穀價）賣出；同理，擁有貴重金屬存貨反而較占優勢。雖說如此，實際上，便利殖利率並不容易衡量。

我們舉一個例子說明。試下列指令：

```
S = 75
r = 0.05
T = 3/12
s = 7.5*T
theta = 3.15
F1 = S*(1+r*T)+s
F1 # 77.8125
F2 = S*(1+r*T)+s-theta
F2 # 74.6625
```

即根據（1-4）式，我們計算出 F1 與 F2 二個遠期價格，其中前者沒有包括 θ，而後者有包括 θ。上述例子說明了遠期（或期貨）出現正價差（contango）與逆價差（backwardation）的可能，其中前者的遠期（或期貨）價格高於現貨價格，而後者的現貨價格則高於遠期（或期貨）價格。

股票

顯然，遠期契約的標的物若是股票，於契約有效期限內保有股票反而有可能會有股利收益，故遠期（或期貨）價格可寫成：

$$F(T) = S(1 + rT) - D \tag{1-5}$$

其中 D 表示股利現值[10]。

我們仍舉一個例子說明（1-5）式的使用。利用上述 Python 指令內的假定，可得：

```
D = 0.67
F = S*(1+r*T)-D
F # 75.2675
```

[10] 股利現值的計算可參考第 3 章或《衍商》。

債券

同理，若標的物屬於附息債券，則對應的遠期（或期貨）價格可寫成：

$$F(T) = B(1 + rT) - I \quad (1\text{-}6)$$

其中 B 爲債券面額而 I 表示至遠期契約到期之債券利息收益，其可寫成：

$$I = \sum_i c(1 + r_i T_i)$$

其中 c、r_i 與 T_i 分別表示票面利息、利率與付息時間。

我們舉一個例子說明如何計算（1-6）式。假定上述附息債券每半年付息 1 次，其中 $B = 100{,}125.76$ 與 $c = 5{,}250$。遠期契約的到期期限爲 $T = 10/12$（10 個月）。上述附息債券下一次付息的時間爲 $T_1 = 3/12$（3 個月），故 $T_2 = 9/12$（9 個月）。假定 $r = 0.05$、$r_1 = 0.055$ 與 $r_2 = 0.058$。試下列指令：

```
B = 100125.76;c = 5250
T = 10/12;T1 = 3/12;T2 = 9/12
r = 0.05;r1 = 0.055;r2 = 0.058
I = c*(1+r1*T1)+c*(1+r2*T2)
I # 10800.5625
FB = B*(1+r*T)-I
np.round(FB,4)# 93497.1042
```

即遠期契約的名目價格約爲 93,497.1042，其中利息 $I = 10{,}800.5625$。

外匯

若是遠期外匯契約，我們將面對二種利率：本國利率 r_1 與外國利率 r_2（成本是 r_1 而收益是 r_2）[11]。直覺而言，因：

$$\frac{P_1}{P_2} = S \quad (1\text{-}7)$$

[11] 或者可寫成 $r_d = r_1$ 與 $r_f = r_2$，其中 1 可視爲本國而 2 視爲外國。

其中 P_i 表示第 i 國的物價或資金（$i = 1, 2$）而 S 爲外匯的即期匯率[12]。（1-7）式提醒我們透過匯率的轉換，P_2（外國資金）相當於可用 P_1（本國資金）表示。同理，P_1 與 P_2 的本利和之間的關係可寫成：

$$\begin{aligned} F &= \frac{P_1(1+r_1T)}{P_2(1+r_2T)} \\ &= S\frac{(1+r_1T)}{(1+r_2T)} \end{aligned} \tag{1-8}$$

其中 F 表示遠期外匯價格[13]。

我們亦舉一個例子說明（1-8）式的使用。目前日幣與美元之間的即期匯率是 150（JPY/USD）（1 美元等於 150 日幣）（即 $S = 150$）。若 JPY 與 USD 的 1 年期利率分別爲 $r_1 = 0.07$ 與 $r_2 = 0.09$，則根據（1-8）式，1 年期的遠期價格爲：

$$F = 150\frac{(1+0.07)}{(1+0.09)} \approx 147.25$$

套利

通常我們談到「套利」，大概是指「無風險下的獲利」。套利是否合理？當然是見仁見智，難有定論。此處我們會介紹套利，最主要是欲說明「誤設」價格的後果。

最普通的套利例子大概容易出現在外匯市場上。以上述 JPY 與 USD 的 1 年期遠期價格爲 $F \approx 147.25$ 爲例。於相同的假定下，若某銀行訂出 JPY 與 USD 的 1 年期遠期價格爲 $f = 140$（即 f 爲實際而 F 可視爲理論價格），則套利者會有何反應？因 $f < F$，故套利者應該買進遠期外匯契約[14]，試下列指令：

```
f = 140
P = 100 # 借美元
```

---

[12] 1 美元等於新臺幣 30 元，則美元的價格不就是 $\frac{60}{2} = 30$ 嗎？

[13] 實際上，（1-8）式可稱爲有拋補（covered）的利率平價理論（interest rate parity），可參考《衍商》。

[14] 同理，若 $f > F$，故套利者應該賣出遠期外匯契約。

```
R = P*S*(1+r1)/f
profit = R-P*(1+r2)
profit # 5.642857142857139
```

即套利者可借 100 美元轉成日幣後投資於日幣市場，同時買進日幣對美元的 1 年期遠期外匯，可得（淨）收益約 5.64 美元。上述例子也許有些不切實際（因爲利率會變），也許「套利」一詞被誤用；不過，若 f 與 F 之間的差距過大，套利的可能性也許還是存在的。

再舉一個例子（省略元）。目前 A 公司股價 $S = 120$、利率 $r = 0.05$、股利現值 $D = 0.68$ 與到期期限 $T = 8/12$。若忽略 D 之利息收益，根據（1-5）式，可得遠期（理論）價格約爲 123.32。假定 A 公司股票爲標的物的 8 個月期遠期契約，目前市價爲 125，則投資人如何套利？就上述投資人而言，若其相信上述 $F = 123.32$ 是可信的，則相對上實際市價 $f = 125$ 著實太高了，故該投資人應會除了賣出上述遠期契約之外，同時於現貨市場買進 A 公司股票，該投資人的「套利」利潤應爲：

$$125 - 123.32 = 1.68$$

爲了驗證上述可能，該投資人列出下列現金流量：

於利率爲 5% 之下借入資金買現貨的利息成本	−4.00
買現貨的成本	−120.00
股利收益	0.68
賣遠期契約收益	125.00
合計	1.68

即上述現金流量恰爲上述 $f - F$。

上述過程似乎描述套利是一種簡單的事，不過若再檢視（1-5）式，可發現事情可能不是那麼簡單，原因就在於 r 與 D 有可能會變動；換言之，若 r 突然上升或 A 公司突然改變股利政策，上述套利過程的結果就不是那麼確定了！

再考慮一個相反的情況，若實際的遠期契約價格爲 $f = 120$。因 $f = 120 < F = 123.32$，故該投資人應會除了買進上述遠期契約之外，同時於現貨市場賣出 A 公司股票，該投資人的「套利」利潤應爲：

$$123.32 - 120 = 3.32$$

上述套利過程是假定該投資人手上擁有 A 公司股票，其對應的現金流量為：

於利率為 5% 之下賣現貨的利息收益	4.00
買現貨的收益	120.00
股利收益	−0.68
買遠期契約收益	−120.00
合計	3.32

但是若該投資人手上沒有 A 公司股票呢？其當然可以採取放空現貨的策略（即借股票來賣），只不過上述投資人是否可以借入 100% 的股票呢？也許只能借入 60% 的股票，故上述套利未必能實現[15]。

[15] 若手中無股票，則放空是借股票來賣；另一方面，買進遠期契約，到期是「一手收錢，一手交股票」。

選擇權契約

選擇權市場的交易當然會吸引不同動機或目的的投資人或交易人參與。有些人參與選擇權市場交易純粹是看準標的物價格的變動，另外一些人則利用選擇權市場交易保護現有的部位。還有一些人希望透過選擇權市場交易以得到標的物相關產品的價格差異；另外，更有一些人扮演著中介的角色以賺取買價與賣價的價差。不管上述投資人或交易人的動機為何，我們總要對選擇權的交易有一定的認識，此大概是本章的第 1 個目的。

本章的第 2 個目的是介紹如何繪製投資人或交易人的到期收益或到期利潤圖，上述圖形的繪製對於選擇權策略的瞭解有莫大的助益。我們發現透過 Python，我們可以輕易地取代傳統的「手工」或 Excel 的操作。

2.1 基本觀念

本節將簡單介紹選擇權的一些基本觀念或術語。因臺灣已經有股價指數選擇權與股票選擇權的交易，故我們將只介紹臺灣期交所的產品與規定，至於其他世界有名交易所的選擇權產品或制度的介紹，有興趣可上網查詢或參考相關的書籍文獻。

就第 1 章老葉與老王所簽訂的買權以及老葉與老林所簽訂的賣權而言，因皆屬於二人私下協商的結果（可能會有一些個人額外的規定），故契約的內容當然與期交所的契約內容有異，畢竟後者是「標準化」的契約。同理，臺灣的一些銀行或證券公司所發行的「認購權證」或「認售權證」只符合某些特定投資人的需求，本書並未多介紹。雖說如此，基本的觀念還是相通的；也就是說，欲瞭解「權證」的原理原則，底下的介紹反而更爲重要[①]。

2.1.1 基本術語

底下介紹選擇權交易的基本觀念或術語。

型態

選擇權可以分成買權與賣權，其中買權是指「買方有權利按照履約價格購買標的資產，但是並無義務必須購買；不過，一旦買方要求履行約定，賣方不得拒絕。」同理，賣權是指「買方有權利按照履約價格賣出標的資產，但是並無義務必須賣出；不過，一旦買方要求履行約定，賣方不得拒絕。」因此，選擇權交易有牽涉到買權的買方與賣方以及賣權的買方與賣方等四種交易人。值得注意的是，買權的買方與賣權的賣方皆是標的資產的買方，而買權的賣方與賣權的買方皆是標的資產的賣方。最後，選擇權的買方必須支付權利金，而選擇權的賣方則收取權利金。

從上述定義可知選擇權的買方僅有權利而並無義務履行契約，而選擇權的賣方卻僅有履行契約的義務，此種不對稱的權利義務關係不同於遠期（或期貨）交易，即後者買方與賣方皆有履行契約的義務。

到期收益

我們可以進一步將買權與賣權的買方的到期收益寫成：

$$c_T = \max(S_T - K, 0) \tag{2-1}$$

與

$$p_T = \max(K - S_T, 0) \tag{2-2}$$

其中 c_T、p_T、S_T 與 K 分別表示到期買權價格、到期賣權價格、標的資產到期價格與履約價；另外，$\max(x, 0)$ 表示從 x 與 0 中選擇最大值。如第 1 章所述，買（或賣）方到期收益的「反面」可得賣（或買）方的到期收益分別爲 $-c_T$ 與 $-p_T$。

我們舉一個例子說明。假定 $K = 100$。爲了簡化分析，底下的分析皆省略元。

---

① 顧名思義，認購權證類似於買權而認售權證則類似於賣權，不過上述權證內容相對上較期交所的選擇權契約複雜且也變化較大；因此，初學者應以買賣期交所的選擇權契約爲主。

假定買權與賣權的標的資產皆相同，同時契約與標的資產內的所含股數皆爲1股[②]。因此，若 $S_T = 120$，投資人買進一口買權，該投資人會要求契約的賣方依 $K = 100$ 履行約定，即該投資人每股可得 20，而賣方損失 20；同理，若投資人賣出一口賣權，因 $S_T > K$，該投資人反而不會要求履行約定（因於現貨市場賣出可得 S_T）。因此，投資人參與買權或賣權交易，（2-1）與（2-2）二式提供了一個簡易計算到期收益的方式。

根據（2-1）與（2-2）二式，圖 2-1 與 2-2 進一步分別繪製出買權或賣權交易的買方與賣方的到期收益曲線。上述二圖的特色可以分述如下：

(1) 不管買權或賣權交易，買方與賣方的到期收益（曲線）可視爲一體兩面。
(2) 若與圖 1-1 或 1-2 比較，買權或賣權的到期收益曲線於履約價處有出現轉折的情況；是故，選擇權交易策略的到期收益曲線是複雜的，我們當然需要有簡易的繪製方式。

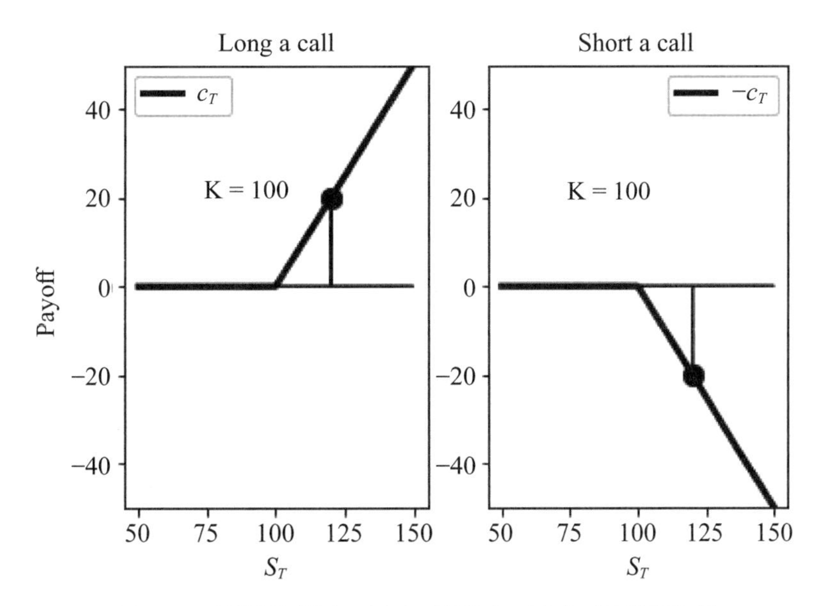

圖 2-1　買權的買方（左）與賣方（右）的到期收益

---

② 以臺灣期交所的臺指選擇權契約（TXO）爲例，其標的資產爲臺灣加權股價指數而每點指數爲新臺幣 50 元。另外，臺灣期交所亦有股票選擇權契約的交易，單口契約相當於股票 2,000 股。讀者可以自行調整底下我們的假定。

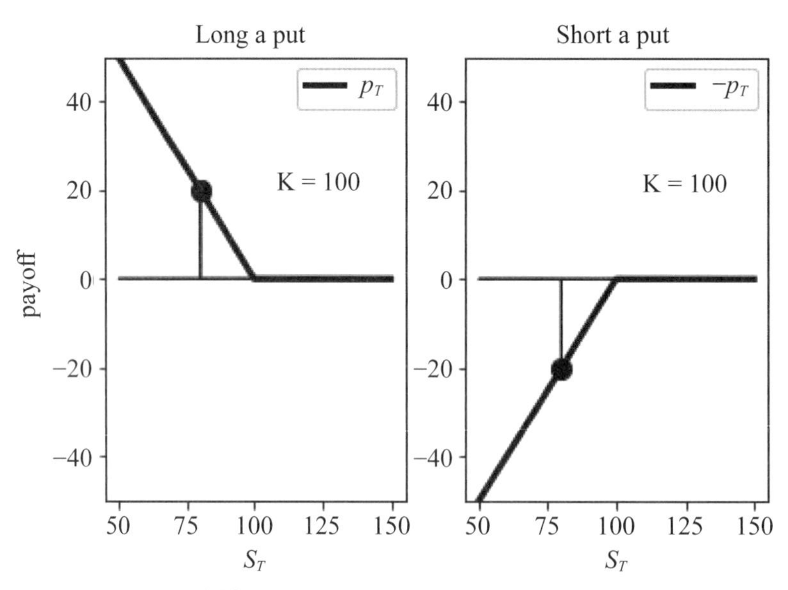

圖 2-2　賣權的買方（左）與賣方（右）的到期收益

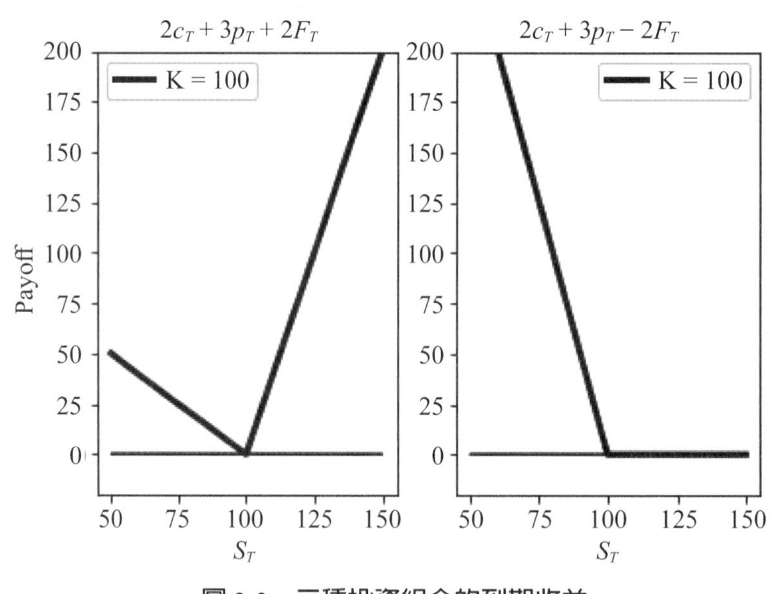

圖 2-3　二種投資組合的到期收益

(3) 考慮圖 2-1 內左圖的黑點，我們如何解釋該黑點，是否有投機的味道？讀者可以嘗試解釋其餘各圖的黑點。

(4) 圖 2-1 與 2-2 的繪製是重要的，考慮由 $2c_T + 3p_T + 2F_T$ 與 $2c_T + 3p_T - 2F_T$ 所構成的投資組合（姑且分別稱爲資產組合 1 與資產組合 2），其中買權、賣權與期貨皆有相同的標的資產（股數相同）、履約價以及到期期限。圖 2-3 繪製出上述投資組合的到期收益曲線。上述投資組合也許有一些不切實際，而我們只用於說明如何繪製對應的到期收益；也就是說，若不使用圖 2-1 與 2-2 的繪製方法，圖 2-3 的結果可能需「費一把勁」才能繪製出。可以參考所附的 Python 檔案。

(5) 利用 Python，我們可以輕易地將圖 2-1～2-3 的結果以資料框且以 Excel 檔儲存。表 2-1 與 2-2 列出簡易的結果。詳細的結果可檢視所附的檔案。

表 2-1　買權與賣權的買方與賣方的到期收益

標的資產價格	買權買方收益	買權賣方收益	賣權買方收益	賣權賣方收益
50	0	0	50	−50
51	0	0	49	−49
…	…	…	…	…
99	0	0	1	−1
100	0	0	0	0
101	1	−1	0	0
…	…	…	…	…
149	49	−49	0	0
150	50	−50	0	0

表 2-2　資產組合 1 與資產組合 2 的到期收益

標的資產價格	資產組合 1	資產組合 2
50	50	250
51	49	245
…	…	…
99	1	5
100	0	0
101	4	0
…	…	…
149	196	0
150	200	0

(6) 若讀者有檢視圖 2-1 與 2-2 的繪製方法，應會發現上述繪製方法有點麻煩，故

可用下列自設函數取代：

```
def payoff(ST,K):
    n = len(ST)
    cpayoff = np.zeros(n)
    ppayoff = np.zeros(n)
    for i in range(n):
        cpayoff[i] = np.max([ST[i]-K,0])
        ppayoff[i] = np.max([K-ST[i],0])
    return cpayoff,ppayoff
Payoff = payoff(ST,K)
cT = Payoff[0]
pT = Payoff[1]
all1 = np.array([CT,cT,PT,pT]).T
all1.shape #(101,4)
all2 = pd.DataFrame(all1)
all2.head
all2.tail
```

讀者可以檢視上述方法所得到cT（或pT）與圖2-1（或圖2-2）的結果是否相同？或者利用上述方法繪圖。

(7) 選擇權交易的賣方雖有收到權利金，但是其損失卻有可能是無限的[3]；同理，選擇權交易的買方雖有支付權利金，但是其損失卻是有限的。因此，透過選擇權交易，許多商品如結構性商品內的保本型商品（principal guarantee notes, PGN）或高收益商品（high yield notes, HYN）[4]容易被設計出來。或者說，上述商品內含有買權或賣權的成分。

種類

選擇權的種類相當繁雜，不過大致可以分成陽春型選擇權（plain-vanilla options）與奇異型選擇權（exotic options）二種。陽春型選擇權可以包括歐式選擇

[3] 當然依交易所規定賣方須準備保證金。

[4] HYN又稱爲權益連結商品（equity-linked notes, ELN）或連動債（structured notes）。

權（European options）與美式選擇權（American options）二種，其中歐式選擇權是指選擇權的買方只能在到期時才能要求履行契約上的約定，而美式選擇權則指選擇權的買方於契約的有效期限內，隨時能要求履行契約上的約定。因此，相對上，美式選擇權優於歐式選擇權（於相同標的資產、相同到期日以及相同的履約價下），故可得：

$$C_t \geq c_t \tag{2-3}$$

與

$$P_t \geq p_t \tag{2-4}$$

其中 C_t 與 P_t 表示未到期美式買權與美式賣權價格，而 c_t 與 p_t 則表示未到期歐式買權與歐式賣權價格。於本書，我們只介紹如何計算 c_t 與 p_t。至於 C_t 與 P_t 以及奇異型選擇權價格的計算，因相對上較複雜，本書並未介紹；不過，有興趣的讀者，可以參考《衍商》⑤。

值得一提的是，臺灣期交所的臺股指數選擇權與股票選擇權皆屬於歐式選擇權交易，而臺灣證券交易所（證交所）的認購或認售權證則大部分屬於美式選擇權或奇異型選擇權交易。因此，就理論上而言，（在臺灣）選擇權交易相對上較爲簡單；但是，權證的買賣則偏難。投資人應注意。

2.1.2 選擇權價格的成分

如同其他競爭市場，選擇權的價格（亦稱爲權利金）是由供給與需求所決定；換言之，當買價與賣價趨於一致時，不僅決定出價格，同時也產生了交易。雖說如此，通常選擇權的價格可以分成內在價值（intrinsic value）與時間價值（time value）二部分。

內在價值

選擇權價格的內在價值（或稱爲權利金的內在價值）指的是（未到期）「買低賣高」或「賣高買低」成分。例如：履約價爲 100 的買權，若標的資產的現貨價格

⑤《衍商》除了有說明美式選擇權價格的計算之外，該書亦有介紹一些奇異型選擇權以及對應價格的計算。

爲 120，豈不是隱含著該買權的潛在價值爲 20 嗎？即若是美式買權，買進上述買權的投資人可以立即要求履約，立即可得「買 100 賣 120」的收益[⑥]。同理，履約價爲 100 的賣權，若標的資產的現貨價格仍爲 120，則上述賣權的內在價值爲 0，即賣權的買方不會「賣 100 買 120」；因此，計算買權或賣權的內在價值其實頗爲簡易，其只不過將（2-1）與（2-2）式內的「到期 T」改成「未到期 t」而已。

時間價值

通常選擇權的價格會高於對應的內在價值，多出來的部分就是選擇權的時間價值或稱爲時間貼水（time premium）或外在價值（extrinsic value）。直覺而言，選擇權的內在價值與時間價值應皆會大於等於 0。例如：1 個月到期履約價爲 100 的買權的市價爲 23.5，而該買權的內在價值爲 20，則上述買權的時間價值爲 3.5；換言之，上述買權價格是由內在價值與時間價值所構成。既然有時間價值的存在，於相同條件下（即到期日、標的資產與履約價皆相同），例如 3 個月到期的買權應會大於 23.5。

價內、價平與價外

選擇權可依內在價值分成價內（in the money, ITM）、價平（at the money, ATM）與價外（out of the money, OTM）等三種狀態。若內在價值大於 0，則該選擇權處於 ITM；同理，若內在價值等於 0，則該選擇權處於 ATM 或 OTM。我們舉一個例子說明。圖 2-4 分別繪製出未到期與到期買權之買方的價格曲線[⑦]（以後我們會說明如何繪製該圖），而圖 2-4 的特徵可以分述如下：

(1) 未到期買權價格曲線如 $c(t)$ 是一條凸向東南的圓滑曲線。
(2) $c(t)$ 位於到期收益曲線如 $c(T)$ 的上方，隱含著該買權存在著正的時間價值；或者說，$c(t) =$ 時間價值 $+ c(T)$，即 $c(t)$ 與 $c(T)$ 的差距就是時間價值。
(3) $S_t > K$、$S_t = K$ 與 $S_t < K$ 分別表示 ITM、ATM 與 OTM 區塊，即整個平面分成上述三個區塊。

---

⑥ 因此，$C_t \geq 20$，投資人可以賣出該買權而未必立即要求履約。

⑦ c_t 亦可寫成 $c(t)$ 或 $c_T = c(T)$。

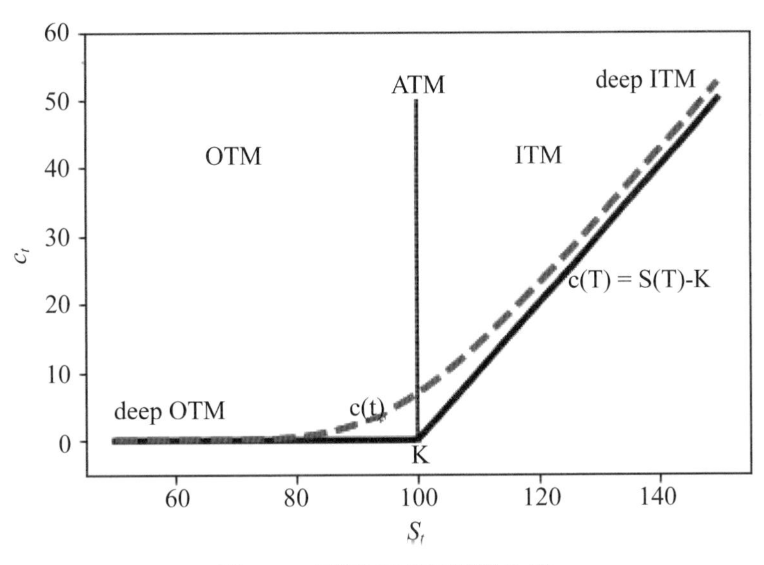

圖 2-4 買權之買方價格曲線

(4) 若 $S_t >> K$（解釋成 S_t 遠大於 K），則該買權處於深（deep）ITM；同理，若 $S_t << K$，則該買權處於深（deep）OTM。我們從圖 2-4 內可看出處於深 ITM 或深 OTM，對應的時間價值較低。

(5) 理論上，ATM 應屬於 OTM（因內在價值等於 0），但是從圖 2-4 內可看出於 ATM 處，時間價值反而最大，隱含著反敗爲勝的機會最大。

(6) 讀者可以練習繪製出其他的價格曲線。

2.2 圖形的繪製

在尚未繼續介紹之前，我們有必要檢視臺指期貨（TX）與臺指選擇權（TXO）之間的關係，上述關係可以分述如下：

(1) 臺指期貨與臺指選擇權契約的交易標的皆是臺灣加權股價指數。

(2) TX 的契約價值爲臺指期貨指數乘上新臺幣 200 元。TX 契約的特色爲：

(i) 契約到期交割月分可分成 (a) 自交易當月起連續 3 個月分，另加上 3 月、6 月、9 月、12 月中，3 個接續的季月契約在市場交易；(b) 新交割月分契約於到期月分契約最後交易日之次一營業日一般交易時段起開始交易。

(ii) 各契約的最後交易日（最後結算日）爲各該契約交割月分第 3 個星期三。

(iii) 最後結算價以最後結算日臺灣證券交易所當日交易時間收盤前三十分鐘內

所提供標的指數之簡單算術平均價訂之。

(iv) 交割方式是以現金交割，交易人於最後結算日依最後結算價之差額，以淨額進行現金之交付或收受。

(3) TXO 屬於歐式（僅能於到期日行使權利）。TXO 契約價值爲指數每點新臺幣 50 元。TXO 契約的特色爲：

(i) 到期契約可分成 (a) 自交易當月起連續 3 個月分，另加上 3 月、6 月、9 月、12 月中，2 個接續的季月，另除每月第 2 個星期三外，得於交易當週之星期三一般交易時段加掛次一個星期三到期之契約；(b) 新到期月分契約於到期契約最後交易日之次一營業日一般交易時段起開始交易。

(ii) 最後交易日（最後結算日）爲各月分契約的最後交易日，爲各該契約交割月分第 3 個星期三；交易當週星期三加掛之契約，其最後交易日爲掛牌日之次一個星期三。

(iii) 最後結算價以到期日臺灣證券交易所當日交易時間收盤前三十分鐘內所提供標的指數之簡單算術平均價訂之。

(iv) 交割方式是以符合臺灣期交所公告範圍之未沖銷價內部位，於到期日當天自動履約，以現金交付或收受履約價格與最後結算價之差額。

因此，在臺灣例如於 TX 與 TXO 契約內（其他期貨或選擇權產品可參考臺灣期交所網站）有部分契約的到期交易日是相同的，隱含著我們可以同時操作期貨與選擇權交易。

2.2.1 期貨與選擇權交易的到期收益曲線

我們可以進一步比較期貨與選擇權交易的到期收益曲線，可以參考圖 2-5。圖 2-5 分別繪製出買一口買權與買一口期貨（左圖）以及買一口賣權與賣一口期貨（右圖）的到期收益曲線，爲了區分起見，除了期貨與選擇權的履約價不同之外，其餘如標的資產與到期日皆相同；另一方面，期貨與選擇權契約的名目價值皆爲 1 股。

我們從圖 2-5 內可看出選擇權交易與期貨交易本質上的不同。圖 2-5 的左圖是說明我們有買買權與買期貨二種方式以購買未來的標的資產（未來交割），故上述方法會擔心未來標的資產價格下跌的風險（已經先買了），不過買買權卻因事先支付權利金而可以避免上述風險（即到期可以不履行契約上的約定），故上述風險相當於事先可用權利金衡量。同理，圖 2-5 的右圖表示賣未來的標的資產亦事先可用賣期貨與選擇權方式達成，不過後者卻會擔心未來標的資產價格上升風險，不過上

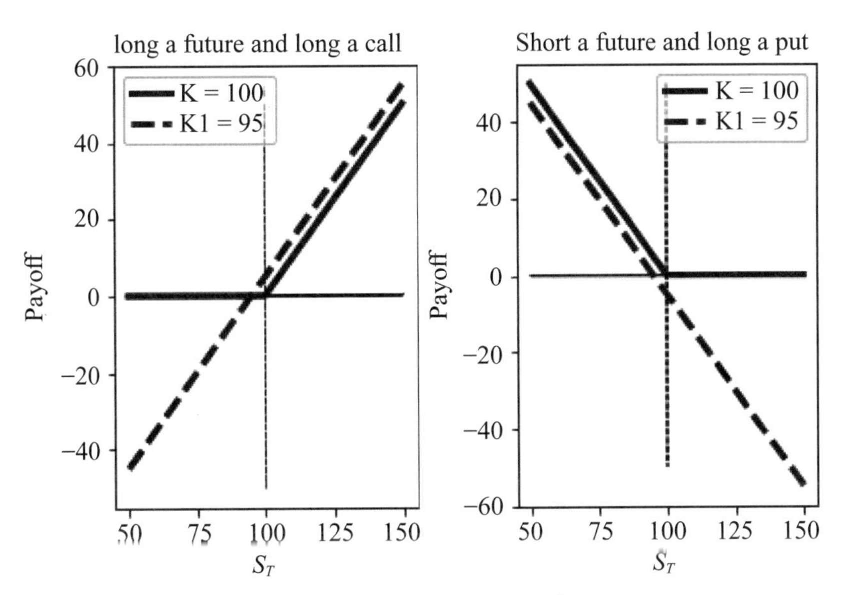

圖 2-5　買一口買權與買一口期貨（左圖）以及買一口賣權與賣一口期貨（右圖）的到期收益曲線（選擇權與期貨的履約價分別為 K 與 K1）

述風險亦事先可透過支付賣權的權利金避免掉。因此，簡單地說，買買權是用權利金估計（抵換）未來標的資產價格下跌的風險，而買賣權是用權利金估計（抵換）未來標的資產價格上升的風險！

有意思的是，若重新再檢視圖 2-5，可發現存在四種組合：

組合 1：買一口買權與買一口期貨；組合 2：買一口賣權與賣一口期貨
組合 3：買一口買權與賣一口期貨；組合 4：買一口賣權與買一口期貨

圖 2-6 與 2-7 分別繪製出組合 1 與組合 2 以及組合 3 與組合 4 的到期收益曲線。直覺而言，我們不難想像上述到期收益曲線如何繪製。例如：考慮組合 1 的到期收益曲線的繪製。檢視圖 2-5 內左圖的垂直虛線（即於 K = 100 處）的左側，因買一口買權的到期收益是一條水平線，而買一口期貨的到期收益是一條正斜率的直線，故二線的合併（即相加）後仍是一條正斜率的直線；同理，上述垂直虛線的右側皆是一條正斜率的直線，故二線的合併後仍是一條正斜率的直線。圖 2-6 的左圖繪製出上述結果。其餘各圖可類推。

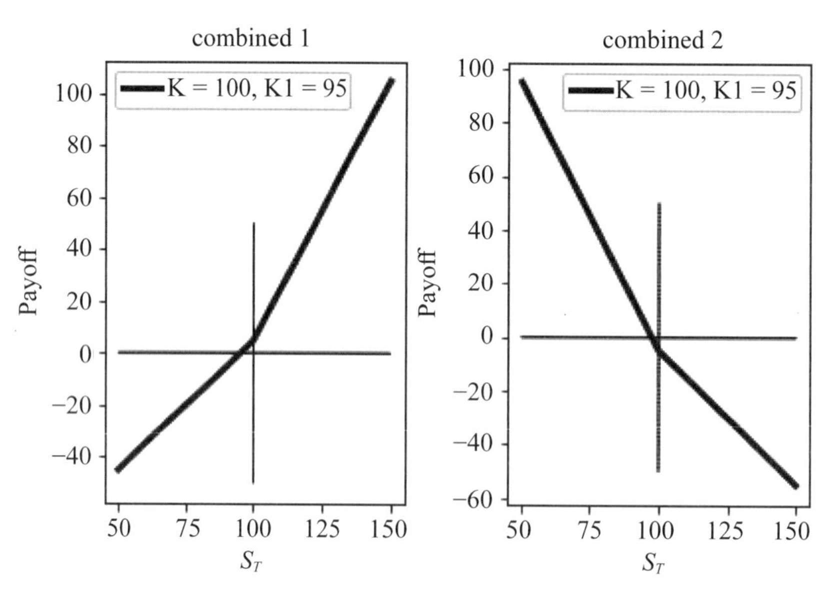

圖 2-6 組合 1 與組合 2 的到期收益曲線

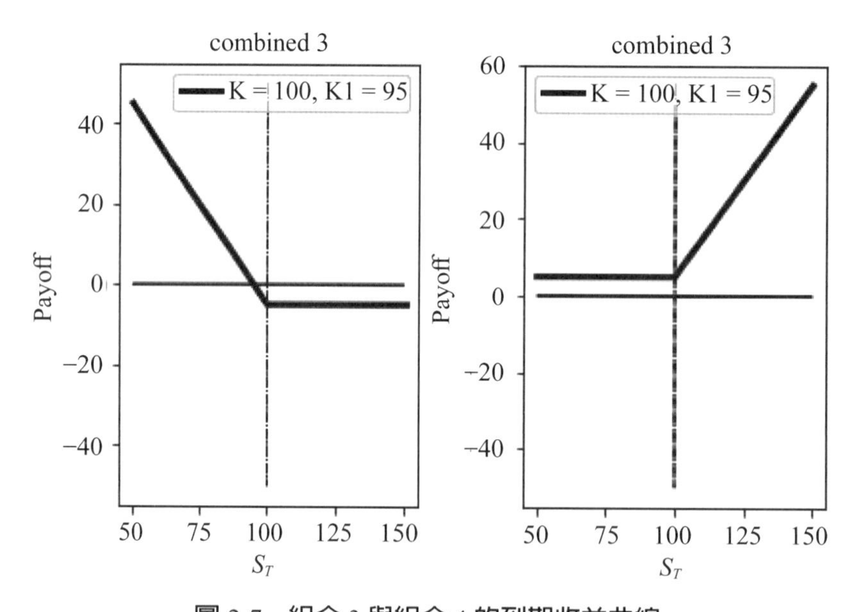

圖 2-7 組合 3 與組合 4 的到期收益曲線

利用 Python，我們亦可以輕易地繪製出上述組合的到期收益曲線。以組合 1 與組合 2 爲例，試下列指令：

```
cT+FT # 組合 1
pT-FT # 組合 2
```

其中 cT、pT 與 FT 分別表示買一口買權、買一口賣權以及買一口期貨的到期收益，詳細的定義可檢視所附的檔案。因此，組合 3 與組合 4 的到期收益曲線的繪製可類推。

類似於圖 2-5 的繪製，圖 2-8 的左圖分別繪製出賣一口賣權與買一口期貨的到期收益曲線，而右圖則繪製出賣一口買權與賣一口期貨的到期收益曲線；換言之，圖 2-5 分別比較期貨與選擇權的買方的到期收益曲線，而圖 2-8 則比較期貨與選擇權的賣方的到期收益曲線。就圖 2-8 的左圖而言，期貨的買方與賣權的賣方皆是事先購買未來標的資產，不過後者將未來因標的資產價格的上升所得到的收益轉爲權利金收益；同理，圖 2-8 的右圖顯示出期貨的賣方與買權的賣方皆是事先賣未來標的資產，其中後者亦將未來標的資產價格的下跌所得到的收益轉爲權利金。因此，選擇權的賣方是以權利金估計（抵換）期貨交易所得到的潛在收益。雖說如此，期貨與選擇權的賣方皆有相同的損失風險。圖 2-8 的結果亦提醒我們存在另外的二種投資組合：

組合 5：賣一口賣權與買一口期貨；組合 6：賣一口買權與賣一口期貨

圖 2-9 繪製出上述組合 5 與組合 6 的到期收益曲線。底下我們會說明從上述組合 1～6 的到期收益曲線的意義。

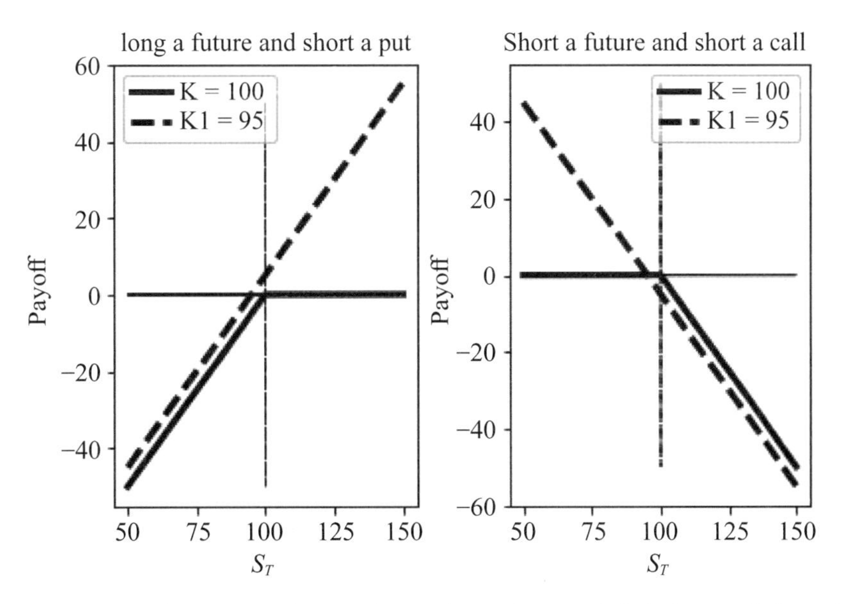

圖 2-8　賣一口賣權與買一口期貨（左圖）以及賣一口買權與賣一口期貨（右圖）的到期收益曲線（選擇權與期貨的履約價分別為 K 與 K1）

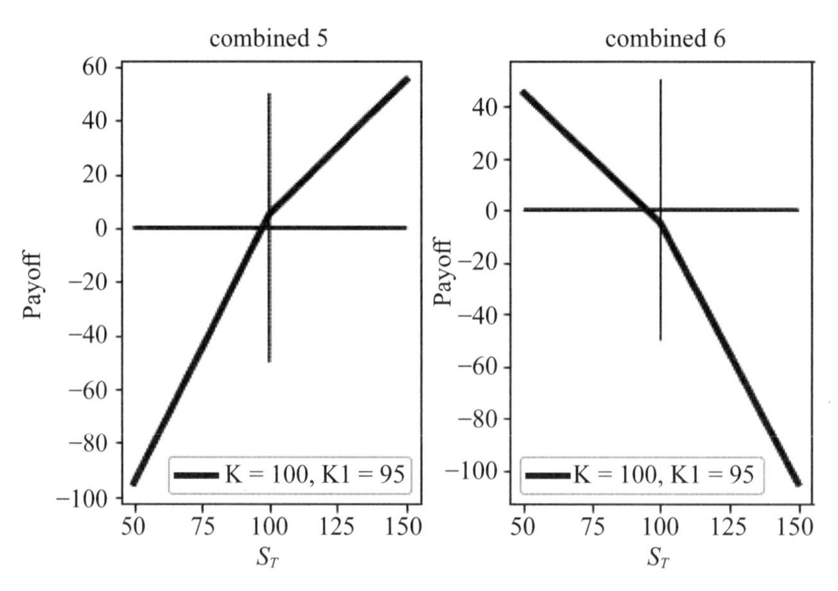

圖 2-9　組合 5 與組合 6 的到期收益曲線

2.2.2 投資組合的到期收益曲線

圖 2-3 的結果是讓人印象深刻的，因為該圖不僅讓我們看到了資產（或投資）組合的到期收益，同時透過 Python，我們也可以輕易地進一步繪製出對應的到期收益曲線。我們再舉一個例子說明，考慮下列的組合：

組合 7：買二口買權與賣一口期貨；組合 8：買一口買權與買一口賣權

圖 2-10 與 2-11 分別繪製出上述組合 7 與組合 8 的到期收益曲線，該二圖的特色是右圖內的到期收益曲線是左圖內到期收益曲線的加總（圖 2-10），而上圖與中圖內的到期收益曲線的加總為下圖的到期收益曲線（圖 2-11）。

上述的例子皆假定選擇權的履約價相同。若假定履約價不相同，其餘如標的資產與到期日皆相同，則投資組合內的組成分子可以更加變化，我們再舉一個例子說明，此時用 Python 來表示可能較為方便，試下列指令：

```
K1 = 80;K2 = 90;K3 = 100;K4 = 110;K5 = 120
Payoff1 = payoff(ST,K1)
cT1 = Payoff1[0]
pT1 = Payoff1[1]
```

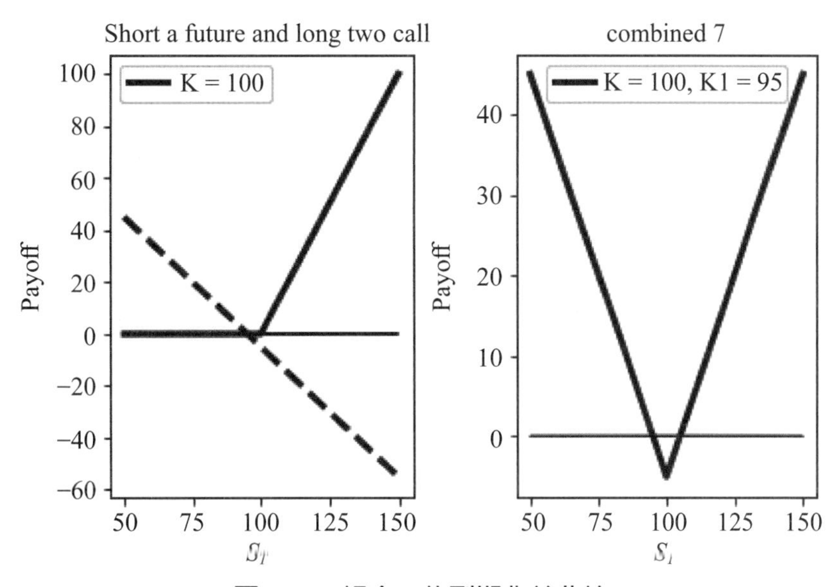

圖 2-10　組合 7 的到期收益曲線

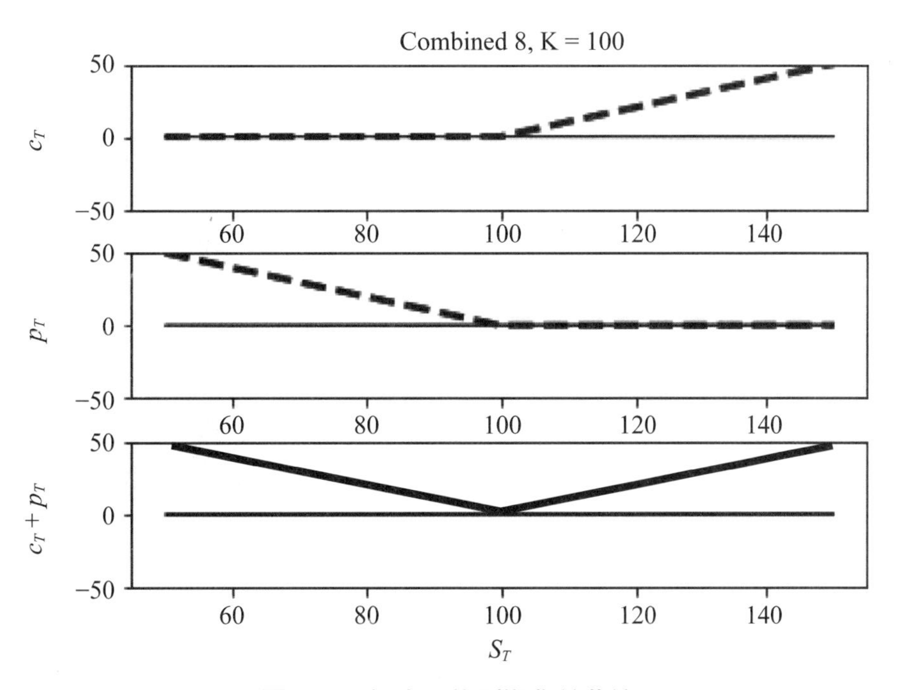

圖 2-11　組合 8 的到期收益曲線

```
Payoff2 = payoff(ST,K2)
cT2 = Payoff2[0]
pT2 = Payoff2[1]
Payoff3= payoff(ST,K3)
```

```
cT3 = Payoff3[0]
pT3 = Payoff3[1]
Payoff4 = payoff(ST,K4)
cT4 = Payoff4[0]
pT4 = Payoff4[1]
Payoff5 = payoff(ST,K5)
cT5 = Payoff5[0]
pT5 = Payoff5[1]
a = 3*cT1+2*pT1
b = 2*cT2-4*pT2
c = -3*cT3+3*pT3
d = cT4-5*pT4
e = -2*cT5-3*pT5
portfolio = a+b+c+d+e
FT = ST-K2
P1 = -5*FT-portfolio
P2 = -FT+portfolio
P3 = 5*FT-portfolio
P4 = FT+portfolio
```

即上述有考慮 5 種履約價分別爲 80、90、100、110 與 120。「小」資產組合亦有 5 種，例如：「小」資產組合 a 是由買 3 口買權（履約價爲 80）與買 2 口賣權（履約價爲 80）所構成，其餘可類推。資產組合 portfolio 是由「小」資產組合 a～e 所構成；另外，資產組合 P1 是由賣 5 口期貨以及 portfolio 所組成，其中期貨的履約價爲 90（到期日與選擇權相同），其餘資產組合 P2～P4 可類推。

圖 2-12 繪製出上述資產組合 P1～P4 的到期收益曲線。有意思的是，資產組合 P3 的到期收益皆爲正數值，此隱含著若忽略期初的支出，我們是有辦法得到到期收益皆爲正數值的情況，圖 2-11 的組合 8 亦有類似的結果。我們進一步可將圖 2-12 的結果儲存成 Excel 檔如：

```
PortPayoff = pd.DataFrame({" 標的資產價格 ":ST,"P1":P1,"P2":P2,
            "P3":P3,"P4":P4})
PortPayoff.to_excel('F:/Greeks/ch2/PortPayoff.xlsx')
```

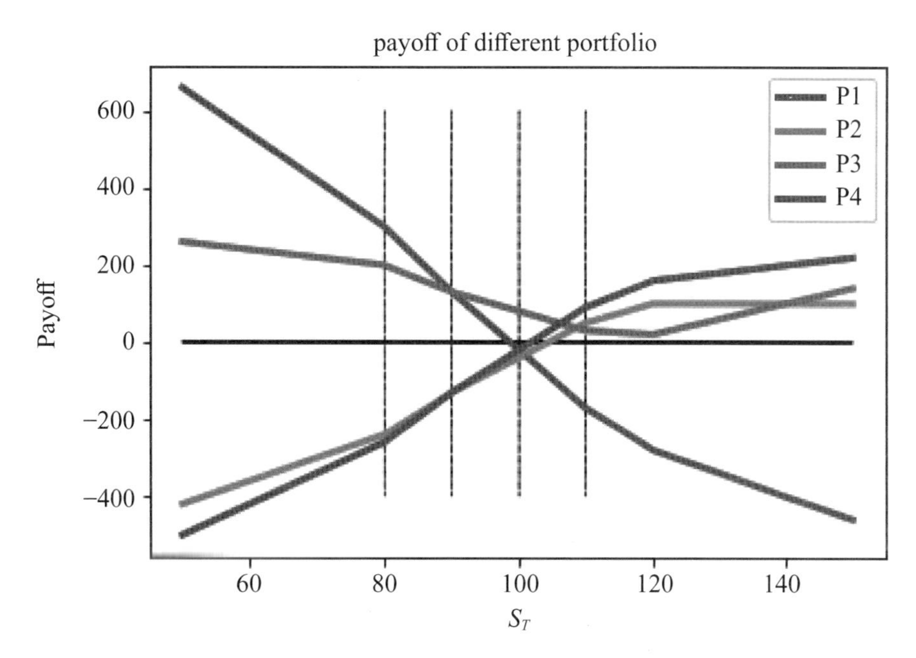

圖 2-12 不同資產組合的到期收益曲線

表 2-3 列出資產組合 P1～P4 的到期收益（簡易版），詳細的結果可檢視所附的 PortPayoff.xlsx 檔案。

表 2-3 不同資產組合的到期收益（圖 2-12）

	標的資產價格	P1	P2	P3	P4
0	50	660	−420	260	−500
1	51	648	−414	258	−492
…	…	…	…	…	…
29	79	312	−246	202	−268
30	80	300	−240	200	−260
31	81	283	−229	193	−247
…	…	…	…	…	…
39	89	147	−141	137	−143
40	90	130	−130	130	−130
41	91	115	−121	125	−119
…	…	…	…	…	…
49	99	−5	−49	85	−31

	標的資產價格	P1	P2	P3	P4
50	100	−20	−40	80	−20
51	101	−35	−31	75	−9
…	…	…	…	…	…
59	109	−155	41	35	79
60	110	−170	50	30	90
61	111	−181	55	29	97
…	…	…	…	…	…
69	119	−269	95	21	153
70	120	−280	100	20	160
71	121	−286	100	24	162
…	…	…	…	…	…
99	149	−454	100	136	218
100	150	−460	100	140	220

2.2.3 到期利潤曲線

（2-1）與（2-2）二式是計算選擇權買方的到期收益，若考慮期初的現金流量，我們可以將上述二式改爲到期利潤，即：

$$\pi_c = c_T - c_t \text{ 與 } \pi_p = p_T - p_t \tag{2-5}$$

即（2-5）式的計算忽略期初現金流量至到期日的時間價值。如前所述，買方與賣方之間屬於「一體兩面」，故對應的選擇權賣方的到期利潤分別爲：

$$-\pi_c = -c_T + c_t \text{ 與 } -\pi_p = -p_T + p_t \tag{2-6}$$

換言之，根據（2-5）與（2-6）二式，我們可以繪製出選擇權買方與賣方的到期利潤曲線。

表 2-4 虛構的買權與賣權價格（根據圖 2-12）

K	c_t	p_t
$K_1 = 80$	22.17	0.2
$K_2 = 90$	13.5	1.28
$K_3 = 100$	6.89	4.42
$K_4 = 110$	2.91	10.19
$K_5 = 120$	1.02	18.06

我們舉一個例子說明。根據圖 2-12 或表 2-3 內的假定，我們進一步計算對應的買權與賣權的期初價格，而其結果則列表如表 2-4 所示[8]。於 $K = 100$ 之下，圖 2-13 與 2-14 分別繪製出選擇權買方與賣方的到期利潤曲線。上述二圖可與圖 2-5 或 2-8 內的到期收益曲線比較，應該可以看出端倪。例如：於 $K = 100$ 之下，買權的價格約為 6.89（表 2-4），故買方的收支平衡點（break-even point）約落於 $S_T = 106.89$ 處，其餘各圖可類推。讀者當然可將圖 2-13 與 2-14 的結果儲存為 Excel 檔案或轉換成資料框的型態後檢視。

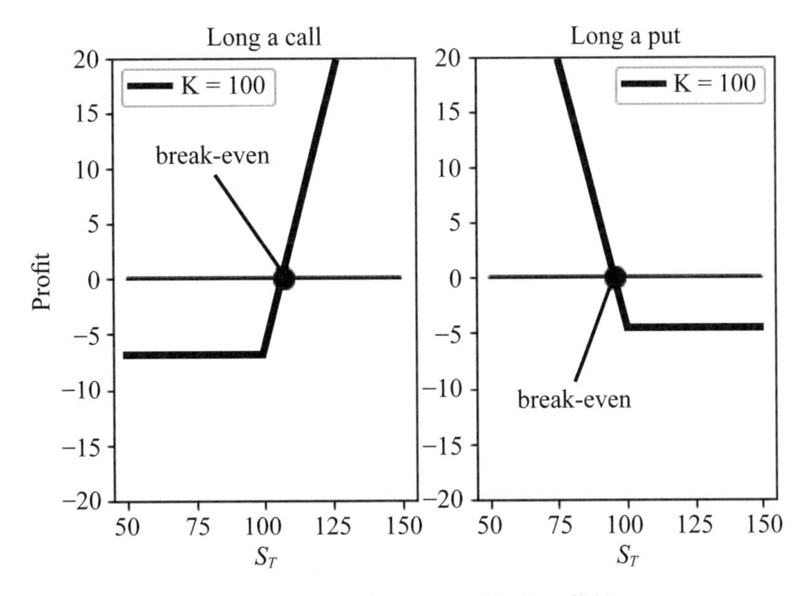

圖 2-13 選擇權買方的到期利潤曲線

[8] 表 2-4 的結果是利用 BSM 模型計算，該模型將於第 3 章介紹。可以參考所附檔案。

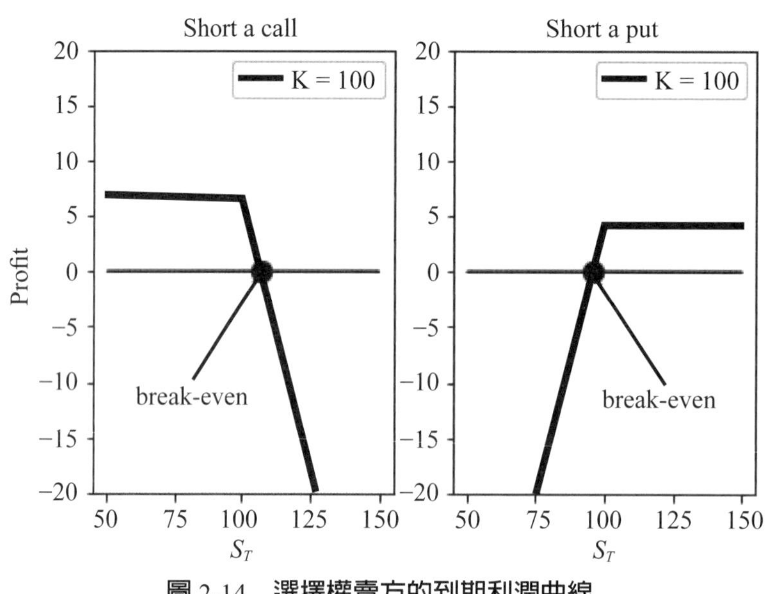

圖 2-14　選擇權賣方的到期利潤曲線

根據表 2-4 的結果，我們可以繪製出更多的到期利潤曲線。例如：圖 2-15 分別繪製出不同履約價下的選擇權買方與賣方的到期利潤曲線，而圖 2-16 則繪製出組合 8 的到期利潤曲線（其可與圖 2-11 的下圖比較）。讀者可嘗試將圖 2-15 與圖 2-16 的結果編成資料框的型態或儲存爲 Excel 檔案檢視。最後，我們將圖 2-12 內的到期收益曲線改成到期利潤曲線，其結果則繪製如圖 2-17 所示。有意思的仍是資產組合 P3 的結果，於不同 S_T 下，該資產組合的到期收益幾乎皆大於 0[9]。當然，上述圖 2-17 內的資產組合是我們任意組合的，於下面的章節內，我們討論選擇權交易策略的優缺點，可用類似的方法檢視；如此，可看出使用 Python 的用處。

[9] 可檢視所附的檔案，只有於 $S_T = 118,119,120$ 處資產組合 P3 的到期利潤小於 0。

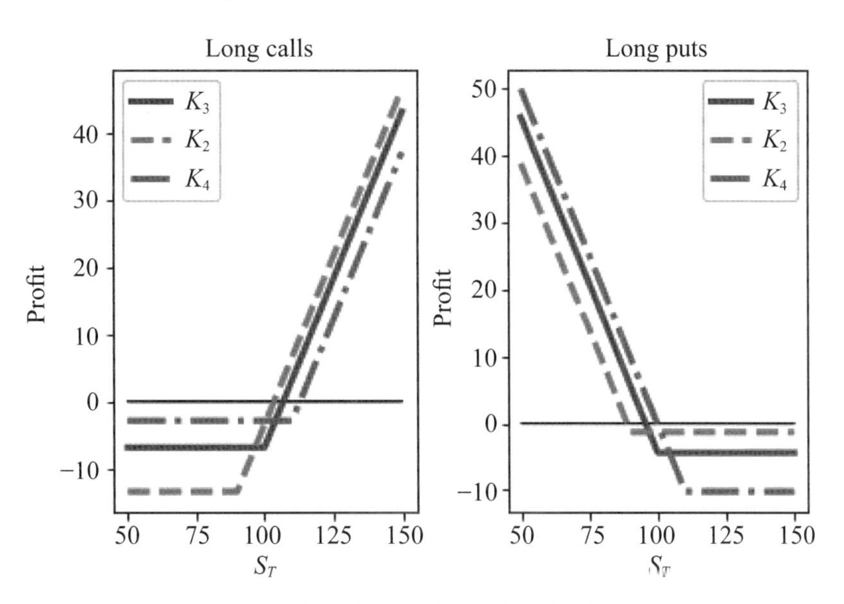

圖 2-15 不同履約價之選擇權買方與賣方的到期利潤曲線

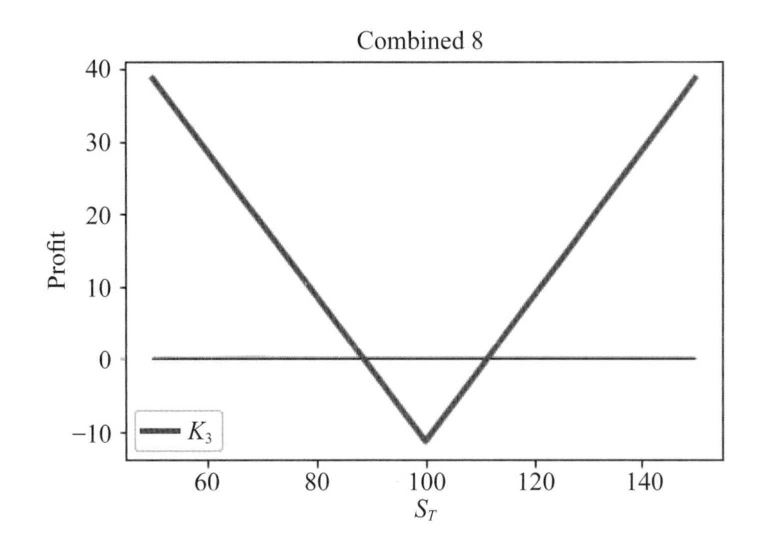

圖 2-16 組合 8 的到期利潤曲線

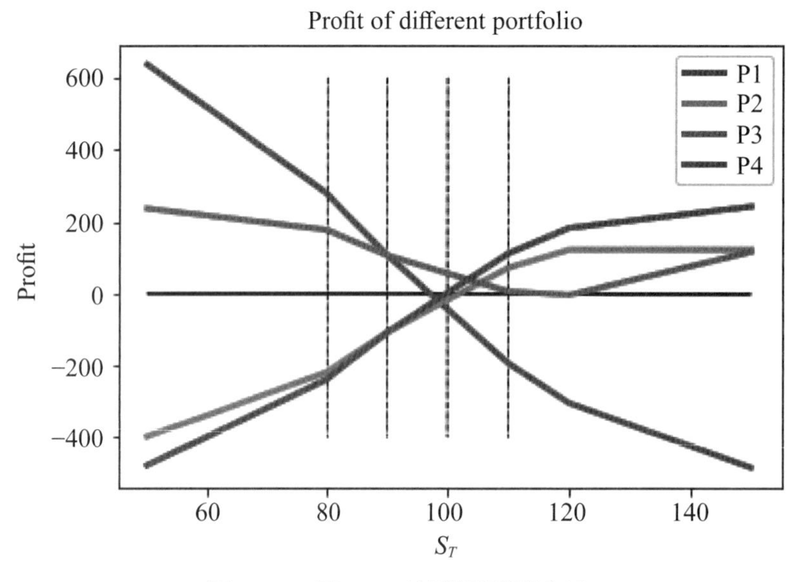

圖 2-17　圖 2-12 的到期利潤曲線

2.3 買權與賣權平價關係

其實前述之組合 1～6 有複製其他商品的功能。我們稱其他商品的複製品，指的是該商品與其複製品的價格與對應的到期收益皆相等，即一旦價格或到期收益有差異，會引起套利；或者說，就是因為有套利的可能，才會使得複製品與商品的價格趨於一致。於本節，我們將介紹由買權與賣權所構成的複製商品。

2.3.1 複製商品

假定標的資產為股票而目前該股票的市價為 105 該標的資產的買權與賣權的目前市價分別為 $c_t = 10$ 與 $p_t = 5$。上述買權與賣權的履約價皆為 $K = 100$ 且二者皆屬於歐式；另外，假定到期期限為 3 個月。考慮下列二個投資策略：

策略 1：賣一口買權與買一口賣權；策略 2：買一口買權與賣一口賣權

圖 2-18 繪製出上述策略 1 與策略 2 的到期利潤曲線，而從該圖可看出實際上我們可以將上述投資策略稱為「複製」策略，原因就在於策略 1 與「賣現貨」以及策略 2 與「買現貨」的到期利潤相同。例如：可想像目前以 $S_t = 105$ 的價格賣出股

票，則 3 個月後的利潤曲線爲何？不就是圖 2-18 內的「str 1」線嗎？同理，可想像買進股票 3 個月後的利潤曲線爲何？

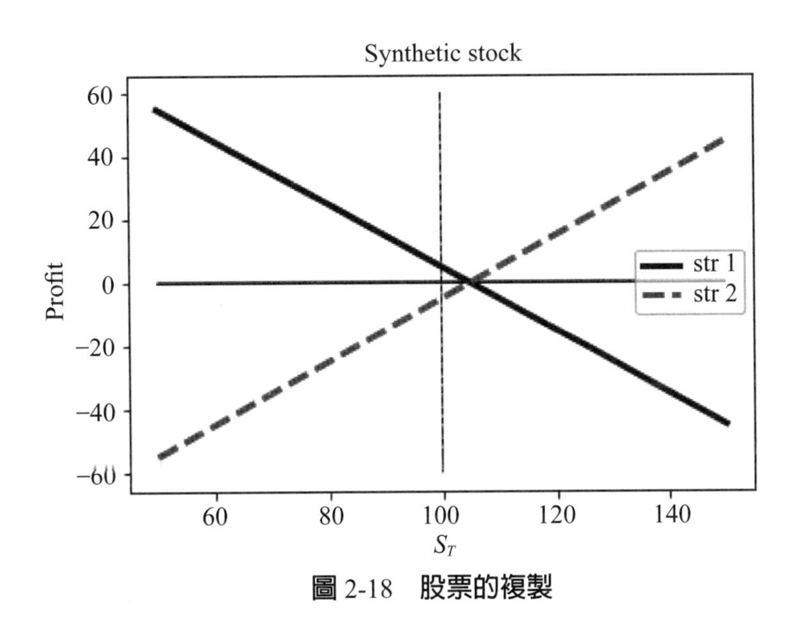

圖 2-18　股票的複製

上述策略 1 與策略 2 的期初支出爲買權與賣權的價差（即 $-ct + pt$ 或 $ct - pt$），而該價差恰爲 S_t 與 K 之差（可以參考表 2-5）；換言之，既然稱爲「複製」策略，那就表示上述差距不同，可以進行套利。我們舉一個例子說明。假定買權的價格爲 $c_{ta} = 20$ 而不是 c_t，其餘不變。於此新情況下，我們將上述策略 1 改稱爲策略 1a。圖 2-19 繪製出策略 1a 與「賣現貨」的到期利潤曲線，我們發現不管 S_T 爲何，前者竟然皆優於後者。

於此情況下，我們如何套利？因策略 1 與「賣現貨」策略的到期利潤相同，故可知：

$$-c_t + p_t = -S \Rightarrow -c_t + p_t + S = 0 \tag{2-7}$$

其中 $S = S_T - S_t$ 表示採取買現貨策略的到期利潤，而 $-c_t + p_t$ 則表示採取策略 1 的期初收益。利用前述策略 1 的已知條件，讀者可檢視（2-7）式是否成立？可以參考所附的檔案。

表 2-5 賣現貨與策略 1 之比較

	期初	到期	
		$S_T \geq K$	$S_T < K$
賣現貨到期買回	S_t	$-S_T$	$-S_T$
策略 1			
賣一口買權	c_t	$-S_T + K$	0
買一口賣權	$-p_t$	0	$-S_T + K$

說明：若忽略時間價值，策略 1 的期初收益為 $c_t - p_t$ 而到期的收益為 $-S_T + K$，故總收益為 $c_t - p_t - S_T + K$；同理，賣現貨到期買回策略的總收益為 $S_t - S_T$。因上述二策略「相等」，故 $c_t - p_t = S_t - K$。

檢視（2-7）式是有意義的，因為根據圖 2-19，可知策略 1a 優於「賣現貨」的策略，此不是隱含著 $-c_{ta} + p_t > -S$ 或 $-c_{ta} + p_t + S > 0$ 嗎？故策略 1a 加上「買現貨」的策略的到期利潤恆大於 0！圖 2-20 繪製出上述「套利」的結果。換句話說，圖 2-20 內的「黑點」表示策略 1a 與買現貨策略的到期利潤直線相交處，而黑點左右側的直線斜率恰好相反[10]，故黑點左右側直線的相加可得一條水平線，我們從圖 2-20 內可看出該水平線位於 Profit = 0 線的上方；也就是說，採取策略 1a 與買現貨策略的組合的到期利潤竟皆為 10（無論 S_T 值為何），讀者可檢視看看。同理，若假定 $p_{ta} = 18$，其餘不變包括 $c_{ta} = 20$。讀者可以練習看看如何套利，可以參考圖 2-21（其中 str 2a 是指於 $c_{ta} = 20$ 與 $p_{ta} = 18$ 下採取策略 2）。

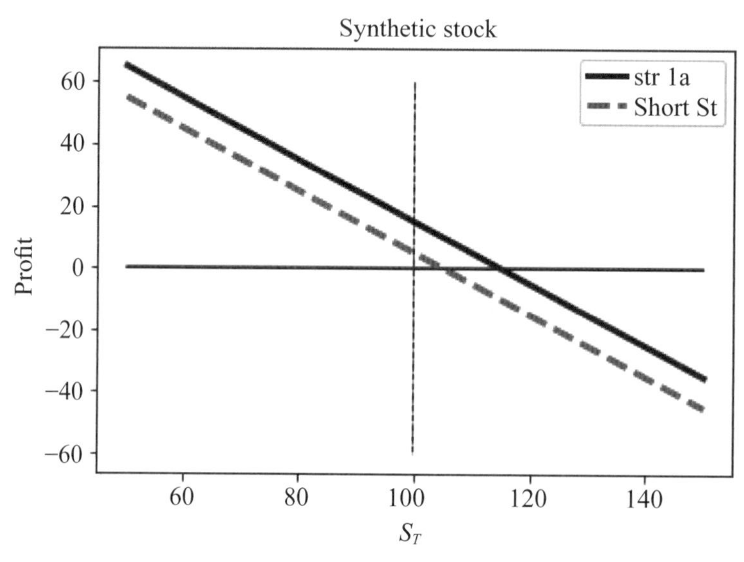

圖 2-19 賣現貨與策略 1a 之比較

[10] 即買現貨的到期利潤直線的斜率為 1 而策略 1a 的到期利潤直線的斜率為 −1。

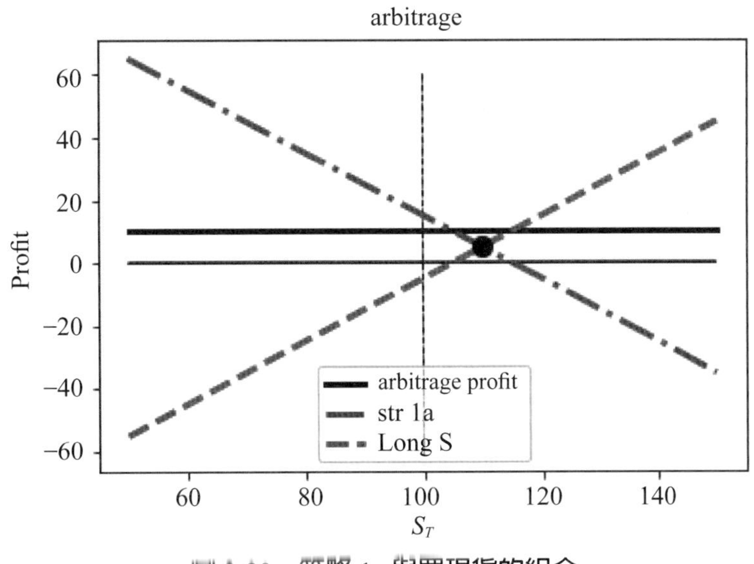

圖 2-20　策略 1a 與買現貨的組合

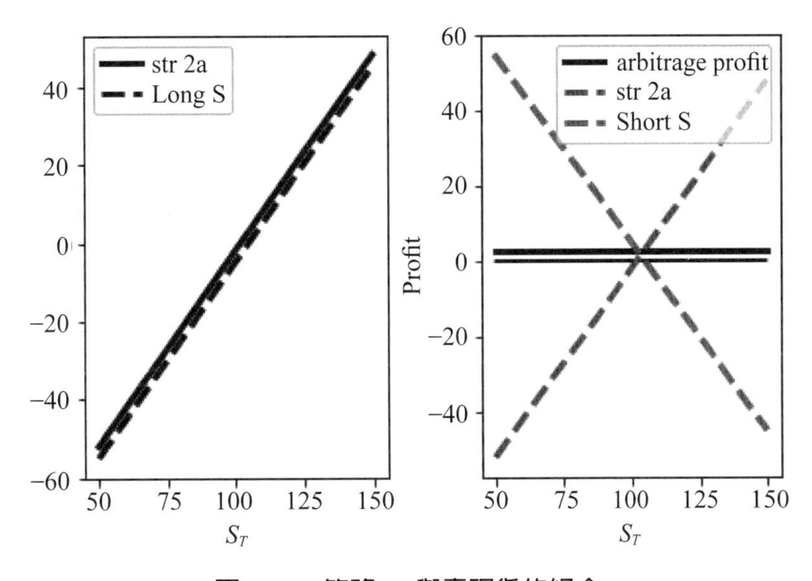

圖 2-21　策略 2a 與賣現貨的組合

2.3.2 買權與賣權平價

上述例子顯示出（2-7）式的重要性，即該式若不成立可以引起套利。雖說如此，上述（2-7）式的檢視仍未必合理，即其並沒有考慮到時間價值或是「利率」因素，故有必要重新檢視（2-7）式如：

$$-c_t + p_t + S = 0 \qquad (2\text{-}7a)$$

我們可以將 $-c_t + p_t + S$ 視爲一種投資策略，例如策略 3（即策略 3 包括賣買權、買賣權與購買標的現貨）。我們可以從收入面與支出面來看策略 3，即：

收入面

我們可以將賣買權的權利金收益按照利率 r 與到期期限 $(T-t)/T$ 儲存，其次因擁有股票而於到期期限內可能有股利收益 D；另一方面，到期收益爲 K[11]，即：

$$c_t\left(1+r\frac{T-t}{T}\right)+D+K$$

支出面

就策略 3 的支出面而言，假定買賣權的權利金支出與購買現貨是依借款而來，其中利率亦爲 r，故至到期的總支出爲：

$$\left(p_t+S_t\right)\left(1+r\frac{T-t}{T}\right)$$

因此，於無法套利的前提下，上述收入面與支出面相等隱含著：

$$c_t\left(1+rT_1\right)+D+K=\left(p_t+S_t\right)\left(1+rT_1\right)$$

$$\Rightarrow\left(c_t-p_t\right)\left(1+rT_1\right)=S_t\left(1+rT_1\right)-D-K \qquad (2\text{-}8)$$

$$\Rightarrow\left(c_t-p_t\right)=\frac{F(T)-K}{\left(1+rT_1\right)} \qquad (2\text{-}9)$$

其中 $T_1=\dfrac{T-t}{T}$，而 $F(T)$ 表示遠期價格，可以參考（1-5）式。我們舉一個例子說明。若 $c_t = 10$、$p_t = 5$、$r = 0.05$、$K = 100$ 與 $T_1 = 3/12$，故按照（2-9）式可得而 $F(T)$ 值約爲 105.06。

---

[11] 賣買權與買賣權的到期收益爲 $(K - S_T)$，即不是 $-(S_T - K)$ 就是 $(K - S_T)$；另一方面，購買現貨的到期價值爲 S_T，故策略 3 的到期收益爲 K。

（2-9）式指出買權與賣權（相同履約價與到期日）的價差相當於遠期價格與履約價差距的現值。（2-9）式可稱為買權與賣權平價（put-call parity）關係[12]。若忽略利率，買權與賣權平價關係倒是提供了一種簡易複製期貨的方式，即：

$$c_t - p_t = F_t - K \tag{2-10}$$

換言之，若 3 個月到期履約價皆為 100 的買權與賣權價格分別為 10 與 5，則 3 個月到期的期貨價格不就是 105 嗎？我們來看若（2-10）式不成立，會有何結果？也就是說，假定實際期貨的價格是 $F_{ta} - K = 110 - 100 = 10$，隱含著：

$$F_{ta} - K > c_t - p_t \Rightarrow F_{ta} - K - c_t + p_t > 0$$

則投資人的反應為何？如何套利？

其實（2-10）式內的 $c_t - p_t$ 就是前述的策略 2（2.3.1 節），因 K 為固定數值，故從（2-10）式來看，策略 2 不就可以複製期貨嗎？換言之，上述實際期貨價格 F_{ta} 有高估的可能，「買低複製品賣高實際商品」，即投資人可以執行策略 2（即買一口買權與賣一口賣權）以及同時賣出一口期貨，上述策略我們姑且稱為策略 4。表 2-6 列出策略 4 的到期收益為 $F_{ta} - K - c_t + p_t$（於忽略利率的情況下），即策略 4 的套利收益為 5。上述例子說明了 $c_t - p_t$ 差價過大或實際期貨價格過高會引起「套利」，我們當然也可以思考相反的結果。因此，（2-10）式的確提供一種期貨定價的參考[13]。

若讀者有檢視圖 2-4 的繪製，應知圖內的 c_t 曲線是利用 BSM 模型[14]所繪製，該模型是相當重要的，即使臺灣期交所網站亦有提供該模型的計算。有關於 BSM 模型，我們將在第 3 章介紹或說明。此處，我們藉由 BSM 模型模擬出買權與賣權價格，可以參考圖 2-22 與 2-23。

---

[12] 教科書內稱為買權與賣權平價關係，不過就選擇權的交易人而言，上述關係亦稱為組合值（combo value）、合成關係（synthetic relationship）或轉換市場（conversion market），我們大致可從上述如圖 2-20 與 2-21 的套利過程看出為何有上述的稱呼。

[13] 考慮眾多投資人執行策略 4，即多買買權、多賣賣權以及多賣期貨，自然會使買權、賣權與期貨趨向於（2-10）式；反之亦然。

[14] BSM 模型是指由 Black 與 Scholes（1973）以及 Merton（1973）三人的研究成果所構成的模型（可上網查詢），其中 Fischer Black 與 Robert Merton 二人於 1997 年得到諾貝爾經濟學獎。

表 2-6　策略 4 的到期收益

	當期收益	到期收益	
		$S_T \geq K$	$S_T < K$
買一口買權	$-c_t$	$S_T - K$	0
賣一口賣權	p_t	0	$-(K - S_T)$
賣一口期貨	0	$-(S_T - F_{ta})$	$-(S_T - F_{ta})$
合計	$c_t - p_t$	$F_{ta} - K$	$F_{ta} - K$

就圖 2-22 而言，我們假定 $K = 100$，而圖 2-23 則假定許多不同的 K 值，透過 BSM 模型，我們除了模擬出一些買權與賣權價格（上述二圖內的上圖）之外，亦利用（2-10）式計算對應的期貨價格。有意思的是，圖 2-22（下圖）竟得出單一期貨價格的結果，此隱含著許多不同的買權與賣權價格組合竟可以對應至單一期貨價格；或者說，單一期貨價格竟可以對應至多種狀態，還好，我們可以透過 BSM 模型瞭解上述狀態爲何？

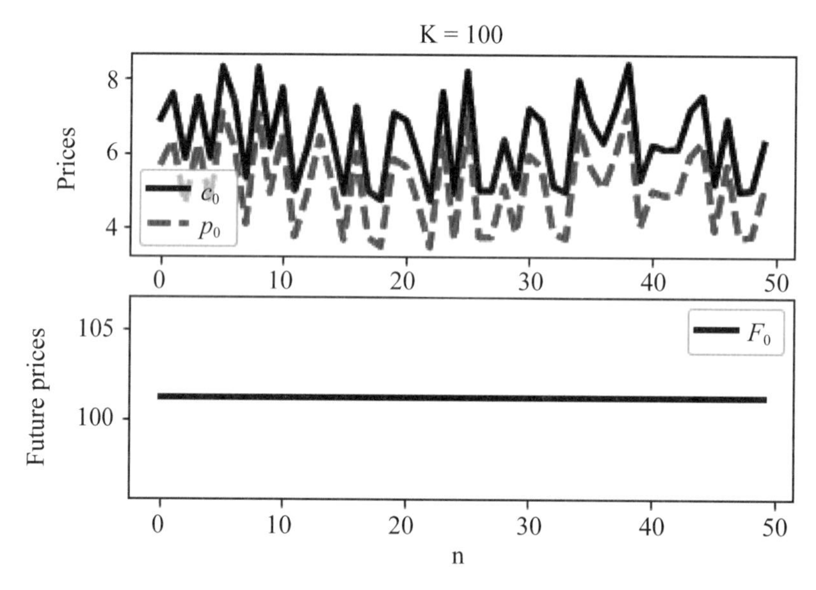

圖 2-22　於 K = 100 下，不同買權與賣權價格對應至相同的期貨值

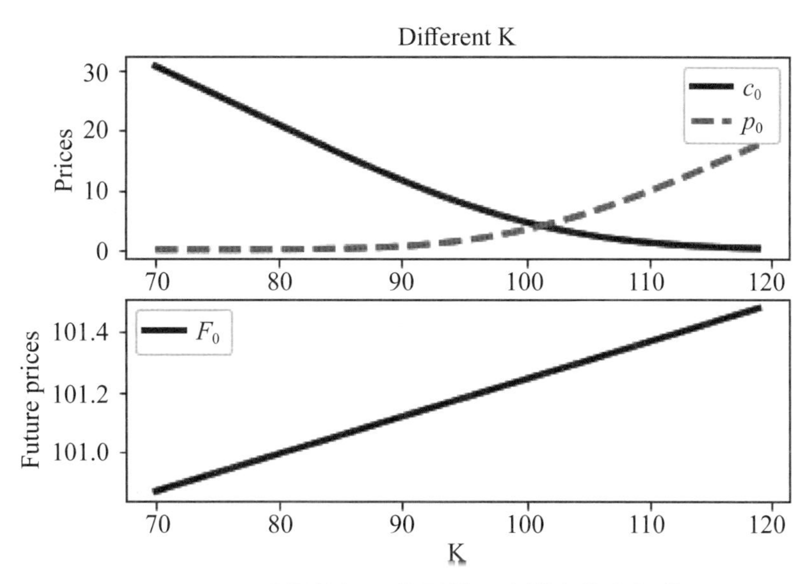

圖 2-23　不同履約價下的買權、賣權與期貨價格

圖 2-23 顯示出另外一個特徵，那就是買權的最高價（約 30.87）與賣權的最低價（約 0）竟可估得期貨的最低價（約 100.87）；同理，賣權的最高價（約 17.76）與買權的最低價（約 0.24）竟可估得期貨的最高價（約 101.48）。換句話說，圖 2-23 顯示出期貨的最低價與最高價分別約爲 100.87 與 101.48。

2.3.3 複製股票

假定 6 個月到期的履約價 100 的買權價格爲 10.2。利率爲 5% 而預期股利收益爲 0.48。目前標的資產爲股票的價格爲 70，問相同履約價與標的資產的賣權價格爲何？上述問題，利用買權與賣權平價，即根據（2-8）或（2-9）式已能回答，試下列指令：

```
St = 70;ct = 10.2;r = 0.05;T1 = 6/12;K = 65;D = 0.48
Ft = St*(1+r*T1)-D
Ft # 71.27
pt = ct-(Ft-K)/(1+r*T1)
pt # 4.082926829268295
ct-pt # 6.117073170731704
```

即對應的遠期價格與賣權價格分別約為 71.27 與 4.08，而買權與賣權的價差約為 6.12。

另外我們還有一個更簡易的計算方法。重新檢視（2-8）式，可得

$$
\begin{aligned}
&(c_t - p_t)(1 + rT_1) = S_t(1 + rT_1) - D - K \\
&\Rightarrow (c_t - p_t) = S_t - \frac{D}{(1 + rT_1)} - \frac{K}{(1 + rT_1)} \\
&\Rightarrow (c_t - p_t) = S_t - D - K + rKT_1 \qquad (2\text{-}11)
\end{aligned}
$$

換言之，若 D 值很小可得 $D/(1+rT_1) \approx D$；另外，$K/(1+rT_1) \approx K - rKT_1$。

利用 Python，我們亦可以驗證（2-11）式，試下列指令：

```
St-K+K*r*T1-D # 6.145
np.abs((St-K+K*r*T1-D)-(ct-pt))# 0.027926829268295705
```

即根據（2-11）式，買權與賣權的價差約為 6.15，與前述利用（2-9）式計算的價差相比，誤差不會超過 0.03。我們亦可以進一步計算賣權的價格為：

```
ct-(St-K+K*r*T1-D)# 4.055
```

其次上述 D 與 K 之估計值則約為：

```
D/(1+r*T1)# 0.4682926829268293
K/(1+r*T1)# 63.41463414634147
K-K*r*T1 # 63.375
```

我們自可看出端倪。

根據（2-11）式，我們發現買權與賣權平價亦可預期股價：

$$
\hat{S}_t = c_t - p_t + K - rKT_1 - D \qquad (2\text{-}12)
$$

我們再舉一個例子說明。試下列指令：

```
K = 90;ct = 7.5;pt = 0.3;r = 0.06;T1 = 3/12;D = 0.3
Sthat = ct-pt+K-r*K*T1+D
Sthat # 96.15
```

即按照上述假定，我們預期標的股價約爲 96.15。只是，若實際股價不等於上述預期股價，是否隱含著套利機會？

欲回答上述問題，我們的檢討爲：

(1) 若實際股價高於預期股價，則可採取「賣標的、買 call 與賣 put」策略套利。例如：

```
St = 97
(St-ct+pt)*(1+r*T1)# 91.14699999999999
(St-ct+pt)*(1+r*T1)-K # 1.1469999999999914
```

即實際股價爲 97，執行上述策略的到期收益約爲 91.15 而到期買回標的資產的成本價爲 90（即 K）[15]，故到期利潤約爲 1.15。

(2) 相反地，當實際股價低於預期股價，則可採取「買標的、賣 call 與買 put」策略套利。例如：

```
St = 95
(-St+ct-pt)*(1+r*T1)# -89.11699999999999
(-St+ct-pt)*(1+r*T1)+K # 0.8830000000000098
```

即實際股價爲 95，執行上述策略的到期收益約爲 −89.12 而到期賣出標的資產的收益爲 90（即 K），故到期利潤約爲 0.88。

(3) 因此，上述套利過程是假定借貸利率皆相同，若有不同，結果自然有異；另一方面，若手中無現股需放空，仍須考慮放空的成本。

---

[15] 若到期 $S_T \geq K$，期初買 call 會履約可得 $S_T - K$ 的收益，買回標的資產的成本價爲 $-S_T$，故成本爲 K。讀者可想像 $S_T < K$ 的情況。

(4) 上述策略應一次完成，不能分階段達成，即例如：第一階段先執行「買 call 與賣 put」策略，第二階段再執行「賣標的」策略。第一階段與第二階段之間若條件有異，自然結果就不同。

(5) 除了 c_t 與 p_t 之外，（2-12）式內尚存在利率 r 與預期股利 D 有可能會變動；換言之，於 c_t、p_t 與 D 不變之下，根據（2-12）式，我們可以進一步計算隱含的利率（implied interest rate）爲：

$$r_i = \frac{c_t - p_t - S_t + K + D}{KT_1}$$

即若實際的股價爲 $S_t = 97$，則隱含的利率爲 $r_i = 0.02$；又若 $S_t = 96$，則 $r_i = 0.07$。圖 2-24 繪製出上述隱含利率直線（左圖）與預期標的股價對利率的敏感度直線（右圖）。我們發現隱含利率竟有可能出現負數；另一方面，預期標的股價對利率的敏感度頗高，即右圖（圖 2-24）內的直線斜率值約爲 −22.5，隱含著利率平均上升 0.01，股價約會下降 22.5。因此，於套利過程中，若利率有變動，預期標的股價亦會隨之改變，有可能會錯失時機。

(6) 同理，於 c_t、p_t 與 r 不變之下，根據（2-12）式，我們可以進一步計算隱含的股利（implied dividend）爲：

$$D_i = S_t - c_t + p_t - K + rKT_1$$

圖 2-25 繪製出於上述條件下之隱含股利直線。我們從該圖內亦可看出隱含股利亦有可能會出現負值；另一方面，若 $S_t = 97$，則 $D_i = 1.15$，即實際上股利的發放會高出原本的預期值甚多。

(7) 也許套利的時間稍縱即逝，即隨著時間經過上述 c_t、p_t 與 r 等值會改變，影響了套利空間；換言之，我們需要瞭解 c_t 與 p_t 的影響因子，或者需要瞭解買權或賣權價格的避險參數（Greek letters）。

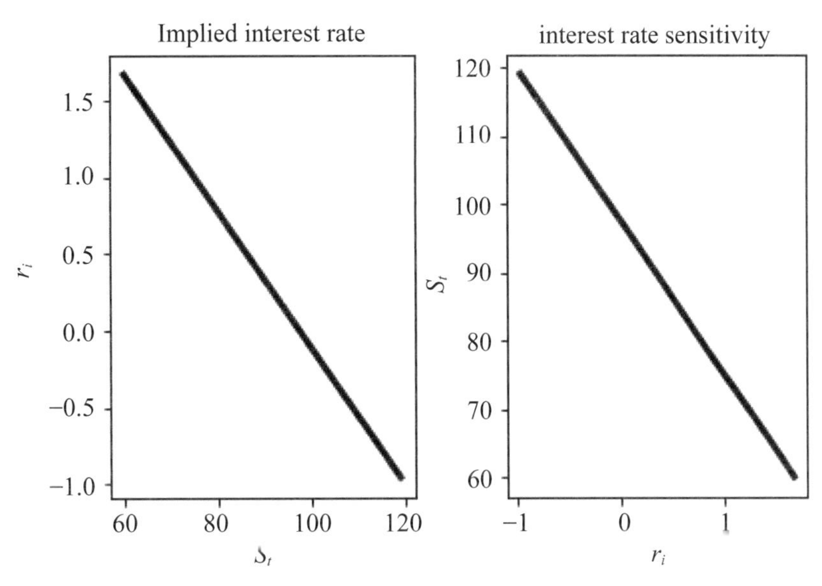

圖 2-24 隱含利率與利率的敏感度

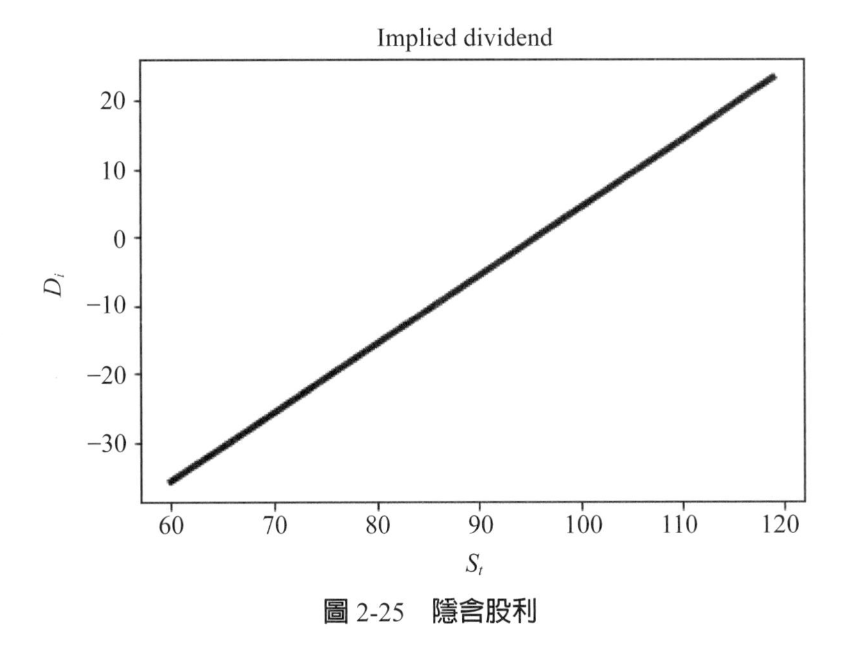

圖 2-25 隱含股利

BSM 模型

其實若只利用如圖 2-11 等的到期收益曲線，我們可以進一步討論一些選擇權的交易策略，不過我們當然更在意如圖 2-16 的到期利潤曲線的繪製。因有牽涉到當期 c_t 與 p_t 的估計，尤其是後二者的影響因子變動更會影響 c_t 與 p_t 值的計算，使得我們並不易評估選擇權的交易策略。因此，我們需要一個能估計 c_t 與 p_t 值的模型，當然從該模型內可以看到 c_t 與 p_t 值的影響因子。本章將介紹 BSM 模型。

第 2 章曾使用 BSM 模型。BSM 模型或稱爲 BS 模型。雖說 BSM 模型存在不少缺點（可以參考《歐選》），不過就所有的選擇權定價模型而言，BSM 模型仍是最普遍使用的模型。也許，我們可以針對 BSM 模型的缺點進行修正，故 BSM 模型未必不能使用。如前所述，臺灣期交所（TXO）網站亦有提供 BSM 模型的計算，以提供投資人買賣 TXO 的參考理論價格；換言之，使用上述網站或 BSM 模型之前，必須先準備下列資料：

1. 標的指數現貨價格 S_t。
2. 履約價格 K。
3. 波動率（volatility）σ。
4. 無風險利率 r。
5. 現金股利率 q。
6. 到期期限 T。

也就是說，我們必須先有 S_t、K、σ、r、q 與 T 等 6 個參數資料，才能計算出對應的 TXO 的買權與賣權的理論價格。是故，透過 BSM 模型的使用，我們方能清楚地瞭解影響買權與賣權的因子爲何？答案就是上述那 6 個參數資料，我們進一步稱爲 6 個參數影響因子。下一章我們將介紹 BSM 模型的避險參數，指的就是例如：$\partial c_t / \partial S_t$ 或 $\partial p_t / \partial \sigma$ 等偏微分結果。

3.1 一些準備

於尚未介紹 BSM 模型之前，我們有必要複習或建立一些財金與統計觀念，較完整的說明可參考《財統》、《財數》、《統計》與《衍商》。雖說如此，本節將只著重於資產價格與報酬率、常態與對數常態分配之間的關係以及波動率估計的介紹。

3.1.1 股價與報酬率

試下列指令：

```
TWI = yf.download("^TWII", start="2000-01-01", end="2021-08-31")
twip = TWI.Close
twir = 100*np.log(twip/twip.shift(1)).dropna()
# TSMC 的 ADR
TSM = yf.download("TSM", start="2000-01-01", end="2021-08-31")
tsmp = TSM.Close
tsmr = 100*np.log(tsmp/tsmp.shift(1)).dropna()
```

即我們可以從（英文）Yahoo 網站下載臺灣加權股價指數（簡稱 TWI）的 2000/01/01～2021/08/31 期間的日收盤價後，進一步將其轉換成日對數報酬率（簡稱日報酬率）而分別用 twip 與 twir 表示；另外，亦可以下載同一期間的台積電（TSMC）的 ADR（簡稱 TSM）的日收盤價而以 tsmp 表示。同樣地，我們亦可以將 tsmp 轉換成日報酬率 tsmr。

圖 3-1～3-4 分別繪製出 TWI 與 TSM 的日收盤價與日報酬率的特徵，可以分述如下：

(1) 通常資產的特徵可以用價格與報酬率檢視。

(2) 價格（如日收盤價）與報酬率（如日報酬率）的時間走勢並不相同，其中前者像「隨機漫步（random walk）」走勢[①]，而後者則圍繞於水平線（縱軸為 0）的附近（或稱為反轉趨向於水平線）。二者的走勢可以參考圖 3-1 與 3-3。

(3) 因此，價格的走勢偏向於「不安定」，而報酬率的走勢較為穩定。

(4) 除了時間走勢圖之外，我們亦可以用機率密度分配（probability density distribution, PDF）（簡稱機率分配）顯示價格與報酬率的「相對次數分配（relative frequency distribution）」，其中後者亦可稱為實證（empirical）機率分配。統計學內有提供一些特殊的機率分配[②]，我們可以稱為理論的機率分配。因此，實證上，我們就是希望利用實證機率分配估計理論的機率分配。

(5) 我們發現價格屬於右偏的分配（即右邊的尾部較長）而報酬率則偏向於對稱的分配，可以參考圖 3-2 與 3-4。

(6) 如前所述，因報酬率的走勢較為安定，故通常使用報酬率序列的標準差作為衡量「波動」的指標，而其計算出的結果則稱為波動率[③]。通常，波動率是用年率表示，因此利用上述 twir 與 tsmr 的資料，可得：

```
sa = np.std(twir)# 1.3300446710496836
sb = np.std(tsmr)# 2.6238217873520906
sigmaa = sa*np.sqrt(252)# 21.113804593225037
sigmab = sb*np.sqrt(252)# 41.65187960331979
```

即假定 1 年有 252 個交易日，故 TWI 與 TSM 的估計波動率分別約為 21.11% 與 41.65%，後者的波動率遠大於前者。其實，我們從圖 3-4 內亦可看出 TSM 的波動高於 TWI，是故用波動率來衡量，反而較為簡易明瞭。

(7) BSM 模型假定標的資產價格屬於對數常態分配（lognormal distribution），故對應的標的資產報酬率則屬於常態分配（normal distribution）。

---

① 顧名思義，想像位於觀察期間的期末（即 2021/8/31），我們有辦法猜到隔天之後的 twip 與 tsmp 的走勢嗎？

② 特殊的機率分配是指機率分配可用完整的數學模型表示。

③ 若注意報酬率的計算方式，其不就是計算（對數）價格的波動嗎？

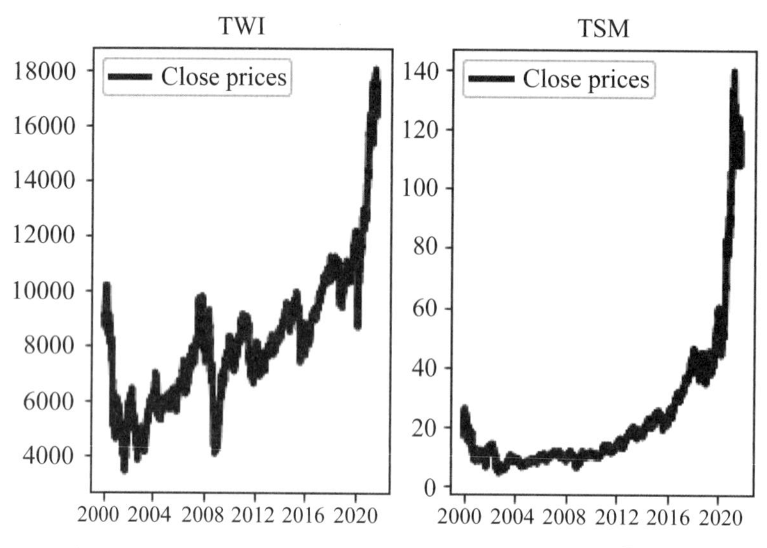

圖 3-1　TWI 與 TSM 日收盤價之時間走勢[④]

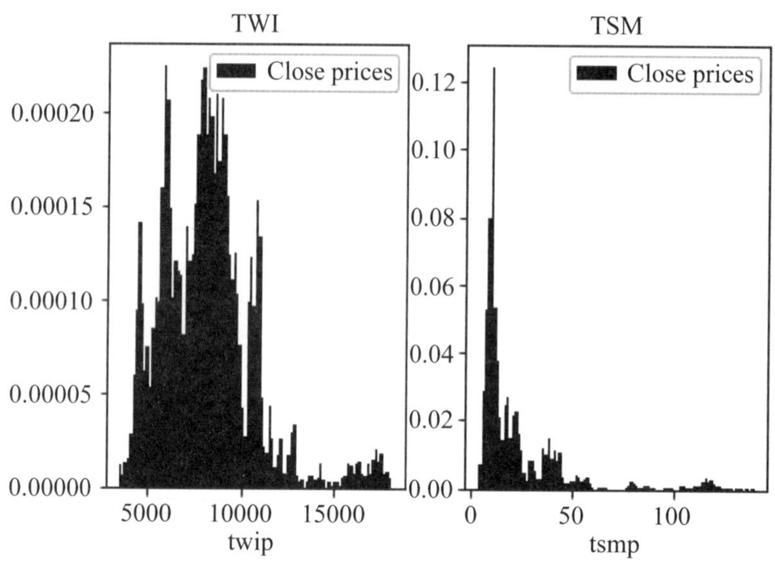

圖 3-2　twip 與 tsmp 的實證機率分配

④ 編按：本書圖、表爲忠於軟體系統匯出原始資料，故數字千分位不加「,」。

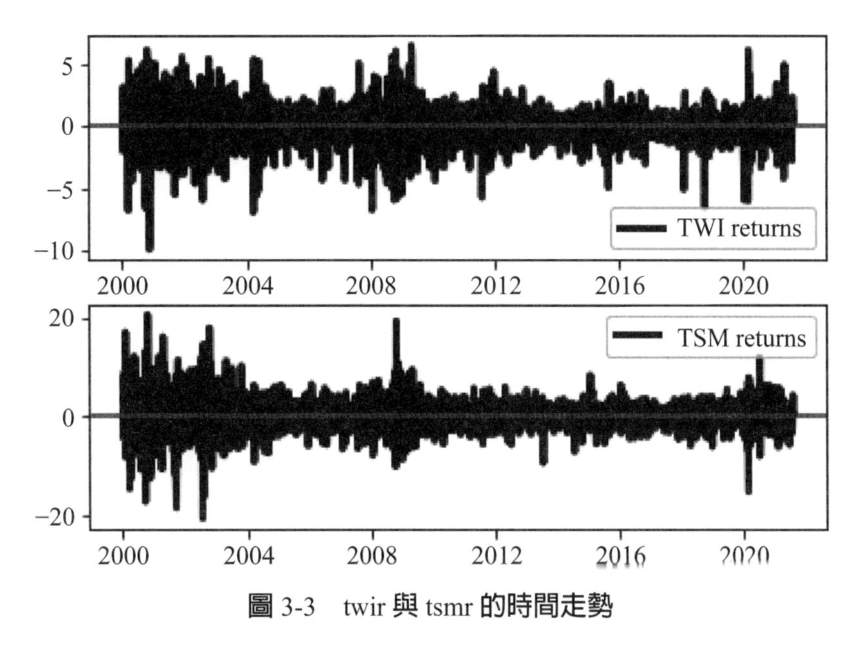

圖 3-3　twir 與 tsmr 的時間走勢

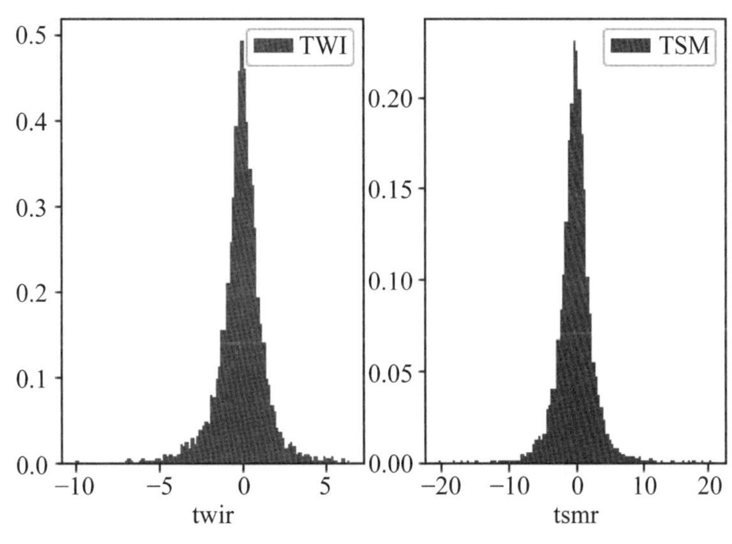

圖 3-4　twir 與 tsmr 的實證機率分配

3.1.2 常態分配與對數常態分配

如前所述，BSM 模型假定標的資產價格屬於對數常態分配，因此有必要複習上述分配與常態分配的關係，尤其是不同程式語言的操作[5]。例如：若假定 x 屬於

[5] 若使用 R 語言可參考《財統》，而若使用 Python 則可參考《統計》，上述二書皆有對數常態分配的介紹。

常態分配，則 $y = e^x$ 屬於對數常態分配；換言之，何謂對數常態分配？即將對數常態分配的（隨機）變數轉換成「對數變數」，而該「對數變數」就是常態分配的（隨機）變數。因此，簡單地說，常態分配的「指數」就是對數常態分配。

常態分配又稱爲鐘形（bell）或高斯（Gaussian）分配，其可用於顯示於一個特定機率下，一堆資料（或稱爲觀察值）的分布。想像身高的分布屬於常態分配，例如：介於 1.1 與 1.9 公尺的機率爲 95%（底下省略公尺），隱含著平均數爲 1.5。我們從圖 3-5a 內可看出 95% 的觀察值落於平均數（即 0）的 2 個標準差的範圍內，即總共有 4 個標準差；換言之，0.8 的差距（1.9-1.1）有 4 個標準差，隱含著標準差等於 0.2。

因此，身高若屬於平均數與標準差分別爲 1.5 與 0.2 的常態分配，隱含著約有 68% 的可能性，身高會落於 1.3 與 1.7 之間；同理，身高落於 0.9 與 2.1 之間的可能性約爲 99.73%。或者說，身高會大於 2.1 或小於 0.9 的可能性，微乎其微。圖 3-5a 繪製出標準常態分配的 PDF 曲線形狀，而一般的常態分配與標準常態分配之間的關係可以透過「標準化」轉換。

於上述例子或統計學內，我們已經知道常態分配有二個參數：μ 與 σ，其中 μ 是平均數，而 σ 則稱爲標準差。圖 3-5b 的上圖繪製出於不同 μ 與 σ 值下的常態分配的 PDF 曲線形狀，讀者可看出上述二個參數值所扮演的角色。同樣地，對數常態分配亦有 μ 與 σ 二個參數，只是後二者用不同型態的方式表示。例如：於 Python 內我們可以使用模組（scipy.stats）所提供的常態分配與對數常態分配指令，試下列指令：

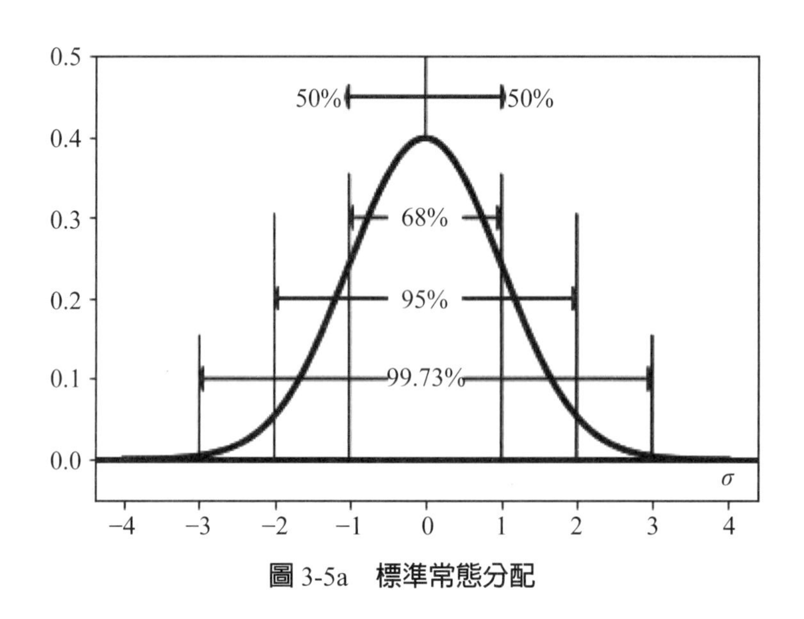

圖 3-5a　標準常態分配

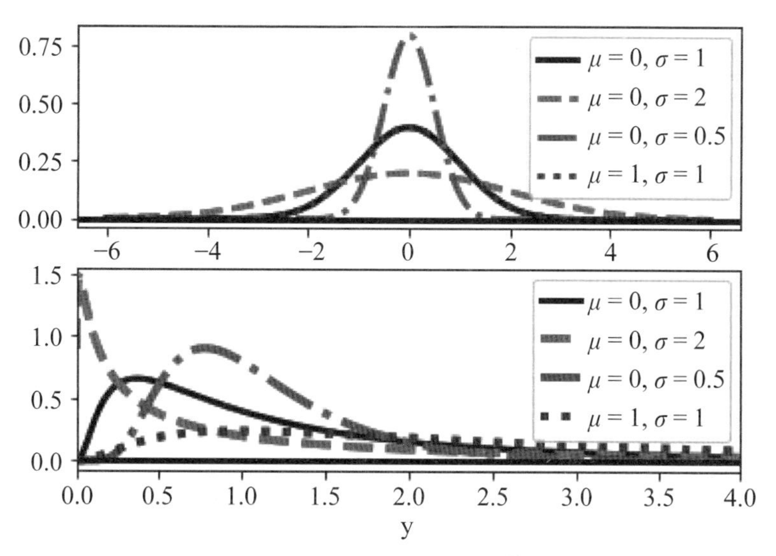

圖 3-5b 常態分配（上圖）與對數常態分配（下圖）的 PDF 曲線，其中上圖的橫座標用 x 表示，而 $y = e^x$

```
from scipy.stats import norm
from scipy.stats import lognorm
mu = 0;sigma = 1
plt.plot(x,norm.pdf(x,mu,sigma),lw=3,color='black',label=r'$\mu=0,\sigma=1$')
plt.plot(y,lognorm.pdf(y,s=sigma,scale=np.exp(mu)),lw=3,c='black',label='$\mu=0$,$\sigma=1$')
```

即上述指令分別繪製出於 $\mu = 0$ 與 $\sigma = 1$ 之下，常態分配與對數常態分配的 PDF 曲線（完整的指令則可參考圖 3-5b 所附的檔案），可以注意上述二者的表示方式並不相同。我們發現圖 3-5b 上圖內 PDF 曲線的形狀類似於圖 3-4，而下圖則類似於圖 3-2。

利用前述的 twip 資料，我們將該資料令爲 y 的觀察值並令 $x = \log(y)$，並且進一步計算可得 $\bar{x} = 8.96$ 與 $s = 0.3$（樣本平均數與標準差）。以上述 $\bar{x}$ 與 s 值取代常態分配的 μ 與 σ 值，圖 3-6 繪製出常態分配與對數常態分配 PDF 曲線，我們有興趣的是如何於常態分配與對數常態分配下求算機率。例如：於圖 3-6 內，我們分別計算出：

$$P(8.5 \le x \le 9.25) = P(4914.77 \le y \le 10404.57) \approx 0.7719$$

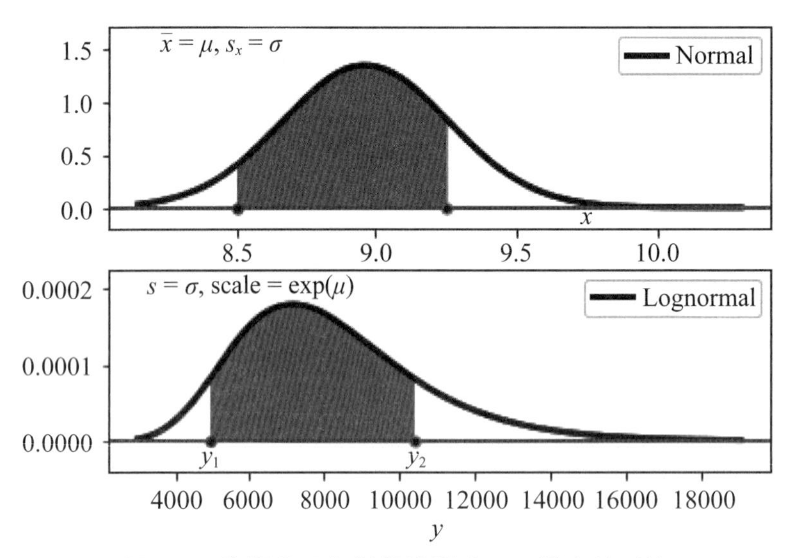

圖 3-6　常態分配與對數常態分配下機率的計算

即若假定 y（TWI 的日收盤價）屬於對數常態分配，則 y 的觀察值落於 4,914.77 與 10,404.57 之間的機率值約爲 0.7719。上述機率值可用下列指令求得：

```
lognorm.cdf(y2,s=sigma,scale=np.exp(mu))-lognorm.cdf(y1,s=sigma,scale=np.exp(mu))
# 0.7718995008384313
norm.cdf(9.25,mu,sigma)-norm.cdf(8.5,mu,sigma)# 0.7718995008384313
```

於統計學或根據圖 3-5a 內我們已經知道：

$$P(\mu-1.96\sigma \leq x \leq \mu+1.96\sigma) \approx 0.95$$

而若轉成對數常態分配呢？試下列指令：

```
x1 = mu-1.96*sigma;x2 = mu+1.96*sigma
norm.cdf(x2,mu,sigma)-norm.cdf(x1,mu,sigma)# 0.9500042097035595
ys1 = np.exp(x1)# 4353.061163354119
ys2 = np.exp(x2)# 14008.002977207701
lognorm.cdf(ys2,s=sigma,scale=np.exp(mu))-lognorm.cdf(ys1,s=sigma,scale=np.exp(mu))
# 0.9500042097035595
```

故若仍使用上述圖 3-6 的資料可得：

$$P(4353.06 \le y \le 14008) \approx 0.95$$

現在我們可以來看若波動率有變動，其結果會如何？試下列指令：

```
sigmah = 0.4
x1h = mu-1.96*sigmah;x2h = mu+1.96*sigmah
norm.cdf(x2,mu,sigmah)-norm.cdf(x1,mu,sigmah)# 0.9500042097035595
ys1h = np.exp(x1h)# 3565.3208878087107
ys2h = np.exp(x2h)# 17103.002970851623
lognorm.cdf(ys2h,s=sigmah,scale=np.exp(mu))-lognorm.cdf(ys1h,s=sigmah,scale=np.exp(mu))
# 0.9500042097035595
```

即波動率若由 0.3 升至 0.4，可知：

$$P(3565.32 \le y \le 17103) \approx 0.95$$

即於相同機率下，股價（日收盤價）波動的區間（範圍）擴大了。

3.1.3 波動率

之前我們是用資產（日）報酬率的標準差計算波動率，那究竟什麼是波動率？顧名思義，波動率可用於衡量市場的波動程度，那什麼是波動程度[6]？其實市場的波動程度指的是市場的「調整速度」；也就是說，波動率可用於衡量市場的調整速度！換句話說，選擇權的交易人（或投資人）對於市場的「調整速度」是非常敏感的，即若市場的調整速度不夠快速，投資選擇權未必有利。我們也可用另外一個角度來看，比較前述的 TWI 與 TSM 二種資產（3.1.1 節），而我們已經知道後者的波動率遠大於前者，隱含著後者的「變臉[7]」速度相當快，那何種方式較適合投資 TSM 資產？選擇權交易可能是一種不錯的選擇。

---

[6] 或者說，風險愈高（小）市場波動愈大（小）。於市場波動愈大（小）的環境內，資產價格的波動愈大（小）。

[7] 即「反敗爲勝」與「轉安爲危」的可能性頗高。

試下列指令：

```
St = 8756.55;r = 0.02;K = 8700;q = 0.01
sigma = 0.2;T = 1
re = BSM(St,K,r,q,T,sigma)
ct = re['ct'] # 758.0873043811553
pt = re['pt'] # 616.3948904336512
sigma1 = 0.4
re1 = BSM(St,K,r,q,T,sigma1)
ct1 = re1['ct'] # 1435.0284268845094
pt1 = re1['pt'] # 1293.3360129370053
```

即於相同的條件下，從低波動（波動率為 0.2）的市場轉至高波動（波動率為 0.4）的市場，買權與賣權的價格竟然上升約 1 倍！如此可看出波動率的重要性[8]。

如前所述，波動率的估計是由標準差而來[9]，故波動率與標準差屬於「一體兩面」，即我們想要知道波動率的角色，可藉由標準差於常態分配與對數常態分配內所扮演的角色得知。例如：圖 3-7 分別繪製出高、中與低波動下的常態分配的情況，而從該圖內可看出於高波動下，隨機變數 x 的變動幅度較大。其實，我們從圖 3-7 內亦可看出端倪，那就是 x 值有可能為負值，故我們或 BSM 模型不會將標的資產價格假定為常態分配。

從圖 3-5b 內可知常態分配與對數常態分配之間的關係，是故將圖 3-7 內的 x 值轉為 $y = e^x$ 值，則圖 3-7 內的常態分配可轉為圖 3-8 內的對數常態分配，可惜的是，我們不容易從對數常態分配內看出高、中與低波動的情況。一種簡單的判斷方式是：

---

[8] 上述結果是用 BSM 模型計算，讀者可嘗試改變其他的影響因子看看。3.2 節將介紹 BSM 模型。

[9] 我們知道樣本標準差的公式可寫成：$\sqrt{\sum_{i=1}^{n}(x_i-\bar{x})^2 \Big/ n-1}$，其中 x_i 表示資產報酬率。若使用高頻率資料如日報酬率，因 $\bar{x} \approx 0$，故上述標準差公式可用 $\sqrt{\sum_{i=1}^{n} x_t^2 \Big/ n-1}$ 取代。

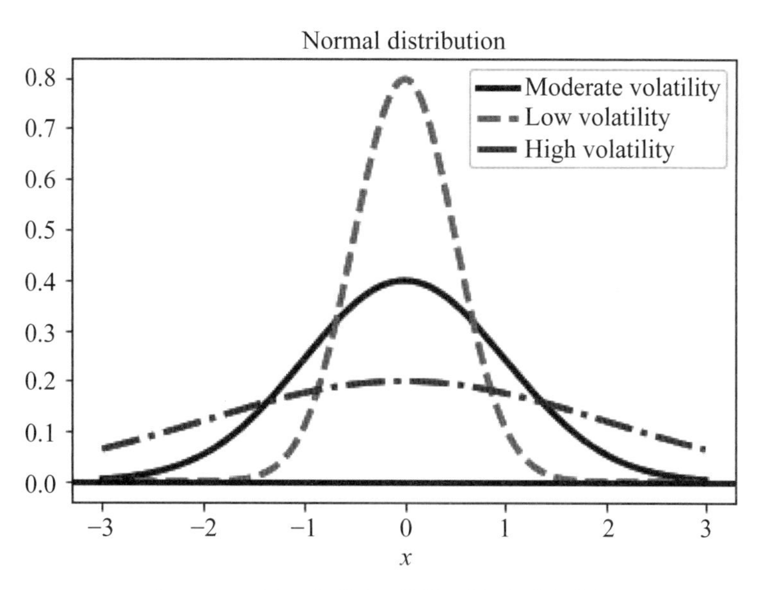

圖 3-7 高、中與低波動下的常態分配

```
z1 = 1;z2 = 2;z3 = 3
norm.cdf(z1,mu,sigma)-norm.cdf(-z1,mu,sigma)# 0.6826894921370859
norm.cdf(z2,mu,sigma)-norm.cdf(-z2,mu,sigma)# 0.9544997361036416
norm.cdf(z3,mu,sigma)-norm.cdf(-z3,mu,sigma)# 0.9973002039367398
```

即於標準常態分配（mu = 0 且 sigma = 1）內，可知[10]：

$$P(-1 \le x \le 1) \approx 0.6827、P(-2 \le x \le 2) \approx 0.9545 與 P(-3 \le x \le 3) \approx 0.9973$$

但是於對數常態分配下呢？試下列指令：

```
y1 = np.exp(z1);y2 = np.exp(z2);y3 = np.exp(z3)
y1a = np.exp(-z1);y2a = np.exp(-z2);y3a = np.exp(-z3)
lognorm.cdf(y1,s=sigma,scale=np.exp(mu))-lognorm.cdf(y1a,s=sigma,scale=np.exp(mu))
# 0.6826894921370859
```

[10] 理所當然，若 $\mu = 100$ 與 $\sigma = 5$，則常態分配觀察値落於 [95, 105]、[90, 110] 與 [85, 115] 區間的機率分別約爲 68.27%、95.45% 與 99.73%。

```
lognorm.cdf(y2,s=sigma,scale=np.exp(mu))-lognorm.cdf(y2a,s=sigma,scale=np.exp(mu))
# 0.9544997361036416
lognorm.cdf(y3,s=sigma,scale=np.exp(mu))-lognorm.cdf(y3a,s=sigma,scale=np.exp(mu))
# 0.9973002039367398
[y1a,y1] # [0.36787944117144233, 2.718281828459045]
[y2a,y2] # [0.1353352832366127, 7.38905609893065]
[y3a,y3] # [0.049787068367863944, 20.085536923187668]
```

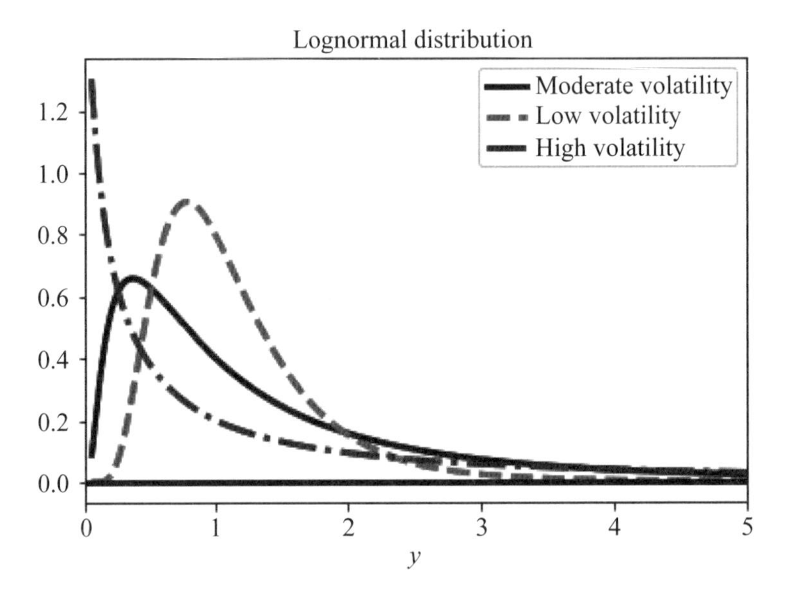

圖 3-8　高、中與低波動下的對數常態分配，其中 $y = e^x$ 而 x 取自圖 3-6

即於對數（標準）常態分配（mu = 0 且 sigma = 1）內，可得：

$$P(0.3679 \le y \le 2.7183) \approx 0.6827 \text{、} P(0.1353 \le y \le 7.3891) \approx 0.9545$$
$$\text{與 } P(0.0498 \le y \le 20.0855) \approx 0.9973$$

顯然對數常態分配因屬於右偏的分配以致於波動率變大反而使得 y 值離 e^{μ} 值愈遠[11]。因此，若使用 BSM 模型估計，買權與賣權價格的變動幅度並不一致。例如：

[11] 常態分配的觀察值可用以 μ 值爲中心向左或向右擴充 k 個標準差表示，即上述的計算是分別令 $k = 1,2,3$，但是對數常態分配的觀察值卻不是用上述方式表示。

```
Sta = 8600;r = 0.02;K = 8700;q = 0.01
sigma = 0.2;T = 1
rea = BSM(Sta,K,r,q,T,sigma)
cta = rea['ct'] # 672.1229137016853
pta = rea['pt'] # 685.4228012276108
Stb = 8800
reb = BSM(Stb,K,r,q,T,sigma)
ctb = reb['ct'] # 782.9177552871142
ptb = reb['pt'] # 598.2076760632067
```

即於上述條件下，標的資產價格由 8,600（履約價格爲 8,700）上升至 8,800 所引起的買權價格增加幅度大於賣權價格減少的幅度！

BSM 模型假定標的資產屬於對數常態分配，就財務數學的術語而言，相當於假定標的資產屬於幾何布朗運動（geometric Brownian motion, GBM）。圖 3-8a 繪製出於（波動率）$\sigma = 0.2$ 與 $\sigma = 0.4$ 之下，二種 GBM 的模擬時間走勢。比較圖 3-8 與 3-8a 二圖，可以發現前者只不過是後者的某一時點（觀察值）的理論值；換句話說，標的資產屬於對數常態分配的「所有時點」觀察值的走勢爲何？答案就是圖 3-8a 內的時間走勢圖。重新檢視圖 3-8a 應可以發現當波動率變大了，標的資產價格波動的範圍亦擴大了。

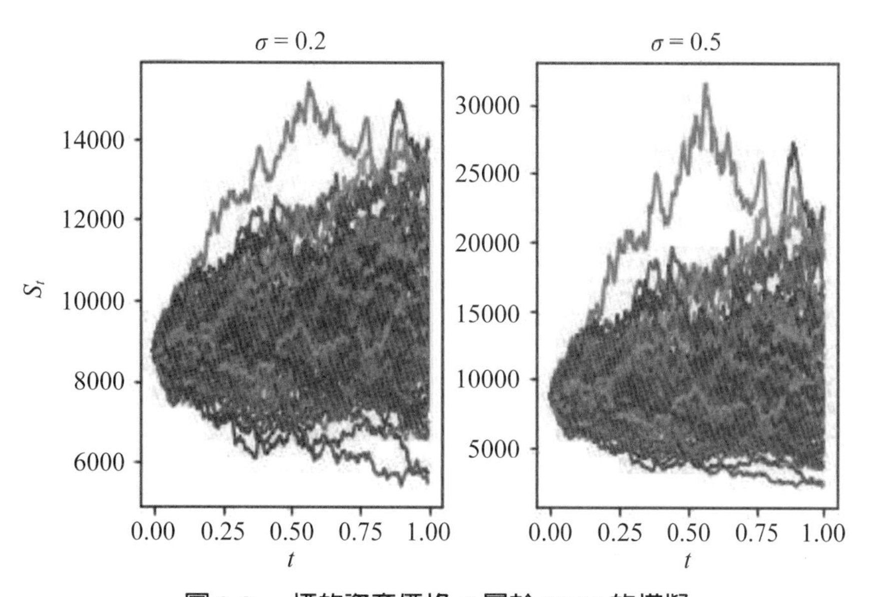

圖 3-8a 標的資產價格 S_t 屬於 GBM 的模擬

現在我們來看如何利用過去的歷史資料估計波動率。試下列指令：

```
TWI = yf.download("^TWII", start="2000-01-01", end="2021-08-31")
TSM = yf.download("TSM", start="2000-01-01", end="2021-08-31")
St = TWI.Close;st = TSM.Close
df = pd.concat([St, st], axis=1,join='inner')
df.columns = ['twi','tsm']
df['date'] = df.index.strftime("%m/%d")
df['year'] = df.index.strftime("%Y")
df['month'] = df.index.strftime("%B")
df['week'] = df.index.strftime("%m/%W")
df['day'] = df.index.strftime("%A")
```

爲了比較起見，上述指令將前述的 TWI 與 TSM 的日收盤價資料合併成一個資料框 df（日期一致），同時 df 內亦含有例如日期、年、月、週或日等資訊（df 的建立可參考《資處》）；換言之，利用上述 df 內的資料，我們打算計算由週與日報酬率資料所構成的波動率。試下列指令：

```
x = df.day == 'Friday'
twip1 = df['twi'][x]
twip = df['twi']
twir = 100*np.log(twip/twip.shift(1)).dropna()
twir1 = 100*np.log(twip1/twip1.shift(1)).dropna()
```

即 twir 仍表示 TWI 之日報酬率，而 twir1 則表示根據每週之星期五所計算的週報酬率。再試下列指令：

```
m = 252
vol = twir.rolling(m).std()*np.sqrt(m)
volw = twir1.rolling(52).std()*np.sqrt(52)
```

上述指令的意思先利用 1 年的報酬率資料計算出「移動」的波動率後，再將後者年率化（即每隔 1 年計算一次波動率，有重疊），此處我們假定 1 年有 252 個交易日以及 1 年有 52 週。同理，TSM 的波動率亦是利用類似的方式計算[12]。

圖 3-9 分別繪製出 TWI 與 TSM 的「移動」波動率，而從該圖內可看出於同一時間下，TSM 的波動率的確較高；另一方面，圖 3-9 亦提醒我們波動率的估計絕非只有一種方式，即利用日與週資料所計算出的波動率未必相同。例如：圖 3-10 是額外再使用 50 天或 32 週的資料所繪製而成，而從該圖可看出似乎使用的資料期間愈短，估計的波動率反而愈波動！可惜的是，如何選擇適當的樣本期間，至目前似乎仍沒有定論。

如同利率是用年率表示，波動率亦是用年率表示，只不過後者計算年率的方式是用 1 年有多少個交易日或 1 年有多少週表示。若我們有興趣的是每日或每週價格的波動呢？例如：目前標的股價爲 50 而對應的波動率爲 0.4。若假定 1 年仍只有 252 個交易日或 52 週，則：

```
# daily changes
St = 50
sigma = 0.4
sigmad = sigma/np.sqrt(252)# 0.02519763153394848
a = St*sigmad # 1.040625
[St-a,St+a] # [48.740118423302576, 51.259881576697424]
[St-2*a,St+2*a] # [47.48023684660515, 52.51976315339485]
[St-3*a,St+3*a] # [46.22035526990773, 53.77964473009227]
# weekly changes
sigmaw = sigma/np.sqrt(52)# 0.05547001962252292
b = St*sigmaw # 2.773500981126146
[St-b,St+b] # [47.22649901887385, 52.77350098112615]
[St-2*b,St+2*b] # [44.452998037747705, 55.547001962252295]
[St-3*b,St+3*b] # [41.679497056621564, 58.320502943378436]
```

[12] 想想看，若是使用半年或 2 年的資料計算，該如何做？

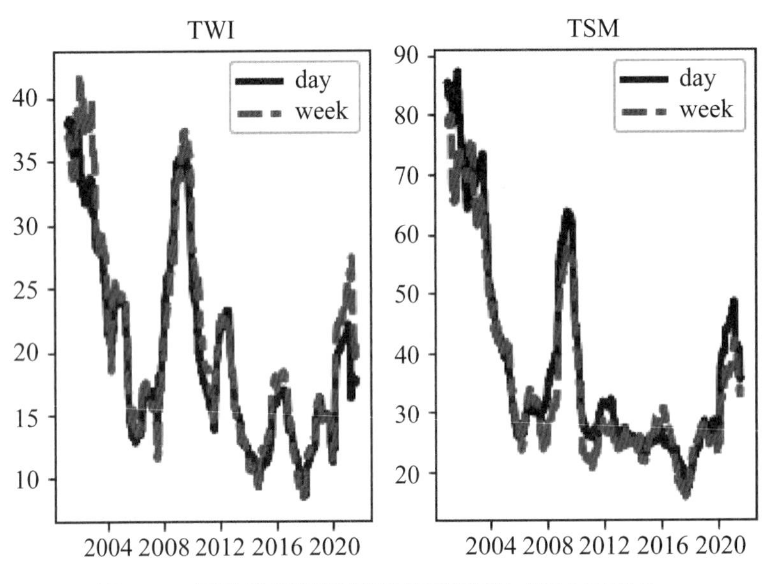

圖 3-9　日波動率與週波動率之計算（已年率化）

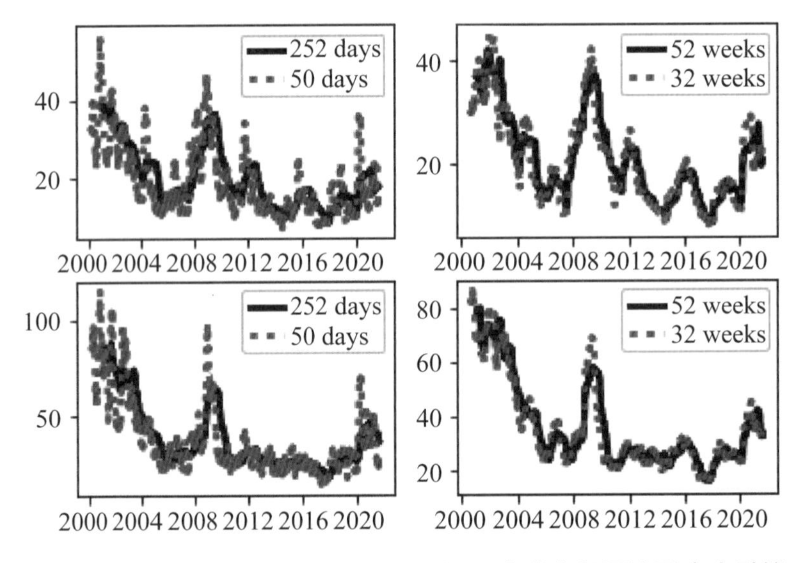

圖 3-10　TWI（上圖）與 TSM（下圖）日波動率與週波動率之計算

即日波動與週波動分別約爲 0.025 與 0.055（注意年轉爲日或週），故日價格落於 1、2 與 3 標準差的範圍內分別約爲 [48.74, 51.26]、[47.48, 52.52] 與 [46.22, 53.78]，而其對應的機率分別約爲 68.27%、95.45% 與 99.73%。至於週價格呢？上述區間分別約爲 [47.23, 52.77]、[44.45, 55.55] 與 [41.68, 58.32]。因此，雖說常態分配未必是一種合理的假定，但是利用常態分配的性質，反而可以提供一個簡易的資訊。

當交易人談到波動率時，也許他們所論及的不是同一件事；換句話說，波動率可以分成實際波動率（realized volatility）與隱含波動率（implied volatility）二種，其中前者是計算標的資產的實際波動率而後者則根據選擇權市場價格計算。

實際波動率

實際波動率是計算一段期間標的資產報酬率之年率標準差，因此前述之計算如圖 3-9 與 3-10 內的波動率就是實際的波動率。實際波動率的特徵可以分述如下：

(1) 雖說我們可以計算日、週或甚至於月之實際的波動率，它們的結果雖有一些差異，但是整體趨勢仍是不變的。例如：檢視圖 3-9 或 3-10，我們應該不會有用日波動率較高而週波動率較低的結果。
(2) 如前所述，日波動率可用於檢視標的資產日價格波動的情況；同理，週波動率可用於檢視週標的資產價格波動的情況。
(3) 實際波動率可以分成歷史（即過去）實際波動率與未來實際波動率二種；理所當然，我們是用歷史實際波動率預測未來實際波動率。
(4) 計算實際波動率如圖 3-9 是有意義的，畢竟該圖內的曲線形狀並非屬於「鋸齒狀」，隱含著就目前而言歷史實際波動率落於例如 10%～20% 的可能性頗高，則未來實際波動率應不會落於上述區間之外。
(5) 計算實際波動率如圖 3-9 是有意義的，因爲該圖提醒我們實際波動率並非固定不變。
(6) 至目前爲止，我們多少已經使用過 BSM 模型以計算買權或賣權價格，而我們也已經知道使用該模型之前必須事先準備波動率的估計值，故若對波動率的預期值毫無頭緒，則歷史實際波動率的計算值是一個不錯的選擇。換言之，歷史實際波動率可當作預期未來實際波動率的「期初值」。

隱含波動率

不像前述介紹的實際波動率，隱含波動率是根據實際選擇權市場價格所推導出來的波動率，其特色亦可分述如下：

(1) 如前所述，隱含波動率是由實際選擇權市場價格所推導計算出來，因其反映當前選擇權市場需求與供給面的資訊，故其未必會等於歷史的實際波動率。
(2) 隱含波動率與歷史實際波動率之間的差異可能來自於「對未來的預期」，如公司營收的宣布、重要原物料的短缺、政治因素或地區的緊張程度等因素；換言之，上述因素改變了對波動率的預期，進而改變了選擇權的市價。也許，於長期，隱含波動率會反轉回歸至歷史的實際波動率，只是要多久才算是長期？

(3) 通常隱含波動率可藉由理論的定價模型，如 BSM 模型計算而來。例如：3.3.3 節會介紹於 BSM 模型之下，如何透過實際選擇權市場價格計算出隱含波動率。

(4) 不同的理論定價模型自然有對應的不同隱含波動率；換言之，也許我們永遠不知眞正的隱含波動率爲何，因爲實際選擇權市場仍缺乏適當的理論定價模型描述。

(5) 有了隱含波動率的觀念，故知實際選擇權市場價格與隱含波動率之間呈現 1 對 1 的關係。可惜的是，隱含波動率未必等於實際波動率。

(6) 如前所述，例如 BSM 模型仍有其他的影響因子如利率或標的資產價格等，若上述因子有變，自然隱含波動率未必等於實際波動率。

(7) 選擇權市場價格通常亦可用隱含波動率表示，即高（低）隱含波動率表示高（低）選擇權市場價格。

(8) 例如：履約價爲 8,700 的買權實際市價爲 896.1 而其理論價爲 726.4。波動率的預期值爲 0.2 與隱含波動率爲 0.25。若我們深信上述理論價是合理的，則實際買權價格是「高估的」，故賣買權可得預期利潤爲 169.7。當然，我們亦可以用波動率表示上述預期利潤爲 0.05（波動率），似乎用上述方式比較簡易。

(9) 續 (8)，考慮相同條件的買權契約。履約價爲 8,600 買權的實際價格爲 900 而其對應的隱含波動率爲 0.237。乍看之下，似乎履約價爲 8,600 的買權較貴（與履約價爲 8,700 的買權比較），不過若從波動率來看，應該前者較爲便宜（畢竟履約價爲 8,600 買權的買進標的資產的成本價較低）。因此，全部契約轉成隱含波動率來看，不失爲一種參考依據。

(10) 直覺而言，前述之未來實際波動率若預測正確，其可決定選擇權的價值，而隱含波動率卻提供了選擇權的價格。因此，若選擇權的價值高於（或低於）選擇權的價格，則買進（賣出）該選擇權。此可說明未來實際波動率與隱含波動率之間的關係；或者說，有了隱含波動率，未來實際波動率的預期反而更爲重要。

3.2 使用 BSM 模型

BSM 模型通常被視爲一種可以決定歐式股票選擇權價格的模型，因此若仔細檢視底下（3-1）～（3-2）式的型態，我們不難想像出 BSM 模型背後的假定；換言之，BSM 模型的推導是透過下列的假定：

(1) 股票的連續報酬率是屬於獨立的常態分配，此隱含著股價是屬於對數常態分配。
(2) 股票連續報酬率的波動率是已知且為一個固定數值。
(3) 未來股利的支付是已知的。
(4) 無風險利率是一個已知的常數。
(5) 不存在交易成本與租稅。
(6) 投資人幾乎可以從事低成本的放空操作以及用無風險利率借貸。

上述 (2)～(6) 的假定通常較容易出現財務或經濟理論的假定上，畢竟財務或經濟理論的存在並不受限於經濟環境的限制。因此，就 BSM 模型而言，比較特別或重要的假定是假定 (1)；也就是說，若假定股價服從對數常態分配，其相當於假定股價的時間走勢不會出現「跳動（jumps）」的情況，而反而是屬於一種連續性的走勢。

根據《衍商》，BSM 模型可寫成：

$$c_t = S_t e^{-q(T-t)} N(d_1) - K e^{-r(T-t)} N(d_2) \quad (3\text{-}1)$$

與

$$p_t = K e^{-r(T-t)} N(-d_2) - S_t e^{-q(T-t)} N(-d_1) \quad (3\text{-}2)$$

其中

$$d_1 = \frac{\log(S_t / K) + (r - q + \sigma^2 / 2)(T - t)}{\sigma\sqrt{T-t}}$$

與

$$d_2 = \frac{\log(S_t / K) + (r - q - \sigma^2 / 2)(T - t)}{\sigma\sqrt{T-t}} = d_1 - \sigma\sqrt{T-t}$$

其中 c_t、p_t 與 S_t 仍分別表示第 t 期買權價格、賣權價格以及標的資產價格；另外，K、r、q、σ 以及 T 分別表示履約價、無風險利率、股利支付率、波動率以及到期日。最後，N(·) 表示標準常態分配的 CDF。

3.2.1 利用 BSM 模型計算歐式買權與賣權價格

於（3-1）～（3-2）式內，不僅可以看出買權價格 c_t 與賣權價格 p_t 因有完整的數學公式，故我們不難可以利用 Python 自行設計出買權與賣權價格的函數；另一方面，於上述式子內亦可看出買權與賣權價格會受到 6 個參數的影響，其中 r、q、σ 以及 T 皆以年率表示，我們先來看所設的 BSM 模型：

```
def BSM(St,K,r,q,T,sigma):
    d1 =(np.log(St/K)+(r-q+0.5*sigma**2)*T)/(sigma*np.sqrt(T))
    d2 =(np.log(St/K)+(r-q-0.5*sigma**2)*T)/(sigma*np.sqrt(T))
    c = St*np.exp(-q*T)*norm.cdf(d1,0.0,1.0)-K*np.exp(-r*T)*norm.cdf(d2,0.0,1.0)
    p = K*np.exp(-r*T)*norm.cdf(-d2,0.0,1.0)-St*np.exp(-q*T)*norm.cdf(-d1,0.0,1.0)
    result = {"ct":c,"pt":p,"d1":d1,"d2":d2}
    return result
```

我們舉一個例子說明。試下列指令：

```
St = 41;K=40;r = 0.08;q = 0;sigma = 0.3;T = 0.25
re = BSM(St,K,r,q,T,sigma)
np.round(re['ct'],2)# 3.4
np.round(re['pt'],2)# 1.64
np.round(re['d1'],2)# 0.37
np.round(re['d2'],2)# 0.22
```

即上述我們所設的 BSM(.) 函數，於輸入必要的參數後會有 4 種結果，即除了可得出對應的 c_t 與 p_t 值之外，亦可得出 d_1 與 d_2 值。後二者的意義，底下會解釋。

根據上述假定，我們繼續檢視：

```
PVD = 3*np.exp(-r*1/12)# 2.980066518765103
St1 = St-PVD # 38.019933481234894
```

```
re1 = BSM(St1,K,r,q,T,sigma)
np.round(re1['ct'],2)# 1.76
np.round(re1['pt'],2)# 2.95
```

上述指令是指標的資產 1 個月後每股股利發放 3（元），我們可以計算上述股利現值 PVD，然後再以 $S_t - PVD$ 取代原來的 S_t。可以注意的是，上述仍假定 $q = 0$。

上述是屬於間斷股利支付的例子，是故利用 BSM 模型可估計歐式股票型買權與賣權價格。至於連續型的股利呢？利用 BSM 模型亦可估計歐式指數型買權與賣權價格。連續型股利是假定股利的發放是根據標的資產價格而以年率化的連續股利支付率（dividend yield）表示；換言之，假定 $S(0)$ 表示期初標的資產價格，而 q 表示年率化的連續股利支付率，則我們可以估計出每日的股利發放爲：

$$\text{每日的股利發放} = \frac{q}{365} \times S(0)$$

假定將收到的股利再購買相同的標的資產，則 T 年後可得：

$$\left(1 + \frac{q}{365}\right)^{365 \times T} \approx e^{qT}$$

因此，可得 q 的估計值。《衍商》曾利用 TXO201101C9000 與 P9000 的資料估計出隱含的 q 值的中位數約爲 1.48%。利用上述 q 的估計值，我們試下列的例子。

表 3-1　TXO201012C8400 與 TXO201012P8400 的市場行情

日期	開盤價	最高價	最低價	收盤價	T	波動率
買權						
10/6	162	200	162	192	51/252	0.1723
11/30	112	137	99	114	12/252	0.1703
賣權						
10/6	350	360	350	358	51/252	0.1723
11/30	115	127	88	110	12/252	0.1703

說明：1. 10/5 與 11/29 標的資產的收盤價分別爲 8,200.43 與 8,367.17。
2. 無風險利率爲 1.13/100 與履約價爲 8,400。
3. 資料來源：臺灣經濟新報（TEJ）。
4. 波動率取自《歐選》。

表 3-1 分別列出臺指選擇權（TXO）的 2010 年 12 月期的買權與賣權的市場行情。利用表 3-1 內的資訊，我們倒是可以練習（3-1）與（3-2）二式的使用。假定投資人於 10/6 未開盤前欲知當日的買權與賣權價格爲何，則該投資人可以使用（3-1）與（3-2）二式計算。此相當於令 $S_t = 8{,}200.43$、$K = 8{,}400$、$q = 0$、$r = 1.13/100$、$\sigma = 0.1723$ 與 $T = 51/252$，再分別代入（3-1）與（3-2）二式內，分別可得 c_t 與 p_t 約爲 176.14 與 356.52。同理，於 11/30 未開盤前投資人亦可以用相同的方式計算 c_t 與 p_t 分別約爲 110.61 與 138.92。上述結果可參考表 3-2。

表 3-2 內亦列出 $q = 0.0148$ 的結果。比較表 3-1 與 3-2 內的結果，上述 c_t 與 p_t 的估計值與實際價格有些差距，不過於 $q = 0.0148$ 之下，以 BSM 模型估計的賣權價格可能有高估的情況；換言之，於表 3-1 的例子內，即使利用 $q = 0$，BSM 公式的確可以提供一個「大概」的參考值；或者說，市場的交易人亦使用 BSM 公式的估計值作爲「粗略」的參考值。

最後，值得一提的是，表 3-1 內的到期期限是根據「剩餘交易日」計算，若改成用「剩餘日期間」計算，其實也未嘗不可。以 10/6 爲例，若 T 值改爲 71/365（即實際至到期日有 71 天），其餘不變（$q = 0$），利用 BSM 公式，買權與賣權價格分別約爲 171.04 與 352.16。上述結果與表 3-2 內的結果仍有若干的差距，此說明了 BSM 公式仍只是「抓到」大概的買權與賣權價值。

表 3-2　以 BSM 模型估計表 3-1

	10/6		11/30	
	買權價格	賣權價格	買權價格	賣權價格
$q = 0$	176.14	356.52	110.61	138.92
$q = 0.0148$	166.41	377.31	107.85	142.06

3.2.2 BSM 模型的影響因子

雖說（3-1）與（3-2）二式看起來頗爲複雜（底下我們會解釋），不過因我們已經將上述二式轉換成用函數 BSM(.) 表示，故讀者只需練習如何操作 Python（可以參考《資處》）。試試看。

從上述計算或從（3-1）與（3-2）二式內可以看出欲計算出 BSM 模型的買權

或賣權價格，事先必須要有 S_t、K、r、q、σ 以及 T 等參數輸入值。理所當然，不同參數輸入值的結果並不相同；因此，透過 BSM 模型我們反而知道買權與買權價格的影響因子爲何？不就是上述輸入參數嗎？因此，我們要使用 BSM 模型之前，反而需要瞭解各參數所扮演的角色。事實上，前述所談到避險參數，指的就是上述影響因子對選擇權價格的影響程度，而我們可以透過 BSM 模型瞭解。我們可以先藉由圖形如圖 3-11 與 3-12 說明。該二圖基本上是以 $K = 9{,}200$、$r = 0.2$、$q = 0.2$、$T = 1$ 以及 $\sigma = 1$ 爲基準，爲了得出不同參數值對 c_t 與 p_t 值的影響，於圖 3-11 與 3-12 內，我們分別再考慮單一參數的二種可能值，如此自然看出該參數值對 c_t 與 p_t 值的影響。因是繪製出買權與賣權的價格曲線，故上述二圖的橫與縱座標分別表示 S_t 與 $c_t(p_t)$。

我們先檢視圖 3-11 的結果。首先若檢視各小圖內的走勢圖，圖 3-11 內各圖的買權價格曲線不就顯示出 $\partial c_t / \partial S_t > 0$ 的結果嗎？換言之，對買權而言，標的資產價格愈高（低）愈有利（不利），是故買權價格與標的資產價格之間是呈正向的關係。另外，圖 3-11 內的左上圖是考慮不同履約價對買權價格的影響，除了履約價爲 9,200 外（其對應的買權價格曲線爲一條實線），我們再分別考慮履約價爲 8,800 與 9,600 的二種可能（其對應的買權價格曲線皆以虛線表示）；即於圖內可看出，於其他情況不變下，履約價與買權價格之間是呈負向關係，可寫成 $\partial c_t / \partial K < 0$。按照同樣的推理方式，其餘各圖隱藏的結果分別爲 $\partial c_t / \partial r > 0$、$\partial c_t / \partial T > 0$、$\partial c_t / \partial q < 0$ 與 $\partial c_t / \partial \sigma > 0$。

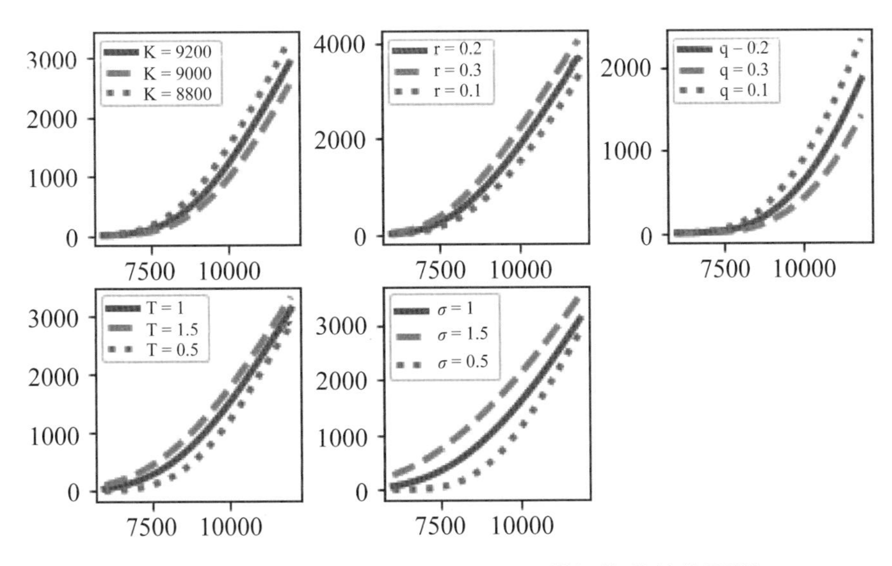

圖 3-11　不同參數輸入值對 BSM 買權價格曲線的影響

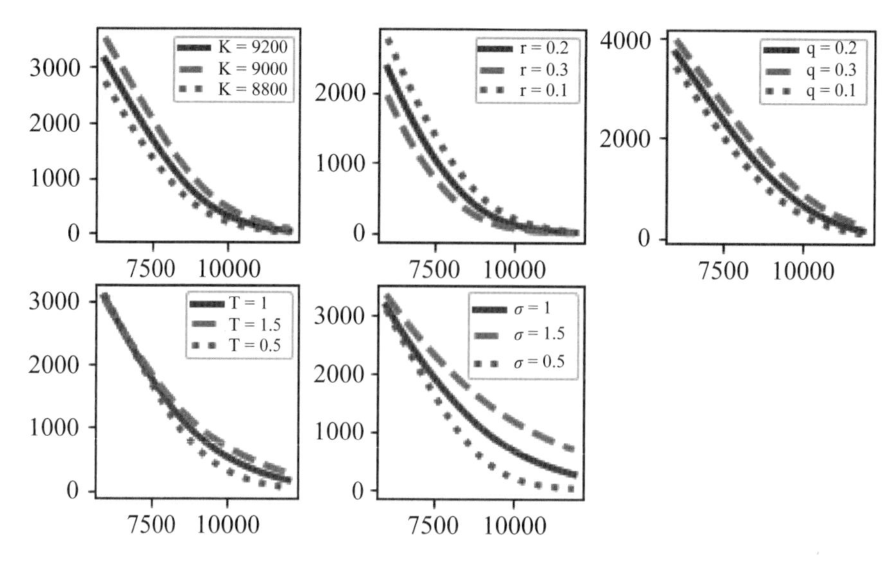

圖 3-12　不同參數輸入值對 BSM 賣權價格曲線的影響

類似於圖 3-11，讀者應不難解釋圖 3-12 的結果。因此，我們可以進一步整理出：

$$c_t = f(S_t, K, r, q, T, \sigma) \text{ 與 } p_t = g(S_t, K, r, q, T, \sigma) \quad (3\text{-}3)$$

$$\quad + - + - + + \qquad\qquad - + - + + +$$

其中例如因 $\partial c_t / \partial S_t > 0$ 與 $\partial c_t / \partial K < 0$，故函數底下分別以「＋」與「－」符號表示，其餘可類推。讀者可以嘗試解釋各符號的涵義[13]。

BSM 模型除了可以計算出歐式買權與賣權價格之外，利用 BSM 模型來繪製買權與賣權到期收益曲線亦相當容易，可以參考圖 3-13，該圖對應的程式碼為：

```
def bsm(S,K,r,q,T,sigma,option = 'call'):
    d1 =(np.log(S/K)+(r-q+0.5*sigma**2)*T)/(sigma*np.sqrt(T))
    d2 =(np.log(S/K)+(r-q-0.5*sigma**2)*T)/(sigma*np.sqrt(T))
```

[13] 以股利支付率 q 為例，因 q 上升表示股利發放提高，故若於契約期間內有遇到除息（ex-dividend），對於買權的買方是不利的（還沒買到股票且股價會下跌），但是對於賣權的買方卻是有利的（還沒賣股票，股利收益增加），故 $\partial c_t / \partial q < 0$ 以及 $\partial p_t / \partial q > 0$。於底下介紹避險參數時，自然知道其餘影響因子與選擇權價格之間的「因果關係」。

```
        if option == 'call':
            result =(S*np.exp(-q*T)*norm.cdf(d1,0.0,1.0)-K*np.exp(-r*T)*norm.cdf(d2,0.0,1.0))
        if option == 'put':
            result =(K*np.exp(-r*T)*norm.cdf(-d2,0.0,1.0)-S*np.exp(-q*T)*norm.cdf(-d1,0.0,1.0))
        return result
ST = np.arange(50,150,1);K = 100;r = 0.05;q = 0;T = 0.0001;sigma = 0.2
cT = bsm(ST,K,r,q,T,sigma,option = 'call')
pT = bsm(ST,K,r,q,T,sigma,option = 'put')
fig = plt.figure()
fig.add_subplot(2, 2, 1)
plt.plot(ST,cT,lw=3,color="black",label="long a call")
plt.ylabel(r'$c_T$')
plt.ylim(-50,50)
plt.arrow(50,0,100,0)
plt.legend(loc="best")
```

即令 $T = 0.0001$，可得到期收益曲線。上述指令我們只列出圖 3-13 內左上圖的程式碼，其餘各圖可參考所附檔案。可以注意我們使用二種函數來表示 BSM 模型，其中之一是「BSM(.)」函數（圖 3-11 與 3-12），該函數的特色是其有 c_t、p_t、d_1 與 d_2 等四個結果。另外是「bsm(.)」函數（圖 3-13），其特色是其結果不是 c_t 就是 p_t。上述二函數各有用處，讀者可以熟悉看看。

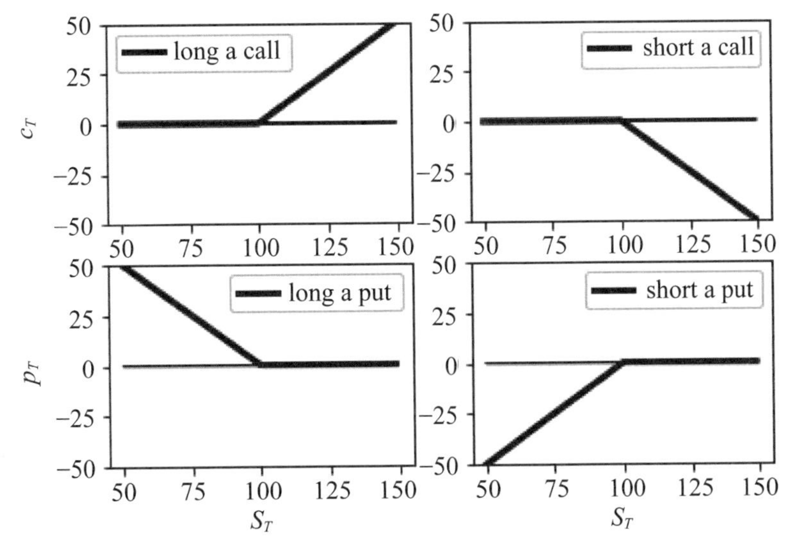

圖 3-13　利用 BSM 模型繪製出買權與賣權的到期收益曲線

3.3 認識 BSM 公式

若讀者有實際操作前述的 BSM 模型，應該會覺得該模型讓人印象深刻。本節嘗試進一步解釋該模型，可以分成 3 部分說明。第 1 部分是說明 $N(d_1)$ 與 $N(d_2)$ 所扮演的角色；第 2 部分則利用 BSM 模型複製商品，我們憑藉的仍是利用買權與賣權平價關係。第 3 部分利用 BSM 模型計算選擇權的隱含波動率，後者可提供一種投資人對未來波動率的預期或與未來波動率的預期的比較。

3.3.1 $N(d_1)$ 與 $N(d_2)$ 的意義

現在我們嘗試解釋（3-1）與（3-2）二式的意思。考慮第 2 章的買權與賣權平價關係如（2-9）式，重寫該式爲：

$$c_t - p_t = \frac{F(T)}{(1+rT_1)} - \frac{K}{(1+rT_1)} \tag{3-4}$$

若標的資產無股利發放（即D = 0），根據遠期價格決定公式如（1-5）式，則（3-4）式可改寫成：

$$c_t - p_t = S_t - \frac{K}{(1+rT_1)} \Rightarrow c_t - p_t = S_t - Ke^{-r(T-t)} \tag{3-5}$$

即 K 的現值亦可用連續複利的方式計算；換言之，買權與賣權平價關係亦可用（3-5）式表示。因 p_t 不爲負值，故（3-5）式隱含著 c_t 的下限值爲：

$$S_t - Ke^{-r(T-t)}$$

《衍商》曾證明上述結果。上述下限值不是有些類似於（3-1）式嗎？換言之，我們需要瞭解 $N(d_1)$ 與 $N(d_2)$ 的意思。

假定目前的標的股價爲 S_0 且爲已知，另外假定該股票無發放股利，即 $q = 0$。如前所述，BSM 模型假定標的資產價格 S_t 屬於對數常態分配，故 $\log(S_t)$ 屬於常態分配。BSM 模型進一步假定 $\log(S_t)$ 的（預期）平均數 μ 與標準差 σ_1 分別爲[14]：

[14] 此隱含著 $\log(S_t/S_0)$ 的（預期）平均數與標準差分別爲 μ 與 σ_1。本書的「對數」皆表示自然對數值。

$$\mu = \log(S_0) + \left(r - \frac{1}{2}\sigma^2\right)(T-t) \text{ 與 } \sigma_1 = \sigma(T-t)$$

令 $x = \log(S_t)$ 屬於常態分配，經過標準化過程可將 x 轉爲標準常態分配，即：

$$z = \frac{x-\mu}{\sigma_1}$$

其中 z 爲標準常態分配的隨機變數。

考慮標的資產價格 S_t 如圖 3-14 所示（即 S_t 屬於對數常態分配），我們可以將該圖的橫座標的 S_t 值，包括 $S_t = K$，取過對數後再全數轉爲標準常態分配的隨機變數 z。根據標準常態分配的特性如圖 3-15 內所示，可知：

$$1 - N(z_1) = N(-z_1)$$

例如 $z_1 = 1.96$，則 $1 - N(1.96) = N(-1.96)$，我們曾驗證過。比較圖 3-14 與 3-15 二圖，只要 K 的轉換可對應至 z_1，則 $P(S_t > K) = N(-z_1)$！換句話說，就買權而言，$N(-z_1)$ 竟可用於計算 ITM 的機率！我們來看 $-z_1$ 表示何意思？

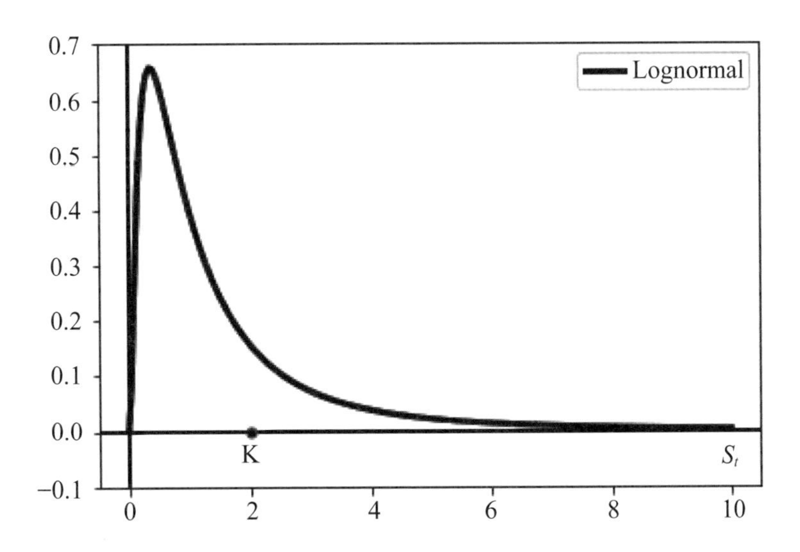

圖 3-14 對數常態分配的 PDF 曲線

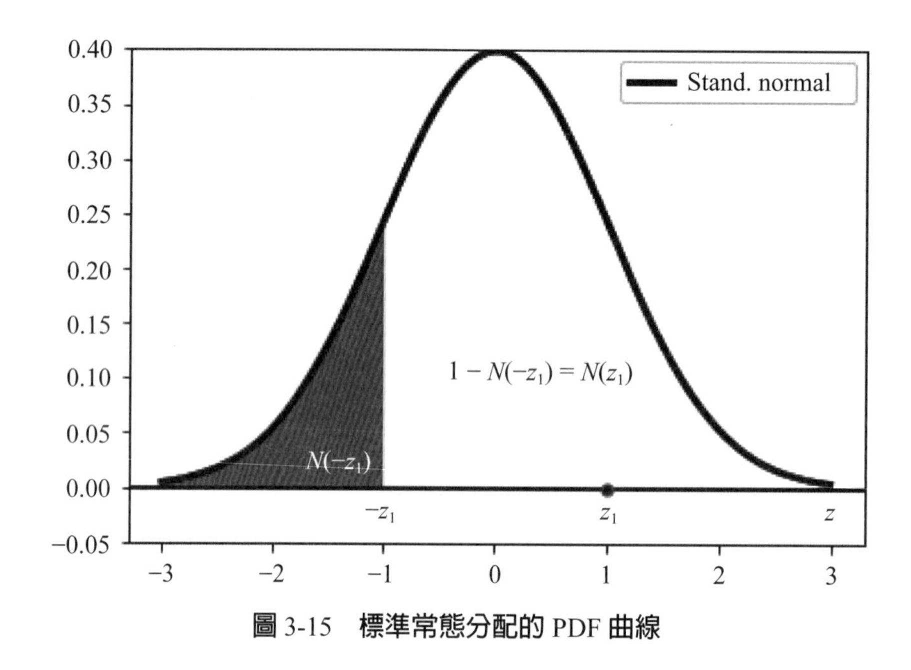

圖 3-15　標準常態分配的 PDF 曲線

我們挑 log(*K*) 的標準化過程，代入上述 μ 與 σ_1 值可得：

$$z_1=\frac{\log(K)-\mu}{\sigma_1}=\frac{\log(K)-\log(S_0)-\left(r-\sigma^2/2\right)(T-t)}{\sigma\sqrt{T-t}}$$

$$\Rightarrow -z_1=\frac{\log(S_0)-\log(K)+\left(r-\sigma^2/2\right)(T-t)}{\sigma\sqrt{T-t}}=\frac{\log(S_0/K)+\left(r-\sigma^2/2\right)(T-t)}{\sigma\sqrt{T-t}}=d_2$$

於 $t=0$ 之下，圖 3-15 內的 $-z_1$ 值可對應至 BSM 模型的 d_2 值。因此，就買權而言，$N(d_2)$ 可用於計算 ITM 出現的機率；但是，就賣權而言，$N(d_2)$ 卻是計算出現 OTM 的機率。

我們重新整理。如前所述，$N(\cdot)$ 表示標準常態分配的 CDF，故 $N'(\cdot)$ 表示標準常態分配的 PDF。換句話說，若 $f(x)$ 表示標準常態分配的 PDF，則對應的 CDF 可寫成：

$$N(a)=f(x\le a)=\int_{-\infty}^{a}f(x)dx$$

我們可以用圖 3-16 解釋上述關係。我們已經知道 $f(x\le a)$ 可用面積表示（《統計》）；因此，簡單地說，$N(a)$ 表示常態機率值累積至 $x=a$ 處，而 $f(x)$ 則表示「積分」的對象，如此可看出 CDF 與 PDF 之間的關係。由於常態分配是一個對稱的分配，故可得 $1 - N(a) = N(-a)$ 如圖 3-16 所示。當然，若以 d_2 取代 a，我們不僅仍可用上述的方式解釋，同時也發現了 $P(S_t \geq K) = N(d_2)$。

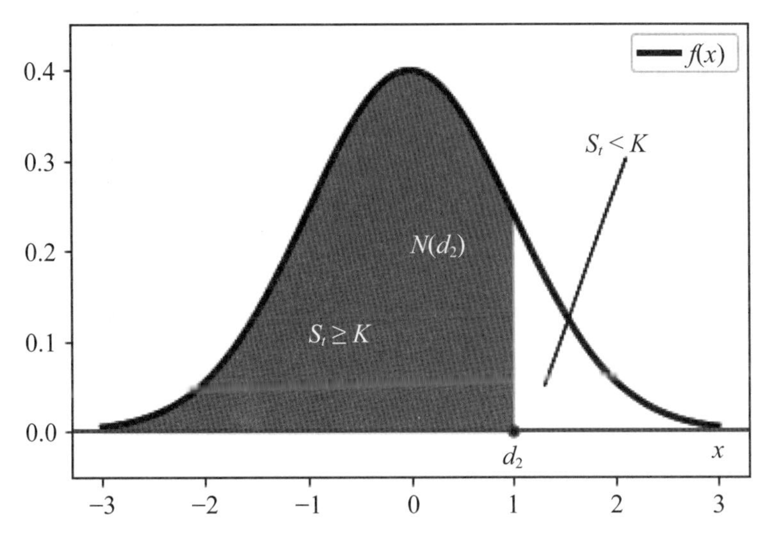

圖 3-16 **標準常態分配的** CDF **與** PDF**，其中** $d_2 = a$

上述常態機率值並不難計算，參考下列指令：

```
norm.cdf(1,0,1)# 0.8413447460685429
1-norm.cdf(1,0,1)# 0.15865525393145707
norm.cdf(-1,0,1)# 0.15865525393145707
```

即 $N(1)$ 約爲 0.8413，而 $1 - N(1)$ 則約爲 0.1587。

我們已經知道 $N(d_2)$ 表示 $P(S_t > K)$，故 $N(-d_2)$ 表示 $P(S_t \leq K)$。因此，例如：就買權而言，$N(d_2)$ 竟然是計算該買權出現 ITM 的機率！同理，賣權出現 ITM 的機率可以用 $N(-d_2)$ 表示。於《衍商》內，買權與賣權處於 ITM 的條件預期値分別爲：

$$E(S_T \mid S_t > K) = S_t e^{(r-q)(T-t)} \frac{N(d_1)}{N(d_2)} \tag{3-6}$$

與

$$E(S_T \mid K > S_t) = S_t e^{(r-q)(T-t)} \frac{N(-d_1)}{N(-d_2)} \tag{3-7}$$

即 $N(d_2)$ 與 $N(-d_2)$ 的意思較爲直接；但是，$N(d_1)$ 與 $N(-d_1)$ 的意義則與條件預期值有關。

通常條件預期值會大於非條件預期值 $E(S_T)$，我們舉一個例子說明。擲一枚公正的骰子 1 次，出現 6 點的非條件預期值可以爲 1/6（即出現 6 點爲 1，其餘爲 0）。現在已知出現的點數是 3 點以上，則出現 6 點的預期值爲何？不就是 1/3 嗎？後者就是條件預期值。因此，$E(S_T \mid S_t > K) > E(S_T)$。

利用上述結果，我們利用表 3-2 內的 10 月 5 日的資訊，可得：

```
S = 8200.43;T = 51/252;r = 1.13/100;sigma = 0.1723;K = 8400;q = 0
result = BSM(S,K,r,q,T,sigma)
ct = result['ct']# 176.14154980493913
pt = result['pt']# 356.52349879024223
d1 = result['d1']# -0.24195077407362642
d2 = result['d2']# -0.31946297971770243
Nd1 = norm.cdf(d1,0,1)# 0.4044091533206235
Nd2 = norm.cdf(d2,0,1)# 0.37468772983747667
Nd1_ = 1-Nd1 # 0.5955908466793765
Nd2_ = 1-Nd2 # 0.6253122701625233
ECSTITM = np.exp(-r*T)*S*Nd1/Nd2 # 8830.696141578992
EPSTITM = np.exp(-r*T)*S*Nd1_/Nd2_ # 7792.817392913171
```

即根據 BSM 模型，10 月 6 日買權處於 ITM 的機率約爲 0.3747 而賣權處於 ITM 的機率則約爲 0.6253。若買權處於 ITM，則 S_T 的預期值約爲 8,830.7；另一方面，若賣權處於 ITM，則 S_T 的預期值約爲 7,792.82。是故，透過 $N(d_1)$ 與 $N(d_2)$，我們可以多得到一些資訊。如此可看出「BSM(.)」函數的用處。

上述結果亦說明了一個事實，因：

$$d_2 = d_1 - \sigma\sqrt{T-t} \Rightarrow d_1 = d_2 + \sigma\sqrt{T-t}$$

故 $N(d_1)$ 恆大於 $N(d_2)$！

3.3.2 再談買權與賣權平價

利用 BSM 模型，我們不僅可以繪製出未到期買權與賣權價格曲線，同時亦容易繪製出到期買權與賣權價格曲線。例如：圖 3-17 繪製出買方的情況，該圖是利用下列的資訊：

```
K = 9100;r = 1.13/100;q = 0;
sigma = 0.2;T = 1;
St = np.linspace(6500,12000,200)
re = BSM(St,K,r,q,T,sigma)
ct = re['ct']
pt = re['pt']
reT = BSM(St,K,r,q,0.0001,sigma)
cT = reT['ct']
pT = reT['pt']
```

讀者可以練習看看。

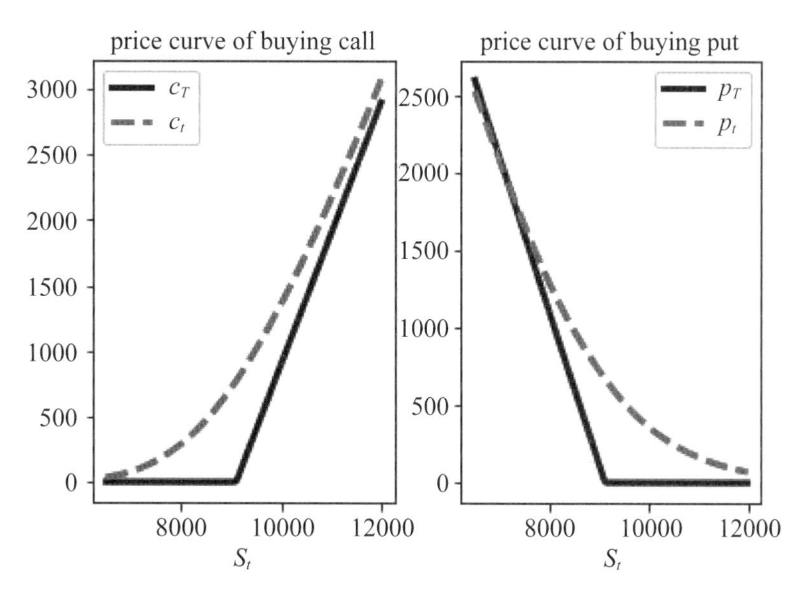

圖 3-17 買買權與買賣權之價格曲線

第 2 章我們曾介紹（歐式）買賣權平價關係，利用 BSM 模型我們可以重新檢視該關係。重寫（2-8）式，可得：

$$c_T(S_T,K,r,T,\sigma)-p_T(S_T,K,r,T,\sigma)+K=S_T \tag{3-8}$$

（2-8）與（3-8）二式的最大差別是，於後者我們將買權與買權價格寫成一般的型態。（3-8）式提醒我們標的資產可以透過買一個買權、賣一個賣權以及投資 K 資金的投資策略複製；換言之，於 t 期之下，（3-8）式可再寫成：

$$c_t(S_t,K,r,T,\sigma)-p_t(S_t,K,r,T,\sigma)+e^{-r(T-t)}K=S_te^{-q(T-t)} \tag{3-9}$$

$$\Rightarrow c_t(S_t,K,r,T,\sigma)-S_te^{-q(T-t)}+e^{-r(T-t)}K=p_t(S_t,K,r,T,\sigma) \tag{3-10}$$

即透過買權與賣權平價關係，我們不僅可以複製標的資產如（3-9）式，同時利用買權價格資料，亦可以複製賣權如（3-10）式所示（當然上述買權與賣權擁有相同的履約價、相同的標的資產與到期日）；同理，根據（3-9）式，亦可取得 K 或賣權的複製。

利用 TXO201101C9100 與 TXO201101P9100 契約的歷史資料，圖 3-18 繪製出複製賣權價格（左圖）與複製買權價格（右圖）的情況，其中虛線表示眞實價格[15]。乍看之下（圖 3-18），似乎利用（買）買權、放空標的資產以及投資 K 資金的投資策略的複製品頗接近於賣權，而買權的複製品價格與買權實際的價格差距較大，不過二者的誤差卻是相同的（即圖 3-18 內左圖與右圖內的縱座標並不相同），可以參考所附的檔案。圖 3-18 指出雖然有些差距，買權與賣權價格之間的關係卻仍是存在的。

其實早期 BS 並未使用（3-1）與（3-2）二式，而是利用一種「避險策略」（後面章節會介紹）先導出買權價格公式，然後再利用買權與賣權平價關係推導出賣權價格。底下，我們嘗試用 BSM 模型而以買權複製賣權，可以參考圖 3-19，其中左圖與右圖分別爲實際的賣權與複製的賣權價格曲線。繪製圖 3-19 的 Python 指令爲：

[15] 圖 3-18 的資料取自 TEJ，其中 $q=0$。因版權的關係，該資料筆者並未提供。

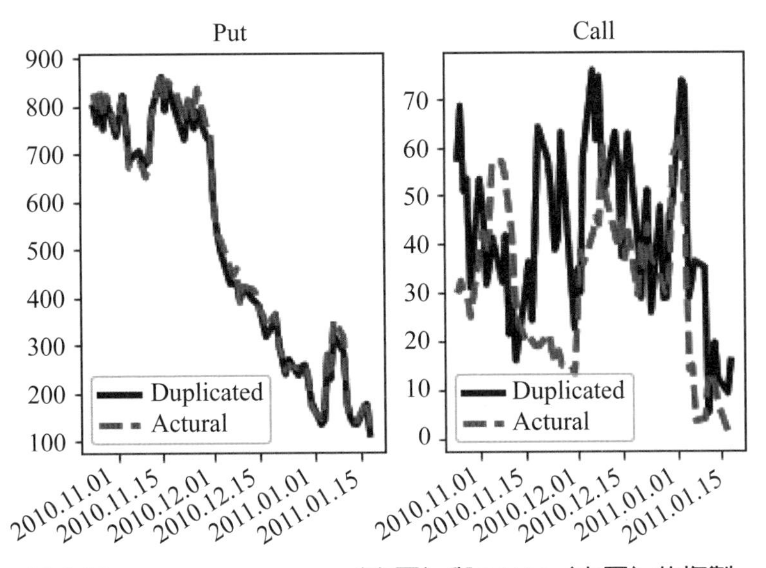

圖 3-18 TXO201101C9100（右圖）與 P9100（左圖）的複製

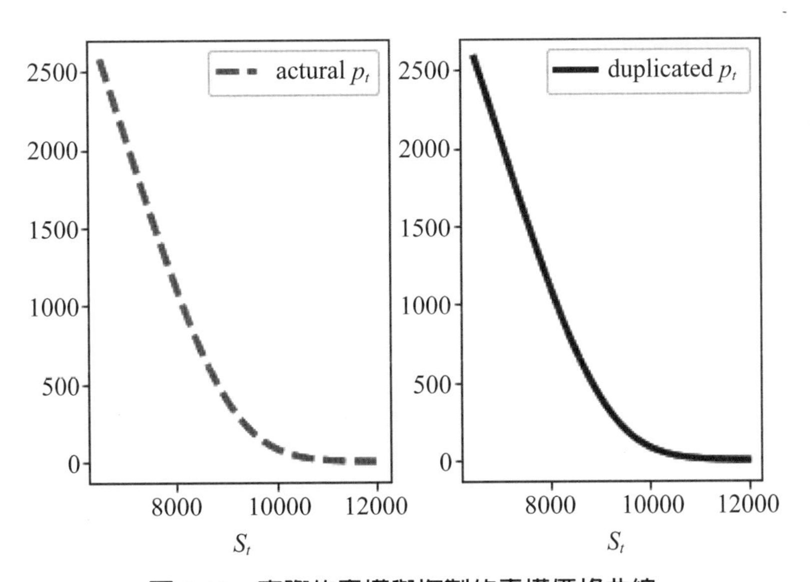

圖 3-19 實際的賣權與複製的賣權價格曲線

```
K = 9100;r = 1.13/100;q = 0;
sigma = 0.2;T = 1/4;
St = np.linspace(6500,12000,200)
re = BSM(St,K,r,q,T,sigma)
ct = re['ct']
```

```
pt = re['pt']
K1 = np.exp(-r*T)*K*np.ones(len(St))
pte = ct+K1-St
fig = plt.figure()
fig.add_subplot(1, 2, 1)
plt.plot(St,pt,'--',lw=3,color='red',label=r'actural $p_t$')
plt.xlabel(r'$S_t$')
plt.legend(loc='best')
fig.add_subplot(1, 2, 2)
plt.plot(St,pte,lw=3,color='black',label=r'duplicated $p_t$')
plt.xlabel(r'$S_t$')
plt.legend()
```

讀者可嘗試解釋上述指令看看。

3.3.3 隱含波動率

買權與賣權平價關係如（3-9）或（3-10）式的檢視是有意義的，因為該式隱含著相同條件（相同標的資產、履約價與到期日相同等）的買權與賣權彼此之間可以複製；不過，因我們用 BSM 公式計算例如表 3-1 內的市場行情，其理論價格未必等於市場行情價格。若仔細檢視，竟然隱含著不一致的現象。例如：於 10/6 未開盤之前，我們用 BSM 公式計算買權與賣權的理論價格分別約為 176.14 與 356.52，而當天買權與賣權的開盤價則分別為 162 與 350，顯然理論與實際價格之間有差距。我們當然會檢視為何會存在上述差距。若重新檢視（3-1）與（3-2）二式，可知影響買權與賣權價格的參數內，只有 q、r 與 σ 三個參數是未知的，不過因 q 影響的力道相當有限幾乎可以忽略而當天無風險利率應該也不會有太大的變動，因此只剩下波動率 σ 這個參數有問題，更何況我們已經知道波動率存在有 GARCH 現象[16]。

雖說如此，我們不禁想到若使用 BSM 公式計算，於其他參數值不變的情況

---

[16] GARCH 現象指的是波動率具有群聚現象（volatility clustering），即不同程度的外力衝擊對於資產價格的影響程度當然不一樣，不過其皆會產生「餘波盪漾」（大波動伴隨大餘波，而由小震動亦會引起一些漣漪）；因此，GARCH 現象隱含著波動率並非是一個固定的數值。有關於 GARCH 模型的介紹，可以參考《財統》或《歐選》。

下，究竟 σ 值應爲何才會產生 10/6 當天買權與賣權的開盤價？此時計算出的 σ 值就稱爲隱含波動率。其實，隱含波動率的計算相當簡易，即只要將許多不同的 σ 值代入 BSM 公式內，自然就可以找出買權與賣權開盤價所對應的隱含波動率，可以參考圖 3-20。於圖 3-20 內，我們考慮介於 0.05～0.4 之間的 3,500 個 σ 值，而各相鄰波動率之間的差距爲 0.0001。除了波動率之外，仍使用上述其餘的參數值，圖 3-20 內的左圖與右圖分別繪製出不同波動率與買權價格以及不同波動率與賣權價格之間的曲線關係，其中水平虛線表示對應的開盤價。因此，檢視水平虛線與曲線的交叉點，自然可以找出對應的隱含波動率。利用上述檢視方式，可以分別得出買權與賣權開盤價的隱含波動率分別約爲 0.1624 與 0.1677。若與表 3-1 內的波動率比較，顯然表內的波動率高估，但是眞正的波動率究竟爲何？

其實隱含波動率可用牛頓逼近法（Newton-Raphson method），而利用該方法我們倒是可以迅速地估計隱含波動率（讀者亦可以透過所附的 Python 程式瞭解該方法）[17]。例如：令波動率的期初值爲 0.11，使用牛頓逼近法，10/6 買權與賣權開盤價所對應的隱含波動率分別約爲 0.1624 與 0.1677。前者對應的 Python 指令爲：

```
def NR(cp, price, S0, K, T, r, q):
    v = np.sqrt(2*np.pi/T)*price/S0
    print('initial volatility: ',v)
    for i in range(1, 100):
        d1 =(np.log(S0/K)+(r-q+0.5*np.power(v,2))*T)/(v*np.sqrt(T))
        d2 = d1 - v*np.sqrt(T)
        vega = S0*norm.pdf(d1)*np.sqrt(T)
        price0 = cp*S0*norm.cdf(cp*d1)*np.exp(-q*T)- cp*K*np.exp(-r*T)*norm.cdf(cp*d2)
        v = v -(price0 - price)/vega
        if abs(price0 - price)< 1e-25 :
        break
    return v
cp = 1;price = 162;S0 = 8200.43;K = 8400;T = 51/252;r = 1.13/100;q = 0
NR(cp, price, S0, K, T, r, q)# 0.16238247022133312
```

[17] 牛頓逼近法可參考《財數》或《財統》。

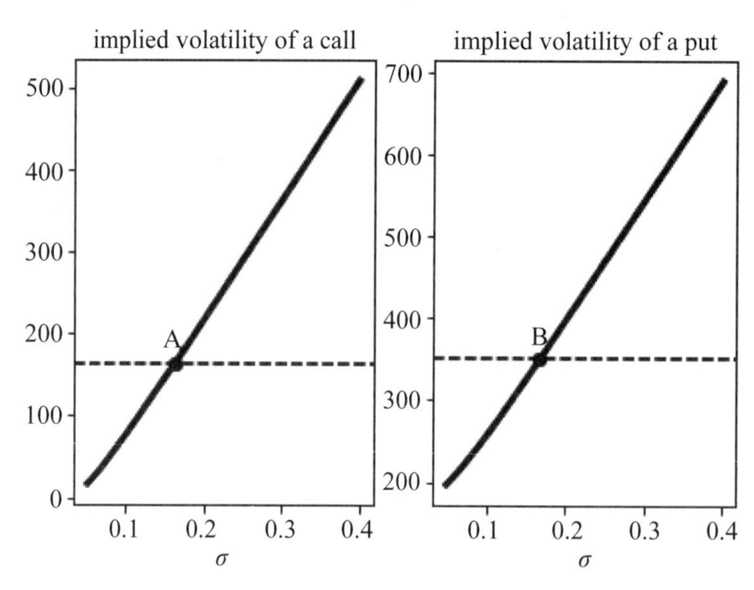

圖 3-20　利用 10/6 的開盤價（表 3-1）估計對應的隱含波動率

讀者可以練習估計表 3-1 內其餘價格的隱含波動率。可以參考所附的檔案。

第 II 篇
避險參數

Delta

如前所述，BSM 模型雖說存在不少的缺點，但是畢竟市場上仍有多數人使用該模型作爲決策依據；或者說，相對於其他模型（《歐選》），BSM 模型仍是屬於比較簡單易操作的模型，尤其是藉由 BSM 模型，我們反而能輕易地得到所謂的避險參數[①]。

BSM 的避險參數分別爲[②]：

Delta

$$\Delta_t^c = \frac{\partial c_t}{\partial S_t} = e^{-q(T-t)} N(d_1) \text{ 與 } \Delta_t^p = \frac{\partial p_t}{\partial S_t} = e^{-q(T-t)} [N(d_1) - 1] \tag{4-1}$$

Gamma

$$\Gamma_t^c = \frac{\partial \Delta_t}{\partial S_t} = \frac{\partial^2 c_t}{\partial S_t^2} = \frac{e^{-q(T-t)}}{S_t \sigma \sqrt{T-t}} N'(d_1) \text{ 與 } \Gamma_t^p = \frac{\partial \Delta_t}{\partial S_t} = \frac{\partial^2 p_t}{\partial S_t^2} = \Gamma_t^c \tag{4-2}$$

Theta

$$\Theta_t^c = \frac{\partial c_t}{\partial t} = -rKe^{-r(T-t)} N(d_2) + qS_t e^{-q(T-t)} N(d_1) - \frac{K\sigma e^{-r(T-t)}}{2\sqrt{T-t}} N'(d_2) \tag{4-3}$$

$$\Theta_t^p = \frac{\partial p_t}{\partial t} = \Theta_t^c + rKe^{-r(T-t)} - qS_t e^{-q(T-t)} \tag{4-4}$$

---

① 即本書所談到的避險參數指的就是 BSM 模型的避險參數。當然其他模型亦可導出對應的避險參數，只是較爲繁瑣。例如：MJD 模型（《歐選》）的避險參數可用數値方法求得。

② Δ、Γ、Θ、ν、ρ 與 ψ 分別讀成 delta、gamma、theta、vega、rho 與 psi。

Vega

$$\nu_t^c = \frac{\partial c_t}{\partial \sigma} = S_t e^{-q(T-t)} N'(d_1)\sqrt{T-t} \text{ 與 } \nu_t^p = \frac{\partial p_t}{\partial \sigma} = \nu_t^c \quad (4\text{-}5)$$

Rho

$$\rho_t^c = \frac{\partial c_t}{\partial r} = (T-t)Ke^{-r(T-t)}N(d_2) \text{ 與 } \rho_t^p = \frac{\partial p_t}{\partial r} = -(T-t)Ke^{-r(T-t)}N(-d_2) \quad (4\text{-}6)$$

Psi

$$\psi_t^c = \frac{\partial c_t}{\partial q} = -(T-t)S_t e^{-q(T-t)}N(d_1) \text{ 與 } \psi_t^p = \frac{\partial p_t}{\partial q} = (T-t)S_t e^{-q(T-t)}N(-d_1) \quad (4\text{-}7)$$

是故，上述 Δ、Θ、ν、ρ 與 ψ 值皆屬於 BSM 之買權或賣權價格的第一階偏微分，而 Γ 值則屬於第二階偏微分。雖說（4-1)～(4-7）式看起來有些複雜，不過若能用 Python 表示，不僅可以繪製出對應的形狀，同時也可以計算出對應的數值。因此，我們可以藉由 BSM 模型瞭解避險參數的意義，可以參考表 4-1。讀者可以先練習操作看看，可以參考所附的 Python 檔案。

表 4-1　$S_t = 8756.55$、$K = 8700$、$r = 0.02$、$q = 0.01$、$T = 1$ 與 $\sigma = 0.2203$

Greeks	Delta	Gamma	Vega	Theta	Rho	Psi
call	0.5677	0.0002	33.9995	−1.1169	41.4363	−49.7076
put	−0.4224	0.0002	33.9995	−0.8871	−43.8409	36.9866

從上述（4-1)～(4-7）式可知，選擇權的避險參數（此處用BSM避險參數表示）是指於其他影響因子不變下，單一影響因子變動引起選擇權價格的反應；因此，避險參數的直接應用是估計對應的風險曝露（risk exposure）[③]。例如：發行權證的證券公司或銀行想要知道標的資產價格、時間、利率與波動率等影響因子變動的風險曝露爲何？或者是選擇權的交易人想要知道標的資產價格與時間等因子變動如何影響其利潤與損失。

有意思的是，上述避險參數並非是固定數值，其亦受到一些市場條件的影響；換言之，可以參考表 4-2，除了 Delta、Theta、Vega 與 Rho 屬於第一階偏微分以及 Gamma 屬於第二階偏微分避險參數之外，尚存在一些二階以上的偏微分避險參數，此時未必使用希臘字母表示。當然，表 4-2 內的避險參數我們會在適當的章節

③ 直覺而言，買進買權或賣權的風險爲何？我們可以透過避險參數得知。

說明[4]。

表 4-2 BSM 模型的偏微分

參數值	第一階避險參數	第二階避險參數	第三階避險參數
標的資產價格	Delta	Gamma	Colour
履約價		Vanna	Speed
波動率	Vega	Vomma	Utima
到期期限	Theta	Charm	Zomma
利率	Rho	Veta	
		Vera	

本章將介紹買權與賣權的 Delta 值，Delta（即希臘字母Δ）是一個非常重要衡量風險曝露的指標，本章將從 3 個部分介紹。首先，我們先從直覺的方式解釋 Delta 值的意思；接著，我們將介紹動態避險（dynamic hedging）的意義；最後，檢視 Delta 值與其他影響因子之間的關係。

4.1 直覺解釋

我們先看下列的例子：

```
St = 100;r = 0.02;K = 100;q = 0;sigma = 0.2;T = 1
delta = Delta(St,K,r,q,T,sigma)
np.round(delta['c'],4)# 0.5793
np.round(delta['p'],4)# -0.4207
```

即於上述的假定下，履約價爲 100 的（歐式）買權與賣權之 Delta 值分別約爲 0.5793 與 –0.4207。上述結果的特色可以分述如下：

(1) Delta 值亦可用百分比表示，即 57.93% 與 –42.07%[5]；因此，買權與賣權之 Delta

[4] 表 4-2 內的避險參數公式可參考 Haug（2003, 2010）等文獻。
[5] 有時 Delta 值亦以省略「%」的方式表示，例如「50 Delta」表示 Delta 值等於 0.5。

值分別介於 0 與 1 以及 −1 與 0 之間，即 $0 \leq \Delta^c \leq 1$ 與 $-1 \leq \Delta^p \leq 0$，可以參考圖 4-1。因賣權的 Delta 值為負數值，故繪製賣權的 Delta 曲線應特別注意。例如：當標的資產價格為 20，對應的賣權的 Delta 值為 −1，而當標的資產價格為 190，此時對應的賣權的 Delta 值約為 0，不過因 $-1 < 0$，故若使用 Python 繪製，會出現如圖 4-1a 的買權與賣權的 Delta 曲線頗為類似的圖形。於圖 4-1 內，我們將賣權的所有 Delta 值皆轉換成正數值（即用 $-\Delta^p$ 表示）。讀者可以檢視所附的 Python 檔案。

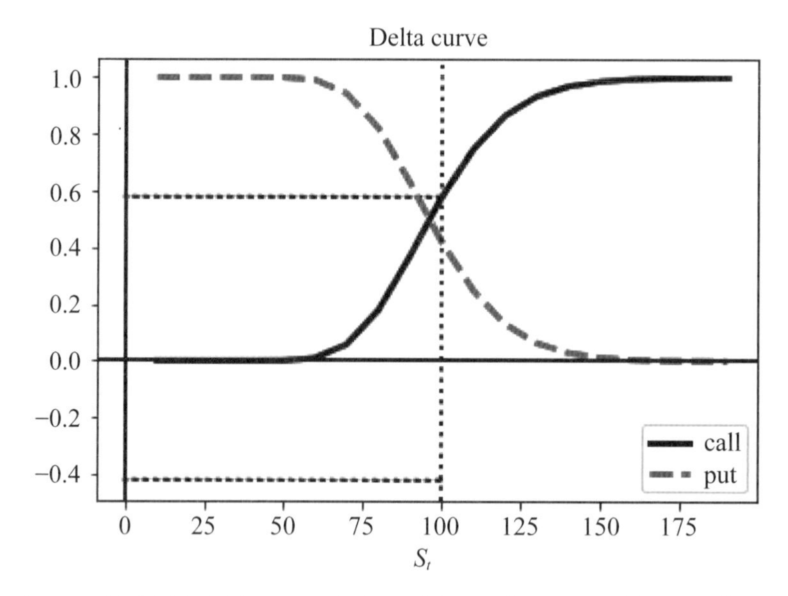

圖 4-1　買權與賣權的 Delta 曲線，其中賣權的 Delta 值用正數值表示

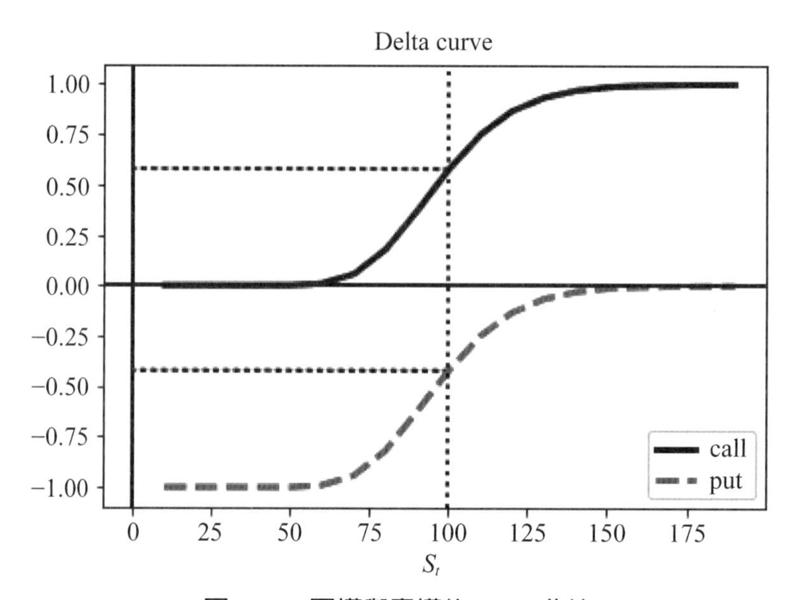

圖 4-1a　買權與賣權的 Delta 曲線

(2) 根據定義買權的 Delta 值約為 0.5793 是指於其他影響因子不變下，若標的資產價格上升（下降）1，則買權價格約上升（下降）0.5793；同理，賣權的 Delta 值可按相同的方式解釋，只是前者為正數值而後者為負數值[⑥]。

(3) 因此，想像一位投資人買了一口買權，而當其得知該買權的 Delta 值為 0.5793，該投資人不是立即得知，於其他情況不變之下，若標的資產價格有變動，預期買權的潛在收益或損失為何嗎？是故，Delta 值的確是一個最重要的避險參數；另一方面，Delta 值的確可用於衡量風險曝露程度。值得注意的是，買進買權的 Delta 值為正數值，而賣出買權的 Delta 值為負數值；同理，買進（賣出）賣權的 Delta 值為負數值（正數值）[⑦]。

(4) Delta 值可對應至投資人的部位。假定單口買權相當於 2,000 股 A 公司股票而該買權的 Delta 值為 0.5793。某投資人買進 5 口上述買權，則相當於該投資人買進 5,793 股 A 公司的股票，即該投資人的部位為「買進（long）」5,793 股 A 公司的股票；同理，投資人賣出 5 口上述買權，則該投資人的部位為「賣出（short）」5,793 股 A 公司的股票。

(5) 買權與賣權之 Delta 絕對值加總小於等於 1。讀者可檢視（4-1）式。換句話說，根據賣權與賣權平價如（2-11）式，若改成連續複利的方式，可改寫成：

$$c_t - p_t = S_t e^{-q(T-t)} - e^{-r(T-t)} K \tag{2-11a}$$

其中 q 仍表示（連續）股利支付率；因此，若 $q = 0$，買權與賣權之 Delta 絕對值加總等於 1，但是若 $q > 0$，買權與賣權之 Delta 絕對值加總小於 1。

(6) 就圖 4-1 而言，標的資產價格愈高對應的買權 Delta 值亦愈大；同理，標的資產價格愈低對應的賣權 Delta 值亦愈大（依絕對值來看）。

(7) 從圖 4-1 內可看出，於深 ITM 與深 OTM 處，買權的 Delta 值等於 1 與 0，而賣權的 Delta 值則等於 −1 與 0。上述結果不難用直覺判斷。例如：A 公司股價為 30，而 A 公司履約價為 100 的買權（到期期限為 1 個月），因實際股價離履

---

⑥ 當然買權與賣權價值的變動是根據契約的約定計算。例如：臺灣期交所的股票選擇權，單口契約為 2,000 股，故買權的 Delta 值若約為 0.5793，則標的資產價格上升（下降）1 元，買權契約價值約上升（下降）1,158.6 元（即 2,000×0.5793）。

⑦ 類似地，想像另一位投資人賣出一口 Delta 值為 0.5793 的買權，那他如何解釋上述 Delta 值？（上述 Delta 值變成 −0.5793）。同理，賣出一口 Delta 值為 −0.4207 的賣權的意義為何？（上述 Delta 值變成 0.4207）。

約價太遠，故此時買權價格只包括時間價值，即實際股價有微小變動著實難撼動買權價格；換言之，此時衡量出的 Delta 值相當小。同理，若 A 公司股價為 170，則履約價為 100 的買權之 Delta 值將接近於 1。

(8) 於 ATM 處，買權的 Delta 值接近於 0.5 而賣權的 Delta 值則接近於 –0.5。

(9) 我們亦可以透過下列指令瞭解 Delta 值的意義：

```
c0 = np.round(BSM(100,K,r,q,T,sigma)['ct'],2)# 8.92
c1 = np.round(BSM(101,K,r,q,T,sigma)['ct'],2)# 9.51
c2 = np.round(BSM(99,K,r,q,T,sigma)['ct'],2)# 8.35
np.round(Delta(100,K,r,q,T,sigma)['c'],2)# 0.58
np.round(c1-c0,2)# 0.59
np.round(c0-c1,2)# -0.59
```

即根據前述假定下，比較標的資產分別為 100 與 101 以及 100 與 99 的買權價格差異，即可知 Delta 值的意義。

(10) 若使用選擇權投資策略或資產組合內有不同的買權與賣權，我們可以計算總 Delta 值為個別 Delta 值加總。例如：一位交易人有下列的選擇權組合：

一口 ITM 的 long call，其 Delta 值為 0.55
一口 ITM 的 long put，其 Delta 值為 –0.6
一口 OTM 的 short call，其 Delta 值為 –0.3
一口 OTM 的 short put，其 Delta 值為 0.4

故總 Delta 值為 0.05(0.55 – 0.6 – 0.3 + 0.4)，隱含著標的資產價格上升 1，資產組合價值亦上升 0.05。

其實 Delta 值尚有另一種解釋，可以參考圖 4-2。圖 4-2 係取自《衍商》，該圖是描述二項式定價模型（binomial option pricing model）的單期買權之定價；換言之，根據二項式定價模型，買權契約可以根據下列的資產組合複製，即：

$$V_0 = m_0 S_0 + B_0 \tag{4-8}$$

其中 V_0、S_0 與 B_0 分別表示期初資產組合價值、期初標的資產價格以及期初無風險貼現債券數量。根據《衍商》，可知：

$$m_0 = \frac{c_1^U - c_1^D}{S_1^U - S_1^D} \text{ 與 } B_0 = \frac{(S_1^U c_1^D - S_1^D c_1^U)}{e^{r\Delta t}(S_1^U - S_1^D)} \tag{4-9}$$

檢視（4-9）式內的 m_0，不就是前述 Delta 值的定義嗎？因此，根據圖 4-2 的資訊，可得 m_0 與 B_0 分別約爲 0.5357 與 −3,801.2，代入（4-8）式內，可得 $V_0 = 889.6$。因此，我們說資產組合 V_0 可以複製出買權 c_0，因爲 V_0 與 c_0 值竟然相等；換言之，投資人可以 889.66 元買入 0.5357 的標的資產（價格爲 $S_0 = 8,756.5$），其餘不足的部分則以借入 3,801.2 元的資金彌補，沒想到此種行爲相當於買進一種 1 年期履約價爲 9,100 的歐式買權[8]！

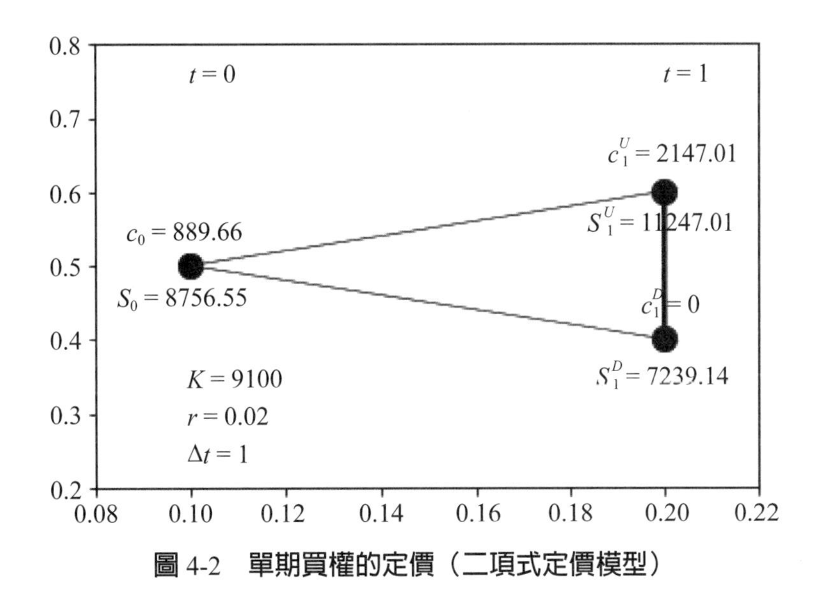

圖 4-2　單期買權的定價（二項式定價模型）

是故，Delta 值亦可以用買進多少比重的標的資產表示，而上述比重則稱爲避險比率（hedge ratio）；因此，簡單地說，Delta 值可稱爲避險比率。舉例來說，假定證券公司發行了圖 4-2 的買權（假定契約內載明的股數爲 1 股），而我們已經知道賣出買權的損益與標的資產價格變動相反[9]，那該公司如何避險？不就是買進

[8] 詳細的說明與計算可參考《衍商》。

[9] 證券公司發行了買權相當於賣出買權，故標的資產價格上升（下降）1 元，該證券公司損失（獲利）Delta 值。

Delta 值的標的資產（股數）嗎？因此，理論上，即使標的資產無時無刻在變動，上述證券公司是有辦法隨時複製該買權，而只要市場的買權價格與複製買權價值不一致，就可以引起套利。上述例子可以用於說明 Delta 避險（delta hedge）的使用，即 BS 使用無風險避險（riskless hedge）（就是 Delta 避險）的觀念，導出對應的價格模型。就每一選擇權部位而言，理論上可找到與對應的標的資產對等的相反部位。即標的資產價格有微小的變動，選擇權部位的損益恰可透過標的資產部位之損益彌補；換言之，無論我們於選擇權市場上採取何種部位，爲了避險我們必須於標的資產市場上採取相反的部位。可以參考表 4-3。透過 Delta 值的瞭解，應可解釋表 4-3 內的情況。例如：若我們買進買權，爲了避險，該採取何種策略與之搭配？根據表 4-3，答案是賣出 Delta 值比重的標的資產。

表 4-3　Delta 避險

選擇權部位	對應的部位	適當的避險
買買權	Long	賣標的資產
賣買權	Short	買標的資產
買賣權	Short	買標的資產
賣賣權	Long	賣標的資產

最後，從交易人的觀點來看，雖說不符合數學上的定義（可檢視第 3 章之 3.3.1 節），但是如同 Passarelli（2012）曾指出 Delta 值可被視爲到期出現 ITM 的「粗略機率」估計值。例如：0.75 的 Delta 值是指有 75% 的可能性到期會出現 ITM，或是某選擇權的 Delta 值爲 0.2，隱含著該選擇權到期會出現 ITM 的機率約爲 20%。我們從圖 4-1 內大概也可以看出爲何會有上述觀點；或者，參考表 4-4 與 4-5。

表 4-4　$S_0 = 35$、$K = 35$、$r = 0.02$、$q = 0.01$、$T = 44/365$ **與** $\sigma = 0.2$[10]

St	D44	D41	D38	D29	D26	D23	D20
40	−0.0232	−0.0197	−0.0164	−0.0077	−0.0053	−0.0034	−0.0019
39	−0.0518	−0.0463	−0.0408	−0.0241	−0.0187	−0.0137	−0.0092
38	−0.105	−0.0979	−0.0903	−0.0649	−0.0555	−0.0457	−0.0357
37	−0.1922	−0.1851	−0.1773	−0.1487	−0.1369	−0.1236	−0.1086

[10] 編按：本書圖、表爲忠於軟體系統匯出原始資料，故代數不下標，例如內文 S_t，在表中呈現 St。

St	D44	D41	D38	D29	D26	D23	D20
36	−0.3173	−0.313	−0.3082	−0.2891	−0.2806	−0.2705	−0.2583
35	**−0.4723**	**−0.4733**	**−0.4743**	**−0.4775**	**−0.4787**	**−0.48**	**−0.4813**
34	−0.6361	−0.6426	−0.6498	−0.6765	−0.6878	−0.701	−0.7165
33	−0.7817	−0.7913	−0.8016	−0.8383	−0.8529	−0.869	−0.8869
32	−0.889	−0.8979	−0.9073	−0.9374	−0.948	−0.9586	−0.9691
31	−0.9534	−0.9594	−0.9653	−0.982	−0.9868	−0.991	−0.9945

說明：St 表示標的資產價格。D44 表示距離到期尚有 44 天，其餘類推。

表 4-5　$S_0 = 12000$、$K = 12000$、$r = 0.02$、$q = 0.01$、T = 44/365 **與** $\sigma = 0.2$

St	D44	D41	D38	D29	D26	D23	D20
14500	0.9974	0.9981	0.9986	0.9997	0.9998	0.9999	1
14300	0.9953	0.9964	0.9973	0.9992	0.9996	0.9998	0.9999
12300	0.6646	0.6684	0.6726	0.6895	0.6971	0.7061	0.7171
12200	0.6208	0.6231	0.6258	0.6367	0.6417	0.6478	0.6554
12100	0.5749	0.5757	0.5766	0.5807	0.5827	0.5853	0.5887
12000	**0.5277**	**0.5267**	**0.5257**	**0.5225**	**0.5213**	**0.52**	**0.5187**
11900	0.4796	0.4769	0.474	0.4633	0.4588	0.4536	0.4475
11800	0.4315	0.4271	0.4223	0.4045	0.3969	0.388	0.3775
11000	0.1183	0.1092	0.0996	0.0685	0.0574	0.0462	0.035
10000	0.0053	0.004	0.0029	0.0007	0.0004	0.0002	0.0001

說明：St 表示標的資產價格。D44 表示距離到期尚有 44 天，其餘類推。

表 4-4 與 4-5 係分別列出履約價為 35 與 12,000 之於 ATM 處買進賣權與買進買權的 Delta 值，其餘條件相同。上述二表的特色可以分述如下：

(1) 如前所述，買權的 Delta 值必須介於 0 與 1 之間以及賣權的 Delta 值須介於 −1 與 0 之間，故其不受例如履約價或標的資產價格高低等因素的影響。讀者可以練習列出表 4-4 的買進買權或表 4-5 的買進賣權的 Delta 值。
(2) 於 ATM 處，不管到期期限為何，對應的 Delta 值皆接近於 0.5，隱含著到期出現 ITM 或 OTM 的機率大致相同。
(3) 檢視圖 4-3 的左圖或圖 4-4，可以發現於不同到期期限下，表 4-4 內的 Delta（值）曲線形狀頗為類似；也就是說，表 4-4 內每欄內的數值其實皆差不多。同理，於圖 4-3 的右圖或圖 4-5 內[11]，亦可以發現於不同到期期限下，表 4-5 內的 Delta（值）曲線形狀亦頗爲類似，隱含著 Delta（值）曲線形狀與到期期限無關。

(4) 以表 4-5 爲例，於 ITM 處，不管到期期限爲何，對應的 Delta 值皆大於 0.5 且愈往深 ITM 處，對應的 Delta 值愈高；換言之，若看到買進買權所對應的 Delta 值爲 0.9，我們不是可以認定到期出現 ITM 的可能性幾乎約爲 90% 嗎？

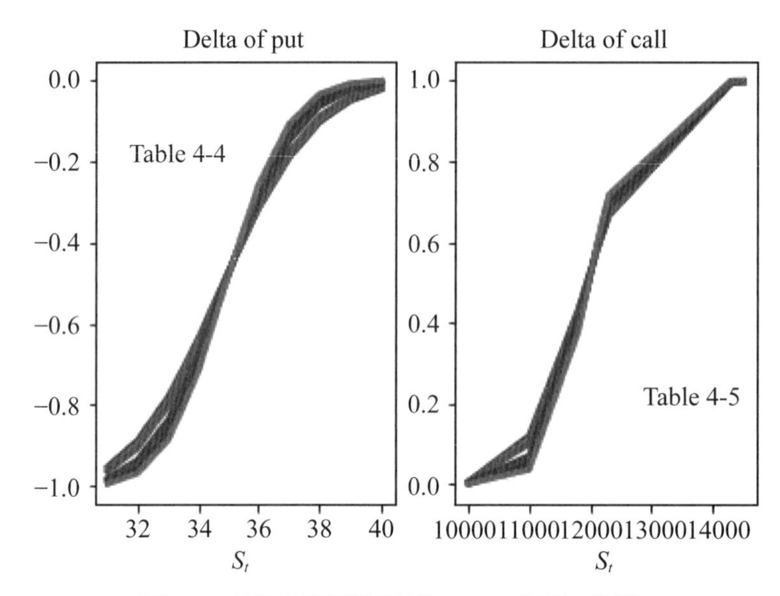

圖 4-3　不同到期期限下的 Delta（值）曲線

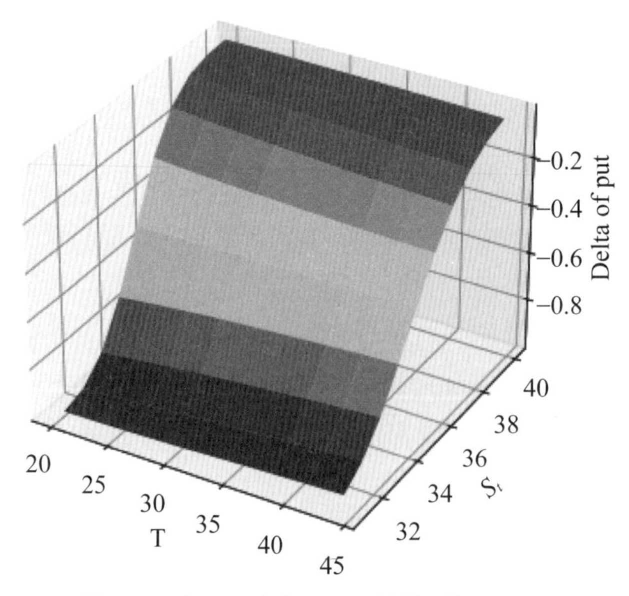

圖 4-4　表 4-4 內的 Delta（值）曲面

[11] 圖 4-4 與 4-5 檢視的角度並不同，其實上述二圖的形狀頗爲類似。讀者可檢視看看。

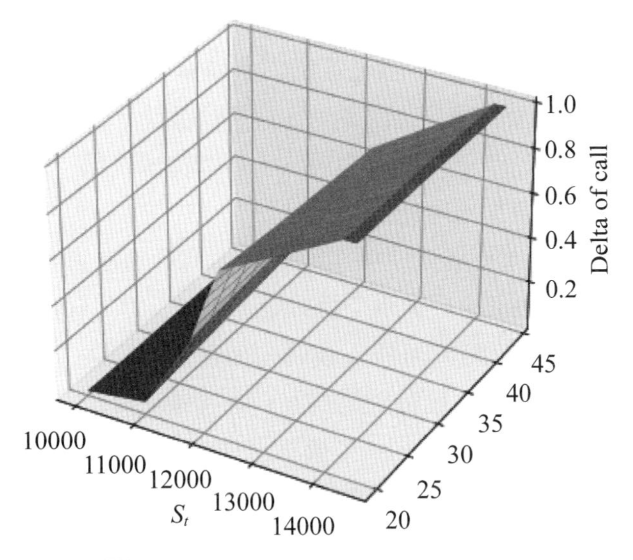

圖 4-5 表 4-5 內的 Delta（值）曲面

4.2 動態避險

於尚未介紹之前，我們先考慮一個例子。A 公司目前的股價爲 27，以 A 公司爲標的資產的買權（履約價爲 24），單口相當於 2,000 股。現在該買權的價格約爲 3.18（一個月後到期）；因此，若投資人使用 100,000 可買 A 公司股票約 3,571.43 股，但是使用上述買權契約，約使用 108,715.88（2 口買權）就可購買 4,000 股 A 公司的股票，相當於每股 27.18。上述直接購買 A 公司股票與購買 2 口買權的到期利潤曲線繪製如圖 4-6 所示。

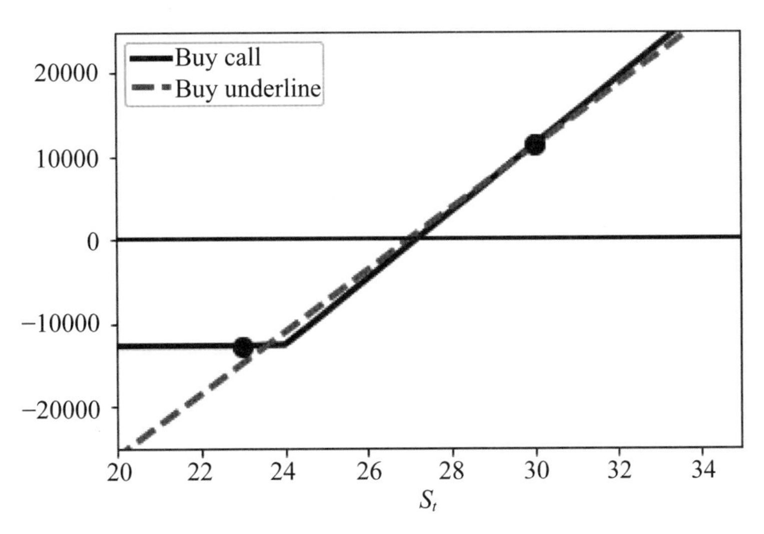

圖 4-6 買進標的資產與買進買權之比較

我們從圖 4-6 內可看出 A 公司股價若約介於 23 與 30 之間（圖內黑點之間），直接購買 A 公司股票較占優勢，但是若處於上述區間之外，反而購買上述買權更爲有利。此例說明了買權的優點；或者說，買進買權除了保有資產價格上漲的優勢外，另外亦避免了標的資產價格下跌的風險。買進買權成爲「進可攻，退可守」的策略。讀者可思考買進買權策略的優點與缺點。

當然，除了單獨買進買權或賣權策略之外，尚存在許多投資策略，此處我們介紹 Delta 中立（delta neutral）策略；換言之，表 4-3 與（4-8）式提供了一個執行 Delta 中立以及動態避險策略的可能。我們先來看 Delta 中立策略。如前所述，於 ATM 處，買權與賣權的 Delta 值分別約爲 0.5 與 −0.5。假定上述買權與賣權價格皆爲 4。根據 Delta 值的定義，若標的資產價格上升（下降）1，則買權價格會上升（下降）至 4.5（3.5）；同理，賣權價格會下降（上升）至 3.5（4.5），上述結果整理如表 4-6 所示。

表 4-6　Delta 中立策略

標的資產價格	50 call 價位	50 put 價位
50	4	4
51	4.5	3.5
49	3.5	4.5
	(a) 50 -> 50	
Short 50 call	4.1	於 50，Long 50% 標的
Long 50 call	3.9	於 50，Short 50% 標的
	P&L: 0.2	P&L: 0
	(b)50 -> 51	
Long 50 call	3.9	於 50，Short 50% 標的
Short 50 call	4.6	於 51，Long 50% 標的
	P&L: 0.7	P&L: -0.5

考慮一位造市者（market-maker）根據表 4-6 的買權價格決定出買價與賣價爲 3.9-4.1。上述造市者可以採取 Delta 中立策略以免除標的資產價格變動的曝露風險。表 4-6 討論二種情況。考慮情況 (a)，標的資產價格維持不變仍爲 50，假定其他的投資人向上述造市者依 4.1 的價格買進買權，上述造市者立即可以每口買權買進 50% 的標的資產以保持 Delta 中立；因此，上述造市者可以依 3.9 的價位買回買

權，同時賣出 50% 的標的資產。因此，於情況 (a) 之下，上述造市者每口買權的利潤為 0.2。

考慮情況 (b)，假定有人依 3.9 的買權價位賣給上述造市者買權，而上述造市者為了要維持 Delta 中立，必須立即放空 50% 的標的資產。現在標的資產價格從 50 上升至 51，因買權的公平價格為 4.5，故上述造市者可以用 4.6 的價位賣出買權，同時買回 50% 的標的資產。是故，於情況 (b) 之下，上述造市者每口買權的利潤亦為 0.2。

因此，從表 4-6 內可看出使用 Delta 中立策略竟可以讓上述造市者取得一定的利潤；或者說，表 4-6 的例子說明了 Delta 中立策略的可行性。接下來，我們檢視 Delta 中立動態策略。底下為了分析方便起見，假定買權與賣權契約內含的股數為 1 股。考慮一位投資人賣一口履約價為 225 的賣權，若該投資人採取 Delta 避險策略，則根據表 4-3 可知，該投資人必須同時放空標的資產。利用表 4-7 內的假定，圖 4-7 繪製出上述賣權複製之資產組合價值與對應之 BSM 賣權價格，可以參考表 4-7（詳細的結果可參考所附檔案）。

表 4-7　$r = 0.01$、$\sigma = 0.4$、$q = 0$ **與** $K = 225$

t	T	St	Delta	Lend	Short	BSM	price
0	1	242.5	−0.34	110.273	−82.45	27.823	27.823
1	0.958	252.016	−0.305	101.452	−76.865	24.052	24.588
2	0.917	227.998	−0.401	123.34	−91.427	31.771	31.913
3	0.875	255.545	−0.291	95.23	−74.364	21.55	20.867
---	---	---	---	---	---	---	---
23	0.042	211.468	−0.762	178.237	−161.139	15.754	17.099
24	0.001	220.599	−0.94	217.504	−207.363	4.471	10.141

說明：1. price 表示複製之賣權價格。
2. BSM 表示 BSM 之賣權價格。
3. Lend 表示累加借出。
4. Short 表示放空。

於表 4-7 內，我們先利用 GBM 模擬出 1 年內有 25 個標的資產價格 St，其中期初（t = 0）價格為 242.5。利用 BSM 模型，我們計算對應的賣權價格與 Delta 值，從該表內可看出期初的賣權價格與期初 Delta 值分別為 27.823 與 −0.34。因放空 34% 的標的資產可得 82.45（0.34 × 242.5）再加上賣賣權的權利金 27.823，故期初可得現金 110.273（82.45 + 27.823）[12]；換言之，表 4-7 內的「Lend」欄 +「Short」欄可以構成一個能複製賣權的資產組合。值得注意的是，上述資產組合的 Delta 值等於 0 [13]，此大概是「Delta 中立」名稱的由來；不過，隨著時間經過，因標的資產價格改變破壞了上述的 Delta 中立，使得我們必須重新調整以維持 Delta 中立，故於「動態調整」下，相當於每隔一段時間就必須調整上述資產組合。

是故，我們繼續檢視 t = 1 的情況。顯然標的資產價格上升至 252.016，同時 Delta 值亦上升至 −0.305，故若繼續複製賣權，該投資人必須額外買進 3.5%（0.34 − 0.305）的標的資產，故現金剩下 101.452（110.273 − 0.035×252.016）[14]。繼續檢視 t = 2 的情況，此時標的資產價格與 Delta 值同時跌至 227.998 與 −0.401，故該投資人必須再放空 9.6%（0.401 − 0.305）的標的資產，故現金增至 123.34（101.452 + 0.096×227.998）。其餘各期的計算過程依此類推。

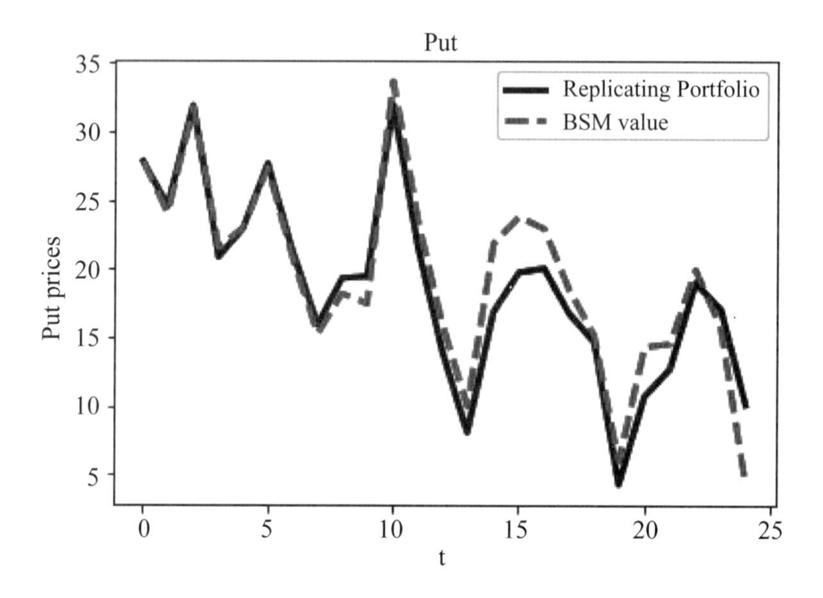

圖 4-7　賣權複製價格與 BSM 賣權價格

因此，表 4-7 的特徵可以分述如下：

---

[12] 若按照（4-8）式，上述相當於 $m_0 = -0.34$、$B_0 = 110.273$、$S_0 = 242.5$ 與 $V_0 = 27.823$，即買了價值 110.273 的貼現債券（面額爲 1）與放空 34% 的標的資產。

[13] 即根據（4-8）式可知 $B_0 = p_0 - m_0 S_0$，故 $\partial B_0 / \partial S_0 = 0$ 隱含著 $\Delta_0^p = m_0$。

[14] 我們當然亦可以加上利息的考慮，不過於此似乎沒有必要。

(1) 賣出賣權相當於欲用履約價買標的資產，故其擔心標的資產價格下跌的風險，爲了消除上述風險，投資人除了賣出賣權之外，同時須放空標的資產。顯然，表 4-5 內的賣權是按照 Delta 值的比重放空標的資產。

(2) 上述 Delta 避險策略可推廣，想像買進買權的 Delta 避險策略爲何？答案是買進買權同時按照對應的 Delta 值比重放空標的資產。那賣出買權的 Delta 避險策略爲何？（賣出買權加上買進 Delta 值比重的標的資產）。

(3) 如同圖 4-1 所示，Delta 值並非固定數值；或者說，若標的資產價格有變動，對應的 Delta 值亦會變動。若上述 Delta 避險隨著 Delta 值的變動而調整其放空資產的比重，此時可稱爲執行 Delta 中立策略，其目的自然欲消除標的資產價格變動的風險。

(4) 隨著時間經過，標的資產價格與對應的 Delta 值亦會改變；是故，若繼續執行 Delta 中立策略，勢必隨時間根據 Delta 值調整放空標的資產的比重，此時可稱爲執行動態避險策略。

(5) 圖 4-7 或表 4-7 是 1 年調整 24 次（即 $m = 24$）的動態避險結果，我們自然亦可以增加調整的次數如圖 4-8 所示。從該圖內可看出隨著調整次數的增加，賣權複製價格與對應的 BSM 賣權價格愈接近。當然，調整次數無法持續提高，因爲調整次數愈多，交易成本愈大。

(6) 若仔細檢視表 4-5 的結果應可發現投資人竟然是執行「賣低買高」標的資產的策略，原因是標的資產價格與賣權的 Delta 值呈相反關係；不過，此種投資策略未必會影響投資人的收益，例如根據表 4-7 的結果，投資人若於到期前結清賣權部位，反而有 5.67（10.141−4.471）的獲利。

(7) 其實，表 4-7 的結果提供一種投資策略，那就是假定期初賣權價格高於 BSM 賣權價格，而我們於期初以該賣權價格取代 BSM 賣權價格，然後再執行 Delta 避險策略，圖 4-9 繪製出一種可能[15]。我們從圖 4-9 內可看出賣權的複製價格皆高於對應的 BSM 賣權價格，只要後續的賣權價格與 BSM 賣權價格一致，自然可獲利。同理，若期初賣權價格低於 BSM 賣權價格，讀者可想像應採取何種策略。

(8) 圖 4-7～4-9 或表 4-7 的缺點是假定影響因子如利率與波動率等皆固定不變；換言之，於高波動的環境下，前述的投資策略未必有效。

[15] 即假定期初賣權價格爲 50，其餘皆不變，讀者可比較圖 4-7 與 4-9 所附的 Python 指令。

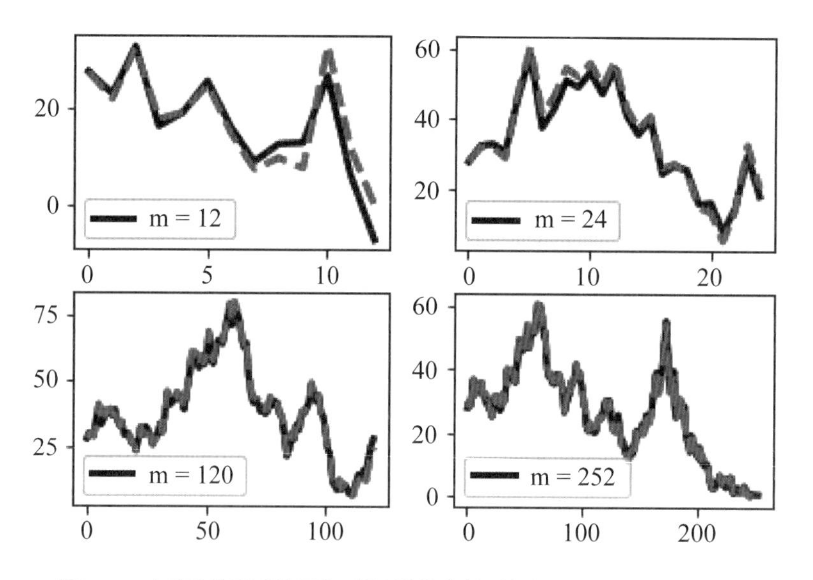

圖 4-8　不同的動態避險（賣權複製價格與 BSM 賣權價格）

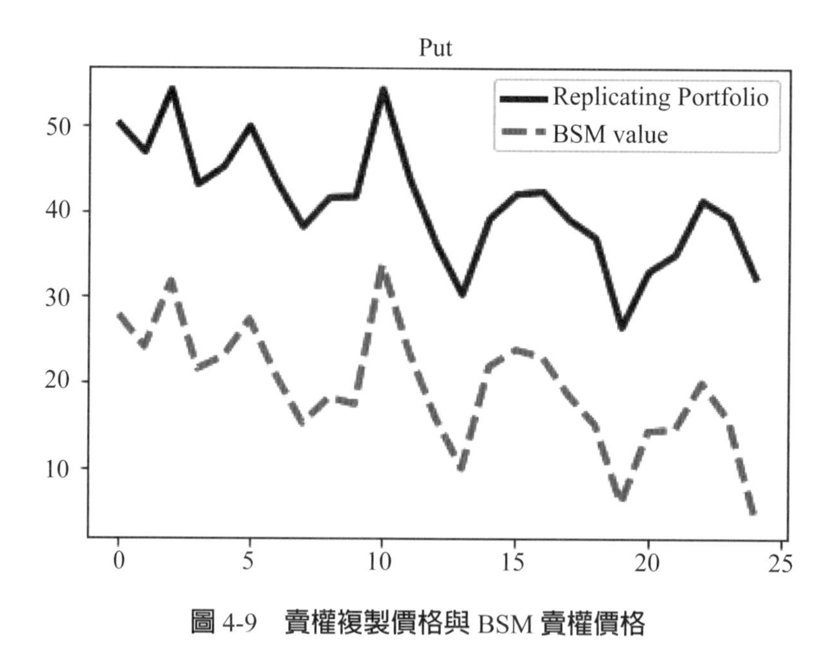

圖 4-9　賣權複製價格與 BSM 賣權價格

其實表 4-7 有一個重要的特色，就是雖然它是使用「買高賣低」的避險策略，不過因時間因素（Theta 值），使得投資人未來得以用較便宜的價位買回賣權，因此賣出賣權的 Delta 值中立動態調整策略未必無效。同理，檢視表 4-8（詳細的結果可參考所附檔案），該表是描述投資人期初買進一口買權，爲了避險必須同時放空 Delta 值的標的資產。讀者應可以看出上述投資人是使用「買低賣高」的避險策略[16]；雖說如此，因時間因素，使得上述投資人未來得以用較便宜的價位賣出買權，反而有損失，故最後的結果難判斷。因此，若其他影響因子如利率與波動率等皆固定不變，表 4-7 或 4-8 皆有優缺點，我們發現 Theta 值竟扮演一個非常重要的角色。有關於 Theta 值，底下自然會介紹。

表 4-8　$r = 0.01$、$\sigma = 0.4$、$q = 0$ 與 $K = 225$

t	T	St	Delta	Lend	Short	BSM	price
0	1	242.5	0.66	−112.488	160.05	47.562	47.562
1	0.958	252.016	0.695	−121.309	175.151	53.214	53.843
2	0.917	227.998	0.599	−99.421	136.571	36.822	37.15
3	0.875	255.545	0.709	−127.531	181.181	54.055	53.651
---	---	---	---	---	---	---	---
23	0.042	211.468	0.238	−44.524	50.329	2.316	5.806
24	0.001	220.599	0.06	−5.257	13.236	0.072	7.979

說明：1. price 表示複製之賣權價格。
2. BSM 表示 BSM 之賣權價格。
3. Lend 表示累加借出。
4. Short 表示放空。

4.3 Delta 值與其他影響因子

如前所述，我們已經有見識到 Delta 值並非固定數值，或其有受到市場條件的影響，例如（4-2）式的 Gamma 值就是指 Delta 值會受到標的資產價格變動的影響（Gamma 值，將在第 5 章介紹）。除了標的資產價格之外，波動率與到期期限是二個重要的影響因子，可以參考圖 4-10 與 4-11。

於圖 4-10 內，可以看出當波動率上升，買權之 ITM 與 OTM 的 Delta 值會分別下降與上升，而 ATM 的 Delta 值則會略高於 0.5；類似地，讀者亦可以檢視賣權之 Delta 值亦會隨波動率的變化而變動。直覺而言，若波動率上升，隱含著標的資產價格的波動擴大了，使得原本屬於深 ITM 的標的資產價格未必屬於深 ITM，而原

[16] 即標的資產價格上升（下降），買權的 Delta 值亦會上升（下降），使得放空數亦增加（減少）。

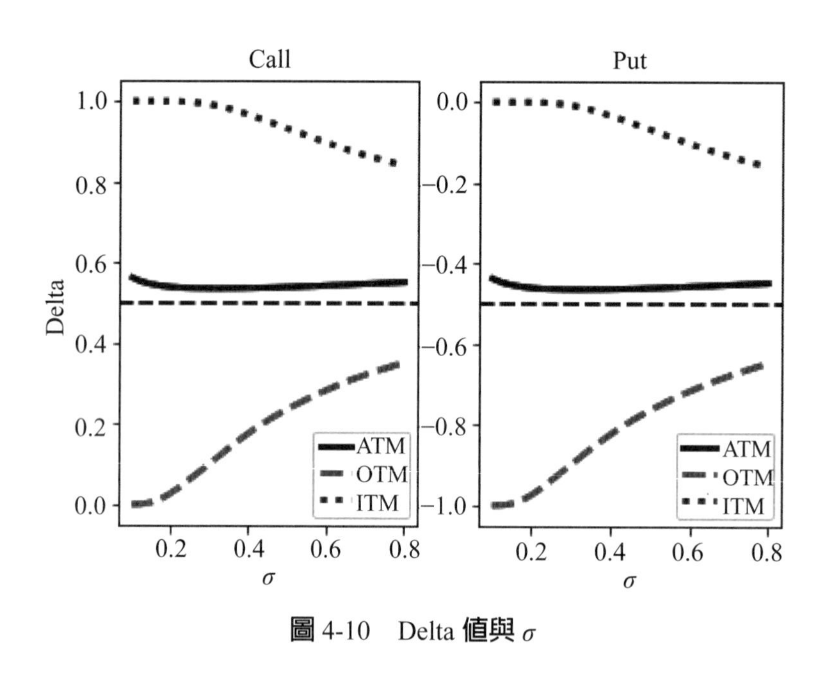

圖 4-10　Delta 值與 σ

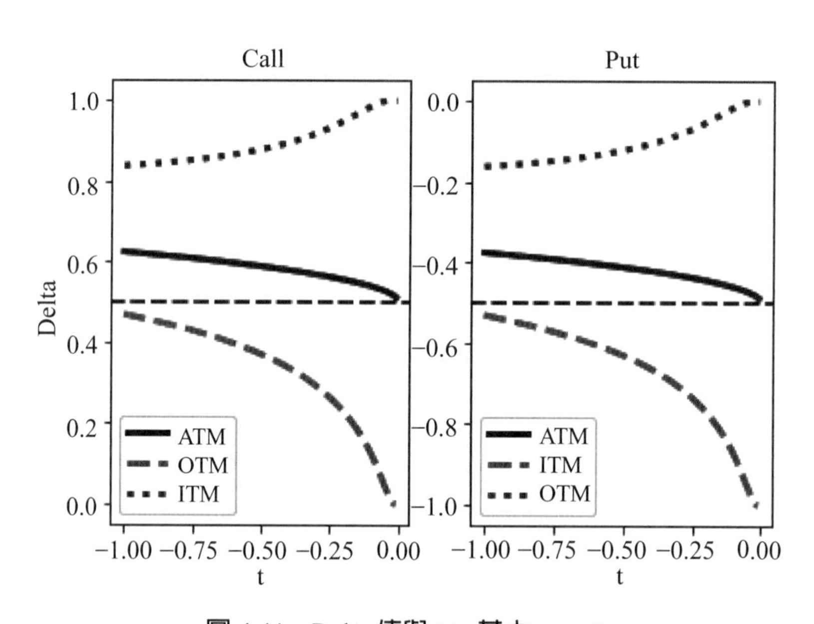

圖 4-11　Delta 值與 T，其中 $t=-T$

本屬於深 OTM 的標的資產價格未必屬於深 OTM。例如：檢視表 4-9 的結果，而該表的已知條件只是將表 4-4 的波動率由 0.2 改為 0.5，其餘的假定不變。比較表 4-4 與 4-9 的結果，可發現後者的 Delta 值全數往上移。例如檢視標的資產價格為 31 的情況，當波動率變成 0.5，對應的 Delta 值反而縮小了（依絕對值來看，全數小於

0.9）；另一方面，檢視標的資產價格爲 40 的情況，從表 4-9 內可看出對應的 Delta 值反而變大了（依絕對值來看，全數大於 0.1）。因此，當波動率變大，利用 Delta 值來判斷出現 ITM 的機率會更失眞。

表 4-9　$S_0 = 35$、$K = 35$、$r = 0.02$、$q = 0.01$、$T = 44/365$ 與 $\sigma = 0.5$

St	D44	D41	D38	D29	D26	D23	D20
40	−0.1922	−0.1857	−0.1785	−0.1517	−0.1405	−0.1278	−0.1134
39	−0.2345	−0.2288	−0.2223	−0.1978	−0.1872	−0.1749	−0.1605
38	−0.2828	−0.2783	−0.2731	−0.2529	−0.2439	−0.2333	−0.2205
37	−0.337	−0.334	−0.3307	−0.317	−0.3107	−0.3031	−0.2937
36	−0.3963	−0.3954	−0.3943	−0.3891	−0.3865	−0.3831	−0.3788
35	−0.4599	0.4613	0.4627	−0.4674	−0.4692	−0.471	−0.4729
34	−0.5264	−0.5302	−0.5343	−0.5493	−0.5556	−0.5628	−0.5713
33	−0.5942	−0.6002	−0.6069	−0.6315	−0.6419	−0.6539	−0.6682
32	−0.6611	−0.6691	−0.6779	−0.7102	−0.7238	−0.7393	−0.7573
31	−0.7252	−0.7347	−0.7449	−0.7821	−0.7973	−0.8144	−0.8337

至於圖 4-11 的結果則較容易理解，値得注意的是，圖 4-11 內的橫軸左側是表示到期期限變大，而右側則表示到期期限縮小。愈接近到期日，買權與賣權的 Delta 值會愈分散，即於 ITM 處，Delta 值會愈接近 1 與 −1，於 OTM 處的 Delta 值皆會愈接近於 0；最後，於 ATM 處的 Delta 值則會愈接近於 0.5 與 −0.5。

因 Delta 值會受到時間的影響，即今日的 Delta 中立未必隱含著明日亦屬於 Delta 中立，故愈多投資人注意到 Delta 值對於市場條件改變的敏感程度的衡量，此時他們不再使用希臘字母，反而用「專有名詞」表示。例如：*Vanna* 是指買權或賣權的 Delta 值對波動率的偏微分如（4-10）式所示，而 *Charm* 則指買權或賣權的 Delta 值對到期期限的偏微分如（4-11）與（4-12）式所示。値得注意的是，買權與賣權的 *Vanna* 值是相等的，而買權與賣權的 *Charm* 值卻是不相等的，我們分別用 *Charm_c* 與 *Charm_p* 表示[17]。

根據 Haug（2010），上述 *Vanna*、*Charm_c* 與 *Charm_p* 值可寫成：

[17]（4-10）～（4-12）式係取自 Haug（2010），於該書內 *Vanna* 與 *Charm* 尚有用其他如 DdeltaDvol、DdeltaDtime call 與 DdeltaDtime put 等專有名稱表示。

$$Vanna = \frac{\partial^2 c_t}{\partial S_t \partial \sigma} = \frac{\partial^2 p_t}{\partial S_t \partial \sigma} = \frac{-e^{-q(T-t)} d_2}{\sigma} n(d_1) \tag{4-10}$$

$$Charm\_c = \frac{\partial^2 c_t}{\partial S_t \partial T} = -e^{-q(T-t)} n(d_1) \left[\frac{2(r-q)(T-t) - d_2 \sigma \sqrt{T-t}}{2(T-t)\sigma\sqrt{T-t}} \right] \tag{4-11}$$

$$Charm\_p = \frac{\partial^2 p_t}{\partial S_t \partial T} = -qe^{-q(T-t)} N(-d_1) - e^{-q(T-t)} n(d_1) \left[\frac{2(r-q)(T-t) - d_2 \sigma \sqrt{T-t}}{2(T-t)\sigma\sqrt{T-t}} \right] \tag{4-12}$$

其中$n(.)$表示標準常態分配的PDF。同理，（4-10）～（4-12）式不難用Python表示。

我們舉一個例子說明。試下列指令：

```
S0 = 90;r = 0.05;q = 0;K = 80;T = 0.25;sigma = 0.2
np.round(Vanna(S0,K,r,q,T,sigma),4)# -1.0008
```

其中 *Vanna*(.) 是我們自設的函數。即根據上述假定，波動率上升 0.01，如從 0.2 升至 0.21，則對應的 Delta 值約會減少 0.01(−1.0008/100)；波動率下降 0.01，如從 0.2 降至 0.19，則對應的 Delta 值約會增加 0.01 。上述結果亦可用下列方式檢視：

```
da = np.round(Delta(S0,K,r,q,T,sigma)['p'],4)# -0.0881
db = np.round(Delta(S0,K,r,q,T,sigma+0.01)['p'],4)# -0.098
dc = np.round(Delta(S0,K,r,q,T,sigma-0.01)['p'],4)# -0.078
np.round(db-da,4)# -0.0099
np.round(dc-da,4)# 0.0101
```

讀者自可一目了然。

接下來，我們檢視（4-11）與（4-12）二式。我們自設函數 *Charm*(.)，試下列指令：

```
S0 = 105;T = 0.25;K = 90;r = 0.14;q = 0.14;sigma = 0.24
np.round(Charm(S0,K,r,q,T,sigma)['c'],4)# 0.5052
```

```
np.round(Charm(S0,K,r,q,T,sigma)['p'],4)# 0.37
np.round(0.5052/365,4)# 0.0014
np.round(0.37/365,4)# 0.001
```

即根據上述假定，到期期限減少 1 天，對應的買權與賣權 Delta 值分別約減少 0.0014 與 0.001。以賣權爲例，我們亦可以用下列的方式檢視：

```
dt1 = np.round(Delta(S0,K,r,q,T,sigma)['p'],4)# -0.0863
dt2 = np.round(Delta(S0,K,r,q,T+1/365,sigma)['p'],4)# -0.0873
dt3 = np.round(Delta(S0,K,r,q,T-1/365,sigma)['p'],4)# -0.0853
np.round(dt2-dt1,4)# -0.001
np.round(dt3-dt1,4)# 0.001
```

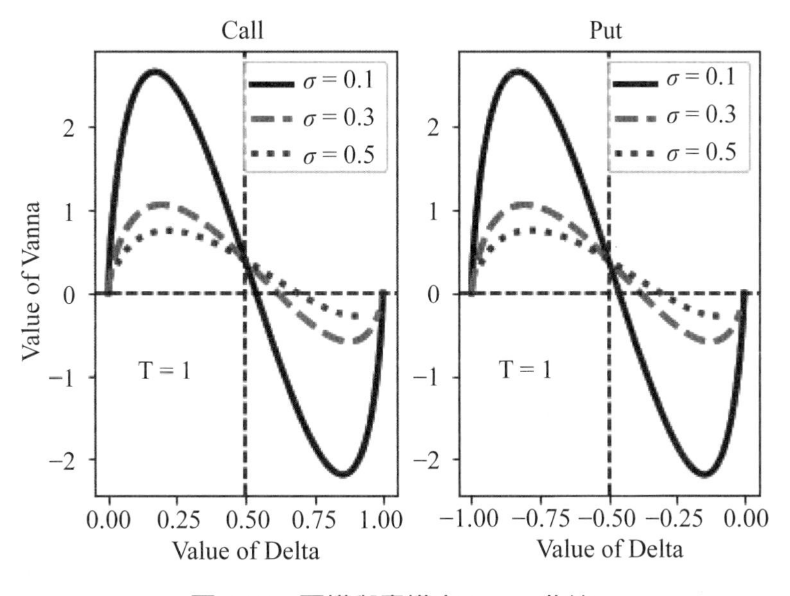

圖 4-12　買權與賣權之 *Vanna* 曲線

圖 4-12 繪製出 *Vanna* 曲線（可以參考所附的檔案），其特色可分述如下：

(1) 如前所述，買權與賣權的 *Vanna* 值相等，故有相同的 *Vanna* 曲線。
(2) *Vanna* 的極值分別約出現於買權之 Delta 值接近於 0.2 與 0.8 處以及賣權之 Delta 值接近於 −0.2 與 −0.8 處。

(3) 就 *Vanna* 曲線而言（參考圖 4-12），波動率愈大，對應的 *Vanna* 值波動愈小；但是，波動率愈小，對應的 *Vanna* 值波動愈大。

(4) 圖 4-12 係繪製出 *Vanna* 值與 Delta 值之間的關係。圖 4-13 則進一步繪製出於不同期初標的資產價格下，不同波動率下的 *Vanna* 曲線，而從該圖內可看出波動率愈低，對應的 *Vanna* 值波動愈大。比較特別的是，到期期限愈短，高波動對 Delta 值幾乎無影響。例如：圖 4-13 內的右圖顯示出於 ATM 處，對應的 *Vanna* 值幾乎等於 0。

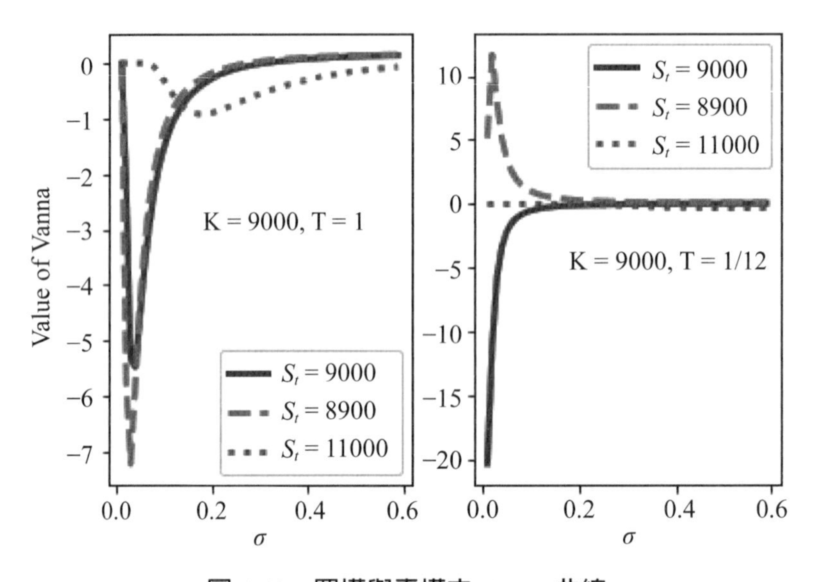

圖 4-13　買權與賣權之 *Vanna* 曲線

圖 4-14 繪製出買權與賣權的 *Charm* 曲線，其特色可分述如下：

(1) 檢視（4-11）與（4-12）式可知 $q \neq 0$，買權與賣權的 *Charm* 值並不相等，即圖 4-14 內的買權與賣權的 *Charm* 曲線的形狀雖然有些類似，但是實際上卻不相等。

(2) *Charm* 的極值分別約出現於買權之 Delta 值接近於 0.2 與 0.8 處以及賣權之 Delta 值接近於 –0.2 與 –0.8 處。

(3) 到期期限愈短，對應的 *Charm* 值波動愈大；反之，到期期限愈長，對應的 *Charm* 值波動愈小。

(4) 買權與賣權的 *Charm* 曲線形狀竟然與圖 4-12 內的 *Vanna* 曲線形狀有些類似。其實，我們從圖 4-10 與 4-11 內亦有類似的結果，即到期期限愈長與高波動對於 Delta 值的影響有些雷同。

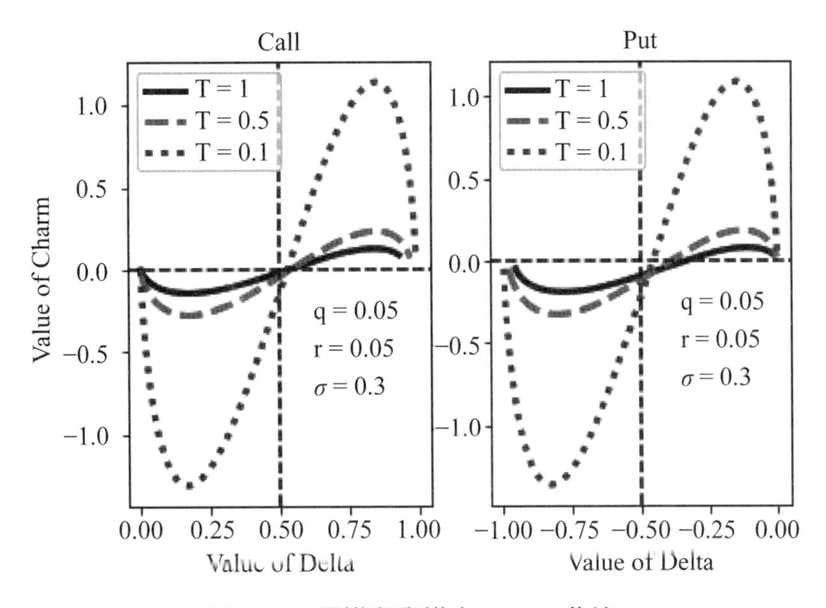

圖 4-14　買權與賣權之 *Charm* 曲線

(5) 圖 4-15 進一步繪製出不同到期期限的買權與賣權的 *Charm* 曲線。為了分別買權與賣權差異，該圖假定 $q = 0.1$。我們從圖 4-15 內除了可看出到期前買權與賣權的 *Charm* 值波動較大外；另一方面，我們亦於 ATM 處看到到期前買權與賣權的 *Charm* 值呈現巨幅的波動。

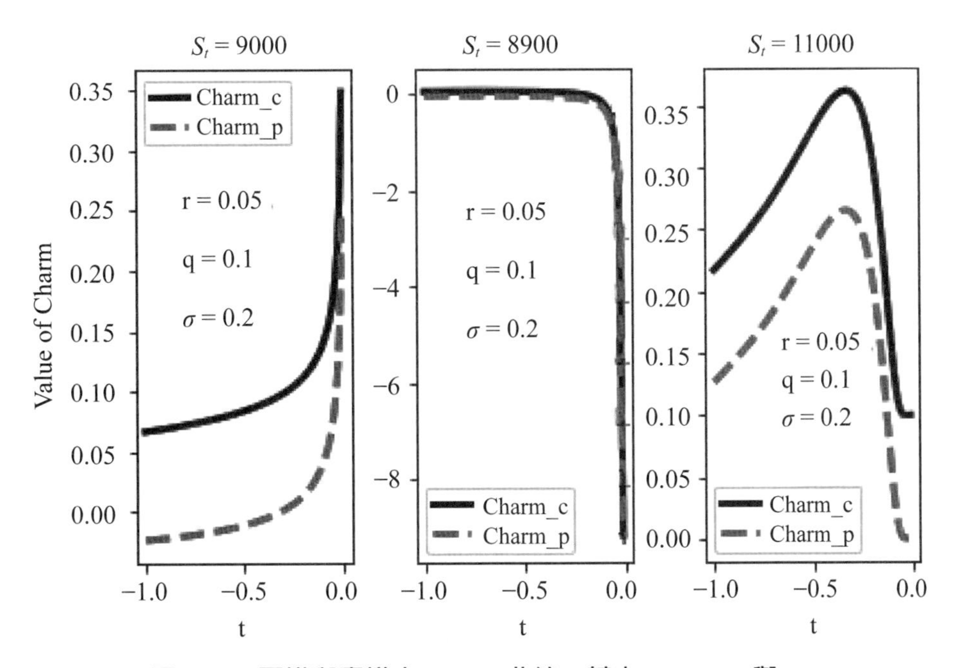

圖 4-15　買權與賣權之 *Charm* 曲線，其中 $K = 9000$ 與 $t = -T$

接下來，我們再來看 Delta 值與其他因子的關係。圖 4-16 繪製出不同利率下之買權與賣權的 Delta 曲線，而我們從該圖內可以看出於不同標的資產價格下，利率愈高，對應的買權之 Delta 值愈大，但是賣權的 Delta 值（依絕對值來看）卻愈小。例如：於 ATM 下，按照利率爲 0.01、0.05 與 0.1 的順序，買權的 Delta 值分別約爲 0.5727、0.6243 與 0.6856，而賣權的 Delta 值則分別約爲 −0.4273、−0.3757 與 −0.3144。不過上述買權或賣權之 Delta 值差異會隨到期期限的接近而縮短如圖 4-17 所示。換言之，讀者可以進一步檢視，當 T 值接近於 0 時，於 ATM 處，買權的 Delta 值會接近於 0.5 而賣權的 Delta 值會接近於 −0.5。

我們再考慮另外一種情況，可以參考圖 4-18。圖 4-18 繪製出不同 q 值下的買權與賣權的 Delta 曲線，而從該圖內亦可看出 q 值愈大，買權的 Delta 值愈小，但是賣權的 Delta 值卻愈大（依絕對值來看）。例如：於 ATM 處，按照 q 值等於 0、0.1 與 0.2 的順序，買權的 Delta 值分別約爲 0.6243、0.4464 與 0.2973，而賣權的 Delta 值則分別約爲 −0.3757、−0.4584 與 −0.5214。類似於圖 4-17，當 T 值接近於 0 時（即接近到期），於 ATM 處，買權的 Delta 值會接近於 0.5 而賣權的 Delta 值會接近於 −0.5。讀者可檢視看看。

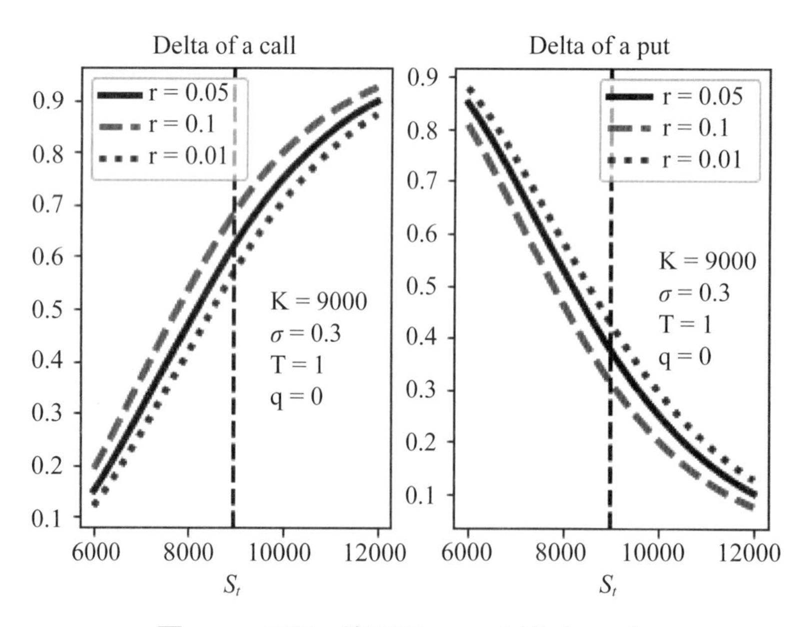

圖 4-16 不同 r 值下的 Delta 曲線（T = 1）

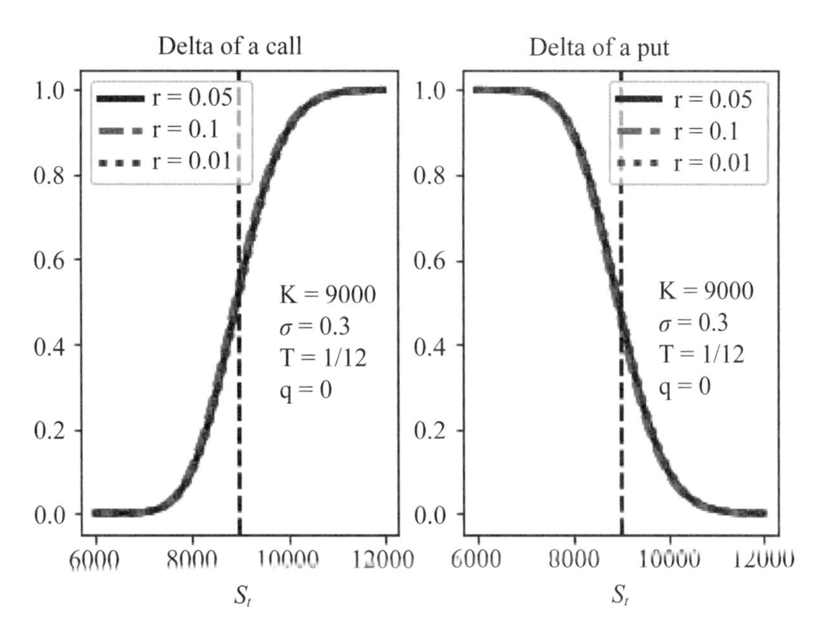

圖 4-17 不同 r 值下的 Delta 曲線（T = 1/12）

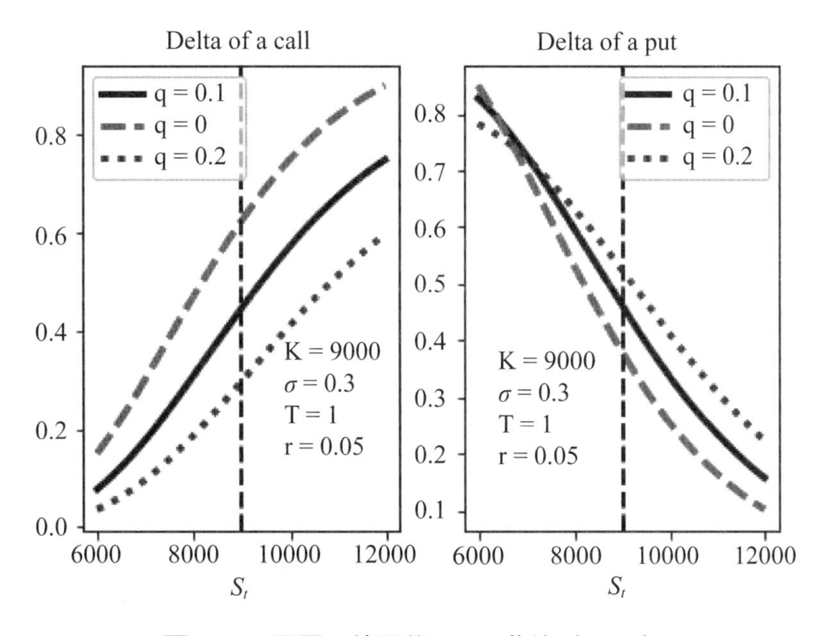

圖 4-18 不同 q 值下的 Delta 曲線（T = 1）

不同於上述的情況，圖 4-19 與 4-20 繪製出不同波動率（σ）下買權與賣權的 Delta 曲線，而從上述圖內可看出約於 ATM 處，Delta 曲線有出現轉折的情況。讀者可繼續練習，當 T 接近於 0，不同的 Delta 曲線將合而為一。可以試試。接下來，我們來看「時間」的力量，若其他影響因子固定不變，隨著 T 接近於 0，Delta 曲線於 ATM 處出現「跳動」的情況[18]，即就買權（賣權）而言，OTM 趨向於 0 而 ITM 則趨向於 1(−1)。可以參考圖 4-21。

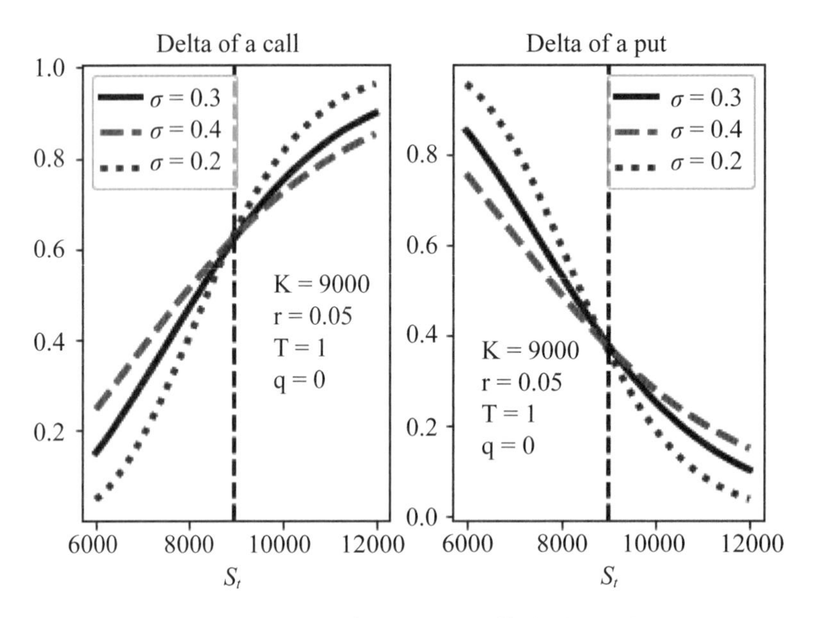

圖 4-19　不同 σ 值下的 Delta 曲線（T = 1）

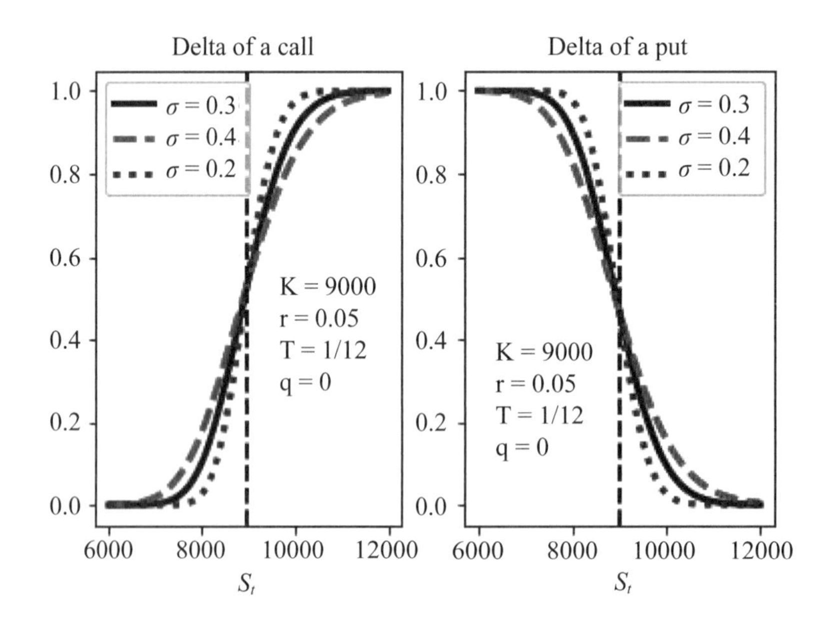

圖 4-20　不同 σ 值下的 Delta 曲線（T = 1/12）

[18] 但是於 ATM 處仍維持爲 0.5（買權）與 −0.5（賣權）。

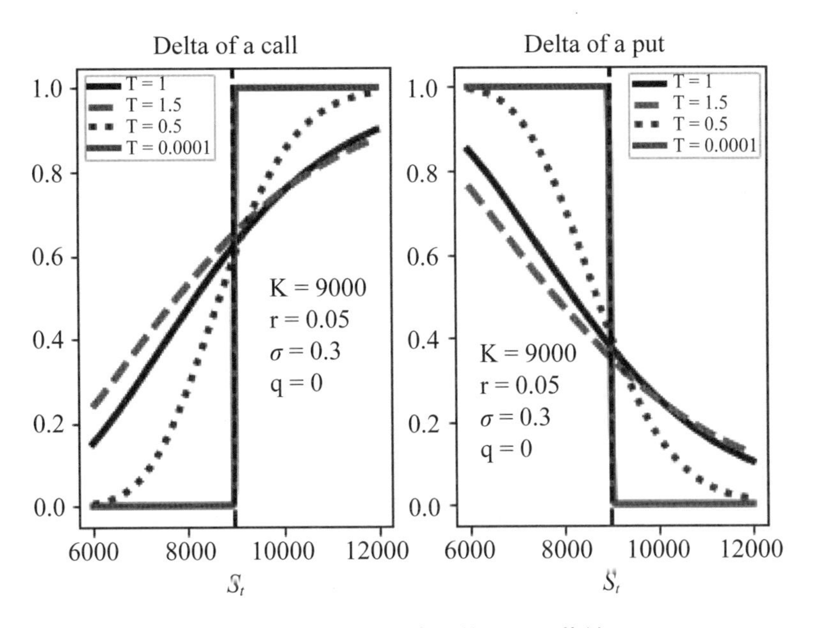

圖 4-21　不同 T 值下的 Delta 曲線

最後，我們檢視圖 4-22，按照圖內的假定，若皆維持在 ATM 處，從圖內可看出買權與賣權之 Delta 值的變化[19]。讀者亦可以嘗試檢視其他的情況，例如圖 4-23 繪製出標的資產價格皆維持於 8,900 的情況，從圖內可看出買權與賣權的 Delta 值分別遞減至 0 以及遞增至 1（絕對值）。於圖 4-23 內，我們亦可以看到一個重要的特徵，那就是於接近到期時，買權與賣權的 Delta 值遞減的速度非常快，此種結果與後面章節介紹的 Theta 值非常類似，屆時我們再看看。

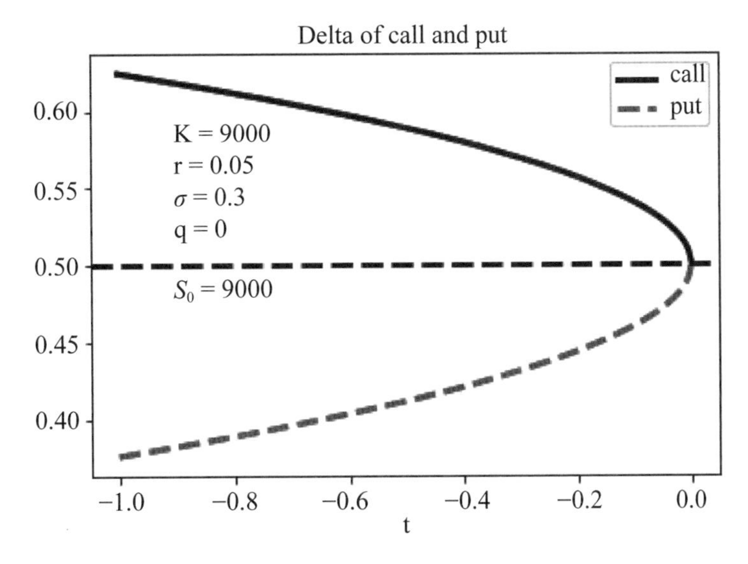

圖 4-22　隨著 t 值變化的 Delta 值，其中 $t = -T$

[19] 可回想賣權的 Delta 值是用正數值表示。

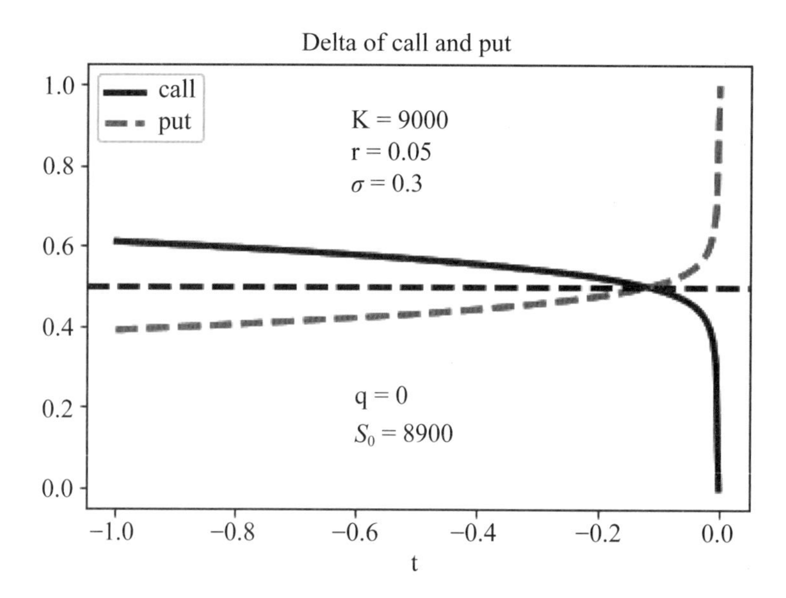

圖 4-23　隨著 t 值變化的 Delta 值，其中 $t = -T$

Chapter 5
Gamma

Gamma 值是一個非常特別的避險參數，可以參考（4-2）式。若說 Delta 值是計算選擇權價格的調整速度（相對於標的資產價格變動而言），則 Gamma 值可謂是計算上述速度的加速率（rate of acceleration）。直覺而言，因 Gamma 值表示標的資產價格變動引起 Delta 值的變動（於其他情況不變下），故於較大的價格波動下，從事 Delta 避險，Gamma 值的重要性不容被忽略。

Gamma 值的另一個重要的特色是其竟然有扮演著「加深」與「緩衝」選擇權價格變動的功能，我們來看看。本章將分成 4 部分介紹。

5.1 Gamma 值的意義

根據（4-2）式，可知 Gamma 值是 Delta 曲線的斜率；因此，檢視圖 4-1，可知買權或賣權的 Delta 曲線並非屬於直線，隱含著 Gamma 值並非固定數值。例如：檢視買權的 Delta 曲線的斜率值，可發現從深 OTM 處開始，隨著標的資產價格的提高，上述斜率值由 0 變大，再由大變小，最後於深 ITM 處回歸為 0；是故，我們可以想像 Gamma 曲線的形狀。圖 5-1 繪製出不同到期期限的 Gamma 曲線，從該圖內可發現 Delta 曲線的斜率值大概於 ATM 附近出現轉折的情況，故對應的 Gamma 值最大（圖 4-1），不過此容易出現在快要到期的情況；換言之，從圖 5-1 內可看出，到期期限愈長，Gamma 值最大出現於 OTM 處。同理，讀者亦可以檢視賣權的情況。另一方面，從（4-2）式可知，於 BSM 模型內買權與賣權的 Gamma 值是相等的。

類似地，我們亦可以透過下列指令瞭解 Gamma 值的意義：

```
r = 0.08;K = 40;q = 0;sigma = 0.3;T = 3/12
D0 = np.round(Delta(40,K,r,q,T,sigma)['c'],2)# 0.58
D1 = np.round(Delta(41,K,r,q,T,sigma)['c'],2)# 0.65
np.round(D1-D0,2)# 0.07
np.round(Gamma(40,K,r,q,T,sigma),2)# 0.07
```

即利用上述假定，我們可以同時比較標的資產價格分別爲 40 與 41 的 Delta 值差距，此恰爲標的資產價格爲 40 的 Gamma 值。同理，讀者亦可以利用賣權的 Delta 值差異判斷。如此，應可解釋 Gamma 值的意思。那爲何計算買權或賣權的 Gamma 值呢？

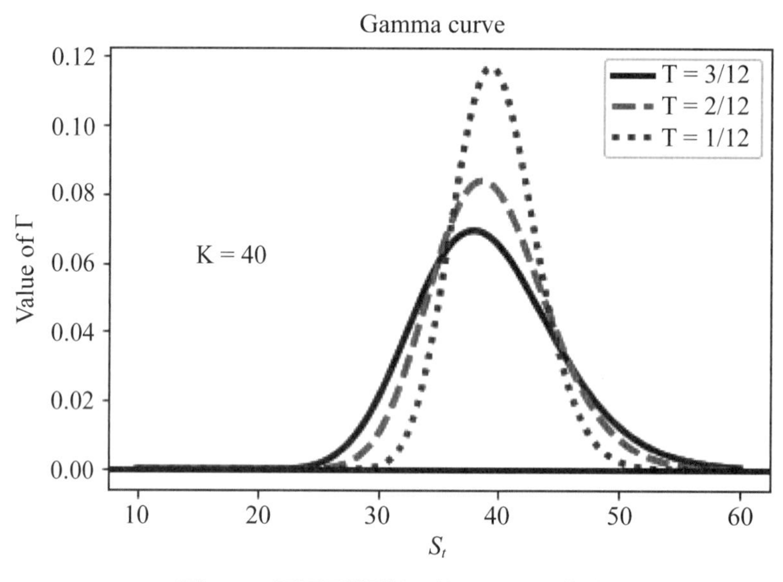

圖 5-1　不同到期期限的 Gamma 曲線

直覺而言，前述 Delta 避險的程度與 c_t（買權價格曲線）曲線的彎曲程度有關，可以參考圖 5-2。於圖 5-2 內，假定我們處於 C 點，若標的資產價格有波動向上而採取 Delta 避險，根據 C 點的切線，可知買權的預期價格爲 B 點處，但是實際買權價格卻爲 A 點處，故採取 Delta 避險會有 AB（線段）的誤差，顯然上述誤差與 c_t 曲線的彎曲程度有關，即彎曲程度愈陡，誤差愈大。那我們如何考慮上述的誤差呢？此時可利用 Gamma 值。

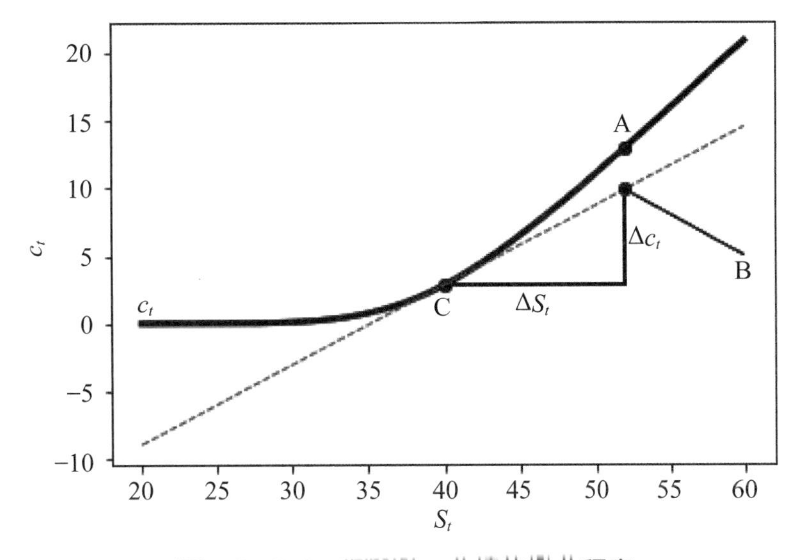

圖 5-2 Delta 避險與 c_t 曲線的彎曲程度

假定於 C 點處（圖 5-2），標的資產價格、理論買權價格、Delta 值與 Gamma 值分別為 S_1、c、Δ與 Γ。若標的資產價格上升至 S_2（B 點處），則新的買權價格為何？一種簡單的計算方式是採取點斜式（point slope form），即買權價格為：

$$c + \Delta(S_2 - S_1) \tag{5-1}$$

不過上述是假定Δ值固定不變；也就是說，當 S_1 上升至 S_2，Δ值亦會改變而新的 Delta 值亦可寫成：

$$\Delta + \Gamma(S_1 - S_2)$$

究竟我們應使用舊的 Delta 值（即Δ值）抑或是新的 Delta 值（即 $\Delta + \Gamma(S_1 - S_2)$ 值）？簡單的方式是使用平均數，即平均 Delta 值為：

$$[\Delta + \Delta + \Gamma(S_1 - S_2)]/2 = \Delta + (S_1 - S_2)\Gamma/2$$

是故，若使用平均 Delta 值，則預期買權價格的估計值為：

$$c + (S_2 - S_1)[\Delta + (S_2 - S_1)\Gamma/2] = c + (S_2 - S_1)\Delta + [(S_2 - S_1)^2\Gamma/2] \tag{5-2}$$

當然，標的資產價格變動，Gamma 值亦會改變；不過，若使用（5-2）式，估計誤差可降低。換句話說，（5-2）式的估計應優於（5-1）式，由此可看出 Gamma 值的用處[①]。

我們舉一個例子說明（5-2）式的使用。利用 BSM 模型，可以繪製如圖 5-2 所示（背後的假定可參考所附的檔案）。上述 S_1、c、Δ、Γ 與 S_2 分別約爲 40.02、2.7964、0.5838、0.0650 與 52.0320；是故，根據（5-1）與（5-2）二式分別可得買權預期值約爲 9.8092 與 14.4975，但是實際買權價格約爲 12.9015，顯然後者的預測誤差較小。我們再考慮另外一種情況，假定 S_2 約爲 42.0220，則根據（5-2）式所得到的估計誤差僅約爲 0.0061。讀者可以練習操作看看。

重新檢視圖 5-1，可以發現買權或賣權於深 ITM 與深 OTM 處，Gamma 值接近於 0，我們可以瞭解爲何如此，即於上述深 OTM 處，因只存在時間價值，故選擇權價格對於標的資產價格缺乏敏感度，故此時對應的 Delta 值與 Gamma 值皆相當小；同理，於深 ITM 處，因選擇權價格幾乎完全反映其內在價值，即前者已無空間「加速」調整，故對應的 Gamma 值亦接近於 0。除了上述極端值之外，我們可以注意 Delta 值與 Gamma 值所扮演的角色。

欲瞭解 Delta 值與 Gamma 值所扮演的角色，莫過於同時比較不同履約價的情況，如表 5-1 所示；換言之，表 5-1 的內容是根據 BSM 模型所計算出的結果。我們從表 5-1 內的確可看出 Gamma 值有何用處。我們以買權爲例說明。首先檢視履約價爲 140 的情況，如前所述，買權價格只有時間價值，Delta 值與 Gamma 值並未扮演任何角色，故後二者皆接近於 0；不過，若檢視履約價爲 110 的情況，此時「反敗爲勝」的機會大增，表現出來的是 Delta 值與 Gamma 值開始有變化，尤其是後者已逐漸攀高。最後，檢視履約價爲 100 的情況，此時該買權已屬於 ATM，我們可發現 Delta 值已調整至 0.5 附近，而且 Gamma 值也已加速至最高；換言之，當買權從深 OTM 處轉爲 OTM 或甚至於達到 ATM 處，表現出來的是買權價格逐漸上升，而其背後亦隱藏著 Delta 值與 Gamma 值的變化，我們亦可以從圖 2-4 內的 c_t 曲線凸向於 K 值看出端倪。讀者亦可以檢視 ITM 或賣權的情況。

[①]（5-2）式亦可用下列方式導出。令 $c = f(S)$，利用（第）二階泰勒（Taylor）展開式可得：

$$dc = \frac{\partial f}{\partial S} dS + \frac{1}{2}\frac{\partial^2 f}{\partial S^2}(dS)^2$$

上式類似（5-2）式。

表 5-1　不同履約價下的 Gamma 值

K	c	Delta_c	p	Delta_p	G
40	60.1663	1	0	0	0
50	50.2079	1	0	0	0
60	40.2495	1	0	0	0
70	30.2911	1	0	0	0
80	20.3431	0.9962	0.0104	−0.0038	0.0013
90	10.7761	0.9046	0.4019	−0.0954	0.0196
100	3.6586	0.5364	3.2428	−0.4636	0.0459
110	0.6823	0.1565	10.2249	−0.8435	0.0277
120	0.0688	0.022	19.5699	−0.978	0.0061
130	0.004	0.0017	29.4633	−0.9983	0.0006
140	0.0001	0.0001	39.418	−0.9999	0
150	0	0	49.3763	−1	0
160	0	0	59.3347	−1	0

說明：1. K、c、Delta_c、p、Delta_p 與 G 分別表示履約價、買權價格、買權之 Delta 值、賣權價格、賣權之 Delta 值與 Gamma 值。

2. 上述結果是利用 BSM 模型計算，其中 $S_t = 100$、$r = 0.05$、$q = 0$、$\sigma = 0.3$ 與 $T = 1/12$。

表 5-1 的結果隱含著 Delta 避險的困難度，尤其是處於 ATM 處。另外二種值得我們注意的是到期期限與波動率亦會影響 Gamma 值的幅度。換言之，圖 5-3 繪製出不同到期期限下的 Gamma 值，而我們從該圖內可以發現到隨著到期期限的縮小，對應的 Gamma 值竟會增加。例如：根據圖 5-3，約於 ATM 處，按照 T 值分別為 1/12、1/52 與 1/252 的順序，對應的 Gamma 值分別約為 0.1146、0.2392 與 0.5269。因此，於快要到期時，Delta 避險的困難度變大。

既然 Gamma 值會影響 Delta 避險的困難度，而 Gamma 值的「規模（或稱為大小）」更會左右 Delta 避險的有效性，那應如何降低 Gamma 值的大小呢？圖 5-4 繪製出一種可能；也就是說，圖 5-4 只是更改圖 5-3 的履約價為 12,000，其餘的假定不變。換言之，從圖 5-4 內仍可看出於 ATM 處，隨著到期期限的縮小，對應的 Gamma 值仍會增加，只不過 Gamma 值的最大值約只有 0.0011。於第 4 章內我們已經知道不同履約價下所對應的 Delta 值差距不大，故根據（5-2）式，若 ΔS 的變動幅度相同（不同履約價之下），則 Gamma 值愈小，預期選擇權的價格誤差自然愈小。

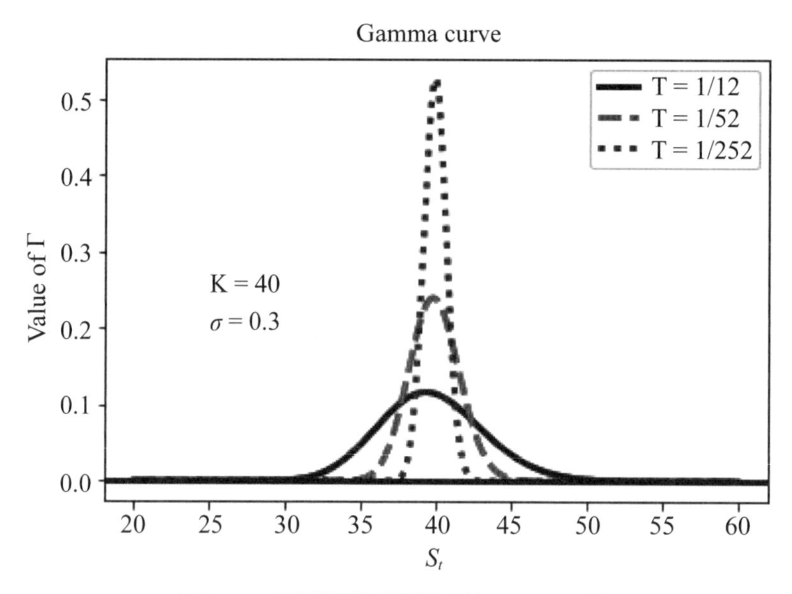

圖 5-3　不同到期期限下的 Gamma 值

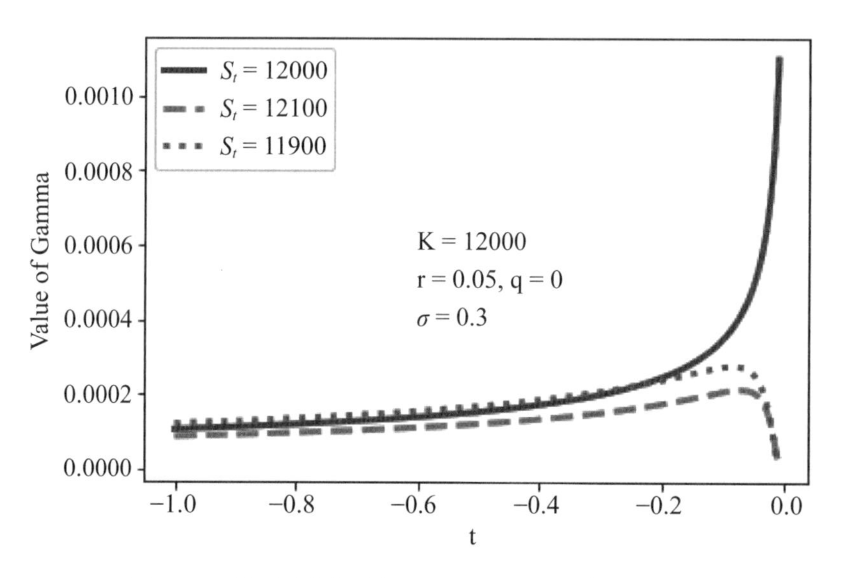

圖 5-4　不同到期期限下的 Gamma 值，其中 $t = -T$

比較圖 5-3 與 5-4 的差異，自然可發現履約價愈高，於 ATM 處，對應的 Gamma 值愈小。圖 5-5 繪製出一種可能，即於圖內的條件下，Gamma 值與履約價之間呈現負關係，我們姑且將上述關係用 Gamma 曲線表示；因此，若欲控制 Gamma 值約爲 0.1，透過圖 5-5，我們大概可以推出對應的履約價約爲 763。或者說，若 Gamma 值不高於 0.1，我們可以選擇履約價高於 763 的買權或賣權。

直覺而言，波動率的大小亦會影響對應的 Gamma 值，即波動率愈小，因選擇權價格較不敏感，此時加速調整的力道反而愈大，可以參考圖 5-6。例如：根據圖 5-6，按照 σ 值分別為 0.1、0.2 與 0.3 的順序，對應的 Gamma 值分別約為 0.34、0.1716 與 0.1146。因此，於相同條件下比較不同的波動率，波動率愈大，反而對應的 Gamma 值愈小。

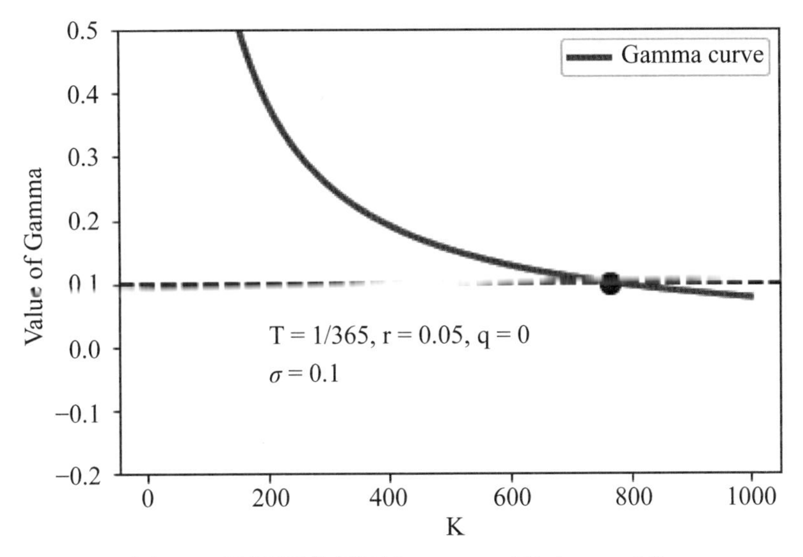

圖 5-5　不同履約價下之 Gamma 值（ATM 處）

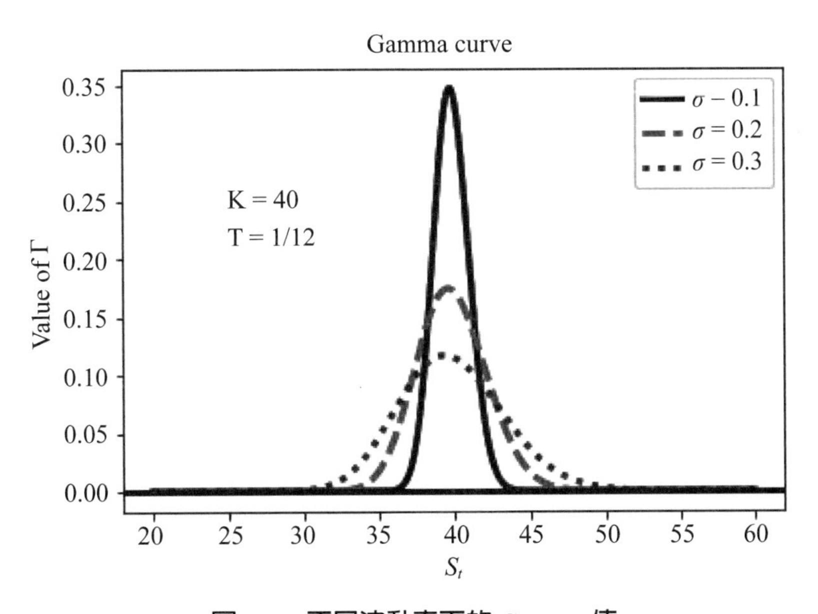

圖 5-6　不同波動率下的 Gamma 值

類似於圖 5-4，圖 5-7 分別繪製出於 ATM、ITM 與 OTM 下，不同波動率下的 Gamma 值曲線。我們不僅發現波動率與 Gamma 值之間呈現負關係，同時依舊注意到高履約價的 Gamma 值較低。或者說，圖 5-7 亦指出於低波動的環境下，高履約價的 Gamma 值仍不高。是故，若欲降低 Gamma 值扭曲 Delta 避險所導致的誤差，似乎高履約價的買權或賣權是一個不錯的選擇。

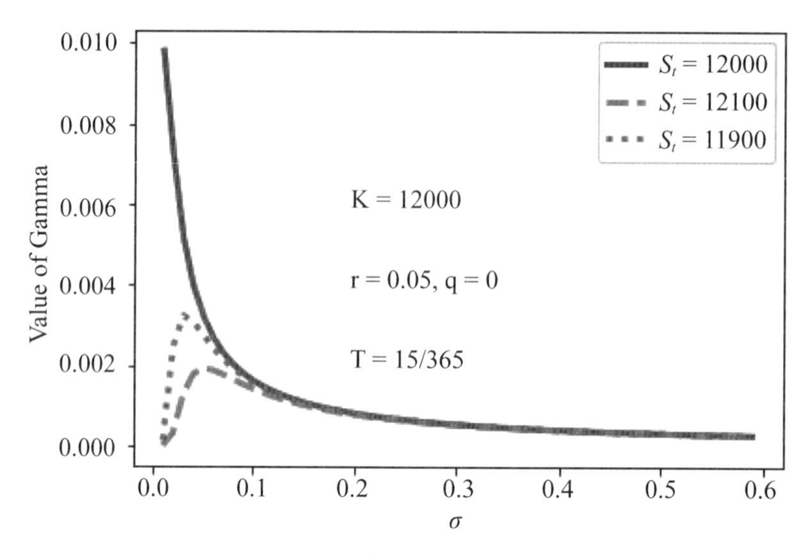

圖 5-7　**不同波動率下的** Gamma **值**

我們亦可以分別對 Gamma 取標的資產價格與到期期限的偏微分，其結果可用 *Speed* 與 *Color* 表示；換言之，與 Gamma 有關的第 3 階偏微分可有：

$$Speed_t = \frac{\partial \Gamma}{\partial S_t} = -\frac{\Gamma}{S_t}\left(\frac{d_1}{\sigma\sqrt{T-t}}+1\right) \tag{5-3}$$

與

$$Color_t = -\frac{\partial \Gamma}{\partial T} = \Gamma\left[r-b+\frac{bd_1}{\sigma\sqrt{T-t}}+\frac{1-d_1 d_2}{2(T-t)}\right] \tag{5-4}$$

其中 $b = r - q$。

（5-3）與（5-4）式亦不難用 Python 表示。例如：試下列指令：

```
St = 50;K = 48;T = 1/12;r = 0.06;q = 0.05;sigma = 0.2
Speed(St,K,r,q,T,sigma)# -0.029072431375659628
G1 = Gamma(50,K,r,q,T,sigma)# 0.10385534626360825
G2 = Gamma(49,K,r,q,T,sigma)# 0.12961205573181728
G3 = Gamma(51,K,r,q,T,sigma)# 0.07421809599656123
G3-G1 # -0.029637250267047013
G1-G2 # -0.02575670946820903
```

即於上述假定下對應的 *Speed* 值約為 −0.029，隱含著標的資產價格上升（下降）1，對應的 Gamma 值約下降（上升）0.029。圖 5-8 進一步繪製出不同到期期限下的 *Speed* 值，而從該圖內可看出顯著的 *Speed* 值較易出現於接近到期日前，隱含著 Delta 避險的困難度。

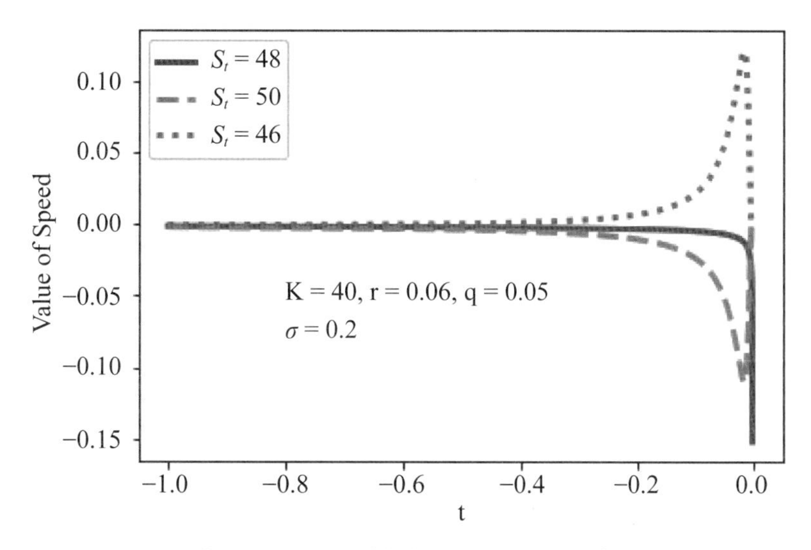

圖 5-8　不同到期期限下的 *Speed* 值

接下來，我們檢視 *Color* 值。試下列指令：

```
St = 50;K = 48;T = 35/365;r = 0.06;q = 0.05;sigma = 0.2
Color(St,K,r,q,T,sigma)# 0.0008243723670084243
Ga = Gamma(St,K,r,q,T,sigma)# 0.09996146673389751
Gb = Gamma(St,K,r,q,T-1/365,sigma)# 0.10079181853455255
```

```
Gc = Gamma(St,K,r,q,T+1/365,sigma)
np.round(Gb-Ga,4)# 0.0008
np.round(Ga-Gc,4)# 0.0008
```

即根據上述假定，愈接近到期日 1 天，對應的 Gamma 值約增加 0.0008。

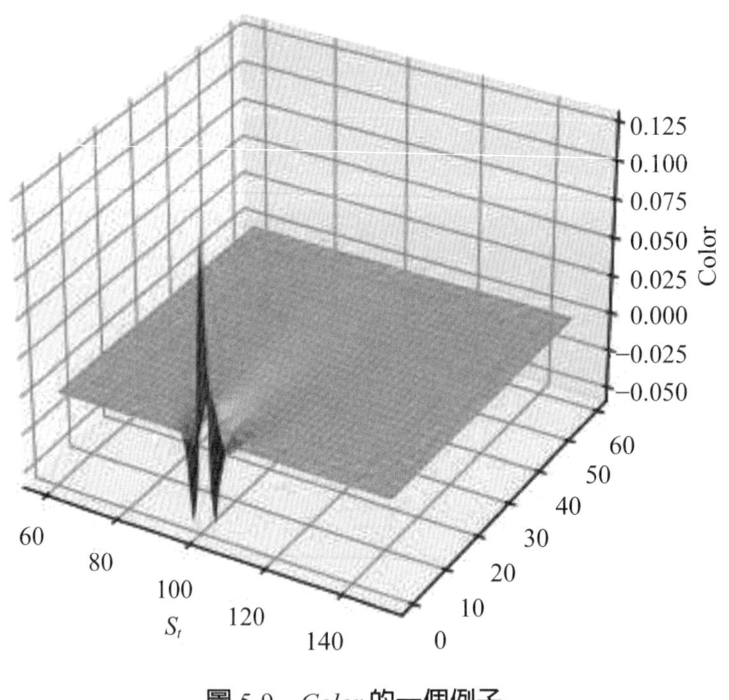

圖 5-9　*Color* 的一個例子

於 $K = 100$、$r = 0.05$、$q = 0.05$ 與 $\sigma = 0.3$ 的條件下，圖 5-9 繪製出標的資產價格、到期日數以及對應的 *Color* 值之間關係的 3D 圖；當然，我們不易從圖 5-9 內看出端倪，我們進一步解析該圖。圖 5-10 繪製出圖 5-9 的部分結果，其中左圖係繪製出標的資產價格分別為 98～103 的 *Color* 值，而右圖則繪製出到期日之前 5 日的 *Color* 值（詳細的結果可參考所附檔案）。我們從上述例子內可以看出顯著的 *Speed* 值與 *Color* 值皆較易出現於接近到期日前。透過 *Speed* 值與 *Color* 值的計算，我們依舊看到接近到期日前採取 Delta 避險的複雜。

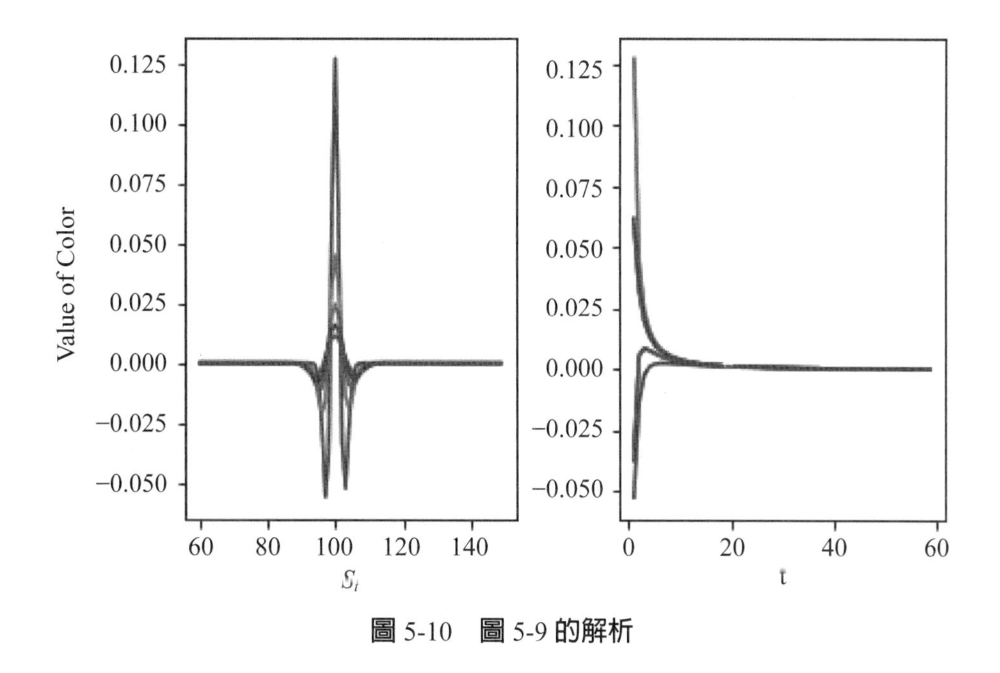

圖 5-10　圖 5-9 的解析

5.2 long Gamma 與 short Gamma

與 Gamma 值有關的投資策略，當屬於 long gamma 與 short gamma 策略。long gamma 與 short gamma 策略是指標的資產價格變動，選擇權的 Delta 部位是更「深入」或更「減弱」。換言之，long gamma 策略具有正數值的 Gamma 部位，而 short gamma 策略則具有負數值的 Gamma 部位；因此，當標的資產價格上升（下降），正數值的 Gamma 部位（long gamma）亦會增加（減少），但是負數值的 Gamma 部位（short gamma）反而會減少（增加）。

欲瞭解 long gamma 與 short gamma 策略的意義，須先具備底下三點的認知：

(1) 當標的資產價格上升（下降），Gamma 值可加入 Delta 值的計算如（5-2）式所示。
(2) 買進選擇權可稱爲採取 long gamma 策略，值得注意的是，買進選擇權可分爲買進買權與買進賣權；同理，賣出選擇權可稱爲採取 short gamma 策略，而賣出選擇權亦可分爲賣出買權與賣出賣權。
(3) 採取 long gamma 策略，其對應的 Gamma 值是正數值；相反地，採取 short gamma 策略，其對應的 Gamma 值卻是負數值。例如：即使是買進賣權，其對應的 Gamma 值仍是正數值，但是賣出買權，其對應的 Gamma 值卻是負數值，可以參考表 5-2 或 5-3。

表 5-2　long gamma 與 short gamma 策略的例子

部位	Delta 部位	Gamma 部位	新部位（+1）	新部位（−1）
Long gamma 策略				
Long call	0.75	0.03	0.78	0.72
Long put	−0.50	0.05	−0.45	−0.55
Short gamma 策略				
Short call	−0.25	−0.03	−0.28	−0.22
Short put	0.30	−0.04	0.26	0.34

說明：新部位（+1）與新部位（−1）分別是指標的資產價格增加 1 與減少 1 所產生的新部位。上述結果是取自〈Long gamma and short gamma explained〉一文，可參考「https:// www.projectoption.com//long-gamma-short-gamma/」網站。

表 5-3　long gamma 與 short gamma 策略

	ΔS	Delta	第 1 階修正	Gamma	第 2 階修正
			Long gamma		
long call	$\Delta S > 0$	$\Delta^c > 0$	$\Delta^c \Delta S > 0$	$\Gamma > 0$	$0.5\Gamma\Delta S^2$
	$\Delta S < 0$	$\Delta^c > 0$	$\Delta^c \Delta S < 0$	$\Gamma > 0$	$0.5\Gamma\Delta S^2$
long put	$\Delta S > 0$	$\Delta^p < 0$	$\Delta^p \Delta S < 0$	$\Gamma > 0$	$0.5\Gamma\Delta S^2$
	$\Delta S < 0$	$\Delta^p < 0$	$\Delta^p \Delta S > 0$	$\Gamma > 0$	$0.5\Gamma\Delta S^2$
			Short gamma		
short call	$\Delta S > 0$	$\Delta^c > 0$	$-\Delta^c \Delta S < 0$	$\Gamma > 0$	$-0.5\Gamma\Delta S^2$
	$\Delta S < 0$	$\Delta^c > 0$	$-\Delta^c \Delta S > 0$	$\Gamma > 0$	$-0.5\Gamma\Delta S^2$
short put	$\Delta S > 0$	$\Delta^p < 0$	$-\Delta^p \Delta S > 0$	$\Gamma > 0$	$-0.5\Gamma\Delta S^2$
	$\Delta S < 0$	$\Delta^p < 0$	$-\Delta^p \Delta S < 0$	$\Gamma > 0$	$-0.5\Gamma\Delta S^2$

說明：就（5-2）式而言，相當於 c+ 第 1 階修正 + 第 2 階修正，其中 $\Delta S = S_2 - S_1$。

表 5-2 的結果是頗直接的，例如：考慮「long call gamma」策略，當標的資產價格增加 1，新部位是「Delta + Gamma」；同理，當標的資產價格減少 1，新部位是「Delta − Gamma」。其餘可類推。換句話說，表 5-2 的結果顯示 Gamma 值具有「加深」與「緩衝」的力道。

若我們仔細檢視 long gamma 與 short gamma 策略的差異，其可整理如表 5-2 所示。如前所述，long gamma 策略可分成買進買權與買進賣權二種，其中前者的 Delta 與 Gamma 值皆大於 0，而後者的 Delta 值小於 0 與 Gamma 值大於 0；同理，short gamma 策略亦可分成賣出買權與賣出賣權二種，其中前者的 Delta 與 Gamma 值皆小於 0，而後者的 Delta 值大於 0 與 Gamma 值小於 0。我們從表 5-2 內可看出上述二種策略的差異。

我們進一步利用 BSM 模型比較 long gamma 與 short gamma 策略的差異。檢視表 5-4 內的結果。根據表 5-4，可得於期初標的資產價格為 50 之下，對應的買權價格、買權的 Delta 值、賣權價格、賣權的 Delta 值以及 Gamma 值分別約為 5.2253、0.6368、2.7868、−0.3632 與 0.0375。

表 5-4　$K = 50$、$\sigma = 0.2$、$T = 1$、$r = 0.05$ 與 $q = 0$

St	Delta_c	Delta_p	Gamma	ct	pt
48	0.558	−0.442	0.0411	4.0293	3.5907
49	0.5983	−0.4017	0.0395	4.6076	3.169
50	0.6368	−0.3632	0.0375	5.2253	2.7868
51	0.6733	−0.3267	0.0354	5.8805	2.442
52	0.7075	−0.2925	0.033	6.5711	2.1326

說明：第 1～6 欄分別表示期初標的資產價格、買權之 Delta 值、賣權之 Delta 值、Gamma 值、買權價格與賣權價格。

利用表 5-4，我們來看看採取 long gamma 與 short gamma 策略的差異。

long call gamma

從表 5-3 內可看出採取「long call gamma」策略的特色是買權之 Delta 值與 Gamma 值皆大於 0，即 $\Delta^c > 0$ 與 $\Gamma > 0$。當標的資產價格為 50，已知對應的買權價格、Delta 值與 Gamma 值分別為 5.2253、0.6368 與 0.0375，是故若標的資產價格變化至 51，隱含著 $\Delta S = 1$，若只考慮到 Delta 避險（第 1 階修正），預期買權價格約只有 5.8621，不過因存在 Gamma 值（第 2 階修正），故根據（5-2）式可知買權價格預期會變化至 5.8809。若與表 5-4 內的結果為 5.8805（即標的資產價格為 51 的買權價格）比較，二者差距不大。是故，存在 Gamma 值，反而加大了買權價格上升的力道（若與 Delta 避險比較）。同理，若 $\Delta S = 2$，第 1 階修正與第 2 階修正的買權價格預期分別約為 6.499 與 6.574，而實際的買權價格為 6.5711（表 5-4），第

2 階修正的買權價格預期誤差仍低於第 1 階修正的買權價格預期誤差。

現在我們檢視標的資產價格從 50 降至 49 的情況，即 $\Delta S = -1$。從表 5-3 可知第 1 階修正買權價格會下降，但是第 2 階修正買權價格反而會上升，即第 1 階修正買權價格預期約會下降至 4.5885，但是第 2 階修正促使買權價格約上升 0.0187，使得最後買權價格預期值約爲 4.6072（實際的買權價格爲 4.6076）。是故，存在 Gamma 值，還眞的有緩衝買權價格下降的力道（若與 Delta 避險比較）。同理，若 $\Delta S = -2$，第 1 階修正與第 2 階修正的買權價格預期分別約爲 3.9516 與 4.0267（實際的買權價格爲 4.0293）。

因此，採取「long call gamma」策略的特色是 Gamma 值具有讓買權價格更上升的加強力道與讓買權價格下降的減緩力道。

long put gamma

從表 5-3 內可看出採取「long put gamma」策略的特色是賣權 Delta 值小於 0 與 Gamma 值大於 0，即 $\Delta^p < 0$ 與 $\Gamma > 0$。當標的資產價格爲 50，已知對應賣權價格、Delta 值與 Gamma 值分別爲 2.7868、−0.3632 與 0.0375，是故當 $\Delta S = 1$，使用 Delta 避險（第 1 階修正）預期賣權價格會下降至 2.4236，但是因存在 Gamma 值（第 2 階修正）卻讓賣權價格上升約 0.0188，使得賣權價格最後的預期值約爲 2.4424（表 5-4 內的實際賣權價格爲 2.442）。同理，於標的資產價格爲 50，考慮 $\Delta S = -1$ 的情況，第 1 階修正預期賣權價格會上升至 3.1499，但是考慮第 2 階修正後，預期賣權價格會更上升至 3.1687（實際賣權價格爲 3.169）。根據相同的推理過程，若 $\Delta S = 2$，則第 1 階修正與第 2 階修正的買權價格預期分別約爲 2.0604 與 2.1355（實際賣權價格爲 2.1326）；而若 $\Delta S = -2$，則第 1 階修正與第 2 階修正的買權價格預期分別約爲 3.5131 與 3.5881（實際賣權價格爲 3.5907）。

是故，採取「long put gamma」策略的特色是 Gamma 值具有讓賣權價格更上升的加強力道與讓賣權價格下降的減緩力道。上述特色與「long call gamma」策略的特色類似。

其實，上述 long gamma 策略亦可以用圖 5-11 解釋。該圖內的左圖繪製出買權價格曲線上其中一點的切線，因此若使用 Delta 避險，我們會根據切線預測買權價格的變動。例如：於切點處，若標的資產價格上升，於切點的右側如圖內的垂直虛線，我們可以看出因存在正數值的 Gamma 值，使得買權價格的預期值會高於切線的預期值；同理，於切點的左側如圖內的垂直虛線表示標的資產價格下跌，亦可看出因存在正數值的 Gamma 值，使得買權價格的預期值亦會高於切線的預期值。因此，若與切線的預期值比較，隱含著標的資產價格上升，買權價格的預期值會高於切線的預期值；相反地，若標的資產價格下降，買權價格的預期值亦會下降，不過其下降的幅度低於切線的預期值下降的幅度。

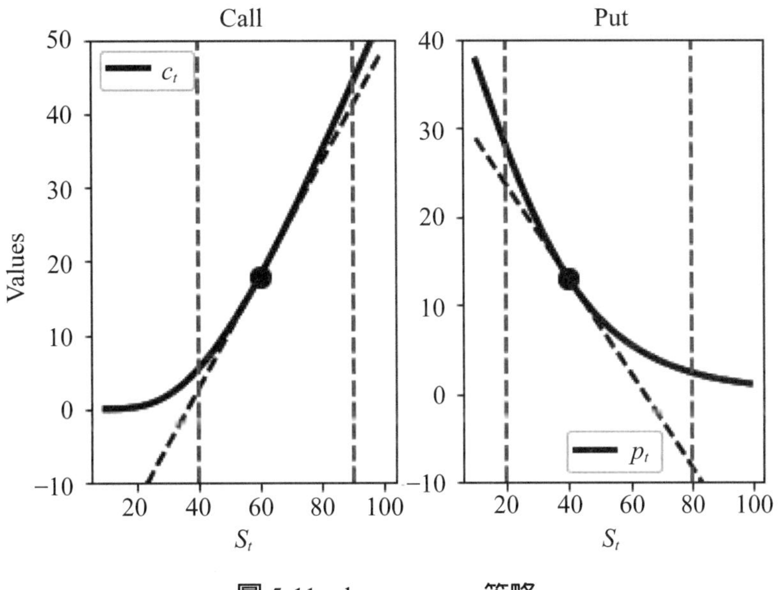

圖 5-11　long gamma 策略

類似的情況亦可以用於解釋賣權的情況，即圖 4-11 的右圖繪製出賣權價格曲線上其中一點的切線。我們可以看出於切點處的右側表示標的資產價格上升，但是因有正數值的 Gamma 值，使得預期的賣權價格下降的幅度低於根據切線所得到的下降幅度（Delta 避險）；同理，切點處的左側表示標的資產價格下降，我們亦可看出賣權價格上升的幅度高於切線的預期幅度。

有意思的是，上述利用 long gamma 策略所得到的買權與賣權價格的預期值竟然接近於「實際」的買權與賣權價格，其中後二者是根據 BSM 模型所計算而得；換言之，表 5-5 整理出上述結果，其中實際的買權與賣權價格是根據 BSM 模型所計算而得，而買權與賣權的預期價格則取自上述的 long gamma 策略結果。我們可看出標的資產價格波動愈大，上述絕對誤差會愈大，讀者可以進一步試試。

利用表 5-5 的結果，我們可以檢視 short gamma 策略，只是檢視的方式稍有不同。

表 5-5　實際選擇權價格與預期選擇權價格

St	ct	pt	ect	ept	error_c	error_p
48	4.0293	3.5907	4.0267	3.5881	0.0026	0.0026
49	4.6076	3.169	4.6072	3.1687	0.0004	0.0003
50	5.2253	2.7868	5.2253	2.7868	0	0
51	5.8805	2.442	5.8809	2.4424	0.0004	0.0004
52	6.5711	2.1326	6.574	2.1355	0.0029	0.0029

說明：第 1～7 欄分別表示標的資產價格、實際買權價格、實際賣權價格、預期買權價格、預期賣權價格、實際與預期買權價格的絕對值差距以及實際與預期賣權價格的絕對值差距。

short call gamma

就「short call gamma」策略而言，我們發現有 2 種方法可以解釋。第 1 種方法是根據「long call gamma」策略的「反面」來看。例如：標的資產價格爲 50，考慮標的資產價格上升的情況。如前所述，就「long call gamma」策略而言，對應的 Delta 與 Gamma 值皆爲正數值，但是就「short call gamma」策略而言，對應的 Delta 與 Gamma 值不就是皆爲負數值嗎？因此，若 $\Delta S = 1$，利用表 5-5 可知標的資產價格爲 50，對應的買權價格爲 5.2253，因實際買權價格上升至 5.8805，故採取「short call gamma」策略會有損失爲 0.6552（5.8805 − 5.2253）。其餘標的價格變動可用類似的方式解釋。

第 2 種方法是從表 5-3 內可看出採取「short call gamma」策略的特色是買權 Delta 值與 Gamma 值皆小於 0，即 $-\Delta^c < 0$ 與 $-\Gamma < 0$。當標的資產價格爲 50，已知對應的買權價格、Delta 值與 Gamma 值分別爲 5.2253、−0.6368 與 −0.0375。考慮 $\Delta S = 1$ 的情況，因對應的 Delta 值爲負數值，故買權價格會下降，即採取 Delta 避險（第 1 階修正）預期買權價值會降至 4.5885，不過因 Gamma 值爲負數值，根據（5-2）式，預期買權價格會更降至 4.5697（第 2 階修正）。因此，買權的價值預期會減少 0.6556（5.2253 − 4.5697），此與用實際的買權價格（表 5-5）計算的損失爲 0.6552（5.8805 − 5.2253）差距不大。於此，我們可看出 Gamma 值有加深預期買權價格下跌的幅度。讀者可繼續計算 $\Delta S = 2$ 的情況。

同理，若 $\Delta S = -1$，隱含著買權的價格會跌至 4.6076（表 5-5），故於標的資產價格於 50 處放空買權可得收益爲 0.6177（5.2253 − 4.6076）。上述收益亦可用下列方式取得。於標的資產價格爲 50，因對應的 Delta 與 Gamma 值皆爲負數值，故若標的資產價格下降 1，使用 Delta 避險，預期買權價值會上升至 5.8621（第 1 階修正），不過因 Gamma 值爲負數值，使得最後預期買權價值會上升至 5.8434，故預期買權價值會提升 0.6181（5.8434 − 5.2253）與上述實際的收益爲 0.6177，差距不大。由此，可看出 Gamma 值具有緩衝的角色。讀者亦可繼續計算 $\Delta S = -2$ 的情況。

上述 2 種方法的結果差距不大，不過以使用第 1 種方法較爲簡易。

short put gamma

採取「short put gamma」策略的結果亦可以從採取「long put gamma」策略的「反面」來看；換言之，採取「short put gamma」策略所對應的 Delta 與 Gamma 值分別爲正數值與負數值，可以參考表 5-3。讀者可以自行練習分析看看，於此就不再贅述。

5.3 一個例子

阿德看多臺股與 A 公司的股價，可是阿德面臨一個抉擇：那就是究竟是買 ATM 的 TXO 買權抑或是買 ATM 的 A 公司股票買權呢？阿德發現上述二買權的基本條件頗爲類似，其可整理成如表 5-6 所示。阿德進一步計算 TXO 買權與 A 公司股票買權的避險參數與價格，整理後可列表如表 5-7 所示。因此，阿德買一口 TXO 買權相當於約 8.57 口 A 公司股票買權[②]。

表 5-6　TXO 與 A 公司的基本條件

	S_t	K	r	q	T	σ
TXO	12000	12000	0.02	0	44/365	0.2
A	35	35	0.02	0	44/365	0.2

表 5-7　TXO 與 A 公司買權的避險參數與買權價格

	Delta	Gamma	Vega	Theta	Rho	call
TXO	0.5277	0.0005	16.5815	−4.0965	7.2155	346.6121
A	0.5277	0.1638	0.0484	−0.0119	0.021	1.011

直覺而言，因上述買權的到期期限約只剩 1.5 個月，故利率與股利因素的影響

② 如前所述，一口 TXO 買權相當於期初需支出 17,330.61 元（346.6121×50），而一口 A 公司股票買權則須 2,022 元（$1.011 \times 2,000$）。

應不大[3]；因此，阿德可以將重心擺在 Delta、Gamma、Vega 與 Theta 值上，不過因後二者我們仍未詳細介紹，故本節重點反而在前二者上。

面對 TXO 買權，首先阿德可以思考例如隔天臺股指數必須上升多少才可以獲利，即利用表 5-6 的基本條件，阿德思考下列的結果：

```
deltaS = np.linspace(-Tc,10,5000)
dif = np.zeros(5000)
for i in range(5000):
    c1 = BSM(12000+deltaS[i],K,r,q,T-1/365,sigma)['ct']
    dif[i] = c1-c0
```

其中 K、Tc 與 c0 分別表示 TXO 的履約價、對應的 Theta 值與期初買權價格。上述指令的意思是將 4.1 與 10 之間的值切割成 5,000 等分（即 $k\Delta S$，其中 $k = 1, 2, \cdots, 5000$），然後再逐一將上述等分代入隔天買權價格之計算，再將其減去期初買權價格並令之為「dif」，上述結果可繪製如圖 5-12 內的左圖所示。因此，找出「dif」等於 0 所對應的 k 值，自然可以找出隔天臺股指數上漲的下限值。按照相同的方式，我們亦可以找出隔 n 日的下限值，例如圖 5-12 內的右圖繪製出 $n = 5$ 的結果。

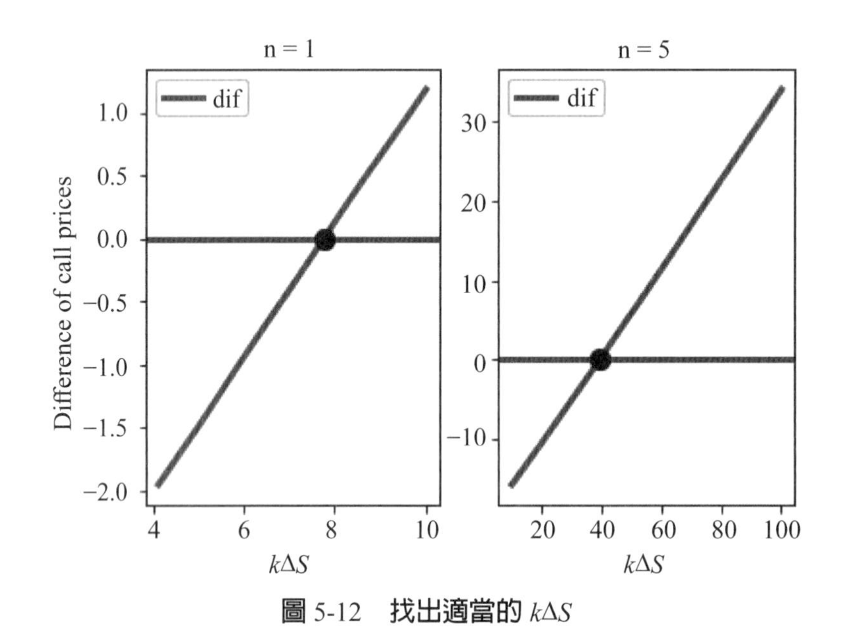

圖 5-12　找出適當的 $k\Delta S$

[3] 因無股利發放，故不須計算 Psi 值。表 5-7 內的 Rho 值約為 7.2155，隱含著利率上升 1%，買權價格約上升 7.2155 點，不過短時間利率不大可能調升 1%，故利率對買權價格的影響更是微乎其微。例如：假定利率調升 1 碼，於其他情況不變下，買權價格約只上升 0.018 點。Psi 值與 Rho 值底下會再解釋。

是故，阿德可以透過 BSM 模型得知隔天臺股指數約至少上漲 7.78（底下省略「點」）方可獲利；或者說，隔 5 日臺股指數約至少上漲 39.28 方可獲利（詳細的計算過程可參考所附檔案）。當然，按照相同的方式亦可以用於計算其餘天數以及 A 公司股票買權的情況；只不過，用圖 5-12 的方法似乎較為麻煩。

取代的是使用下列指令：

```
def impUp(S0,K,r,q,T,sigma,deltaS,Days):
    c0 = BSM(S0,K,r,q,T,sigma)['ct']
    error = BSM(S0+deltaS,K,r,q,T-Days/365,sigma)['ct']-c0
    while abs(error) > 0.01:
        if error < 0:
            deltaS = deltaS+0.01
            error = BSM(S0+deltaS,K,r,q,T-Days/365,sigma)['ct']-c0
    return deltaS
```

即我們自設一個函數 impUp(.)，其可用於找出誤差小於 1% 的 ΔS。利用該函數，再試下列指令：

```
delta1 = impUp(S01,K1,r,q,T,sigma,-Tc1,1) # 7.766499999999922
BSM(S01+delta1,K1,r,q,T-1/365,sigma)['ct']-c01 # -0.00789980990401773
delta2 = impUp(S01,K1,r,q,T,sigma,-Tc1,5)    # 39.2665000000008
BSM(S01+delta2,K1,r,q,T-5/365,sigma)['ct']-c01 # -0.0065465944205129745
```

即於上述 TXO 的例子內，隔天以及隔 5 日的臺股指數分別需上漲約 7.77 與 39.27，阿德就能損益平衡，且其誤差分別約 0.8% 與 0.7%。上述結果與使用圖 5-12 的結果類似；因此，反而使用上述函數計算比較便利。再試下列指令：

```
delta3 = impUp(S01,K1,r,q,T,sigma,-Tc1,21) # 171.57649999998898
BSM(S01+delta3,K1,r,q,T-21/365,sigma)['ct']-c01 # -0.006598935761473967
```

即阿德若購買 TXO 買權且保留 21 日，臺股指數須至少上漲約 171.58，阿德才能獲利。

因此，於其他基本條件（特別是波動率）不變下，於損益平衡下，阿德可以分別計算臺股指數以及 A 公司股價的上漲幅度，其結果就繪製於圖 5-13。圖 5-13 的左圖分別繪製出於損益平衡下臺股指數以及 A 公司股價的上漲比重。圖內各點的繪製如下：例如第 3 日臺股指數至少約需上漲 31.34，阿德方能獲利，故上漲比重約爲 0.2611%（31.34/12,000），其餘類推；其次，右圖則是兩比重相減（臺股指數上漲比重減 A 公司股價上漲比重）。我們從圖 5-13 內可看出臺股指數上漲比重皆大於 A 公司股價上漲比重；換言之，若阿德選擇購買 A 公司股票買權而不購買 TXO 買權，於獲利的前提下，隱含著前者的標的資產價格上漲的幅度不須大於後者的標的資產價格上漲的幅度。

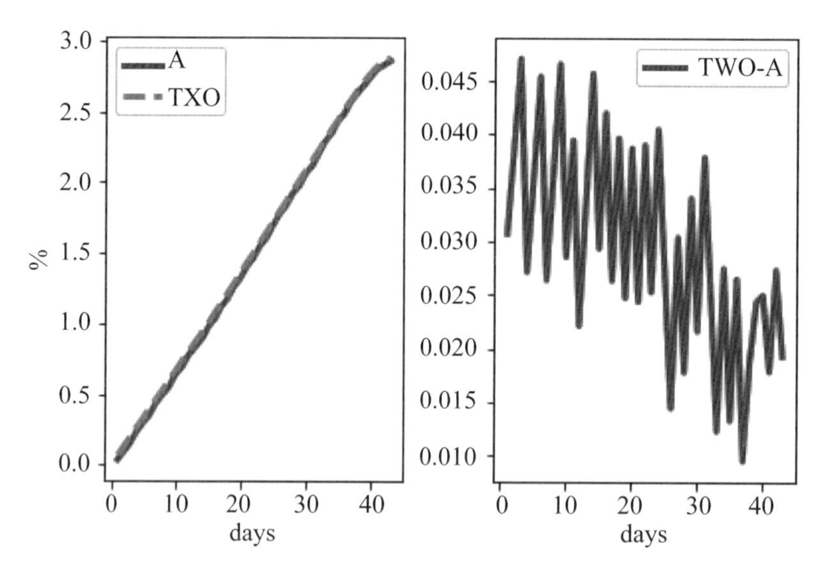

圖 5-13　臺股指數與 A 公司股價上漲幅度（左圖）以及臺股指數上漲幅度減 A 公司股價上漲幅度（右圖）

我們繼續檢視。根據表 5-6 內的假定，阿德可以進一步利用 BSM 模型計算出若干交易日的買權價格結果，而該結果則列於表 5-8 與 5-9。表 5-8 與 5-9 的特色可以分述如下：

表 5-8　TXO 買權價格

St	D44	D41	D38	D29	D26	D23	D20
14500	2529.692	2527.483	2525.328	2519.122	2517.115	2515.125	2513.147
14300	2330.406	2328.024	2325.72	2319.225	2317.169	2315.15	2313.155

St	D44	D41	D38	D29	D26	D23	D20
12300	525.8377	513.799	501.4019	461.6636	447.3975	432.5089	416.908
12200	461.5513	449.2056	436.46	395.3253	380.424	364.7724	348.2362
12100	401.7522	389.2516	376.326	334.436	319.1769	303.0861	285.9996
12000	**346.6121**	**334.122**	**321.2006**	**279.2658**	**263.9621**	**247.803**	**230.6147**
11900	296.2426	283.9348	271.2091	229.9729	214.9542	199.1185	182.3047
11800	250.6887	238.734	226.3944	186.5907	172.1805	157.051	141.0746
11000	43.033	37.7314	32.5719	18.3111	14.1268	10.3353	7.0195
10000	1.1444	0.8123	0.5499	0.1118	0.0528	0.0209	0.0064

說明：St 表示標的資產價格。D44 表示距離到期有 44 天，其餘類推。

表 5-9 A 公司股票買權價格

St	D44	D41	D38	D29	D26	D23	D20
40	5.1089	5.0984	5.0883	5.0614	5.0535	5.0462	5.0394
39	4.1448	4.1298	4.1154	4.0759	4.0643	4.0537	4.044
38	3.2207	3.1994	3.1783	3.1176	3.0986	3.0807	3.0639
37	2.3661	2.3375	2.3085	2.22	2.1901	2.1603	2.1308
36	1.6179	1.5833	1.5477	1.4341	1.3934	1.3512	1.3072
35	1.011	0.9745	0.9368	0.8145	0.7699	0.7228	0.6726
34	0.5655	0.533	0.4995	0.3927	0.3547	0.3152	0.2741
33	0.277	0.2527	0.2283	0.1548	0.1305	0.1065	0.0833
32	0.116	0.1013	0.087	0.0479	0.0366	0.0265	0.0177
31	0.0405	0.0333	0.0268	0.0112	0.0075	0.0046	0.0025

說明：St 表示標的資產價格。D44 表示距離到期有 44 天，其餘類推。

(1) 首先可以注意表 5-8 內 ATM 處（標的資產價格爲 12,000）的買權價格的每日變化（即表內其他欄的買權價格減第 2 欄的買權價格，後者可稱爲期初買權價格），其結果則繪製如圖 5-14 內的左上圖所示。從該圖內可看出隨著到期期限的縮短，對應的買權價格會下降，而其下降的幅度會擴大。例如：期初買權價格爲 346.6121 而隔 3 日後買權價格爲 334.122，故平均 1 天買權價格約減少 4.1633。此構成圖內的 1 點，其餘各點的計算與繪製可類推。

(2) 繼續檢視表 5-8 內其他的買權價格變化，可以參考圖 5-14 內的其餘各圖。其餘各圖的繪製方式類似左上圖。考慮標的資產價格分別爲 12,100 與 11,900 的情況（其分別可對應至 ITM 與 OTM），即左下圖的結果，我們發現圖內買權的價格差距變化類似左上圖，其中 ITM 與 ATM 的結果類似，而 OTM 下降的幅度較小（讀者可以將左上圖與左下圖合併看看）。

(3) 另一方面，圖 5-14 內的右圖分別繪製出標的資產價格爲 14,500 與 10,000 的情況（其分別可對應至接近於深 ITM 與接近於深 OTM），我們發現隨著到期期限的縮短，對應的買權價格雖有下降，但是其下降的幅度反而隨著到期期限的縮短而降低。比較特別的是，接近於深 ITM 的買權價格下降的幅度較嚴重（讀者亦可以合併右上圖與右下圖檢視）。

(4) 於下一章內，我們就可以知道圖 5-14 的結果，其實就是阿德所面對的不同到期期限的 Theta 值。於圖 5-14 內可以看出臺股指數若繼續停留於 12,000 處，對應的 Theta 值隨到期期限的接近竟逐漸變大（依絕對值來看），隱含著若繼續維持於 ATM 處，阿德什麼事皆沒做，阿德手上的買權價值竟隨時間消失的最嚴重。由此可看出即使處於「確定非隨機」的環境內，選擇權的價值依舊會隨時間下降。買權的價值會隨時間消失亦可透過圖 5-15 瞭解，即隨著時間經過圖內的價格曲線 c_t 會向 c_T 逼近。

(5) 同理，利用表 5-9 內的資訊，讀者應能繪製出類似圖 5-14 或 5-15 的結果。

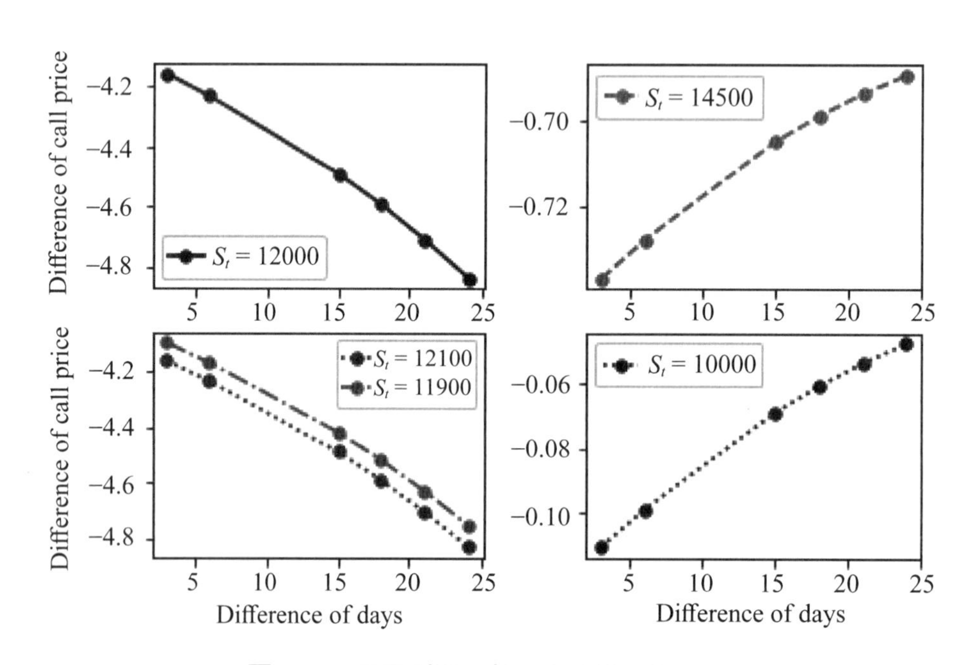

圖 5-14　不同到期天數下之買權價格差距

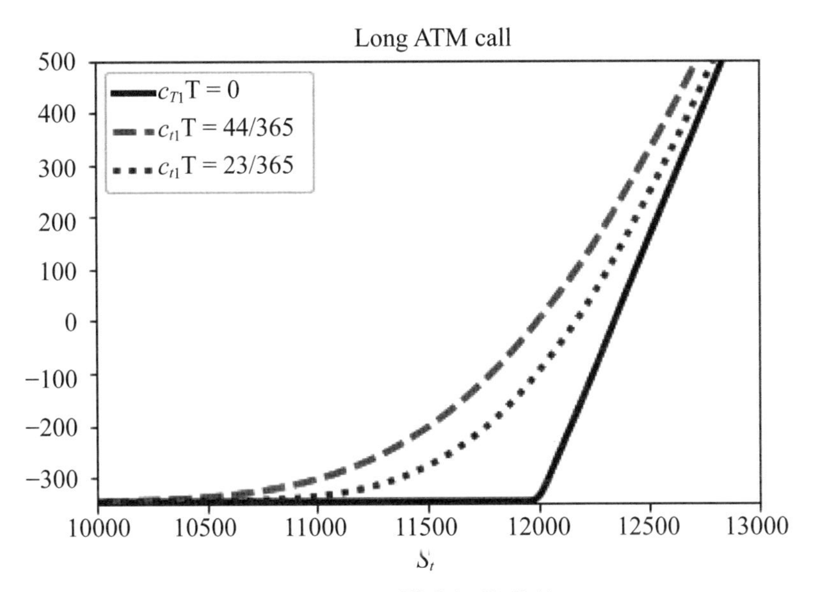

圖 5-15　買權之價格曲線

如前所述，圖 5-14 的結果可視爲買權價值隨時間消失的估計值（即 Theta 值），若圖 5-14 的結果皆除以對應的買權價值，則可以計算隨時間消失的比重；換言之，圖 5-16 的左圖分別繪製出 TXO 買權與 A 公司買權價值隨時間消失的比重，而右圖則繪製出後者減去前者的差異。因此，從圖 5-16 內可看出 A 公司買權價值隨時間消失的程度約略高於 TXO 買權價值隨時間消失的程度；也就是說，雖說前者高於後者，不過二者差距不大④。當然，圖 5-16 的繪製，讀者必須先計算出 A 公司買權價值隨時間消失的程度（類似於圖 5-14）。

圖 5-14 的結果可視爲表 5-8 內買權價格之「左右」買權價格差距，我們亦可以計算表 5-8 內買權價格之「上下」買權價格差距，其結果則列於表 5-10 與 5-11。從表 5-10 內可看出於 ATM 處，標的資產價格變動對買權價格的影響並不一致。例如：檢視表 5-8 內的第 2 欄結果。當標的資產價格從 12,000 上升至 12,100，因 Delta 值爲 0.5277（表 5-7），故預期買權價格應會增加 52.77，但是實際上買權價格上升的幅度卻是 55.14。我們已經知道這是來自於 Gamma 值具有「擴大」買權價格上升的功能；同理，當標的資產價格從 12,000 下跌至 11,900，根據 Delta 值，買權價格應下跌 52.77，不過實際上買權價格卻只下跌 50.37，此亦來自於 Gamma

④ 以表 5-7 的結果爲例，隨時間消失的比重可爲 Theta 值除以買權價格，故 TXO 買權比重約爲 −0.0118（−4.0965/346.6121）；同理，A 公司買權比重亦約爲 −0.0118（−0.0119/1.011）。

值具有「緩衝」買權價格下跌的特性。其他的情況，可依此類推。同理，根據表 5-9，表 5-11 列出 A 公司買權（上下）買權價格差距的結果，讀者可嘗試分析看看。

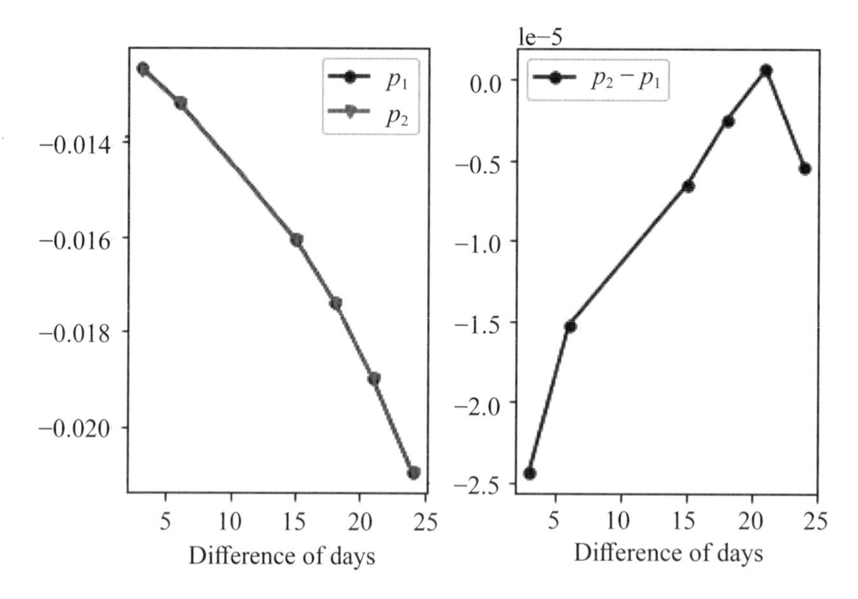

圖 5-16　隨時間消失的價值比重

表 5-10　TXO 買權（上下）買權價格差距

St	D44	D41	D38	D29	D26	D23	D20
14500	2183.08	2193.361	2204.127	2239.856	2253.152	2267.322	2282.532
14300	1983.794	1993.902	2004.52	2039.959	2053.207	2067.347	2082.541
12300	179.2256	179.677	180.2013	182.3978	183.4354	184.7059	186.2933
12200	114.9392	115.0836	115.2594	116.0595	116.4619	116.9694	117.6215
12100	55.1401	55.1296	55.1254	55.1702	55.2148	55.2831	55.3849
12000	0	0	0	0	0	0	0
11900	−50.3695	−50.1872	−49.9915	−49.2929	−49.0079	−48.6845	−48.31
11800	−95.9234	−95.388	−94.8062	−92.6751	−91.7816	−90.752	−89.5401
11000	−303.579	−296.391	−288.629	−260.955	−249.835	−237.468	−223.595
10000	−345.468	−333.31	−320.651	−279.154	−263.909	−247.782	−230.608

說明：St 表示標的資產價格。D44 表示距離到期有 44 天，其餘類推。表 5-8 之每列（每標的資產價格）之買權價格減 ATM 之買權價格。

表 5-11　A 公司買權（上下）買權價格差距

St	D44	D41	D38	D29	D26	D23	D20
40	4.0979	4.1239	4.1515	4.2469	4.2836	4.3234	4.3668
39	3.1338	3.1553	3.1786	3.2614	3.2944	3.3309	3.3714
38	2.2097	2.2249	2.2415	2.3031	2.3287	2.3579	2.3913
37	1.3551	1.363	1.3717	1.4055	1.4202	1.4375	1.4582
36	0.6069	0.6088	0.6109	0.6196	0.6235	0.6284	0.6346
35	0	0	0	0	0	0	0
34	−0.4455	−0.4415	−0.4373	−0.4218	−0.4152	−0.4076	−0.3985
33	−0.734	−0.7218	−0.7085	−0.6597	−0.6394	−0.6163	−0.5893
32	−0.895	−0.8732	−0.8498	−0.7666	−0.7333	−0.6963	−0.6549
31	−0.9705	−0.9412	0.91	0.8033	−0.7624	−0.7182	−0.6701

說明：St 表示標的資產價格。D44 表示距離到期有 44 天，其餘類推。表 5-9 之每列（每標的資產價格）之買權價格減 ATM 之買權價格。

因此，於表 5-10 與 5-11 內，我們看到了阿德採取「long call gamma」策略的優點，即 Gamma 值愈大，對阿德愈有利。是故，我們有必要先檢視 TXO 買權與 A 公司買權所對應的 Gamma 值的大小。表 5-12 與 5-13 分別列出 TXO 買權與 A 公司買權所對應的 Gamma 值，而從上述二表內可看出，相對於 A 公司買權的 Gamma 值而言，TXO 買權的 Gamma 值的確太低了[5]。

表 5-12　TXO 買權之 Gamma 值

St	D44	D41	D38	D29	D26	D23	D20
14500	0	0	0	0	0	0	0
14300	0	0	0	0	0	0	0
12300	0.0004	0.0004	0.0005	0.0005	0.0005	0.0006	0.0006
12200	0.0004	0.0005	0.0005	0.0005	0.0006	0.0006	0.0006
12100	0.0005	0.0005	0.0005	0.0006	0.0006	0.0006	0.0007
12000	**0.0005**	**0.0005**	**0.0005**	**0.0006**	**0.0006**	**0.0007**	**0.0007**

⑤ 就表 5-7 的結果而言，我們亦可以計算 Gamma 值占買權價格的比重，即 TXO 買權比重約爲 0 (0.0005/346.6121)，而 A 公司買權比重約爲 0.162 (0.1638/1.011)。

St	D44	D41	D38	D29	D26	D23	D20
11900	0.0005	0.0005	0.0005	0.0006	0.0006	0.0007	0.0007
11800	0.0005	0.0005	0.0005	0.0006	0.0006	0.0006	0.0007
11000	0.0003	0.0003	0.0002	0.0002	0.0002	0.0002	0.0002
10000	0	0	0	0	0	0	0

說明：St 表示標的資產價格。D44 表示距離到期有 44 天，其餘類推。

試下列指令：

```
c0 = BSM(S01,K1,r,q,44/365,sigma)['ct'] #  346.61213188374586
p0 = BSM(S01,K1,r,q,44/365,sigma)['pt'] #  317.71547335986816
c1 = BSM(S01+1,K1,r,q,44/365,sigma)['ct'] #  347.14005099147835
p1 = BSM(S01+1,K1,r,q,44/365,sigma)['pt'] #  317.24339246760064
Gamma(S01,K1,r,q,44/365,sigma) # 0.00047760828512953166
Dp1 = Delta(S01,K1,r,q,44/365,sigma)['p'] # -0.4723196831148494
c0+Dc1 # 347.13983188374584
c0+Dc1+0.5*G1 # 347.14005
p0+Dp1 # 317.2431536767533
p0+Dp1+0.5*G1 # 317.2434036767533
c1/c0-1 # 0.0015230831790664645
p1/p0-1 # -0.001485860563463337
```

可知 TXO 買權與賣權價格若使用 Delta 與 Gamma 調整其實差距並不大，原因就在於 Gamma 值接近於 0；換言之，若使用（5-2）式調整買權與賣權價格亦接近實際的價格。例如：期初買權與賣權價格增加 1，買權與賣權的變動比率約分別只有 0.0015 與 −0.0015 而已。我們若檢視表 5-12 的結果可發現於不同到期期限下，Gamma 值皆接近於 0，故可知買進 TXO 買權內的 Gamma 值之「擴大」與「緩衝」的功能並不顯著。

反觀 A 公司買權或賣權，相對於 TXO 買權內的 Gamma 值而言，表 5-13 顯示出對應的 Gamma 值反而較大，尤其是於 ATM 處，對應的 Gamma 值反而隨時間逐漸攀高（如表 5-3 或 5-4）。試下列指令：

```
c0a = BSM(S02,K2,r,q,44/365-21/365,sigma)['ct'] # 0.7227587497947141
p0a = BSM(S02,K2,r,q,44/365-21/365,sigma)['pt'] # 0.6786769441643301
c1a = BSM(S02+1,K2,r,q,44/365-21/365,sigma)['ct'] # 1.3512206300805971
p1a = BSM(S02+1,K2,r,q,44/365-21/365,sigma)['pt'] # 0.3071388244502131
G2a = Gamma(S02,K2,r,q,44/365-21/365,sigma) # 0.2267499552352401
Dp2 = Delta(S02,K2,r,q,44/365-21/365,sigma)['p'] # -0.47997949008629937
Dc2 = Delta(S02,K2,r,q,44/365-21/365,sigma)['c'] # 0.5200205099137006
c0a+Dc2 # 1.2427792597084149
c0a+Dc2+0.5*G2a # 1.356154237326035
p0a+Dp2 # 0.19869745407803074
p0a+Dp2+0.5*G2a # 0.3120724316956508
c1a/c0a-1 # 0.8695320263703286
p1a/p0a-1 # -0.5474447348017695
```

即 A 公司買權過了 21 日隱含的買權上漲率竟然高達 87%，同時 Delta 調整顯然不同於 Gamma 調整〔（5-2）式〕。

表 5-13　A 公司買權之 Gamma 值

St	D44	D41	D38	D29	D26	D23	D20
40	0.0197	0.0179	0.0159	0.0093	0.0071	0.0051	0.0032
39	0.0392	0.0371	0.0348	0.0258	0.022	0.0179	0.0135
38	0.0689	0.0678	0.0664	0.0591	0.0552	0.0503	0.0441
37	0.1064	0.1077	0.1089	0.1111	0.111	0.11	0.1076
36	0.1426	0.1468	0.1515	0.1684	0.1753	0.1831	0.1918
35	**0.1638**	**0.1697**	**0.1763**	**0.2019**	**0.2132**	**0.2267**	**0.2432**
34	0.159	0.1637	0.1689	0.1874	0.195	0.2034	0.2128
33	0.1286	0.1298	0.1308	0.1317	0.1306	0.1283	0.1242
32	0.0852	0.083	0.0804	0.0683	0.0623	0.0552	0.0466
31	0.0453	0.042	0.0383	0.0254	0.0205	0.0156	0.0108

說明：St 表示標的資產價格。D44 表示距離到期有 44 天，其餘類推。

5.4 Gamma Scalping

通常選擇權交易亦可視爲實際波動率對隱含波動率的交易。上述交易可統稱爲 Gamma Scalping，其乃強調 Gamma 值所扮演的重要角色。於尚未介紹之前，我們有必要重新檢視 Gamma 曲線。根據表 5-14 內的條件，圖 5-17 重新繪製圖 5-1 的內容，即於到期前 100 日，Gamma 曲線其實是一條左偏的曲線，可以參考圖 5-17。表 5-14 列出圖 5-17 的重要特徵之一，即標的資產價格小於履約價，對應的 Gamma 值大於標的資產價格大於履約價的 Gamma 值；換言之，若標的資產價格爲 98，對應的 Gamma 值爲 0.0258 大於標的資產價格爲 102 所對應的 Gamma 值爲 0.0239。其餘可類推。

表 5-14　$K = 100$、$r = 0.05$、$q = 0.01$、$T = 100/365$ 與 $\sigma = 0.3$

St	95	96	97	98	99	100	101	102	103	104
Gamma	0.0262	0.0262	0.0261	0.0258	0.0255	0.0251	0.0245	0.0239	0.0232	0.0225

說明：St 表示 t 期標的資產價格。

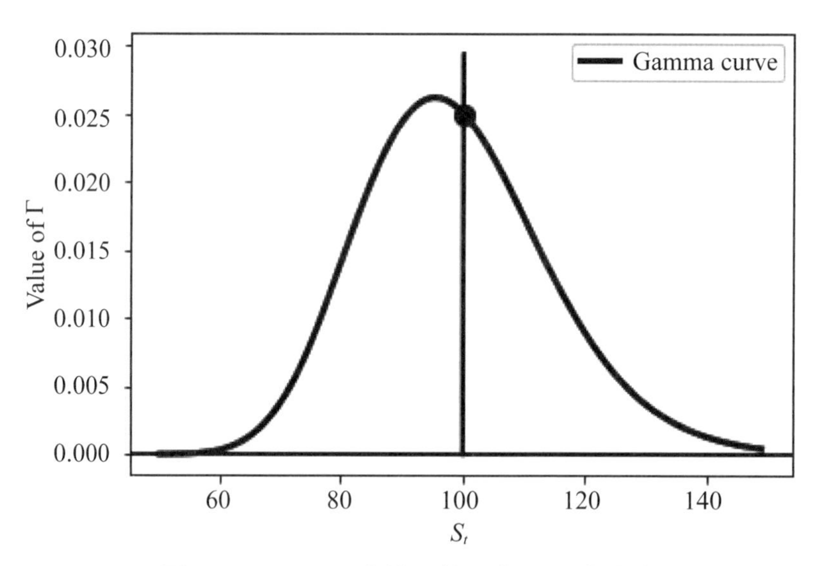

圖 5-17　Gamma 曲線，使用表 5-14 的內容

瞭解 Gamma 值的角色後，我們嘗試解釋 Gamma scalping 的意義。底下分成 2 部分說明。第 1 部分介紹「long call gamma」策略而第 2 部分則介紹「long put gamma」策略。於 5.2 節內，我們已經知道由上述二策略可以反推出對應的「short call gamma」策略與「short put gamma」策略。

雖然我們分成「long call gamma」策略與「long put gamma」策略來說明 Gamma scalping，不過二策略的分析方式其實頗爲類似，我們看看。

5.4.1 Long Call Gamma

假定目前觀察到隱含波動率爲 30%，我們發現實際波動率與隱含波動率不同，竟然有一些奇特的結果。例如：假定 A 公司符合表 5-14 的條件，利用 BSM 模型可得於 ATM 處買權價格與 Delta 值分別爲 6.765 與 0.557。小聰買了 10 口 A 公司股票的買權，而每口買權相當於 2,000 股 A 公司股票。小聰打算使用 Delta 避險；是故：

```
S0 = 100
c0 = np.round(BSM(S0,K,r,q,T,sigma)['ct'],3) # 6.765
dc0 = np.round(Delta(S0,K,r,q,T,sigma)['c'],3) # 0.557
C1 = np.round(10*2000*c0,2) # 135300.0
D1 = np.round(-10*2000*dc0,2) # -11140.0
```

即小聰於期初用 135,300 買了 10 口 A 公司買權，不過爲了避險，小聰同時放空 A 公司股票 11,140 股。

我們進一步來看同一日標的資產價格有波動，小聰的潛在收益爲何？檢視下列指令：

```
S1a = 110
c1a = np.round(BSM(S1a,K,r,q,T,sigma)['ct'],3) # 13.482
dc1a = np.round(Delta(S1a,K,r,q,T,sigma)['c'],3) # 0.773
C1a = np.round(10*2000*(c1a-c0),3) # 134340.0
D1a = np.round(10*2000*dc0*(S0-S1a),3) # -111400.0
C1a+D1a # 22940.0
Gamma(S1a,K,r,q,T,sigma) # 0.017317489890629974
```

即若同一日標的資產價格上升至 110，對應的買權價格上升至 13.482，故小聰的潛在收益爲 134,340；另一方面，期初放空 A 公司股票 11,140 股的潛在損失爲 111,400，故小聰的淨潛在收益爲 22,940。值得注意的是，此時對應的 Gamma 值約爲 0.0173。

再試下列指令：

```
S1b = 90
c1b = np.round(BSM(S1b,K,r,q,T,sigma)['ct'],3) # 2.483
dc1b = np.round(Delta(S1b,K,r,q,T,sigma)['c'],3) # 0.3
C1b = np.round(10*2000*(c1b-c0),3) # -85640.0
D1b = np.round(10*2000*dc0*(S0-S1b),3) # 111400.0
C1b+D1b # 25760.0
Gamma(S1b,K,r,q,T,sigma) # 0.02455740907396201
```

即若同一日標的資產價格下降至 90，則對應的買權價格下跌至 2.483，故小聰的潛在損失爲 85,640；另一方面，期初放空 A 公司股票 11,140 股的潛在收益爲 111,400，故小聰的淨潛在收益爲 25,760。值得注意的是，此時對應的 Gamma 值約爲 0.0246。

顯然上述標的資產價格上升或下降的幅度雖然相同，但是對小聰的淨潛在收益的幅度卻不同；雖說如此，小聰的淨潛在收益竟然皆爲正數值，其中的關鍵在於：

(1) Delta 值並非固定數值，隨著標的資產價格變動，Delta 值亦會隨之改變。
(2) 如前所述，就「long call gamma」策略而言，Gamma 值具有標的資產價格上升更上升以及標的資產價格下跌而緩衝的力道；只是，上述「擴大」與「緩衝」的力道，竟與標的資產價格的波動有關，底下自然可以看出。
(3) 如前所述，標的資產價格低於履約價對應的 Gamma 值大於標的資產價格高於履約價所對應的 Gamma 值。

上述 Gamma scalping 的特徵亦可用圖 5-18 說明。圖 5-18 的繪製方法類似於上述小聰的淨潛在收益的計算方法；也就是說，於小聰的例子內，我們只考慮標的資產價格變化至 110 與 90 二種情況，倘若也加進其他標的資產價格變化的考慮呢？圖 5-18 繪製出上述結果。圖 5-18 的結果顯示出一個重要的特徵：標的資產價格波動與淨潛在收益之間呈現正的關係，即波動愈高（如標的資產價格變爲 110 或 90），上述淨潛在收益愈大；同理，波動愈低（如標的資產價格變爲 101 或 99），淨潛在收益愈小。

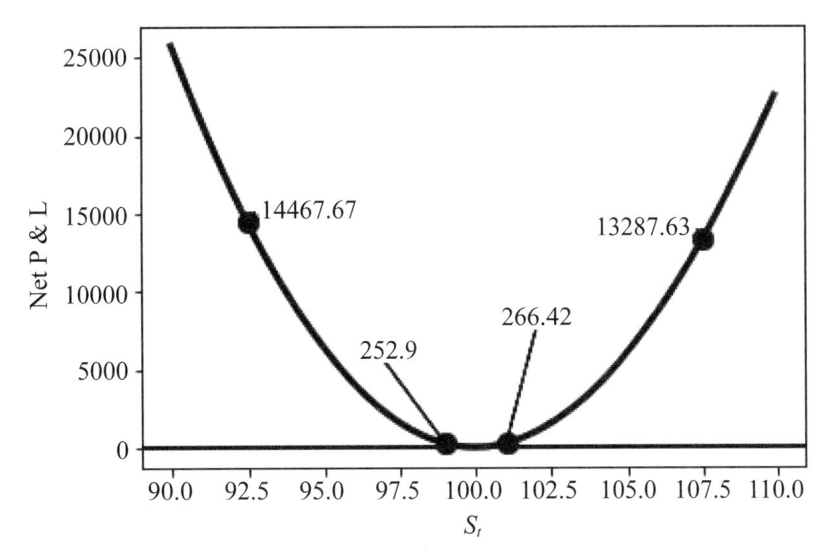

圖 5-18 不同標的資產價格下，小聰的淨潛在收益

有意思的是，高波動與低波動所導致的（小聰的）淨潛在收益是不對稱的。例如：若標的資產價格變動後分別為 92.5 與 107.5，小聰對應的淨潛在收益分別約為 14,467.67 與 13,287.63，顯然前者大於後者。但是，若標的資產價格為 101，對應的淨潛在收益為 266.42 大於標的資產價格為 99 的淨潛在收益為 252.9。換言之，於低波動的環境內，買權處於 ITM 所帶來的淨潛在收益比較大；但是，於高波動的環境內，買權處於 ITM 所帶來的淨潛在收益竟然比較小。

圖 5-19 繪製出表 5-15 的結果，而從後者可看出標的資產價格下降（P&LD）愈深，對應的淨潛在收益愈大；同理，標的資產價格上升（P&LU）的幅度愈大，對應的淨潛在收益亦愈大。是故，圖 5-19 內的 P&LD 曲線與 P&LU 曲線所表示的意義並不同，其中前者表示標的資產價格下降所帶來的淨潛在收益（相當於表 5-15 內第 2 欄），而後者則表示標的資產價格上升所帶來的淨潛在收益（相當於表 5-15 內第 4 欄）。圖 5-19 進一步將表 5-15 拆成二部分，其中左圖屬於波動較小的情況，我們可看出於該情況下，P&LD 小於對應的 P&LU；另一方面，圖 5-19 的右圖則屬於波動較大的環境，我們亦可看出於該環境下 P&LD 大於對應的 P&LU。因此，從圖 5-19 或表 5-15 內可看出 Gamma scalping 的另一個特徵；換言之，前述 Gamma scalping 的特徵可再補上：

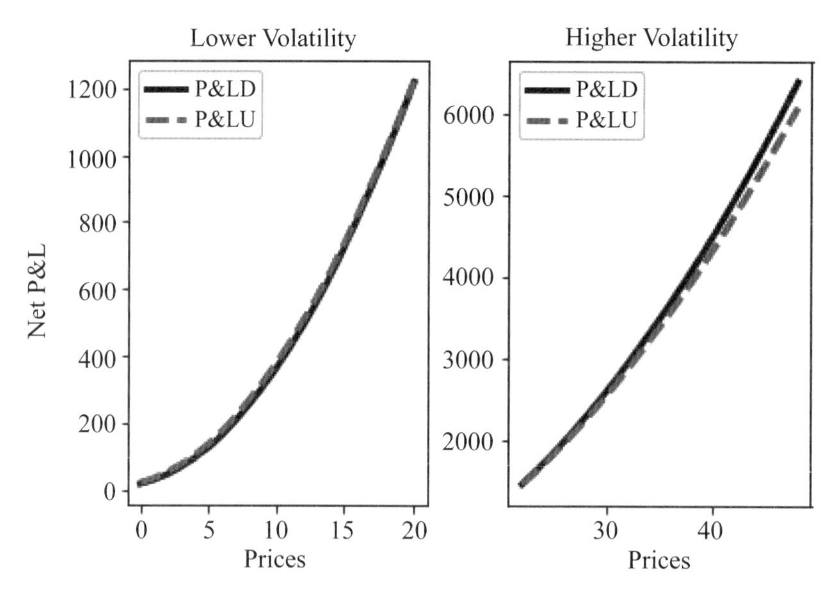

圖 5-19　可對應至表 5-15 的結果，其中 Prices 分別對應至 StD 與 StU

表 5-15　標的資產價格波動下的小聰的淨潛在收益（當日）

StD	P&LD	StU	P&LU	P&LDU
99.8	17.5	100.2	20.83	−3.33
99.7	29.22	100.3	34.16	−4.94
---	---	---	---	---
97.9	1110.23	102.1	1115.46	−5.23
97.8	1219.09	102.2	1221.53	−2.44
97.7	**1333.14**	**102.3**	**1332.35**	**0.79**
97.6	1452.37	102.4	1447.92	4.45
97.5	1576.8	102.5	1568.22	8.58
---	---	---	---	---
95.1	6130.28	104.9	5838.07	292.21
95	6385.56	105	6071.96	313.6

說明：第 1～5 欄分別表示標的資產價格下跌、標的資產價格下跌的淨潛在收益、標的資產價格上升、標的資產價格上升的淨潛在收益與標的資產價格下跌的淨潛在收益減標的資產價格上升的淨潛在收益。

(4) 於低波動的環境內，上述 Gamma 值具「擴大」標的資產價格上升的力道較大。

讀者可檢視所附的檔案。

圖 5-19 是以標的資產價格為 97.7 或 102.3 為劃分基準，此可對應至標的資產價格變動幅度為 2.3%，即圖 5-19 的左圖是描述標的資產價格變動幅度小於 2.3%，而右圖則描述標的資產價格變動幅度大於 2.3%。因此，標的資產價格變動幅度為 2.3% 似乎可以當作實際波動高低的基準，即標的資產價格變動幅度大於 2.3% 以上，此時可分類成高實際波動環境；同理，若標的資產價格變動幅度低於 2.3% 以下，可歸類為低實際波動環境。

我們可以回想波動率係根據標的資產價格變動的標準差的年率來計算，故上述 2.3% 對應的標準差（即實際波動率）為何？根據上述小聰的例子可知於隱含波動率為 0.3，故對應的標的資產價格變動的「日」標準差約為 0.0189[6]。我們進一步假定標的資產價格變動屬於平均數與標準差分別為 0 與 0.0189 的常態分配，圖 5-20 繪製出上述常態分配的形狀。從圖 5-20 內可看出標的資產價格變動幅度介於 –2.3% 與 2.3% 的機率約為 0.8141；因此，就上述小聰的例子而言，我們幾乎可以得到下列的結論：實際波動率低於隱含波動率的機率約為 0.8141，而實際波動率大於隱含波動率的機率則約為 0.1859。

圖 5-18 是描述當日小聰的淨潛在收益，倘若有時間上的延宕，則小聰的淨潛在收益將逐日下降。例如：圖 5-21 內的左圖分別繪製出延宕 10 日與 20 日的結果，而從該圖內可看出時間會侵蝕小聰的淨潛在收益。上述小聰的例子說明了「long call gamma」策略的情況，我們自然可以用於反推出「short call gamma」策略的結果；換言之，若採取與小聰相反的策略如「short call gamma」策略的投資人反而會有淨潛在損失，不過隨著時間經過，上述損失竟然逐漸轉成淨潛在收益如圖 5-21 的右圖所示。

為何採取「long call gamma」策略與「short call gamma」策略會有上述迥然不同的結果，我們知道此乃是 Theta 值的力量[7]。有關於 Theta 值的說明，後面的章節自會介紹。

---

[6] 即 $\sigma/\sqrt{252}=s$，其中假定 1 年有 252 個交易日而 s 表示標的資產價格變動的標準差。因 $\sigma=0.3$，故 s 約為 0.0189。

[7] 直覺而言，如 5.3 節所示，買權價值逐日減少，當然對於期初採取買進買權的投資人不利，但是對於期初採取賣出買權的投資人呢？

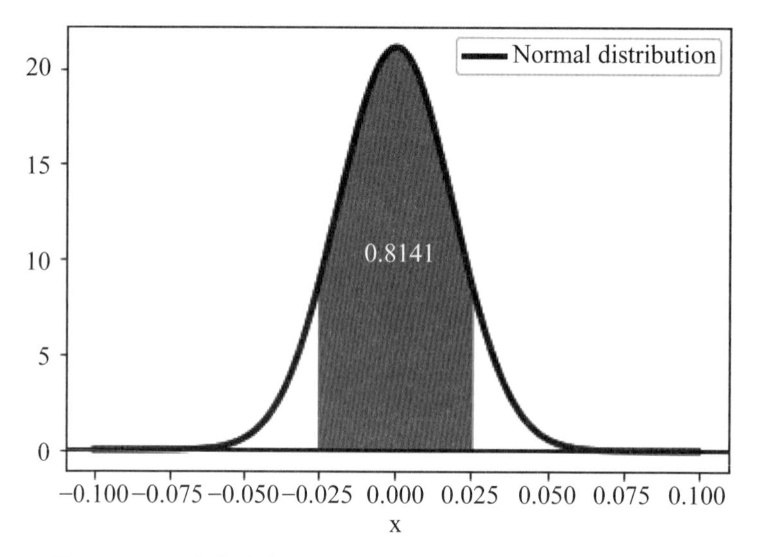

圖 5-20　平均數與標準差分別為 0 與 0.0189 的常態分配

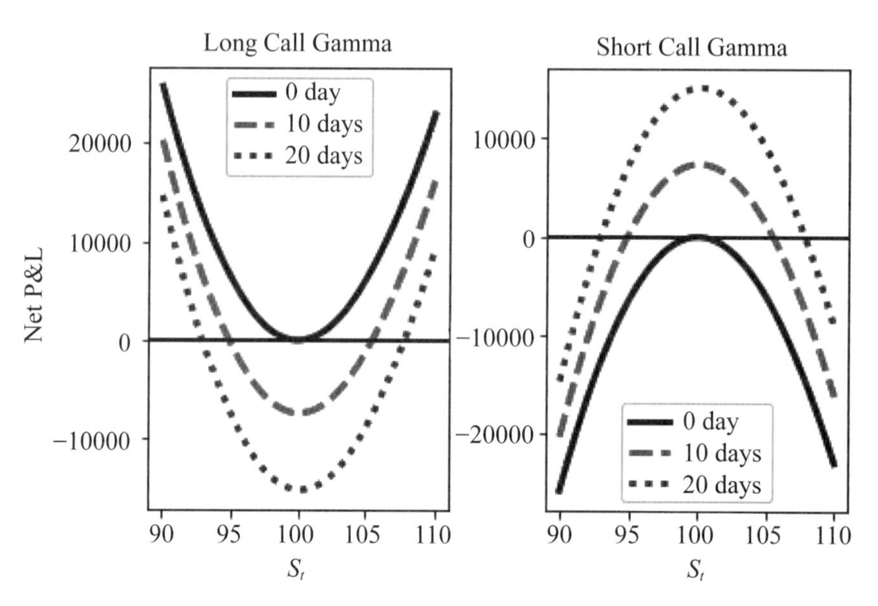

圖 5-21　Long Call Gamma 與 Short Call Gamma 策略的淨潛在收益

5.4.2 Long Put Gamma

假定阿聰面對如表 5-14 的條件，與小聰不同的是，阿聰選擇採取於 ATM 處買進 10 口賣權策略，爲了避險，阿聰必須根據對應的賣權 Delta 值買進 A 公司股票（表 4-3），即：

```
p01 = BSM(K,K,r,q,T,sigma)['pt'] # 5.678531520453461
dp01 = Delta(K,K,r,q,T,sigma)['p'] # -0.4398449415565706
P11 = 10*2000*p01 # 113570.63040906923
Dp1 = -10*2000*dp01 # 8796.898831131411
```

即於 ATM 處賣權的價格與 Delta 值分別為 5.68 與 −0.44，故阿聰除了須支出 113,570.63 買進 10 口 A 公司的賣權，同時買了 8,796.9 股 A 公司股票以避險。再試下列指令：

```
s11 = 110
p11 = BSM(s11,K,r,q,T,sigma)['pt'] # 2.422915094959844
P11a = 10*2000*(p01-p11) # 65112.32830987234, loss
Dp11a = -10*2000*dp01*(K-s11) # -87968.98831131411, profit
P11a+Dp11a # -22856.65980144177,profit
```

即若標的資產價格上升至 110，賣權的價格跌至 2.42，故阿聰賣權的潛在損失為 65,112.33；另一方面，購買 A 公司股票的潛在收益 87,968.99，因此阿聰的淨潛在收益為 22,856.66。

假定標的資產價格不升反降，跌至 90，則：

```
s21 = 90
p21 = BSM(s21,K,r,q,T,sigma)['pt'] # 11.368943675524612
P21a = 10*2000*(p01-p21) # -113808.24310142301
Dp21a = -10*2000*dp01*(K-s21) # 87968.98831131411
P21a+Dp21a # -25839.2547901089, profit
```

即賣權價格會上升至 11.37，故阿聰賣權的潛在收益為 113,808.24；同理，購買 A 公司股票的潛在損失為 87,968.99，是故阿聰的淨潛在收益為 25,839.25。就阿聰的例子而言，我們依舊發現不管標的資產價格如何變化，阿聰皆有正數值的淨潛在收益，而且標的資產價格下跌所對應的淨潛在收益比較大。我們知道為何會如此，因為標的資產價格下跌所對應的 Gamma 值較大。

瞭解阿聰淨潛在收益的計算方式後，圖 5-22 進一步繪製出於不同標的資產價格或不同交易日之下，阿聰的淨潛在收益曲線。我們發現阿聰與小聰的淨潛在收益曲線竟然有些類似，其中後者可參考圖 5-18 與圖 5-21 的左圖。若挑選圖 5-22 內阿聰的淨潛在收益的當日曲線（0 day），我們可以進一步將該曲線的結果拆成標的資產價格上升與下跌二種情況，並列表如表 5-16 所示。

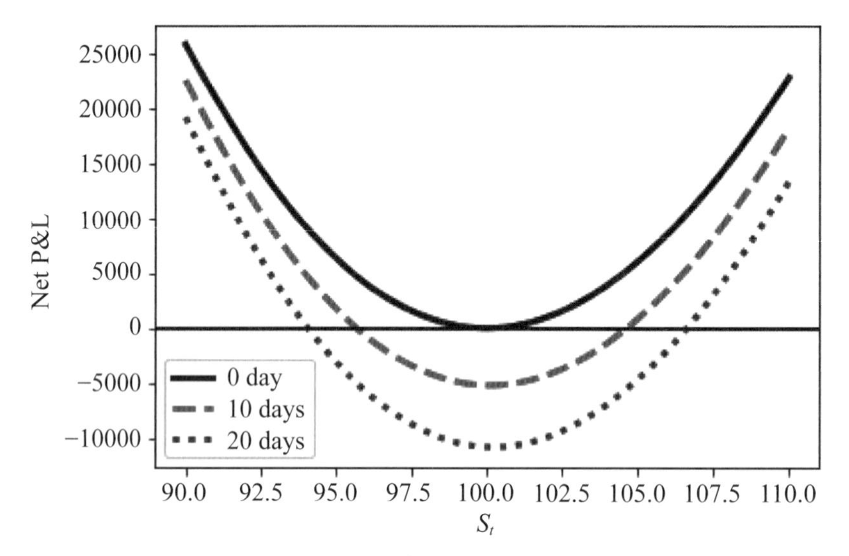

圖 5-22　阿聰的淨潛在收益曲線

表 5-16　阿聰的淨潛在收益（當日）

StD	P&LD	StU	P&LU	P&LDU
99.9	2.51	100.1	2.5	0.01
99.8	10.04	100.2	10.01	0.03
---	---	---	---	---
97.9	1118.69	102.1	1088.72	29.97
97.8	1228.39	102.2	1193.95	34.44
97.7	**1343.28**	**102.3**	**1303.93**	**39.35**
97.6	1463.35	102.4	1418.67	44.68
97.5	1588.61	102.5	1538.13	50.48
97.4	1719.07	102.6	1662.31	56.76
---	---	---	---	---
95.1	6162.21	104.9	5787.86	374.35
95	6418.32	105	6020.92	397.4

說明：第 1～5 欄分別表示標的資產價格下跌、標的資產價格下跌的淨潛在收益、標的資產價格上升、標的資產價格上升的淨潛在收益與標的資產價格下跌的淨潛在收益減標的資產價格上升的淨潛在收益。

比較表 5-15 與 5-16 的結果，可有下列的特色：

(1) 與小聰的例子不同的是，就阿聰的淨潛在收益而言，標的資產價格下跌的淨潛在收益皆大於同幅度標的資產價格上升的淨潛在收益。
(2) 與小聰的例子不同的是，我們不容易從阿聰的淨潛在收益內找出低波動與高波動環境之間的界線。不過，從表 5-16 可知，標的資產價格下跌（上升）的幅度愈低（愈高），對應的淨潛在收益愈低（愈高）；換言之，阿聰的淨潛在收益高低與標的資產價格的波動大小有關。因此，低波動與高波動環境之間一定存在一個門檻。
(3) 若以圖 5-19 的門檻爲基準，即標的資產價格的變動低於 2.3% 視爲低波動而高於 2.3% 則視爲高波動的情況，圖 5-23 繪製出高低波動對應的淨潛在收益曲線。我們從圖 5-23 內可看出於低波動的環境內，標的資產價格上升或下降所對應的淨潛在收益其實差距不大；但是，於高波動的環境內，顯然標的資產價格下降所對應的淨潛在收益較大。

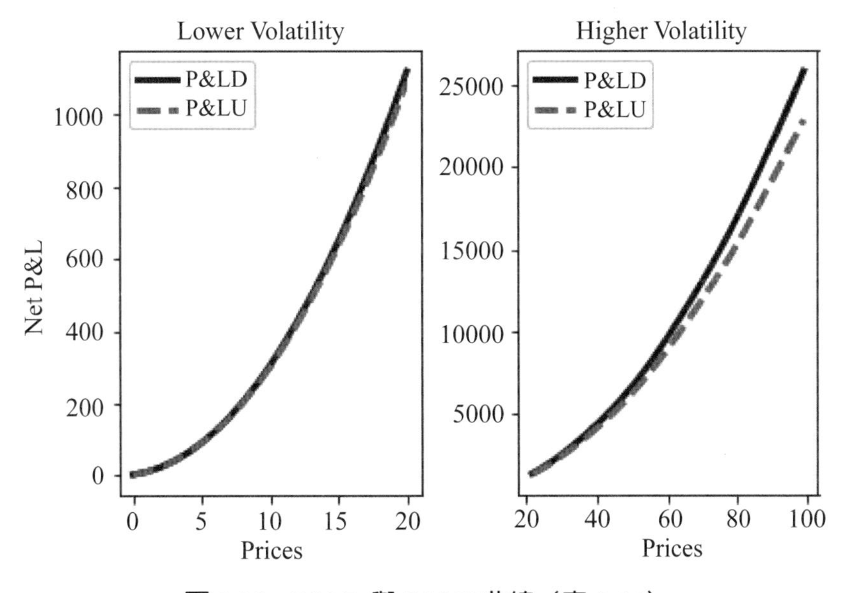

圖 5-23 P&LD **與** P&LU **曲線**（**表** 5-16）

(4) 於小聰與阿聰的例子內，對應的淨潛在收益頗爲類似，圖 5-24 的左圖繪製出小聰減阿聰淨潛在收益的結果，而從該圖內可看出小聰的淨潛在收益較大。
(5) 就小聰與阿聰的例子而言，假定大聰同時採取上述小聰與阿聰的策略呢？圖 5-24 的右圖繪製出大聰的淨潛在收益的結果，理所當然大聰的淨潛在收益會大於小聰或阿聰的淨潛在收益，此說明了大聰採取跨式策略（Straddles）的優點。第 9 章，我們會介紹跨式策略。

(6) 二聰看到他的「聰兄弟們」的策略後，心想應該也可以利用臺股指數標的採取「long put gamma」或「long call gamma」策略，二聰該如何做？讀者可以試試。

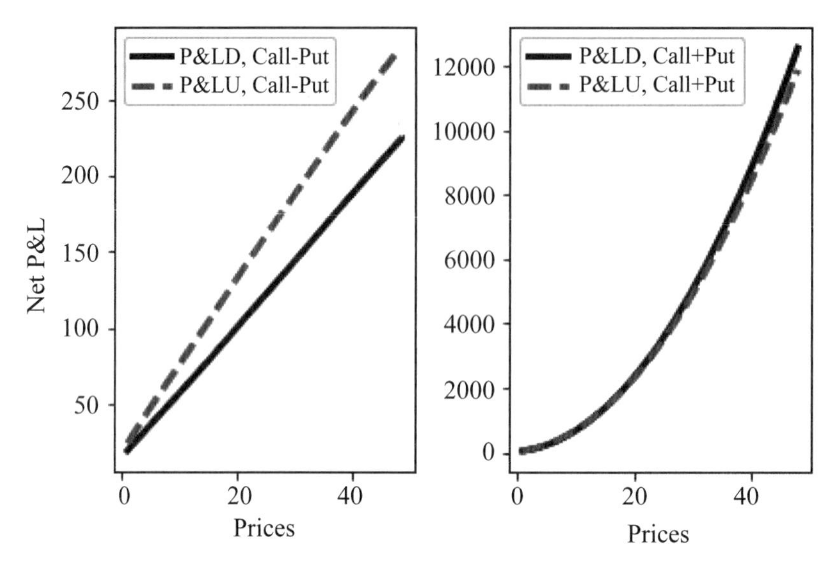

圖 5-24　小聰與阿聰的淨潛在收益相減（左圖）以及相加（右圖）

其餘避險參數

本章是第 4、5 章的延續。換言之，本章的重點可以分成 3 部分。第 1 部分繼續介紹其餘的避險參數，其中以 Theta 與 Vega 值最爲重要。第 2 部分介紹如何於資產組合內計算避險參數以及說明後者的變動如何影響資產組合的 P&L。第 3 部分則介紹或說明不同避險參數之間的關係。

6.1 Theta

現在我們介紹 Theta 避險參數。其實，Theta 值是一個頗重要的避險參數，可以參考圖 6-1 或表 6-1，即根據該圖或表可看出買權或賣權價格竟逐日下降，尤其是快要到期時，下降的速度更快；換言之，單純買進（賣出）買權或賣權策略，隨著時間經過，上述策略竟較爲不利（有利）。本節將分成 2 部分介紹。

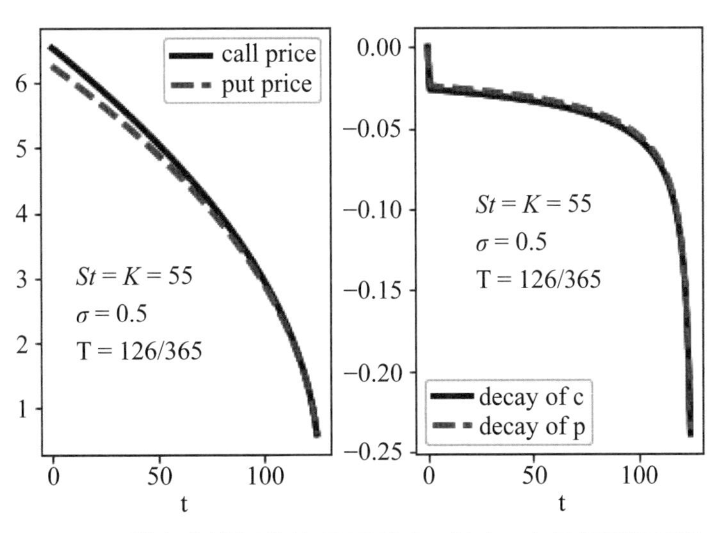

圖 6-1　買權與賣權價格的逐日遞減，其中 t 表示經過的日數

6.1.1 Theta 值的意義

根據（4-3）與（4-4）二式，可知 Theta 值是計算（於其他情況不變下）買權價格與賣權價格對於到期期限的敏感程度。先試下列指令：

```
r = 0.08;K = 40;q = 0;sigma = 0.3;T = 1
ct0 = np.round(BSM(40,K,r,q,T,sigma)['ct'],2) # 6.28
ct1 = np.round(BSM(40,K,r,q,T-1/365,sigma)['ct'],2) # 6.27
ct2 = np.round(BSM(40,K,r,q,T-2/365,sigma)['ct'],2) # 6.26
np.round(ct1-ct0,2) # -0.01
np.round(ct2-ct0,2) # -0.02
np.round(Theta(40,K,r,q,T,sigma)['c'],2) # -0.01
```

即根據上述假定，可知愈接近到期日 1（或 2）日，買權價格會下降 0.01（或 0.02）；換言之，選擇權的價值是一天比一天便宜，而我們可以用 Theta 值計算買權價格的消失程度。值得注意的是，買權的 Theta 值與賣權的 Theta 值並不相等，即讀者可以練習計算賣權的 Theta 值。我們從表 6-1 內大致可以看出 Theta 值頗接近於買權或賣權價格的隔日差距，或是參考圖 6-2（該圖是計算買權與賣權的 Theta 值），即圖 6-2 與圖 6-1 內的右圖頗爲類似；另一方面，從該表亦可看出約於到期前一個月，Theta 值的遞減速度變快，甚至約於到期前 7 日，遞減的速度更快。

表 6-1　$S_t = K = 55$、$r = 0.015$、$q = 0$ 與 $\sigma = 0.5$

t	T	c	p	decayc	decayp	Theta_c	Theta_p
0	126/365	6.5492	6.2651	0	0	−0.0262	−0.024
1	125/365	6.5229	6.2411	−0.0263	−0.024	−0.0263	−0.0241
---	---	---	---	---	---	---	---
94	32/365	3.2796	3.2073	−0.0513	−0.049	−0.0517	−0.0494
95	31/365	3.2275	3.1575	−0.0521	−0.0498	−0.0525	−0.0502
96	30/365	3.1746	3.1069	−0.0529	−0.0506	−0.0533	−0.0511
97	29/365	3.1209	3.0554	−0.0538	−0.0515	−0.0542	−0.052
---	---	---	---	---	---	---	---
118	8/365	1.6326	1.6145	−0.0995	−0.0973	−0.1025	−0.1003
119	7/365	1.5267	1.5109	−0.1059	−0.1037	−0.1095	−0.1073

t	T	c	p	decayc	decayp	Theta_c	Theta_p
120	6/365	1.413	1.3994	−0.1137	−0.1115	−0.1182	−0.116
---	---	---	---	---	---	---	---
124	2/365	0.8143	0.8098	−0.1836	−0.1813	−0.2041	−0.2018
125	1/365	0.5753	0.5731	−0.2389	−0.2367	−0.2882	−0.286

說明：第2～8欄分別表示到期期限、買權價格、賣權價格、買權價格逐日遞減值、賣權價格逐日遞減值、買權之 Theta 與買權之 Theta。

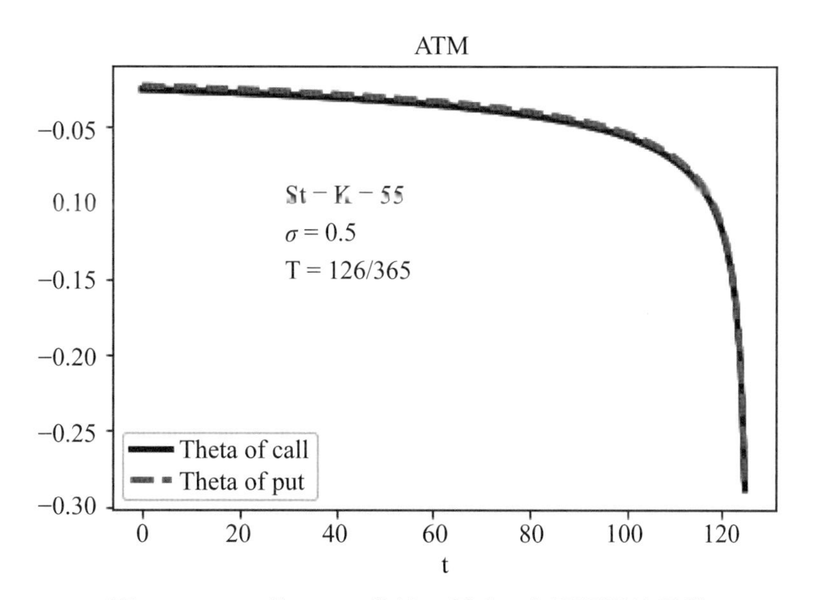

圖 6-2　ATM 的 Theta 曲線，其中 t 表示經過的日數

畢竟選擇權是屬於一種有期限（或有壽命）的資產，故有時其被稱爲「消耗性資產（wasting assets）」，即該資產價值會隨時間消逝。直覺而言，從表 6-1 或圖 6-2 內不僅可看出 Theta 值爲負數值（底下可看出有例外）之外，同時亦可以注意不要於快要到期前採取買進買權或賣權策略，即可以採取賣出買權或賣權策略，因後者可以用更便宜的價位買回。

其實選擇權的 Theta 值之大小與該選擇權是否處於 ATM、（深）ITM 或（深）OTM 有關。例如：圖 6-3 與 6-4 分別繪製出買權與賣權處於（深）ITM 或（深）OTM 的 Theta 曲線，比較圖 6-2～6-4，可有下列的特色：

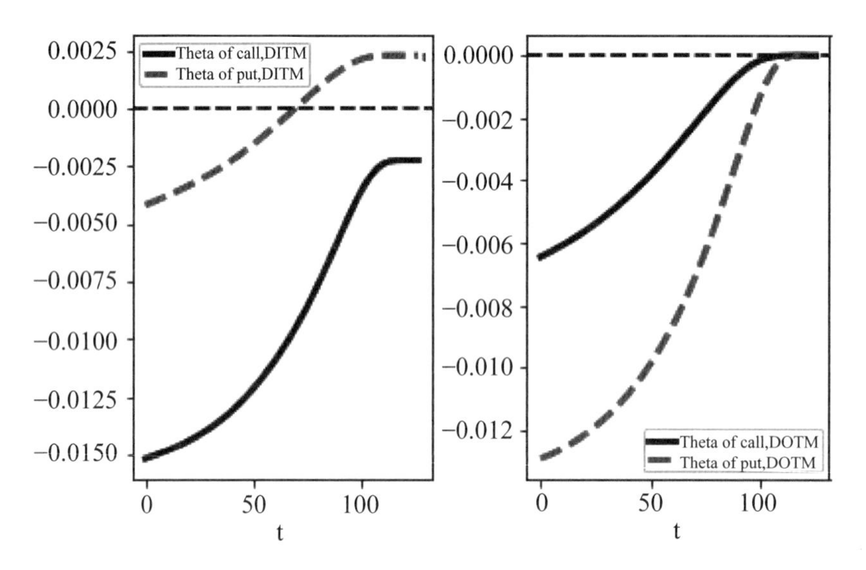

圖 6-3　買權與賣權之深 ITM（DITM）與深 OTM（DOTM）的 Theta 曲線，其中 t 表示經過的日數

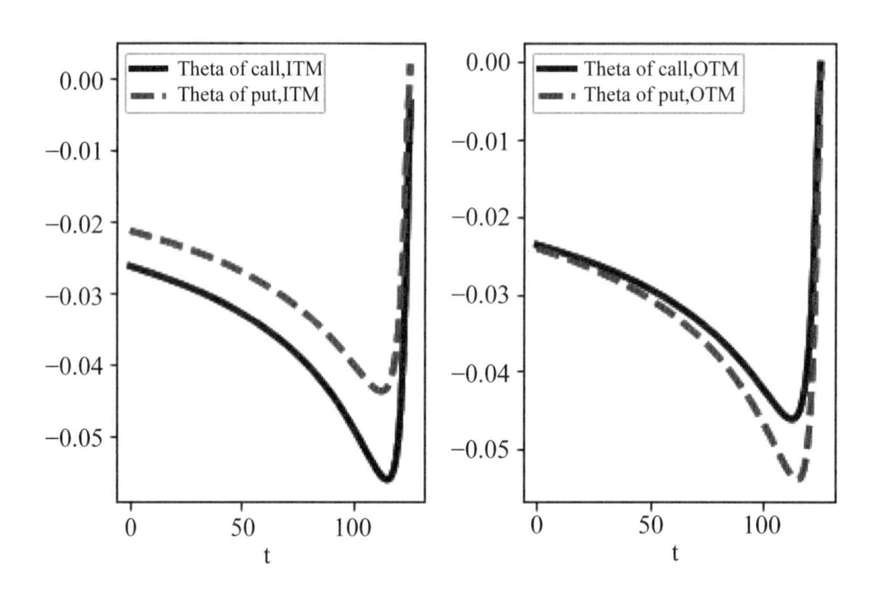

圖 6-4　買權與賣權之 ITM 與 OTM 的 Theta 曲線，其中 t 表示經過的日數

(1) 若用絕對值表示，處於 ATM 的 Theta 值最大。

(2) 根據買權與賣權平價，若 r 與 q 皆等於 0，則買權與賣權的 Theta 值會相等；但是，若 r 與 q 皆不等於 0，則買權與賣權的 Theta 值會有差異，即買權與賣權平價可寫成：

$$\Theta_t^p = \Theta_t^c + rKe^{-r(T-t)} - qS_te^{-q(T-t)} \quad (6\text{-}1)$$

（6-1）式其實就是（4-4）式。（6-1）式會在 6.1.2 節內進一步討論。

(3) 於深 ITM 處，到期前賣權的 Theta 值有可能出現正的 Theta 值，如圖 6-3 所示。

(4) 於 ITM 或 OTM 處，到期前賣權或買權的 Theta 值有可能出現轉折的情況，如圖 6-4 所示。不過，此時對應的 Theta 值並不大（依絕對值來看）。

圖 6-2～6-4 皆是繪製出到期前的情況，現在我們檢視不同到期期限的 Theta 曲線。例如：圖 6-5 繪製出到期期限 T 值分別為 1、0.5 與 1/12 的買權與賣權的 Theta 曲線，其特色亦可分述如下：

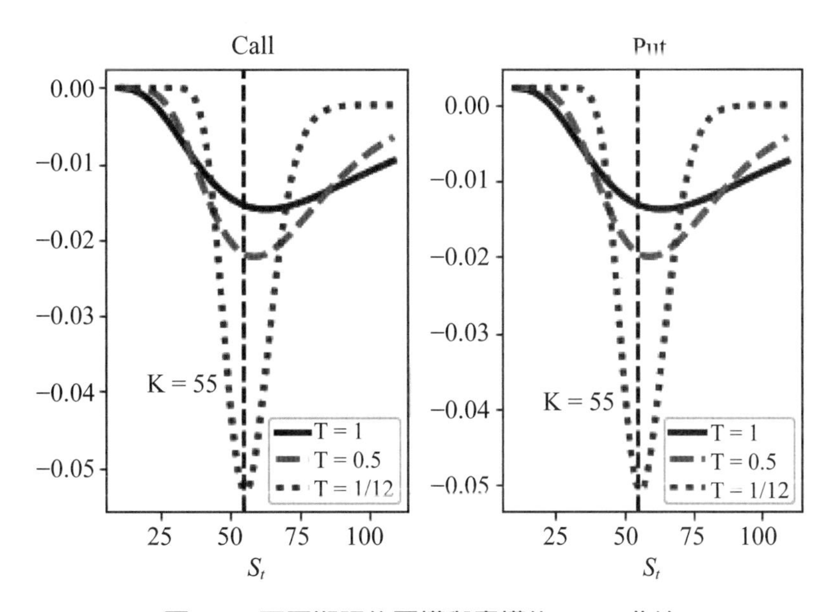

圖 6-5 不同期限的買權與賣權的 Theta 曲線

(1) 到期期限愈長，對應的 Theta 值愈小（依絕對值來看）。是故，就 Theta 值而言，到期期限愈長，買進與賣出選擇權策略的差異並不大。

(2) 到期期限愈短，於 ATM 處，對應的 Theta 值愈大（依絕對值來看）；不過，到期期限愈長，上述對應的最大 Theta 值未必出現於 ATM 處。

(3) 不管到期期限，買權與賣權的 Theta 曲線形狀頗為類似。我們從（6-1）式亦可看出端倪。

(4) 如前所述，採取「long gamma」策略，雖可得到「Gamma」的好處，但是因對應的 Theta 值為負數值，故必須額外付出 Theta 成本，故總 P&L 未必大於 0。

同理，採取「short put gamma」策略卻可額外收到 Theta 的收益。

6.1.2 Theta 値與其他因子的關係

利用（6-1）式[①]，我們可以分成 3 個情況來看：

情況 1：$r = q = 0$

檢視圖 6-6，應可發現當到期期限 T 從 0 轉成大於 0，價格曲線如 c_t 或 p_t 會大於 c_T 或 p_T（於相同的 S_t 之下），表示買權或賣權有正的時間價値；或者說，從 t 至 T，對應的 Theta 値爲負値。讀者可以檢視圖 6-6 內對應的 Theta 値應皆爲負數値。

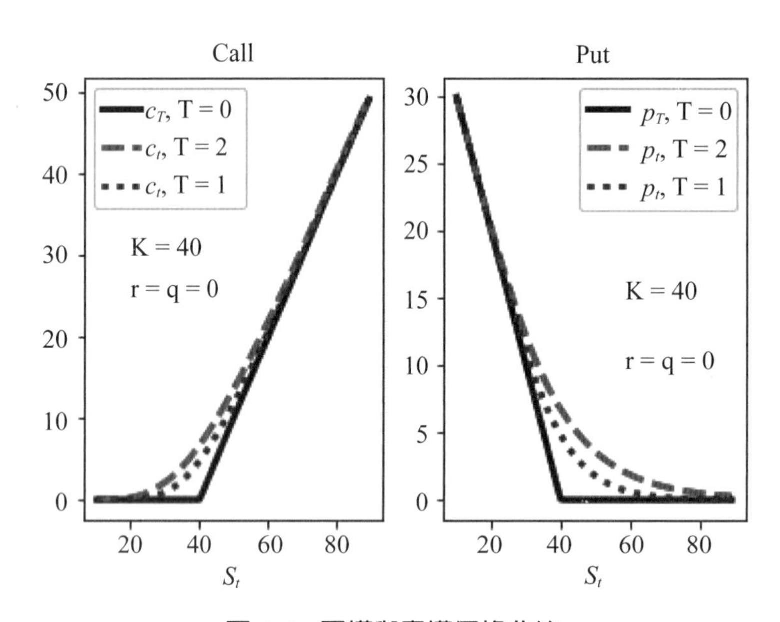

圖 6-6　買權與賣權價格曲線

情況 2：$r > 0$ 與 $q = 0$

我們檢視 $r > 0$ 與 $q = 0$ 的情況，可以參考圖 6-7 與 6-8。換句話說，根據（6-1）式可知賣權的 Theta 値有可能會大於 0，如圖 6-8 所示；或者說，根據圖 6-7，賣權的時間價値有可能出現正値，表現出來的是於 ITM 處 p_t 曲線位於 p_T 曲線的下方。讀者亦可以檢視表 6-2 的內容，該表可對應至圖 6-7 與 6-8，詳細的結果可參考所附的檔案。從上述結果可發現賣權於 ITM 處較容易出現 Theta 値爲正數値的情況。

① （6-1）式係（3-10）式對 T 的偏微分結果。

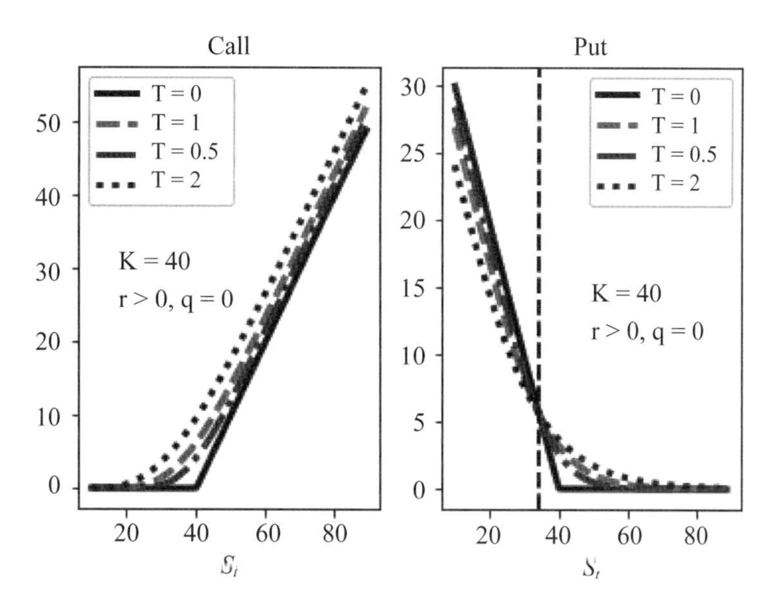

圖 6-7 買權與賣權價格曲線

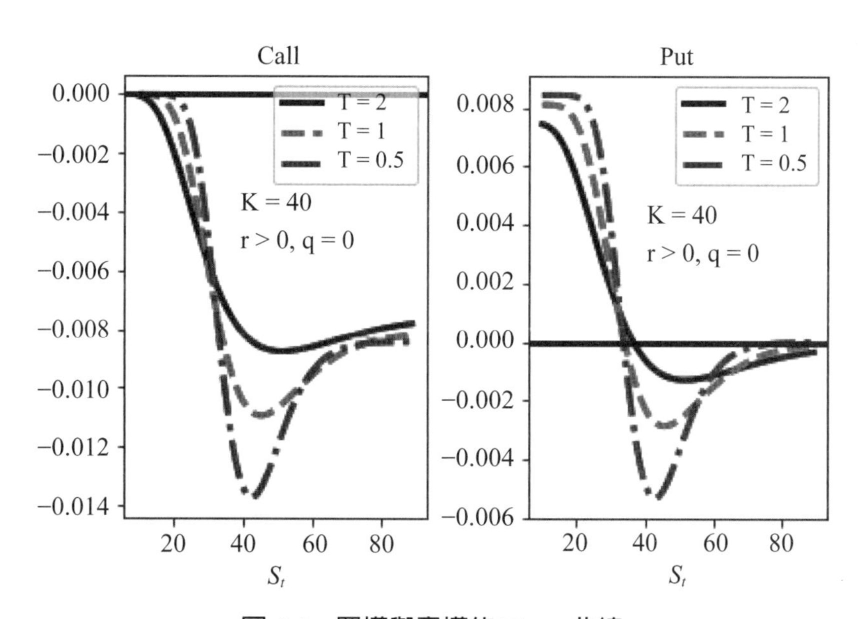

圖 6-8 買權與賣權的 Theta 曲線

表 6-2 $K = 40$、$r = 0.08$、$q = 0$ 與 $\sigma = 0.3$

St	pt1	pt2	pt3	pt4	ptt1	ptt2	ptt3
10	24.0901	26.9247	28.4316	29.9997	0.0074	0.0081	0.0084
11	23.0953	25.9247	27.4316	28.9997	0.0074	0.0081	0.0084

St	pt1	pt2	pt3	pt4	ptt1	ptt2	ptt3
---	---	---	---	---	---	---	---
33	6.1941	6.4176	6.4746	6.9997	0.0008	0.0004	0.0004
34	5.762	5.8483	5.7688	5.9997	0.0005	-0.0002	-0.0007
35	5.3571	5.3179	5.1125	4.9997	0.0003	-0.0006	-0.0017
---	---	---	---	---	---	---	---
88	0.1007	0.0093	0.0001	0	-0.0003	-0.0001	0
89	0.0938	0.0082	0.0001	0	-0.0003	-0.0001	0

說明：第 1～8 欄分別表示標的資產價格、賣權價格（$T=2$）、賣權價格（$T=1$）、賣權價格（$T=0.5$）、賣權價格（$T=0$）、賣權 Theta 值（$T=2$）、賣權 Theta 值（$T=1$）與賣權 Theta 值（$T=0.5$）。

情況 3：$q \neq 0$

我們考慮一個極端的例子。假定 $K=40$、$r=0.08$、$q=0.2$ 與 $\sigma=0.3$，圖 6-9 分別繪製出買權與賣權之未到期與到期之價格曲線。比較圖 6-7 與 6-9，應可發現後者有較高的股利支付率；換言之，根據（6-1）式，於上述假定下，反而買權的 Theta 值有可能出現正數值。例如：圖 6-10 繪製出圖 6-9 所對應的 Theta 曲線。比較圖 6-6、6-7 與 6-9 三圖，應可看出其差異。

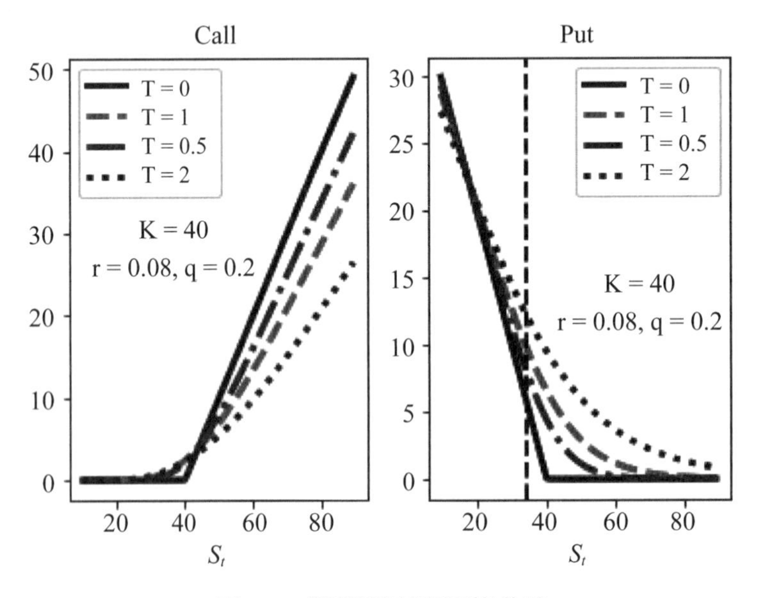

圖 6-9　買權與賣權價格曲線

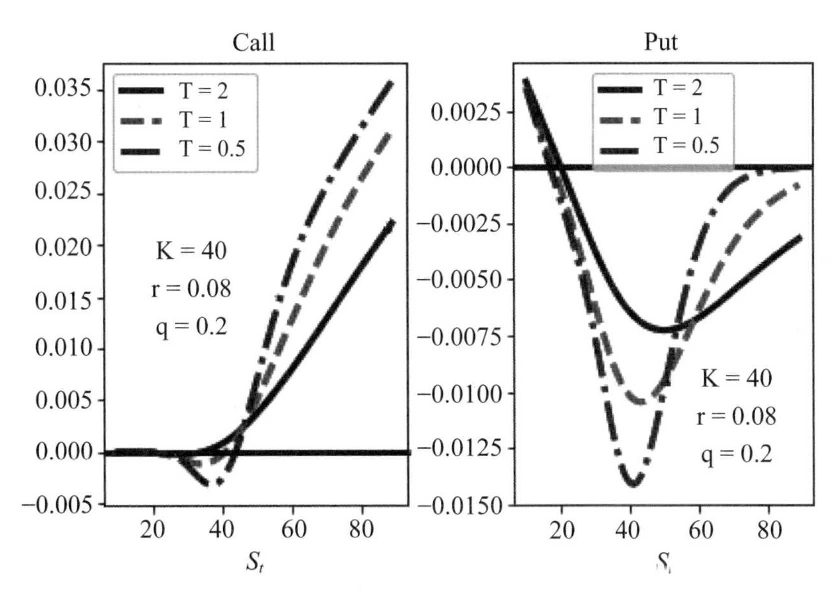

圖 6-10 買權與賣權的 Theta **曲線**

利用 BSM 模型，我們的確可以得到一些額外的資訊。例如：於 6.4 節內我們可以看出採取 Delta 中立策略，Theta 值與 Gamma 值的關係約可寫成：

$$\Theta + \frac{1}{2}\sigma^2 S^2 \Gamma \approx r\Pi \tag{6-2}$$

其中 Π 表示含買權或賣權的資產組合。（6-2）式的特色可分述如下：

(1) 如前所述，買權或賣權的價值會隨時間消失 Θ 值，此多少會抵消 Gamma 值所帶來的「好處」。6.2 節會進一步說明。

(2) 因從（6-1）式內可看出若 r 與 q 不等於 0，則買權與賣權的 Theta 值並不相同，因此若 $r \neq 0$ 與 $q \neq 0$，則買權的 Theta 值、賣權的 Theta 值與對應的 Gamma 值有差異。圖 6-11 繪製出上述差異。值得注意的是，圖 6-11 內上圖的買權的 Theta 值與賣權的 Theta 值的「調整值」是將上述 Theta 值轉成正數值，而「調整」的 Gamma 值以 $\frac{1}{2}\sigma^2 S^2 \Gamma$ 值取代。

(3) 圖 6-11 內的下圖則假定 $r = q = 0$，故從（6-1）與（6-2）式可知「調整後的」買權 Theta 值、賣權 Theta 值與 Gamma 值皆相等。

(4) 如前所述，Theta 值與「long gamma」策略牴觸，而從（6-2）式內可看出 r 值愈低，「調整後的」Theta 值與 Gamma 值愈一致。

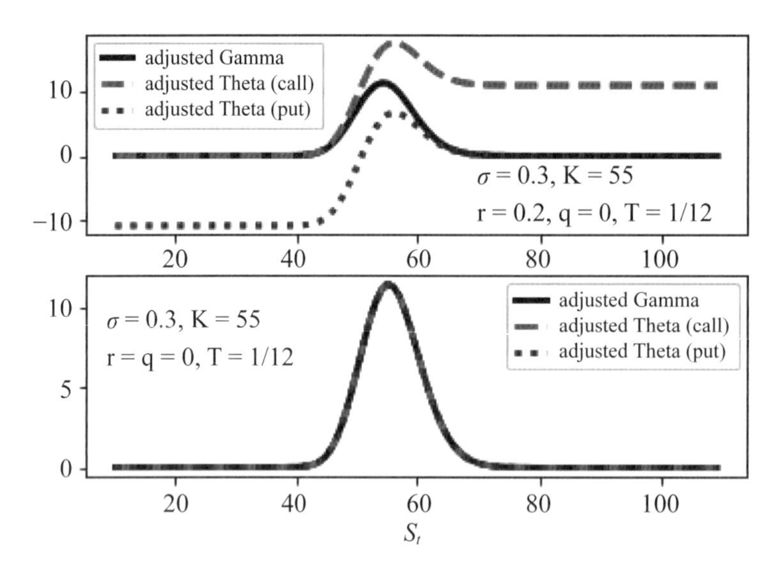

圖 6-11　Theta 與 Gamma 之間的關係（上圖假定 r = 0.2 而下圖假定 r = 0）

接下來，我們檢視 Theta 值與波動率之間的關係。圖 6-12 繪製出於 ATM 處，Theta 值與波動率之間的關係。從圖 6-12 內可看出：

(1) Theta 值與波動率之間呈現正關係，即波動率愈大，Theta 值下降的幅度愈大；尤其是快要到期前，波動率愈大，Theta 值下降的幅度更大。有意思的是，於 ATM 處，Theta 值與波動率之間竟約成直線關係。
(2) 於相同的波動率之下，到期期限愈短，Theta 值愈大（依絕對值來看）。
(3) 讀者可以嘗試改變圖內的 r 與 q 值，看看結果爲何？

我們繼續檢視 ITM 與 OTM 的情況，可以參考圖 6-13 與 6-14。若與圖 6-12 比較，應可發現於 ITM 與 OTM 處，到期期限愈短，Theta 值與波動率之間不再呈現直線關係，而是隨波動率變大 Theta 值遞減速度更快的曲線關係。有意思的是，當波動率較小，ITM 的買權與賣權之 Theta 曲線（Theta 值對波動率）之間的差距較大，而 OTM 之間的差距較小，可以參考圖 6-15。

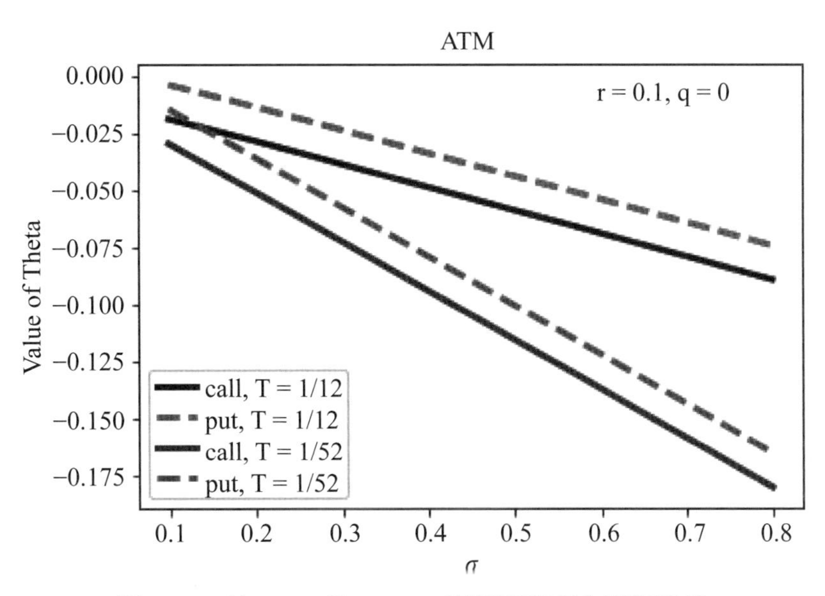

圖 6-12 於 ATM 處，Theta 值與波動率之間的關係

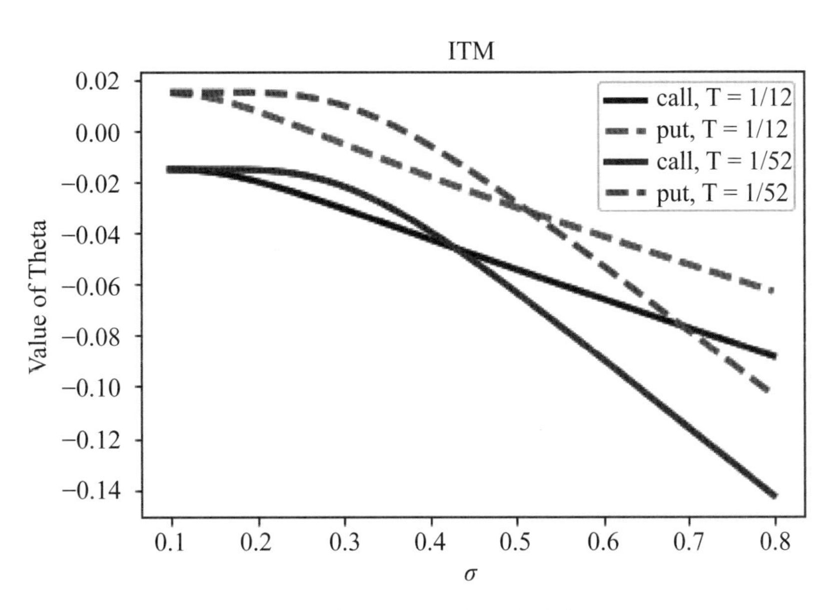

圖 6-13 於 ITM 處，Theta 值與波動率之間的關係

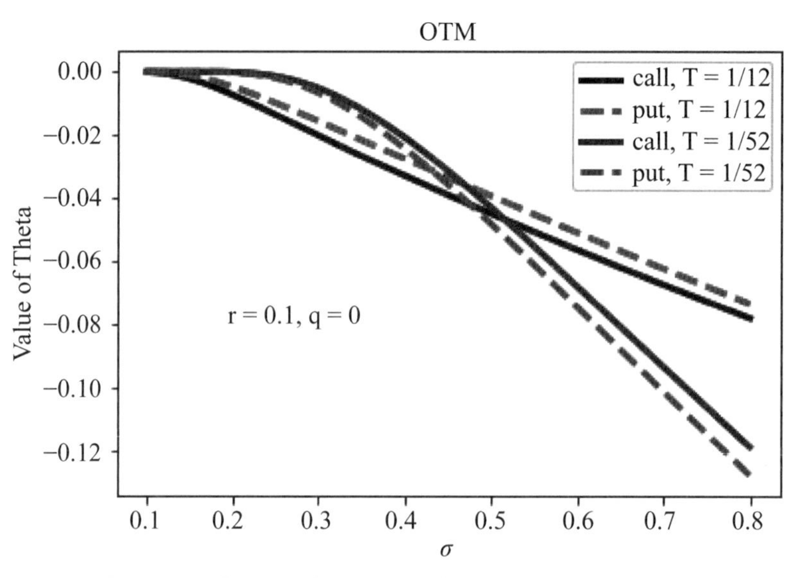

圖 6-14　於 OTM 處，Theta 值與波動率之間的關係

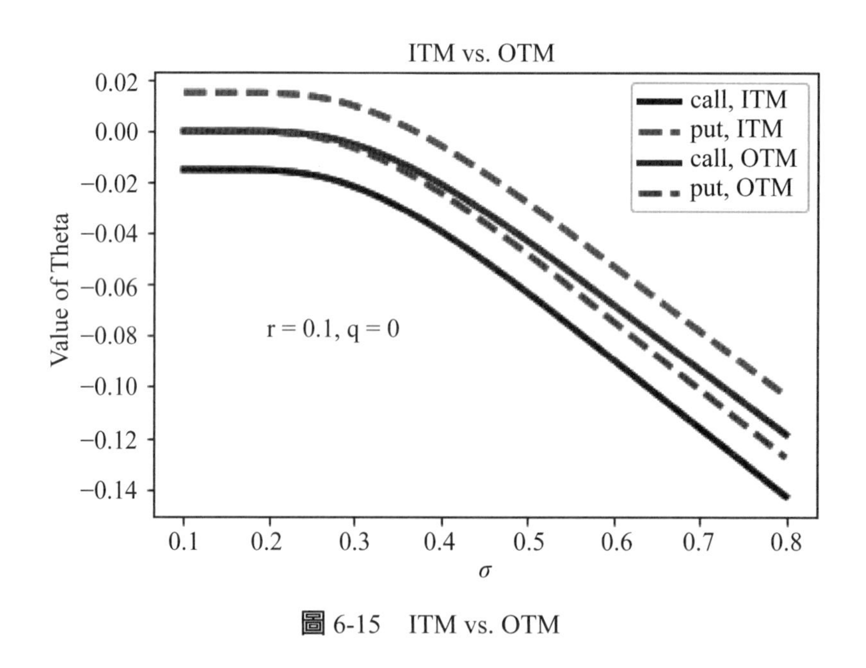

圖 6-15　ITM vs. OTM

最後，我們檢視於其他情況不變下，Theta 值與不同利率之間的關係。例如：圖 6-16 與 6-17 分別繪製於 ATM 與 ITM 處，Theta 值與不同利率之間的關係。我們可以看出於其他情況不變下，賣權之 Theta 值與利率呈現正的關係，而買權之 Theta 值與利率呈現負的關係。上述關係不難從（6-1）式看出結果，讀者可以嘗試繪製出 OTM 的結果。

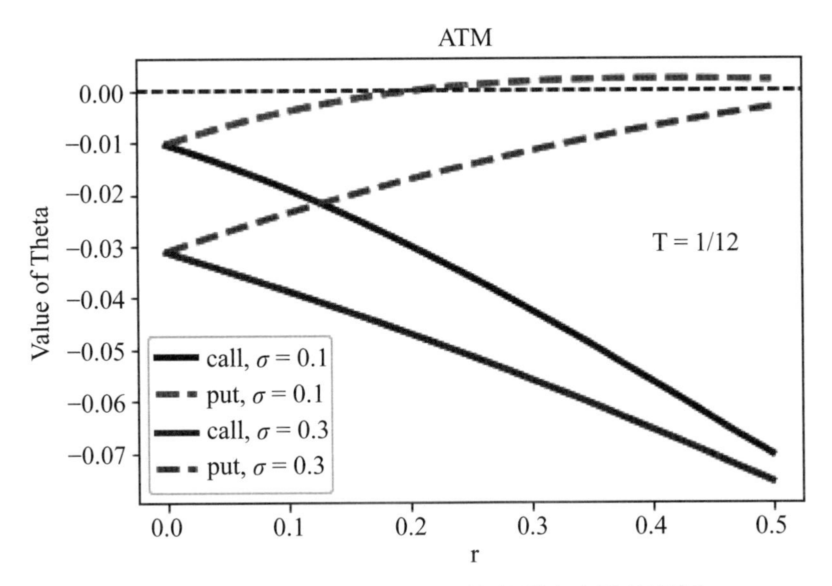

圖 6-16 於 ATM 處，Theta 值與利率之間的關係

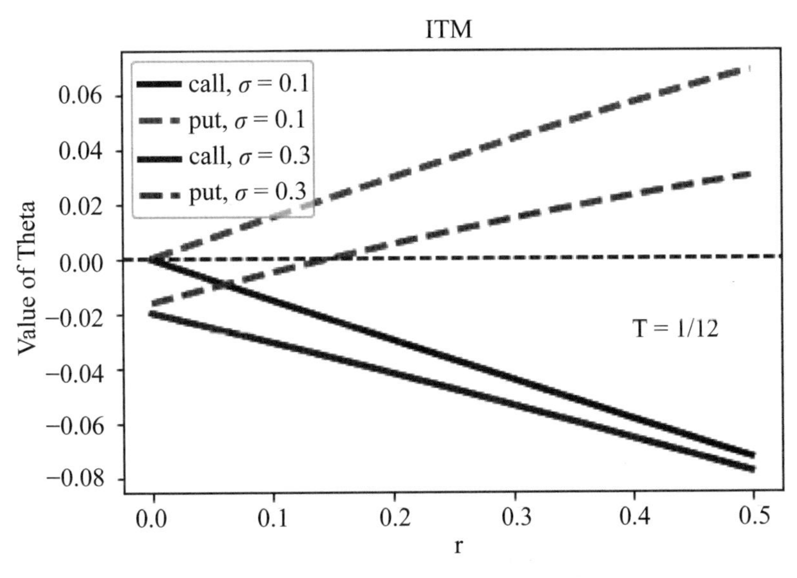

圖 6-17 於 ITM 處，Theta 值與利率之間的關係

6.2 Vega

若重新檢視 BSM 模型或實際的買權價格，也許我們會發現相同處於 ATM（例如標的資產價格與履約價皆為 100，且到期日亦相同），A 與 B 公司的買權價格卻

截然不同，即例如前者為 2.64 而後者則為 4.93。為何會有如此的差距？也許我們不是很清楚 A 與 B 公司的性質為何，或是二公司屬於何產業，更不知上述二公司的本益比為何？不過，當我們重新檢視例如 BSM 模型的 6 個參數輸入值，應該會發現 A 與 B 公司的波動率不同是最有可能出現上述結果，而且後者的波動率較大。

我們已經知道選擇權價格內的波動率參數可稱為隱含波動率，若與其他參數搭配可得選擇權的理論價格（BSM 模型）；而且，於其他情況不變下，隱含波動率愈大，選擇權的價格愈高。事實上，隱含波動率幾乎時常在變，連帶地選擇權價格亦變動的相當頻繁，只是我們如何衡量選擇權價格對於隱含波動率變動的敏感程度？（4-5）式提醒我們可以計算 Vega 值。值得注意的是，此時波動率指的是隱含波動率而不是歷史波動率。本節分 2 部分介紹。

6.2.1 Vega 值的意義

我們先試下列指令：

```
r = 0.08;K = 40;q = 0;sigma = 0.3;T = 1
c0 = np.round(BSM(40,K,r,q,1,sigma)['ct'],2) # 6.28
p0 = np.round(BSM(40,K,r,q,1,sigma)['pt'],2) # 3.21
np.round(Vega(40,K,r,q,1,sigma),2) # 0.15
c1 = np.round(BSM(40,K,r,q,1,sigma+0.01)['ct'],2) # 6.43
p1 = np.round(BSM(40,K,r,q,1,sigma+0.01)['pt'],2) # 3.36
c2 = np.round(BSM(40,K,r,q,1,sigma-0.01)['ct'],2) # 6.14
p2 = np.round(BSM(40,K,r,q,1,sigma-0.01)['pt'],2) # 3.06
np.round(c1-c0,2) # 0.15
np.round(c0-c2,2) # 0.14
np.round(p1-p0,2) # 0.15
np.round(p0-p2,2) # 0.15
```

即根據上述假定，當波動率從 0.3 升至 0.31，買權與賣權價格約上升 0.15；同理，當波動率從 0.3 降至 0.29，買權與賣權價格亦約下降 0.15。因此，波動率同時與買權以及賣權價格呈正關係，而且波動率對於買權與賣權的影響程度可用 Vega 值衡量；另一方面，於 BSM 模型內如（4-5）式，可知買權與賣權的 Vega 值相等。

從數學的觀點來看（4-5）式，Vega 值是買權或賣權價格的第一階偏微分。我們可以回想遠期或期貨價格的決定並不受到波動率的影響（第 1 章），故遠期或期貨的 Vega 值等於 0，但是選擇權就不同了，畢竟於選擇權價格的影響因子內，波動率可說是最重要的影響因子。就買權與賣權而言，波動率愈大，其對應的價格就愈高。因選擇權價格與波動率呈正關係，故我們說買進選擇權相當於「買進波動率（long volatility）」，對應的 Vega 值爲正數值；相反地，賣出選擇權，相當於「賣出波動率（short volatility）」，對應的 Vega 值爲負數值。

現在我們來看表 6-3 的情況，該表是利用 BSM 模型所計算而得的。我們從表 6-3 內可以得到處於 ATM 處附近，買權或賣權的 Vega 值最大，但是於 ITM 或 OTM 處，對應的 Vega 值則接近於 0。根據表 6-3 的結果，我們不難想像 Vega 曲線的形狀，即該曲線形狀應頗類似於 Gamma 曲線，可以參考圖 6-18。

基本上，Vega 值可以衡量資產組合對波動率的（風險）曝露。例如：某選擇權於波動率爲 0.18 的情況下，對應的 Vega 值爲 0.25，其意思是指若波動率上升至 0.2，上述選擇權價格會增加 0.005（0.25×0.02）。考慮一個資產組合如表 6-4 所示，即上述資產組合是由三種部位的選擇權所構成。例如：於履約價爲 90，選擇權的部位爲 10,000，對應的 Vega 值爲 0.0938，故總 Vega 值爲 938。當波動率由 20% 上升至 22%，可得對應的 P&L 爲 1,876（$938\times0.02\times100$），其餘的計算可類推。根據表 6-4 內的 Vega 值（上述 Vega 值取自表 6-3），我們可以進一步計算各部位的「總 Vega 值」。假定波動率由 20% 上升至 22%，我們甚至於可以計算資產組合的潛在的 P&L。

表 6-3 $S_0=100$、$r=0.05$、$q=0$、$T=3/12$ **與** $\sigma=0.2$

K	ct	pt	Vega	tc	tp
50	50.6211	0	0	0.6211	0
60	40.7453	0	0	0.7453	0
70	30.8698	0.0002	0.0002	0.8698	0.0002
80	21.0213	0.0275	0.011	1.0213	0.0275
90	11.6701	0.5521	0.0938	1.6701	0.5521
100	4.615	3.3728	0.1964	4.615	3.3728
110	1.1911	9.8247	0.1474	1.1911	−0.1753
120	0.1998	18.7091	0.0513	0.1998	−1.2909
130	0.0228	28.4079	0.01	0.0228	−1.5921
140	0.0019	38.2628	0.0012	0.0019	−1.7372
150	0.0001	48.1368	0.0001	0.0001	−1.8632

說明：K、ct、pt、Vega、tc 與 tp 分別表示履約價、買權價格、賣權價格、Vega 值、買權的時間價值與賣權的時間價值。

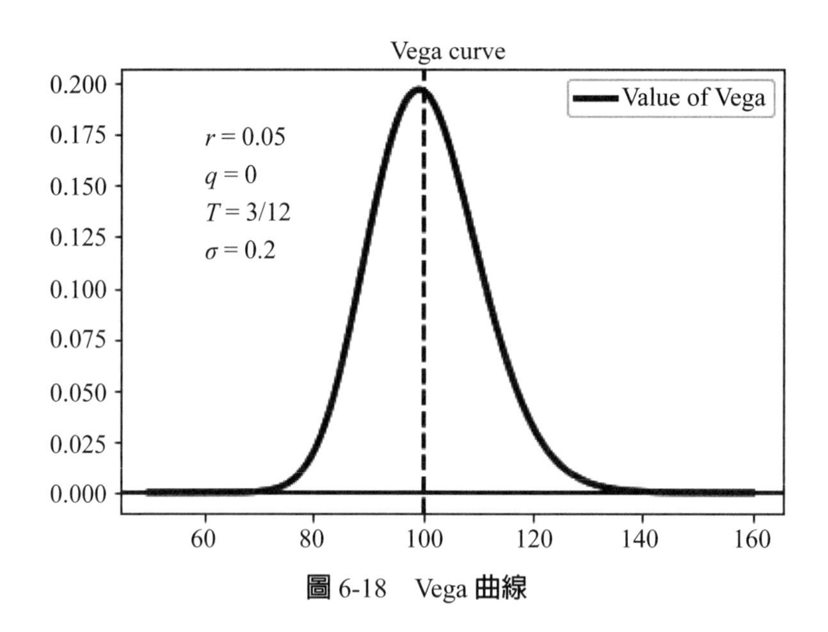

圖 6-18　Vega 曲線

表 6-4　資產組合的 P&L

K	數量	Vega	總 Vega	舊波動率	新波動率	P&L
90	10,000	0.0938	938	20%	22%	1,876
100	−5,000	0.1964	−982	20%	22%	−1,964
110	5,000	0.1474	737	20%	22%	1,474
總計			693			1,386

說明：單一口選擇權對應至 100 股。

表 6-4 的結果提醒我們可以先計算資產組合內的總 Vega 值，即表 6-5 內的 Vega 部位；換言之，表 6-5 是一個虛構的資產組合，其特色是資產組合內的選擇權的到期與波動率未必相同。整理成表 6-5 的優點是根據表內可知，若「整體」的波動率上升（下降）1%，買進上述資產組合的收益會增加（減少）8,000；同理，若「整體」的波動率上升（下降）1%，賣出上述資產組合的收益會減少（增加）8,000。

表 6-5 的應用頗爲直接。假定臺灣加權股價指數目前爲 12,000 點以及波動率爲 20%。現在一位投資人買進 250 口的 TXO，而其對應的平均 Vega 值爲 13.8；因每點相當於新臺幣 50 元，故若波動率上升（下降）1%，該投資人的收益預期可增加（減少）172,500 元。

表 6-5 一個虛構的資產組合

到期	舊波動率	V 部位	新波動率	新 V 部位	P&L
3 個月以下	23%	−5,000	20%	−3×−5,000	15,000
3–6 個月	23%	3,000	21%	−2×3,000	−6,000
6–12 個月	23%	1,000	22%	−1×1,000	−1,000
1 年以上	23%	9,000	23%	0×9,000	0
總計		8,000			8,000

說明：V 部位（Vega 部位）是指選擇權的數量乘上對應的 Vega 值，而新 V 部位則指波動率的變動乘上 V 部位。

6.2.2 Vega 值與其他因子的關係

Vega 值與其他因子之間的關係，當以 Vega 值與到期期限以及 Vega 值與波動率之間的關係最爲重要，我們先檢視前者。圖 6-19 繪製出 Vega 值與不同到期期限之間的關係，其特色可分述如下：

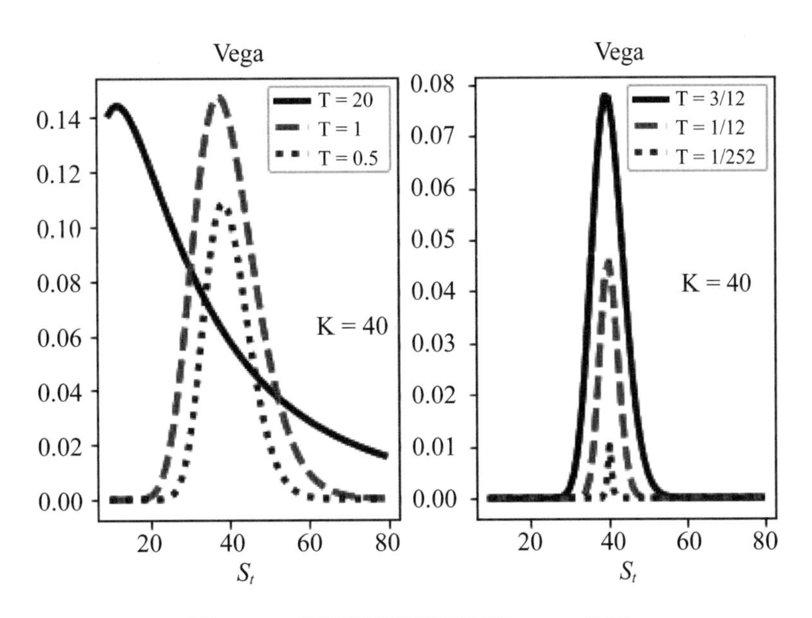

圖 6-19 不同到期期限下的 Vega 曲線

(1) 類似於圖 6-18，買權或賣權的 Vega 曲線形狀像「鐘形」。

(2) 雖然 Vega 曲線的形狀像鐘形，不過「峰頂」（Vega 的最大值）卻會隨著到期期限的提高而左偏[2]；換言之，就買權（賣權）而言，到期期限愈長，Vega 最大值出現於 OTM（ITM）處。到期期限愈短，買權或賣權的最大 Vega 值，則出現於 ATM 處。或者說，到期期限愈短，Vega 曲線的形狀愈像鐘形，其中平均數愈趨向於 ATM。

(3) 例如：按照圖 6-19 內的 T 值（由大至小的順序），Vega 值的最大值分別約為 0.14、0.15、0.11、0.08、0.05 與 0.01。顯然到期期限愈短，Vega 值愈小。可以參考所附檔案。

接下來，我們來看 Vega 值與波動率之間的關係。圖 6-20 繪製出於不同波動率下，Vega 值與 K 之間的曲線，而從該圖內可看出波動率愈大，上述曲線的波動愈大。雖說如此，從圖 6-20 內卻易看出於 ATM 處，對應的 Vega 值其實頗為接近。例如：根據圖 6-20 的假定，按照波動率為 0.1、0.2 與 0.4 的順序，對應的 Vega 值分別約為 11.17、11.40 與 11.44。換句話說，於 ATM 處，對應的 Vega 值幾乎與波動率的大小無關，我們從圖 6-21 內亦可看出端倪，即於 ATM 處，不同到期期限會影響 Vega 值的大小，但是上述 Vega 值卻幾乎與波動率的大小無關。

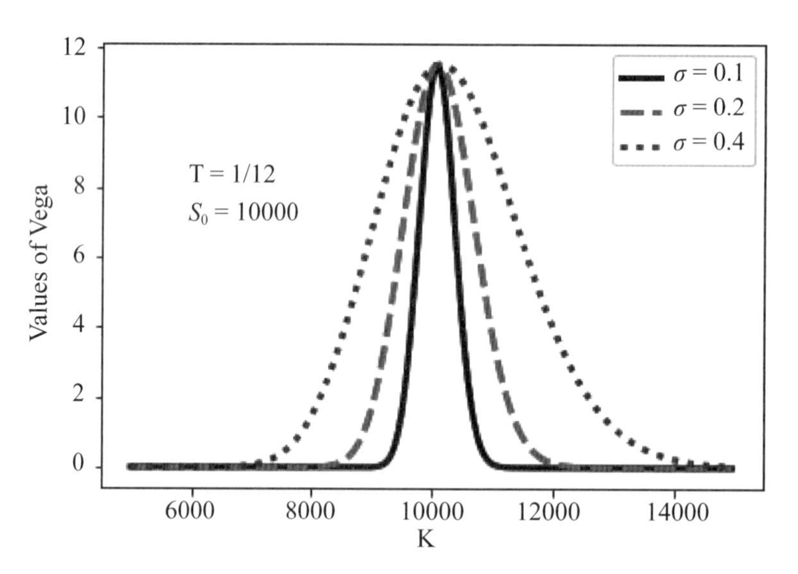

圖 6-20　不同波動率下的 Vega 曲線

[2] 即到期期限愈長，Vega 曲線愈趨向於右偏分配（即右邊尾部較長）。

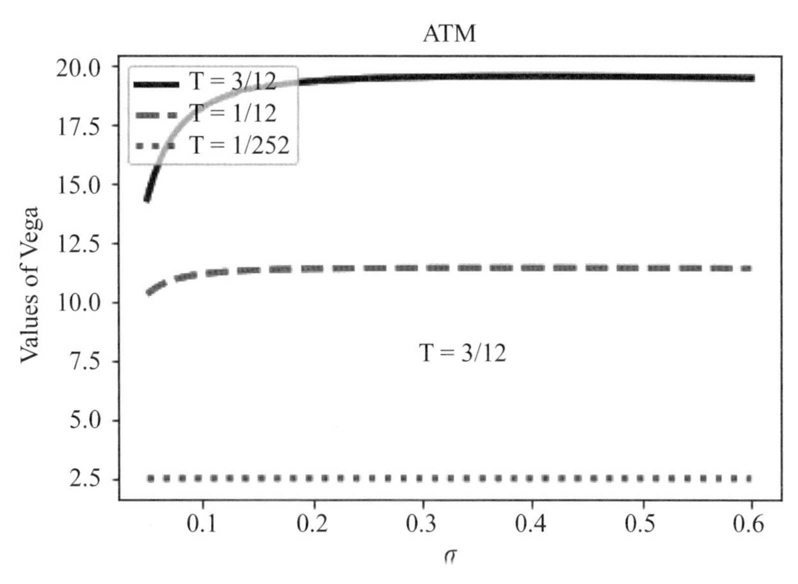

圖 6-21 於 ATM 處，波動率與 Vega 值的關係

若比較例如圖 5-1 與 6-18，應可發現 Gamma 與 Vega 曲線形狀有些類似；換言之，根據 Haug（2010），Gamma 與 Vega 值之間的關係爲：

$$\nu = \Gamma \sigma S_t^2 T \tag{6-3}$$

圖 6-22 分別繪製出 Gamma 與 Vega 曲線形狀，而從該圖內可看出後者幾乎包含前者；另一方面，亦可看出於 ATM 處，Gamma 值低於 Vega 值。因此，（6-3）式幾乎可用圖 6-22 說明。除了利用圖 6-22 之外，我們亦可舉一個例子說明（6-3）式。試下列指令：

```
K = 100;r = 0.05;q = 0;T = 1/12;sigma = 0.2
S0 = 100
V0 = Vega(S0,K,r,q,T,sigma) # 0.11457839419963528
G0 = Gamma(S0,K,r,q,T,sigma)
G0*sigma*S0**2*T # 11.457839419963529
```

應可看出如何透過 Gamma 值取得 Vega 值。

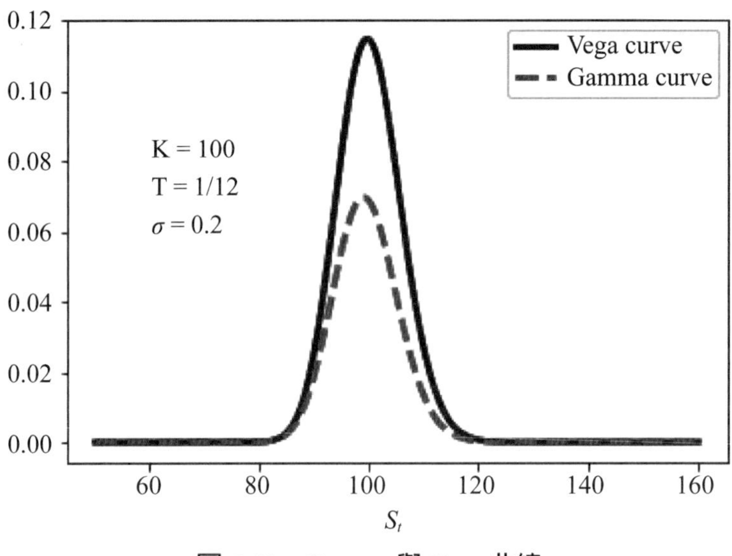

圖 6-22　Gamma 與 Vega 曲線

類似於 Delta 與 Gamma 值之間的關係，Vega 與 Gamma 值亦有其對應的隱含波動率的「偏微分」，分別可稱爲 *Vomma* 與 *Zomma*，分別可寫成[3]：

$$Vomma = \frac{\partial \nu}{\partial \sigma} = \nu \frac{d_1 d_2}{\sigma} \tag{6-4}$$

$$Zomma = \frac{\partial \Gamma}{\partial \sigma} = \Gamma \frac{\left(d_1 d_2 - 1\right)}{\sigma} \tag{6-5}$$

即 *Vomma* 又稱爲「Vega 凸性（convexity）」，其可用於衡量 Vega 對隱含波動率的敏感程度。我們進一步檢視其意義：

```
St = 90;K = 130;T = 0.75;r = 0.05;q = 0.05;sigma = 0.28
np.round(Vomma(St,K,r,q,T,sigma),4)# 0.0092
V0 = np.round(Vega(St,K,r,q,T,sigma),4)# 0.1132
V1 = np.round(Vega(St,K,r,q,T,sigma+0.01),4)# 0.1223
V2 = np.round(Vega(St,K,r,q,T,sigma-0.01),4)# 0.1038
```

[3] 於 Haug（2010）內，*Vomma* 亦稱爲「DvegaDvol」以及 *Zomma* 可稱爲「DgammaDvol」。

```
np.round(V1-V0,4)# 0.0091
np.round(V0-V2,4)# 0.0094
```

其中 Vomma(.) 是我們自設的函數。根據上述假定可得 Vega 值約爲 0.1132。若假定波動率上升（下降）1%，則 Vega 值約會增加（減少）0.0092。至於 *Zomma* 的意義，讀者可自行檢視。

上述 Vega 凸性可以利用圖 6-23 說明。圖 6-23 繪製出一種 ATM 的 Vega 對隱含波動率的 Vega 曲線，我們可看出上述曲線有若干程度的凸向東北處（讀者可試試若處於 ITM 或 OTM，該曲線的形狀爲何？）。根據 *Vomma* 的定義如（6-4）式，可知 *Vomma* 值係計算上述 Vega 曲線的斜率值，如圖內黑點切線斜率所示，不過若隱含波動率變動太大如圖內之垂直虛線處，顯然利用 *Vomma* 值估計會有誤差，此時就會牽涉到 *Ultima* 值的使用；換言之，*Ultima* 值可寫成：

$$Ultima = \frac{\partial Vomma}{\partial \sigma} = \frac{-\nu}{\sigma^2}\left[d_1 d_2\left(1 - d_1 d_2\right) + d_1^2 + d_2^2\right] \tag{6-6}$$

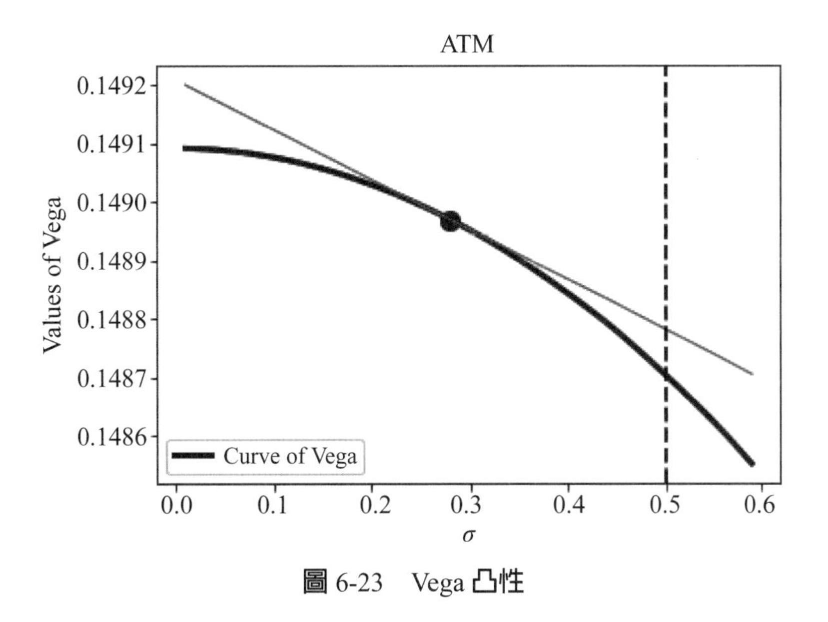

圖 6-23　Vega 凸性

即 *Ultima* 值是買權或賣權價格對隱含波動率的第三階偏微分。利用類似於（5-2）式，我們可以 *Ultima* 值校正圖 6-23 內垂直虛線處之對 Vega 值的預期，可以參考所附的檔案。

6.3 Rho 與 Psi

我們繼續介紹 Rho 與 Psi 避險參數。其實我們根據買權與賣權平價關係如（2-8）式就可看出利率與股利對買權或賣權價格的影響；換言之，（2-8）式亦可寫成：

$$c_t = p_t + S_t - \frac{D}{1+rT_1} - \frac{K}{1+rT_1} \tag{6-7}$$

即股利 D 與履約價 K 皆可以寫成「現值」的型態。試下列指令：

```
r = 0.05
S0 = K = 80;q = 0;T = 1/12;sigma = 0.2;D = 3
PVD = D*np.exp(-r*1/12) # 2.98752600553533
St1 = S0-PVD # 77.01247399446467
ct = BSM(St1,K,r,q,T,sigma)['ct']
pt = BSM(St1,K,r,q,T,sigma)['pt']
ct  # 0.7788216298870729
pt + St1 -K*np.exp(-r*1/12) # 0.7788216298870623
```

即「現值」改用連續複利的方式計算。從（6-7）式內可看出買權價格 c_t 可寫成 $p_t + S_t - PVD - PVK$，其中 PVD 與 PVK 分別表示股利（於此例內股利等於 3）與履約價的現值；換言之，從（6-7）式內可看出股利與買權價格之間呈現負關係，而買權價格與利率之間則呈現正關係。同理，從（6-7）式內亦可看出股利與賣權價格之間呈現正關係，而賣權價格與利率之間則呈現負關係。

我們進一步來看 BSM 模型的上述關係。根據（4-6）與（4-7）式可知買權與賣權的 Rho 與 Psi 值並不相同。我們先來看 Rho 值的意義，試下列指令：

```
S0 = 100;K = 100;r = 0.05;q = 0;sigma = 0.2;T = 1/12
np.round(Rho(S0,K,r,q,T,sigma)['c'],4) # 0.0429
rc0 = np.round(BSM(S0,K,r,q,T,sigma)['ct'],4) # 2.5121
rc1 = np.round(BSM(S0,K,r+0.01,q,T,sigma)['ct'],4) # 2.5552
rc2 = np.round(BSM(S0,K,r-0.01,q,T,sigma)['ct'],4) # 2.4694
```

```
np.round(rc1-rc0,4) # 0.0431
np.round(rc0-rc2,4) # 0.0427
```

即根據上述假定可知若利率由 0.05 上升至 0.06，對應的買權價格從 2.5121 上升至 2.5552，故買權價格上升約 0.0431；同理，若利率由 0.05 下降至 0.04，對應的買權價格從 2.5121 下降至 2.4694，故買權價格下降約 0.0427。上述買權價格上升或下降幅度接近於 Rho 值，即後者約爲 0.0429。如此可看出 Rho 值的意義，讀者可嘗試檢視賣權的情況。

接下來，我們檢視 Psi 值的意義，試下列指令：

```
q = 0.05
np.round(Psi(S0,K,r,q,T,sigma)['c'],4) # -0.0424
pc0 = np.round(BSM(S0,K,r,q,T,sigma)['ct'],4) # 2.2934
pc1 = np.round(BSM(S0,K,r,q+0.01,T,sigma)['ct'],4) # 2.2512
pc2 = np.round(BSM(S0,K,r,q-0.01,T,sigma)['ct'],4) # 2.3361
np.round(pc1-pc0,4) # -0.0422
np.round(pc0-pc2,4) # -0.0427
```

即延續上述計算 Rho 值的假定，只不過我們將 q 值改爲 0.05。換句話說，根據上述假定計算出的買權之 Psi 值約爲 −0.0424，該結果接近於 q 值爲 0.05 與 0.06 以及 q 值爲 0.05 與 0.04 之間的買權價格差距。同理，讀者可嘗試檢視賣權的情況。

我們來看 Rho 曲線。比較圖 6-24 與 6-25，其特色可爲：

(1) 圖 6-24 與 6-25 分別繪製出於不同到期期限下，買權與賣權之標的資產價格與對應的 Rho 值之間的關係，其中前者於 $\sigma = 0.2$ 之下而後者則假定 $\sigma = 0.4$。
(2) 就買權而言，標的資產價格與對應的 Rho 值呈正關係；另一方面，上述關係與到期期限亦呈正關係。有意思的是，於 ITM 處，波動率愈小，上述標的資產價格與對應的 Rho 值的關係愈不明顯。
(3) 就賣權而言，標的資產價格與對應的 Rho 值呈負關係，即標的資產價格愈低，對應的 Rho 值愈大（依絕對値來看）；另一方面，上述關係與到期期限亦呈正關係，即到期期限愈長，上述關係愈明顯。有意思的是，於 ITM 處，波動率愈小，上述標的資產價格與對應的 Rho 值的關係愈不明顯。

(4) 買權與賣權的 Rho 曲線形狀有些類似。

(5) 到期期限愈短，Rho 值愈小，隱含著到期期限愈短，利率對買權或賣權價格的影響力愈小。

(6) 波動率對 Rho 值的影響似乎不明顯。

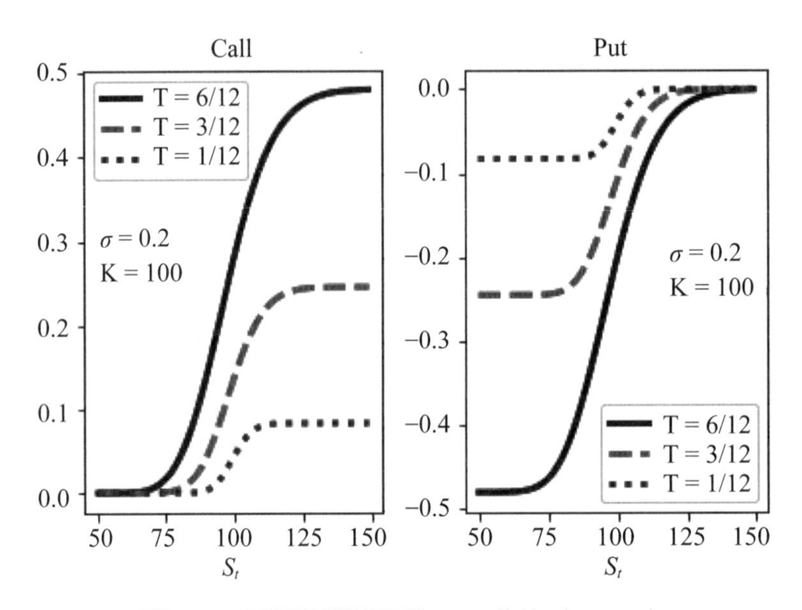

圖 6-24　不同到期期限的 Rho 曲線（$\sigma = 0.2$）

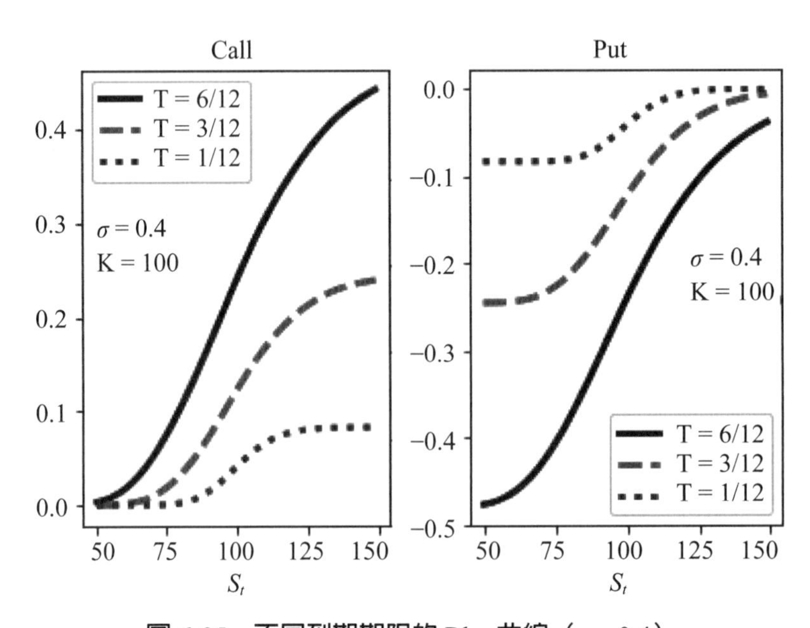

圖 6-25　不同到期期限的 Rho 曲線（$\sigma = 0.4$）

我們繼續檢視 Psi 曲線，可以參考圖 6-26 與 6-27。上述二圖的特色亦可整理如下：

(1) 圖 6-26 與 6-27 的繪製類似於圖 6-24 與 6-25 的繪製。
(2) 就買權而言，標的資產價格與對應的 Psi 值呈正關係，即標的資產價格愈高，對應的 Psi 值愈大（依絕對值來看）；另一方面，上述關係與到期期限亦呈正關係。有意思的是，於 OTM 處，波動率愈小，上述標的資產價格與對應的 Psi 值的關係愈不明顯。
(3) 就賣權而言，標的資產價格與對應的 Psi 值的關係未定，即約於 ITM 處有出現轉折的情況；另一方面，上述關係與到期期限亦呈正關係。有意思的是，於 OTM 處，波動率愈小，上述標的資產價格與對應的 Psi 值的關係愈不明顯。
(4) 買權與賣權的 Psi 曲線形狀並不相同。
(5) 到期期限愈短，Psi 值愈小，隱含著到期期限愈短，利率對買權或賣權價格的影響力愈小。
(6) 波動率對 Psi 值的影響似乎不明顯。

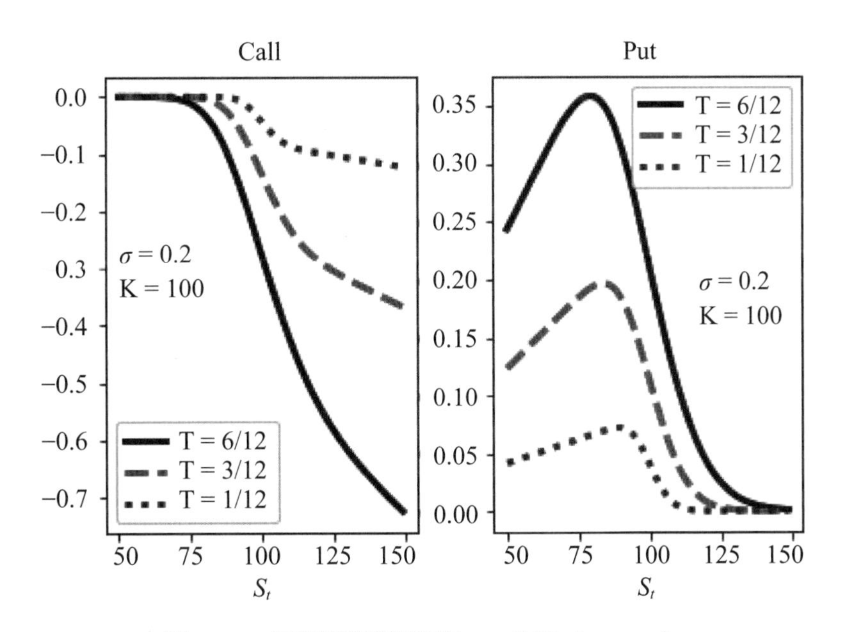

圖 6-26　不同到期期限的 Psi 曲線（$\sigma = 0.2$）

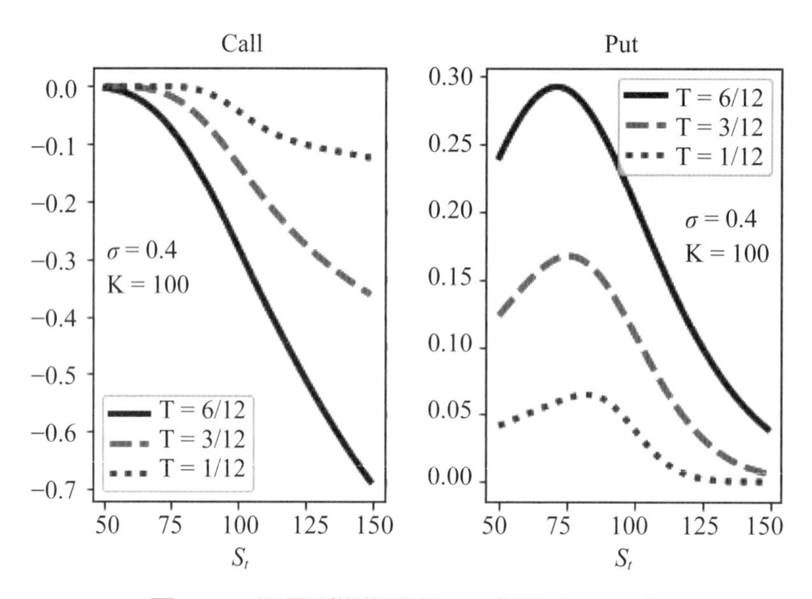

圖 6-27　不同到期期限的 Psi 曲線（$\sigma = 0.4$）

圖 6-24～6-27 內有一個共同的特色是接近到期時，Rho 與 Psi 值並不大，隱含著利率與股利於快要到期時對買權或賣權價格的影響並不顯著，我們亦可以透過圖 6-28 與 6-29 內的 Rho 與 Psi 曲線取得進一步的驗證。換句話說，圖 6-28 與 6-29 分別於 ATM 處繪製出到期期限從 1 年至到期期限等於 0 的 Rho 與 Psi 曲線，而我們可從上述二圖內可以看出即使於高波動下，到期期限愈短，Rho 與 Psi 值反而愈小的結果。值得注意的是，圖 6-28 與 6-29 內的橫軸是用 $t = 1 - T$ 表示，其中 $T = 1, \cdots, 0$，即二圖的橫軸愈往右表示到期期限愈短。

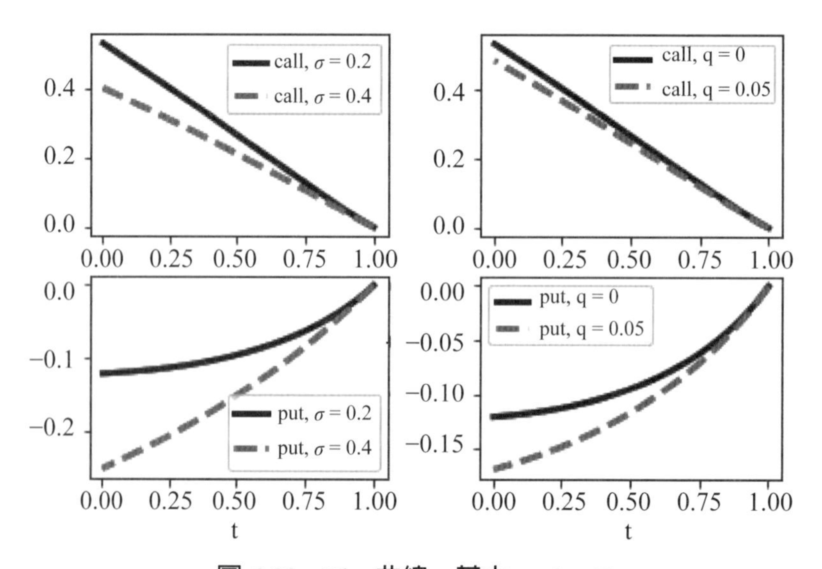

圖 6-28　Rho 曲線，其中 $t = 1 - T$

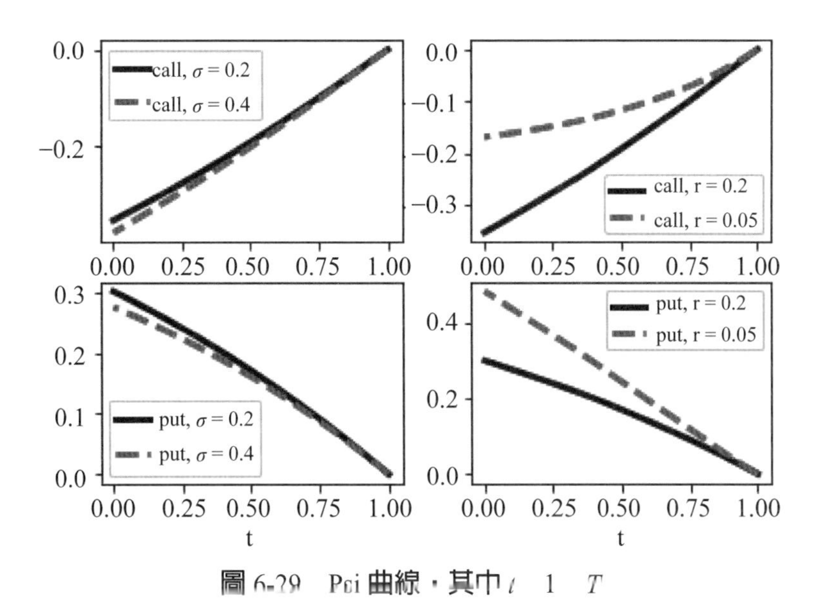

圖 6-29　Psi 曲線，其中 t 1 T

6.4 避險參數之間的關係

本節檢視不同避險參數之間的關係，我們將分成 3 部分介紹。第 1 部分利用 BSM 模型之偏微分與泰勒展開式檢視不同避險參數之間的關係。第 2 部分則探討 Theta 值與 Gamma 值之間的關係；第 3 部分則檢視一些中立的策略。

6.4.1 資產組合內的避險參數

根據《衍商》或 Hull（2018），BSM 模型的偏微分方程式可寫成：

$$\frac{\partial \Pi_t}{\partial t}+(r-q)S_t\frac{\partial \Pi_t}{\partial S_t}+\frac{1}{2}\sigma^2 S_t^2\frac{\partial^2 \Pi_t}{\partial S_t^2}=r\Pi_t \tag{6-8}$$

若將（6-8）式內偏微分改用避險參數表示，則（6-8）式可改寫成：

$$\Theta_t^{\Pi}+(r-q)S_t\Delta_t^{\Pi}+\frac{1}{2}\sigma^2 S_t^2\Gamma_t^{\Pi}=r\Pi_t \tag{6-9}$$

其中 Θ_t^{Π}、Δ_t^{Π} 與 Γ_t^{Π} 爲 Π_t 之對應的 Theta、Delta 與 Gamma 值。換句話說，若資產組合 Π 內只包括買權或賣權，則買權與賣權的偏微分方程式分別可改用（6-10）與（6-11）式表示，即：

$$\Theta_t^c + (r-q)S_t\Delta_t^c + \frac{1}{2}\sigma^2 S_t^2 \Gamma_t = rc_t \tag{6-10}$$

與

$$\Theta_t^p + (r-q)S_t\Delta_t^p + \frac{1}{2}\sigma^2 S_t^2 \Gamma_t = rp_t \tag{6-11}$$

我們可以舉一個例子說明（6-10）與（6-11）二式是否正確。

試下列指令：

```
K = 55;r = 0.015;sigma = 0.3;q = 0;T = 1/12;S0 = 55
Tc = Theta(S0,K,r,q,T,sigma)['c']
Tp = Theta(S0,K,r,q,T,sigma)['p']
Dc = Delta(S0,K,r,q,T,sigma)['c']
Dp = Delta(S0,K,r,q,T,sigma)['p']
G = Gamma(S0,K,r,q,T,sigma)
c0 = BSM(S0,K,r,q,T,sigma)['ct']
p0 = BSM(S0,K,r,q,T,sigma)['pt']
sigma2 = sigma**2
S02 = S0**2
Tc*365+r*S0*Dc+0.5*sigma2*S02*G # 0.02899483198633135
r*c0 # 0.02899483198633355
Tp*365+r*S0*Dp+0.5*sigma2*S02*G # 0.027964226249112656
r*p0 # 0.02796422624911276
```

可以注意（6-10）或（6-11）式內 Theta 值須乘上 365 以表示 1 年的 Theta 值。

顯然，於（6-10）或（6-11）式內，可看到買權或賣權價格與對應的 Theta、Delta 與 Gamma 值之間的關係。由於資產組合價值 Π 的成分內有包括選擇權價格，故可知：

$$Portfolio_t = \Pi(t, S_t, \sigma, r) \tag{6-12}$$

也就是說，上述資產組合價值亦會受到四種參數值的影響。利用泰勒展開式，（6-12）式可寫成：

$$d\Pi = \frac{\partial \Pi}{\partial t}dt + \frac{\partial \Pi}{\partial S_t}dS_t + \frac{\partial \Pi}{\partial \sigma}d\sigma + \frac{\partial \Pi}{\partial r} + \frac{1}{2}\frac{\partial^2 \Pi}{\partial S_t^2} + \cdots \quad (6\text{-}13)$$

（6-13）式表示上述四種參數值有了微小的變動，立即會引起資產組合價值的「瞬間」的變動。類似選擇權的避險參數，我們亦可以資產組合的避險參數取代（6-13）式，可寫成：

$$\Delta\Pi = Theta_{\Pi} \times \Delta t + Delta_{\Pi} \times \Delta S_t + Vega_{\Pi} \times \Delta\sigma + Rho_{\Pi} \times \Delta r + \frac{1}{2} \times Gamma_{\Pi} \times (\Delta S_t)^2 + \cdots \quad (6\text{-}14)$$

其中避險參數下標有 Π，表示資產組合的避險參數，而 Δ 表示變動量。

表 6-6　買權價格與買權的避險參數

買權價格	Delta	Gamma	Vega	Theta	Rho
424.816	0.5345	0.0004	16.2692	−3.3895	8.4759

我們亦舉一個例子說明（6-14）式。假定我們能完全複製臺股指數且賣了 10 口臺股指數買權（二者皆爲每點新臺幣 50 元）[4]。目前的條件爲：S_0 = 9,700、r = 0.02、σ = 0.25、K = 9,700、q = 0 以及 T = 65/365。利用上述假定，我們進一步利用 BSM 模型計算該買權的價格與買權的避險參數，其結果分別列於表 6-6。

因我們賣了 10 口臺股指數買權，此可視爲擁有一個資產組合，當然我們想要知道應如何避險，使得我們的資產組合價值幾乎與臺股指數價格的（微小）變動無關；另一方面，我們也希望該資產組合是一種自我融通的組合。如前所述，我們可將賣出買權的收益投資於購買 m_S 數量的臺股指數以及 B 數量的無風險資產。因此該資產組合的價值可寫成：

[4] 如前所述，臺灣期交所的股票選擇權的單口契約爲 2,000 股，故上述例子不難將臺股指數改成上市公司股票。

$$\Pi_t = -10 \times c_t \times 50 + m_S S_t \times 50 + B_t = 0 \quad (6\text{-}15)$$

由於賣出買權的收益分別投資於現貨資產與無風險性資產，故（6-15）式顯示出我們的資產組合價值爲 0 元。利用上述資訊可知 $c_0 = 424.816$ 以及 $S_0 = 9{,}700$，因此期初資產組合價值爲：

$$\begin{aligned}\Pi_0 &= -10 \times c_t \times 50 + m_S S_t \times 50 + B_t \\ &= -212{,}408 + 485{,}000 m_S + B_0 = 0\end{aligned} \quad (6\text{-}16)$$

利用（6-16）式，可得資產組合的 Delta 值爲：

$$\Delta_0^{\Pi} = \frac{\partial \Pi_0}{\partial S_0} = -500\Delta_0^c + 50 m_S = -500(0.5345) + 50 m_S = 0 \Rightarrow m_S = 5.345$$

因此於期初應購買 5.345 股的臺股指數。將 $m_S = 5.345$ 代入（6-16）式內，可得 $B_0 = -2{,}379{,}917$。換句話說，爲了避險買進臺股指數的成本爲 2,592,325 元（$5.345 \times 9700 \times 50$），除了賣了 10 口臺股指數共有 212,048 元的收入之外，不足的部分完全以借入 2,379,917 元因應。

利用（6-15）式，可得：

$$\begin{aligned} Delta_{\Pi} &= -500 \times Delta_c + m_S \times 50 = 0 \\ Theta_{\Pi} &= -500 \times Theta_c = 1{,}694.75 \\ Gamma_{\Pi} &= -500 \times Gamma_c = -0.2 \\ Vega_{\Pi} &= -500 \times Vega_c = -8{,}134.6 \\ Rho_{\Pi} &= -500 \times Rho_c = -4{,}237.95 \end{aligned}$$

因 Π 的 Delta 值等於 0，表示該期初資產組合存在著 Delta 中立，隱含著標的資產價格有微小的變動，該資產組合的價值並不受影響。

接下來我們解釋其餘的避險參數。有意思的是，我們賣了 10 口的賣權，相當於擁有價值 4,850,000（即 $10 \times 50 \times 9{,}700$）元的賣權；是故，因 $Theta_{\Pi} = 1{,}694.75$ 表示若到期期限減少 1 天，資產組合的價值反而會提高 1,694.75 元[5]。其次，我們

---

[5] 賣權之 Theta 值仍爲負值，表示賣權價格隔天會下降，故現在賣出賣權較有利，隱含著

來看 Gamma 值。雖然，該資產組合擁有 Delta 中立的特性，不過因忽略標的資產價格有較大幅度的變動，Delta 中立會被破壞，即若標的資產價格上升 1 點，資產組合價值的變動並不是 0 元而反而是－0.2 元。最後，我們來看該資產組合的 Vega 值與 Rho 值，此表示波動率與無風險利率若分別上升 1%，資產組合的價值分別會減少 8,134.6 元與 4,237.95 元，讀者應可解釋爲何會如此。

我們可以將上述資產組合的避險參數整理成如表 6-7 所示。

表 6-7　資產組合的避險參數

Delta	Gamma	Vega	Theta	Rho
0	−0.2	−8134.6	1694.75	−4237.95

表 6-8　資產組合內的選擇權部位

類型	部位	Delta	Gamma	Vega
買權	100	0.6	0.15	3.4
買權	−300	0.4	0.35	1.9
賣權	200	−0.3	0.18	2.05
賣權	−400	−0.7	0.15	4.7

例 1：計算資產組合內的 Delta、Gamma 與 Vega 值

假定擁有一些股票選擇權（標的資產相同）所構成的資產組合如表 6-8 所示，試計算資產組合內對應的 Delta、Gamma 與 Vega 值。

解：監控資產組合的風險曝露的第一個步驟是計算資產組合內的避險參數。如前所述，資產組合內的 Delta 值是加總資產組合內的資產的 Delta 值如：

$$\Delta^P = 100 \times 0.6 + (-300) \times 0.4 + 200 \times (-0.3) + (-400) \times (-0.75) = 180$$

同理，資產組合內的 Gamma 與 Vega 值的計算類似，即：

$$\Gamma^P = 100 \times 0.15 + (-300) \times 0.33 + 200 \times 0.18 + (-400) \times 0.15 = -108$$

未來可用較低的價位買回。上述 1,694.75 元相當於 1 天的資產組合之 P&L。

與

$$\nu^P = 100\times 3.4 + (-300)\times 1.9 + 200\times 2.05 + (-400)\times 4.7 = -1700$$

因此，上述資產組合內的Delta、Gamma與Vega值分別爲180、−108與−1700。

6.4.2 資產組合的 P&L

知道資產組合內的避險參數如何計算後，我們可以進一步計算資產組合之P&L。我們再舉一個例子。利用表 6-7 的已知資料（沒有採取 Delta 中立策略），我們嘗試回答下列問題：

(1) 若臺股下降 1% 或 10%，上述資產組合的 P&L 分別爲何？
(2) 2 天過了，什麼皆沒變，上述資產組合的 P&L 爲何？
(3) 若利率上升 1 碼[⑥]，上述資產組合的 P&L 爲何？
(4) 臺股交易量突然大增，對於上述資產組合的 P&L 有何影響？

解：(1)因沒有採取 Delta 中立策略，則資產組合內的 Delta 值約爲 −267.25，其餘避險參數與表 6-7 一致。臺股目前的價格爲 9,700，故下降 1% 與 10% 分別爲 97 與 970。根據（5-2）式可知資產組合的 P&L 約爲：

$$\Delta^{\Pi}\Delta S + (1/2)\Gamma^{\Pi}\Delta S^2 = -267.25(-97) + 0.5(-0.2)(-97)^2 = 24{,}982.35$$

與

$$\Delta^{\Pi}\Delta S + (1/2)\Gamma^{\Pi}\Delta S^2 = -267.25(-970) + 0.5(-0.2)(-970)^2 = 165{,}142.5$$

即臺股指數下跌連帶使得臺股買權價格下降，我們期初賣出買權反而有利。

(2)因 Theta 值爲 1,694.75，故資產組合 2 天過後的 P&L 約爲 3,389.5（$1{,}694.75\times 2$），隱含著期初賣出買權反而有利。

(3)於其他情況不變下，若利率上升 0.0025，則資產組合的 P&L 約爲 −10.59

⑥ 1 碼相當於 0.25%。

（$-4{,}237.95 \times 0.0025$）。

(4) 直覺而言，臺股交易量大增，有可能會提高市場的波動，使得買權的價格上升，隱含著期初賣出買權反而不利；或者說，資產組合的 Vega 值為負數值，隱含著波動率上升，資產組合的價值會下降。

是故，透過上述例子可知利用避險參數，我們亦可以計算資產組合的 P&L。

瞭解避險參數於資產組合內所扮演的角色後，我們進一步來看避險參數之間的關係。於（6-14）式內，若採取 Delta 中立策略（即$\Delta^{\Pi}=0$）以及假定波動率與利率固定不變以及忽略高階偏微分，（6-14）式可改成

$$\begin{aligned}\Delta\Pi &= Theta_{\Pi} \times \Delta t + \frac{1}{2} \times Gamma_{\Pi}\left(\Delta S\right)^2 \\ &= \Theta \Delta t + \frac{1}{2}\Gamma\left(\Delta S\right)^2 \end{aligned} \tag{6-17}$$

即隨 Δt 時間經過，買權或賣權的價值會下降 $\Theta\Delta t$，但是若採用例如「long gamma」策略會得到$0.5\Gamma\Delta S^2$的好處[⑦]。其實，如前所述，若利率接近於0，從（6-9）式亦可知$\Theta \approx -\frac{1}{2}\Gamma\sigma^2 S^2$代入（6-17）式，可得：

$$\Delta\Pi \approx \frac{1}{2}\Gamma S^2\left[\left(\frac{\Delta S}{S}\right)^2 - \sigma^2 \Delta t\right] \tag{6-18}$$

我們舉一個例子說明（6-17）與（6-18）二式。試下列指令：

```
S0 = 9700;K = 9700;sigma = 0.25;r = 0.00;q = 0;T = 65/365
G = Gamma(S0,K,r,q,T,sigma) # 0.0003892995100630455
```

⑦ 若假定是一種公平的遊戲，即 $E(\Delta\Pi)=0$，根據（5-12）式可知：

$$E(\Delta\Pi) = \Theta\Delta t + \frac{1}{2}\Gamma E\left[\left(\Delta S\right)^2\right] = 0$$

Bossu 與 Henrotte（2012）曾指出，若 S 屬於對數常態分配，則 $E\left[\left(\Delta S\right)^2\right] \approx \sigma^2 S^2 \Delta t$。

```
Tc = Theta(S0,K,r,q,T,sigma)['c']*365 # -1144.6622156822486
-0.5*G*sigma**2*S0**2 # -1144.6622156822486
deltat = 1/252
deltaS = 97
Tc*deltat + 0.5*G*(deltaS)**2 # -2.7108508345998654
0.5*G*S0**2*((deltaS/S0)**2-sigma**2*deltat) # -2.710850834599865
```

即根據上述假定，特別是 $r = 0$、$\Delta t = 1/252$ 與 $\Delta S = 2$。於 ATM 處，採用 Delta 中立以及買進買權策略，其中 $0.5\Gamma\Delta S^2$ 的好處低於 $\Theta\Delta t$，故上述策略 1 天的 P&L 約爲 −2.71。因 $r = 0$，故不管是使用（6-17）或（6-18）式，二式的計算結果一致。

再試下列指令：

```
r = 0.05
G1 = Gamma(S0,K,r,q,T,sigma) # 0.0003861922480719694
Tc1 = Theta(S0,K,r,q,T,sigma)['c']*365 # -1381.9447666901594
-0.5*G1*sigma**2*S0**2 # -2.188692685217679
Tc1*deltat + 0.5*G1*(deltaS)**2 # -3.667066373271449
0.5*G1*S0**2*((deltaS/S0)**2-sigma**2*deltat) # -2.6892137054895175
```

即利率改爲 $r = 0.05$，其餘不變。我們可看出因 Θ 與 $-\frac{1}{2}\Gamma\sigma^2 S^2$ 值之間有差距，故利用（6-17）與（6-18）二式所計算的結果稍有不同；或者說，於利率不大的情況下，（6-18）式亦可以使用。

6.4.1 節內的資產組合的避險參數的計算提醒我們可以用「金錢」衡量資產組合的 P&L。例如：一位交易人擁有 101,850,000 元的賣出賣權帳戶同時該交易人採取 Delta 中立策略。上述賣權的條件爲：

```
S0 = K = 9700;sigma = 0.4;r = 0.03;T = 6/12;q = 0
p0 = np.round(BSM(S0,K,r,q,T,sigma)['pt'],4) # 1012.0747
Dp = np.round(Delta(S0,K,r,q,T,sigma)['p'],4) # -0.4229
G = np.round(Gamma(S0,K,r,q,T,sigma),4) # 0.0001
Tp = np.round(Theta(S0,K,r,q,T,sigma)['p'],4) # -2.5222
```

```
9700*50 # 485000
n = 210
A = 485000*210 # 101850000
delta = 1/365
```

即上述條件[8]下的賣權價格、Delta 值、Gamma 值以及 Theta 值分別約爲 1,012.07、−0.4229、0.0001 與 −2.5222；不過，因賣出賣權，故對應的 Delta、Gamma 與 Theta 值必須分別調整爲 0.4229、−0.0001 以及 2.5222。

我們來看 Theta 值爲 2.5222 的意義，即其表示過了 1 天，上述交易人帳戶的 P&L 增額約爲 72.5564，即令 $\Delta t = 1/365$，可得：

```
# gain Theta
gain = -n*Tp*delta*50 #     72.55643835616439
```

我們再分別考慮標的資產價格下跌 1% 與 10% 的情況。如前所述，標的資產價格下跌隱含著賣權價格上升，故上述賣出賣權的交易人會有損失（「short put gamma」策略），不過因採取 Delta 中立策略，故標的資產價格下跌的衝擊來自於 Gamma，即：

```
# loss Gamma(deltaS = 97)
loss1 = -n*50*0.5*G*(97)**2 # -4939.725
loss1+gain # -4867.168561643836
# loss Gamma(deltaS = 970)
loss2 = -n*50*0.5*G*(970)**2 # -493972.5
loss2+gain   # -493899.9435616438
```

即標的資產價格下跌 97 點（1%），資產組合的 P&L 爲負數值（Theta 值所帶來的收益較小）；尤其甚者，若標的資產價格下跌 970 點（10%），則資產組合的 P&L 亦爲負數值（Gamma 值所帶來的損失更大）。

---

[8] 假定上述賣權是臺指賣權（TXO），因指數每點爲新臺幣 50 元，故若履約價爲 9,700 點，上述金額相當於賣出賣權 210 口。

上述例子說明了損益平衡點（break-even point）約出現於：

$$-\Theta\Delta t = 0.5\Gamma\Delta S^2 \tag{6-19}$$

故根據（6-19）式可得：

```
deltaS = np.sqrt(-Tp*delta/(0.5*G))
deltaS # 11.755966133246021
Tp*(delta)+0.5*G*(deltaS)**2 # 0.0
-n*50*0.5*G*(deltaS)**2 # -72.55643835616439
```

即延續上述例子，若標的資產價格下跌約11.76點，對應的資產組合的P&L約爲0。

上述例子有點讓人感到意外，那就是爲了維持資產組合的 P&L 等於 0，相當於隔天臺股指數必須下跌 11.76 點。再試下列指令：

```
p1 = BSM(S0-deltaS,K,r,q,T-delta,sigma)['pt'] # 1014.532363494508
p1-p0 # 2.457663494507983
```

即將上述隔天臺股指數下跌約 11.76 點代入隔天賣權價格之計算，我們發現隔天賣權價格仍較高。我們必須重新檢視。若重新檢視（6-19）式可以發現該式是假定使用 Delta 中立策略，故 Delta 值被省略。重新檢視（6-14）式，於 $\Delta\sigma = \Delta r = 0$ 的假定下，（6-14）式可改爲：

$$\Delta\Pi = Theta_{\Pi} \times \Delta t + 0.5Gamma_{\Pi} \times (\Delta S)^2 \tag{6-20a}$$

與

$$\Delta\Pi = Theta_{\Pi} \times \Delta t + Delta_{\Pi} \times \Delta S_t + 0.5Gamma_{\Pi} \times (\Delta S)^2 \tag{6-20b}$$

即（6-20a）式是使用 Delta 中立策略，故 Delta 值等於 0；另一方面，（6-20b）式則是不使用 Delta 中立策略，故 Delta 值不等於 0。

試下列指令：

```
delta = np.linspace(-Tp,10,5000)
dif = np.zeros(5000)
for i in range(5000):
    p1 = BSM(S0-delta[i],K,r,q,T-1/365,sigma)['pt']
    dif[i] = p0-p1
```

上述指令是將介於 2.5222 與 10 之間的區間分成 5,000 個小區間並令每一小區間爲 ΔS，再逐一代入隔天賣權價格之計算，並再計算隔天賣權價格差距 Δp，而其結果則繪製如圖 6-30 所示。根據圖 6-30，我們不難找出 $\Delta p \approx 0$ 所對應的 ΔS，即找出圖內的黑點處：

```
dif[2302] # -0.00033121505396138673
deltaS[2302] # 5.965667813562712
delta1 = 5.965
p1 = BSM(S0-delta1,K,r,q,T-1/365,sigma)['pt'] # 1012.0747480801601
p1-p0 # 4.808016012702865e-05
Dp*delta1+0.5*G*delta1**2 # -2.52081943875
Tp-Dp*delta1+0.5*G*delta1**2 # 0.0021775612499997463
delta1/S0 # 0.0006149484536082475
```

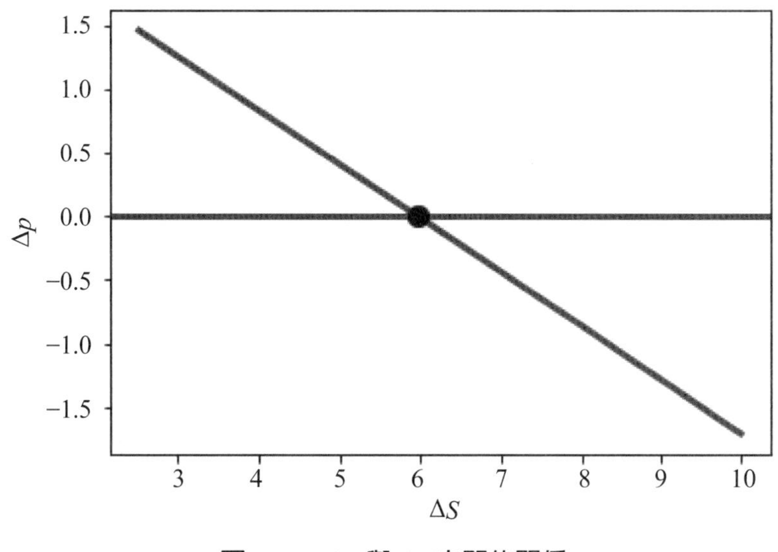

圖 6-30　Δp 與 ΔS 之間的關係

即隔天臺股指數約下降 6 點，隔天賣權價格的變動接近於 0。

6.4.3 一些中立的策略

透過泰勒展開式，我們可以取得資產組合內避險參數的一些特徵。於（6-13）式內，我們曾經使用過泰勒展開式；也許，我們可以重新解釋。考慮一個可微分的函數 $f(x, y)$，則於 (a, b) 附近的泰勒展開式可以寫成：

$$\Delta f = \frac{\partial f}{\partial x}\Delta x + \frac{\partial f}{\partial y}\Delta y + \frac{1}{2}\left(\frac{\partial^2 f}{\partial x^2}\Delta x^2 + \frac{\partial^2 f}{\partial y^2}\Delta y^2 + 2\frac{\partial^2 f}{\partial x \partial y}\Delta x \Delta y\right) + \varepsilon \qquad (6\text{-}21)$$

其中 $\Delta x = x - a$、$\Delta y = y - b$、$\Delta f = f(x, y) - f(a, b)$ 與 ε 表示當 Δx 或 Δy 相當小，高階微分可被忽略的誤差項。

透過泰勒展開式，我們可以討論下列的情況：

Delta 避險

假定我們能迅速地交易，即 $dt \approx \Delta t$，則 BSM 模型認爲 Delta 避險可以消除任何標的資產價格變動的風險；換言之，考慮一個包含一口買權的資產組合 V，我們希望透過交易 n 股的標的資產以消除價格變動的風險。因此，於 $[t, t + \Delta t]$ 區間內，上述資產組合的價值可寫成：

$$\Delta V = \Delta c + n\Delta S \qquad (6\text{-}22)$$

其中 c 與 S 分別表示買權價格與標的資產價格；另一方面，$\Delta V = V(t + \Delta t) - V(t)$ 表示變動量，其餘變數類推。

我們已經知道 c 是時間 t、標的資產價格 $S(t)$、波動率 σ 或利率等函數，是故透過泰勒展開式可得：

$$\Delta c = \frac{\partial c}{\partial t}\Delta t + \frac{\partial c}{\partial S}\Delta S + \cdots + \varepsilon \qquad (6\text{-}23)$$

故於 $\Delta t \to 0$ 以及其他情況不變（波動率與利率等不變以及 $\varepsilon \approx 0$）下，將（6-23）式代入（6-22）式內，可得：

$$\Delta V = \frac{\partial c}{\partial t}\Delta t + \frac{\partial c}{\partial S}\Delta S + n\Delta S \tag{6-24}$$

檢視（6-24）式可發現 ΔV 的變動來源只有 ΔS 是隨機的（即無法事先預知），故 Delta 避險相當於令（6-24）式內 ΔS 的係數等於 0，即：

$$\frac{\partial c}{\partial S}\Delta S + n\Delta S = 0 \Rightarrow n = -\frac{\partial c}{\partial S} = -\Delta^c \tag{6-25}$$

故透過（6-22）式可知於 Delta 避險之下，$\Delta V = 0$；另一方面，從（6-25）式內可知需放空買權之 Delta 比重。將（6-25）式代入（6-24）式內，可得：

$$\Delta V = \frac{\partial c}{\partial t}\Delta t$$

隱含著於其他情況不變下，即使採取 Delta 中立避險策略，資產組合的價值依舊會隨時間變動，畢竟時間或到期期限並不是隨機變數。

Gamma 避險

如前所述，若交易的時間過長或標的資產價格波動過大，即使採取 Delta 中立避險策略仍無法消除標的資產價格波動所帶來的風險。延續（6-23）式，我們進一步使用泰勒展開式，可得：

$$\Delta c = \frac{\partial c}{\partial t}\Delta t + \frac{\partial c}{\partial S}\Delta S + \frac{1}{2}\frac{\partial^2 c}{\partial S^2}(\Delta S)^2 + \cdots + \varepsilon \tag{6-26}$$

顯然，若與（6-23）式比較，（6-26）式多考慮了第 2 階的估計式；換言之，於其他情況不變以及 $\varepsilon \approx 0$ 下，從（6-26）式可看出風險的來源有二個，其一是 ΔS 而另一是來自於 $(\Delta S)^2$。於此情況下，我們如何避險？直覺而言，我們需要使用二種資產。例如：Jarrow 與 Chatterjea（2019）建議使用相同標的資產的另外一種買權，即（6-22）式可改成：

$$V = c_1 + n_1 S + n_2 c_2 \Rightarrow \Delta V = \Delta c_1 + n_1\Delta S + n_2\Delta c_2 \tag{6-27}$$

其中 c_1 與 c_2 分別表示相同標的資產，但是履約價與到期期限不同的買權；另外，

n_1 與 n_2 分別表示欲購買的標的資產的數量。

於其他情況不變以及 $\varepsilon \approx 0$ 下，將（6-26）式代入（6-27）式內，可得：

$$
\begin{aligned}
\Delta V_t &= \Delta c_1 + n_1 \Delta S + n_2 \Delta c_2 \\
&= \frac{\partial c_1}{\partial t}\Delta t + \frac{\partial c_1}{\partial S}\Delta S + \frac{1}{2}\frac{\partial^2 c_1}{\partial S^2}(\Delta S)^2 + n_1 \Delta S + \frac{\partial c_2}{\partial t}\Delta t + \frac{\partial c_2}{\partial S}\Delta S + \frac{1}{2}\frac{\partial^2 c_2}{\partial S^2}(\Delta S)^2
\end{aligned} \tag{6-28}
$$

換言之，欲消除來自於 ΔS 與 $(\Delta S)^2$ 的風險，可以分別令（6-28）式內上述二風險來源的係數等於 0，即求下列聯立方程式內的 n_1 與 n_2 值：

$$
\begin{cases}
\dfrac{\partial c_1}{\partial S} + n_1 + n_2 \dfrac{\partial c_2}{\partial S} = 0 \\
\dfrac{\partial^2 c_1}{\partial S^2} + n_2 \dfrac{\partial^2 c_2}{\partial S^2} = 0
\end{cases}
\Rightarrow n_1 = (\Gamma_1 / \Gamma_2)\Delta^{c_2} - \Delta^{c_1}; n_2 = -\Gamma_1 / \Gamma_2 \tag{6-29}
$$

我們舉一個例子說明（6-29）式的使用，可以參考表 6-9。

試下列指令：

```
K1 = 110;T1 = 1;sigma = 0.1425;r = 0.05;q = 0
K2 = 105;T2 = 9/12
```

即表 6-9 就是根據上述假定（第 1 種買權履約價與到期期限分別為 110 與 1 年，而第 2 種買權履約價與到期期限分別為 105 與 9/12 年）所計算而得。根據（6-29）式可得於標的資產價格為 100 之下，n_1 與 n_2 分別約等於 0.0084 與 –0.8421；因此，從表 6-29 內可發現於標的資產價格為 100 處，對應的 ΔV 接近於 0。換句話說，表 6-9 的結果顯示出一種 Delta 與 Gamma 中立的資產組合。

表 6-9 Delta 與 Gamma 中立的例子

St	ct1	ct2	D1	D2	G1	G2	V	DV
90	1.03	1.0863	0.162	0.1885	0.0191	0.0243	0.8741	
95	2.104	2.3639	0.272	0.328	0.0245	0.0308	0.9143	0.0403
99	3.3959	3.9291	0.3755	0.4557	0.0269	0.0325	0.9219	0.0076
100	3.7849	4.4011	0.4026	0.4881	0.0272	0.0323	0.9219	0

St	ct1	ct2	D1	D2	G1	G2	V	DV
101	4.2011	4.9053	0.4298	0.5203	0.0273	0.032	0.9219	0
105	6.1379	7.2354	0.5381	0.6427	0.0265	0.0288	0.9302	0.0083
110	9.1489	10.7835	0.6635	0.7711	0.0233	0.0223	0.9955	0.0653

說明：第1～9欄分別表示標的資產價格、第1種買權價格、第2種買權價格、第1種買權Delta值、第2種買權Delta值、第1種買權Gamma值、第2種買權Gamma值、資產組合價值以及ΔV。

Vega 避險

接下來，我們來看Vega避險。我們發現只要使用第1階泰勒展開式就足夠了；換言之，根據泰勒展開式可得：

$$\Delta c = \frac{\partial c}{\partial t}\Delta t + \frac{\partial c}{\partial S}\Delta S + \frac{\partial c}{\partial \sigma}\Delta \sigma + \cdots + \varepsilon \tag{6-30}$$

類似地，於其他情況不變以及 $\varepsilon \approx 0$ 下，從（6-30）式內可看出風險的來源有二個，其一是 ΔS 而另一是來自於 $\Delta\sigma$；因此，資產組合亦可用（6-27）式表示。同理，將（6-30）式代入（6-27）式內，可得：

$$\begin{aligned}\Delta V_t &= \Delta c_1 + n_1\Delta S + n_2\Delta c_2 \\ &= \frac{\partial c_1}{\partial t}\Delta t + \frac{\partial c_1}{\partial S}\Delta S + \frac{\partial c_1}{\partial \sigma}\Delta\sigma + n_1\Delta S + \frac{\partial c_2}{\partial t}\Delta t + \frac{\partial c_2}{\partial S}\Delta S + \frac{\partial c_2}{\partial \sigma}\Delta\sigma\end{aligned} \tag{6-31}$$

換言之，欲消除來自於 ΔS 與 $\Delta\sigma$ 的風險，可以分別令（6-31）式內上述二風險來源的係數等於0，即求下列聯立方程式內的 n_1 與 n_2 值：

$$\begin{cases}\dfrac{\partial c_1}{\partial S} + n_1 + n_2\dfrac{\partial c_2}{\partial S} = 0 \\ \dfrac{\partial c_1}{\partial \sigma} + n_2\dfrac{\partial c_2}{\partial \sigma} = 0\end{cases} \Rightarrow n_1 = \left(\nu_1 / \nu_2\right)\Delta^{c_2} - \Delta^{c_1}; n_2 = -\nu_1 / \nu_2 \tag{6-32}$$

我們可看出Vega避險過程與上述Delta及Gamma中立避險過程頗爲類似。可惜的是，因BSM模型是一種假定波動率固定的模型，即BSM價格並不包括波動率「波動」的情況，故Jarrow與Chatterjea（2019）並不建議使用上述Vega避險過程。

第 III 篇
選擇權交易策略

投機與避險

原先期貨與選擇權皆屬於保險契約，即二者皆能讓參與者轉換風險，不過，不像期貨可以轉換所有的風險，選擇權卻只轉換部分風險。因此，若從此觀點來看，選擇權還眞像保險契約。儘管選擇權是因避險而生，而且隨著時間經過與演變，選擇權市場內眞正屬於避險者的參與者也許已愈來愈少，但是無法否認避險者或避險的觀念仍不容被忽視。或者說，市場的參與者不應忽略許多避險策略。

單獨賣出選擇權而沒有採取必要的避險措施可稱爲賣出裸部位（naked position）的選擇權，其中裸部位是指該部位沒有採取相對應的反向操作。賣出裸部位的選擇權可以分成賣出裸部位的買權（naked call）與賣出裸部位的賣權（naked put）二種，其中前者是指賣出買權而手中無現貨，而後者則指賣出賣權而無放空現貨。相反地，與上述二策略對應的是掩護性賣權（covered put）與掩護性買權（covered call），其中前者是指同時放空現貨與賣出賣權，而後者則指同時做多現貨與賣出買權。

除了掩護性賣權與掩護性買權策略之外，我們尙會遇到保護性賣權（protective put）與保護性買權（protective call）策略（前者係保障現貨價値而後者則保護放空現貨）。我們可以利用買權與賣權平價理論說明上述策略之間的關係；另一方面，我們發現上述六種策略雖然動機不同，但是其分析方式卻頗爲類似。

7.1 賣出裸部位買權

老林已經研究 A 公司股價多時。老林認爲 A 公司股價盤整於 60～70 之間已相當一段時間而許多資訊似乎顯示 A 公司股價不大可能超過 70，故老林決定賣出 A

公司股票的買權，而該買權的履約價爲 70。老林手上並無 A 公司股票，故老林是在執行一種賣出裸部位買權策略。假定於市場上，老林看到表 7-1 的結果，而老林選擇於 A 公司股價爲 70 賣出買權，每股約可得 1.3（元）的權利金。

老林進一步繪製出上述賣出買權策略的到期利潤曲線如圖 7-1 所示，同時亦計算出表 7-2 內對應的買權避險參數。從圖 7-1 內可看出雖然有賣出買權的權利金收入，但是老林卻面臨 A 公司股價上漲超過 70 的風險，而且上漲的幅度愈大，風險愈高。另一方面，如前所述，由於是賣出買權，故老林所面對的 Delta、Gamma 與 Vega 皆爲負數值，不過 Theta 卻是正數值。換言之，就老林而言，表 7-2 內的避險參數需進一步調整，可以參考表 7-2 內的調整參數值。

表 7-1　$K = 70$、$r = 0.02$、$q = 0$、$T = 44/365$ **與** $\sigma = 0.125$

St	ct	Delta	Gamma	Theta	Vega
65	0.06	0.0515	0.0374	−0.0036	0.0238
68	0.4943	0.2774	0.1135	−0.0122	0.0791
69	0.8315	0.3996	0.129	−0.0146	0.0925
70	1.2966	0.5308	0.1309	−0.0157	0.0967
71	1.8914	0.6569	0.1193	−0.0153	0.0906
72	2.6047	0.7662	0.0981	−0.0138	0.0766

說明：第 1～2 欄分別表示標的資產價格與買權價格。

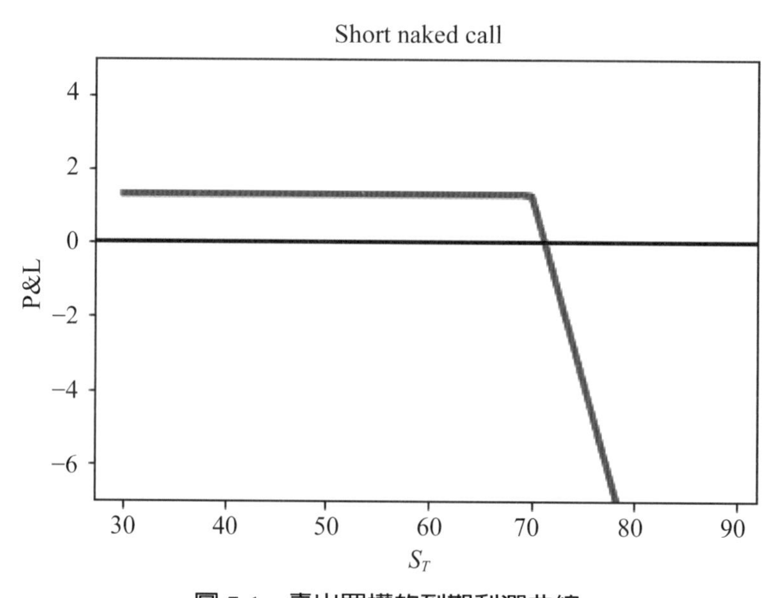

圖 7-1　賣出買權的到期利潤曲線

表 7-2 買權的避險參數（$S_0 = K = 70$、$r = 0.02$、$q = 0$、$T = 44/365$ 與 $\sigma = 0.125$）

避險參數	Delta	Gamma	Theta	Vega
參數值	0.5308	0.1309	−0.0157	0.0967
調整參數值	−0.5308	−0.1309	0.0157	−0.0967

其實，老林的例子恰如第 5 章內「long call gamma」的「反面」情況。我們已經知道於後者若選擇愈大的 Delta 與 Gamma 值，買權的價格將愈高；尤其是 Gamma 值更具有加深買權價格上升的力道。面對後者，老林如何因應？老林其實有二種選擇：其一是若標的資產價格下降，老林可以趁買權價格下降結清部位；另外一種是保有上述賣出買權至到期。上述第 1 種選擇雖可獲利，但是除非標的資產價格下降至 65 以下（表 7-1），否則老林無法保有期初所有的權利金收入。若老林決定採取上述第 2 種選擇，那老林應如何做？

面對股價上漲的「無限」風險，老林有自己的風險控管方式；也就是說，當買權價格漲至 c_1（含）以上，老林必須買回買權。決定出上述風險控管方式後，老林檢視表 7-2 內的避險參數。首先，先檢視 Delta 值。雖說所面對的 Delta 是負數值，但是將其視爲正數值反而比較習慣；換言之，根據（5-1）式可知：

$$c_1 - c_0 = \Delta_c \Delta S \Rightarrow \Delta S = \frac{c_1 - c_0}{\Delta_c} \tag{7-1}$$

其中 c_1 與 c_0 分別表示「控管」買權價格與期初買權價格；另一方面，Δ_c 爲對應的買權 Delta 值，而 ΔS 則表示標的資產價格的變動量。利用上述例如 $c_1 = 5$ 等資訊（表 7-1），可知 ΔS 約爲 6.98（3.7034/0.5308）；換句話說，根據上述 Delta 值，若 A 公司股價上漲幅度爲 6.98，老林必須買回買權。有意思的是，根據（7-1）式，可知 Delta 值愈低（愈高），於控管目標下，可以容忍的 A 公司股價上漲幅度愈多（愈少）。

因此，從表 7-1 內我們大概可以瞭解爲何老林不挑其他的 S_0 而挑 S_0 等於 70「下手」，也就是說，若 S_0 大於 70，老林的買權權利金收入雖然較高，但是對應的 Delta 值卻較大，而我們從（7-1）式可知於控管目標下，可以容忍的 A 公司股價上漲幅度較低；同理，若 S_0 小於 70，雖然可以容忍的 A 公司股價上漲幅度較大（即對應的 Delta 值較小），不過買權權利金收入卻較低。於此，我們可以看出採取買進買權與賣出買權策略對於 Delta 值的態度並不相同，即前者當然希望 Delta 值愈大，而後者則希望 Delta 值愈小（隱含著可以容忍的標的資產價格的上漲幅度愈大）。

根據（5-2）式，顯然（7-1）式忽略了 Gamma 值所扮演的角色，即（5-2）式可以改寫成：

$$c_1 - c_0 = \Delta_c \Delta S + 0.5\Gamma \Delta S^2 \tag{7-2}$$

其中 Γ 表示對應的 Gamma 值。可惜的是，面對（7-2）式，我們不容易計算出對應的 ΔS。試下列指令：

```
def imdeltaS(c0,c1,Dc,G,deltaS):
    error = c1-(c0+Dc*deltaS+0.5*G*(deltaS)**2)
    while abs(error) > 0.01:
        if error < 0:
            deltaS = deltaS-0.01
            error = c1-c0+Dc*deltaS+0.5*G*(deltaS)**2
        else:
            deltaS = deltaS+0.01
            error = c1-(c0+Dc*deltaS+0.5*G*(deltaS)**2)
    return deltaS
deltaS1 = imdeltaS(c0,c1,Dc,G,0.01) # 4.489999999999949
c0+Dc*deltaS1+0.5*G*(deltaS1)**2 # 4.999563565910051
```

其中 Dc 與 G 分別表示 $S_0 = 70$ 所對應的 Delta 與 Gamma 值。imdeltaS(.) 是我們自設用於找出 ΔS（（7-2）式內）的函數指令；因此，於 $c_1 = 5$ 之下進一步可得 ΔS 約為4.49。是故，多考慮了Gamma值，反而可以容忍的A公司股價上漲的幅度愈低。

我們進一步檢視（7-2）式內 Gamma 值所扮演的角色。試下列指令：

```
G1 = 0.0006
deltaS2 = imdeltaS(c0,c1,Dc,G1,0.01) # 6.9399999999998965
c0+Dc*deltaS2+0.5*G1*(deltaS2)**2 # 4.994702876335849
```

即假定 Gamma 值為 0.0006，其餘不變。於此情況下，我們發現達到控管目標，A

公司股價上漲的幅度竟然更高（上漲幅度約為 6.94）；同理，試下列指令：

```
G2 = 0.2
deltaS3 = imdeltaS(c0,c1,Dc,G2,0.01) # 3.979999999999959
c0+Dc*deltaS3+0.5*G2*(deltaS3)**2 # 4.993159907924245
Dc1 = 0.3
deltaS4 = imdeltaS(c0,c1,Dc1,G2,0.01) # 4.759999999999943
c0+Dc1*deltaS4+0.5*G2*(deltaS4)**2 # 4.990341774181596
```

即假定 Gamma 值為 0.2，其餘不變。於此情況下，我們發現 Gamma 值愈大，於控管目標下，A 公司股價上漲的幅度反而可以變得愈低（上漲幅度約為 3.98）。因此，從上述例了可以看出 Delta 與 Gamma 值所扮演的另外一種角色，有了控管目標，Delta 值愈低（愈高），我們可以容忍的標的資產價格上漲的幅度愈高（愈低）；另一方面，Gamma 值愈大（愈小），可以容忍的標的資產價格上漲的幅度愈低（愈高）。上述結果卻與採取「long call gamma」策略的投資人想法不同，即上述投資人當然認為 Delta 與 Gamma 值愈大愈佳，不過就採取賣出裸部位買權的投資人如老林而言，若老林希望可以容忍的標的資產價格上漲的幅度愈大，Delta 與 Gamma 值反而愈小愈佳。

上述做法雖然可以看出 Delta 與 Gamma 值所扮演的角色，不過它卻有缺點，即 Delta 與 Gamma 值並非固定數值；或者說，若標的資產價格波動幅度較大，上述Delta與Gamma值會失真。類似於上述imdeltaS(.)函數的設定方式，試下列指令：

```
def impUp1(S0,K,r,q,T,sigma,deltaS,Days,c1):
    error = BSM(S0+deltaS,K,r,q,T-Days/365,sigma)['ct']-c1
    while abs(error) > 0.01:
        if error < 0:
            deltaS = deltaS+0.01
            error = BSM(S0+deltaS,K,r,q,T-Days/365,sigma)['ct']-c1
        else:
            deltaS = deltaS-0.01
            error = BSM(S0+deltaS,K,r,q,T-Days/365,sigma)['ct']-c1
    return deltaS
```

即我們可以利用 BSM 模型計算出不同時點可以容忍的標的資產價格上漲的範圍。我們先來看如何使用上述 impUP1(.) 函數指令。令 Days 等於 0，試下列指令：

```
deltaS = impUp1(S0,K,r,q,T,sigma,0.01,0,5) # 4.749999999999943
c0+Dc*deltaS+0.5*G*(deltaS)**2 # 5.294836989146254
BSM(S0+deltaS,K,r,q,T,sigma)['ct'] # 4.9970497030720225
```

我們可看出標的資產價格於 $c_1 = 5$ 之下，可以上漲的幅度約為 4.75 而非 4.49；或者說，若使用（7-2）式估計，反而會失真。

利用上述 impUp1(.) 函數指令，我們可以計算不同控管目標與不同到期期限下所能容忍的 ΔS，其結果就繪製如圖 7-2 所示。圖 7-2 內左圖的結果頗符合預期，即於特定的風險管控目標如 $c_1 = 5$ 之下，到期期限愈短，可以容忍的 ΔS 愈大；另一方面，c_1 愈大，理所當然可以容忍的 ΔS 就愈大。於相同的條件下，圖 7-2 內右圖繪製出類似的結果，只不過該圖是使用較大的波動率，當然此時 c_1 就必須拉高。

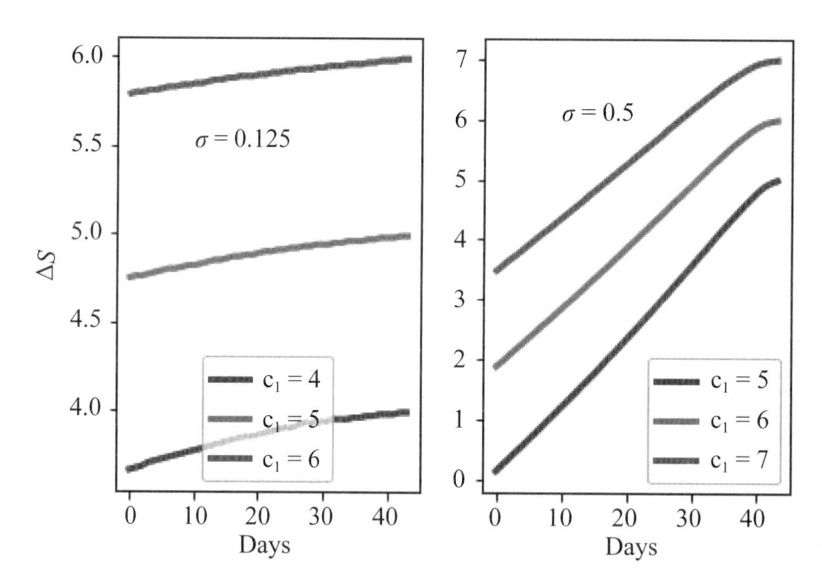

圖 7-2　不同控管目標與不同到期期限下所能容忍的 ΔS（$S_t = K = 70$、$r = 0.02$、$q = 0$ **與** $T = (44 - Days)/365$）

表 7-3 不同 c_t 與 ΔS（$c_1 = 5$）

	c_t				ΔS			
Days	0	1	2	3	0	1	2	3
69	0.832	0.817	0.802	0.787	5.75	5.76	5.76	5.77
70	1.297	1.281	1.265	1.249	4.75	4.76	4.76	4.77
71	1.891	1.876	1.86	1.845	3.75	3.76	3.76	3.77

其實，上述評估過程可以「事前操作」；或者說，事先我們可以選擇適當的 S_0（期初標的資產價格）而賣出履約價爲 70 的買權；因此，透過上述 impUp1(.) 函數指令，我們亦事先可以計算於 c_1 下，可以容忍的 ΔS 範圍。例如：於 $c_1 = 5$ 之下，圖 7-3 繪製出表 7-1 內不同 S_0 之對應的不同到期期限下之買權價格（左圖）以及可以容忍的 ΔS 範圍（右圖）。圖 7-3 的結果頗符合我們的預期，即 S_0 愈低（愈高），可以容忍的 ΔS 範圍愈高（愈低）。表 7-3 擷取圖 7-3 部分結果，讀者可以對照看看。

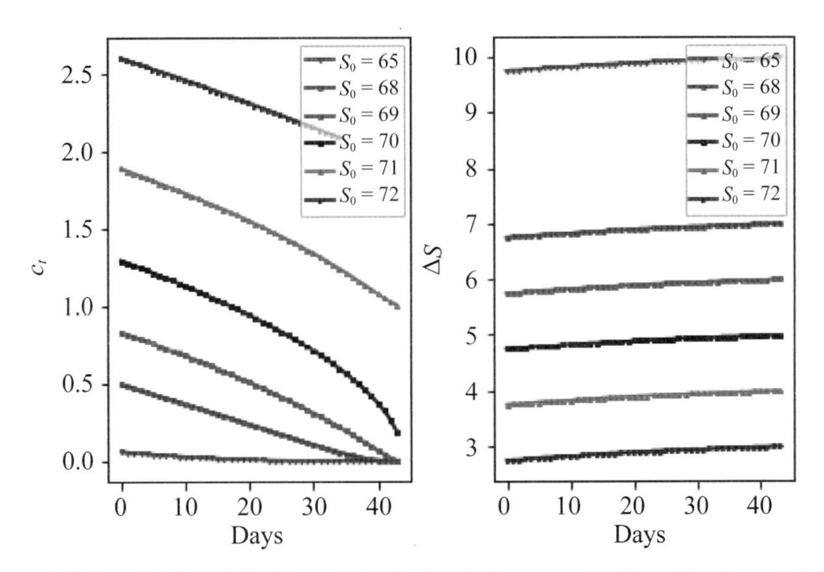

圖 7-3 不同 S_0 下之買權價格 c_t（左圖）以及於 $c_1 = 5$ 之下可容忍的 ΔS（右圖）

圖 7-4 進一步繪製出於上述條件與不同期初買權價格下，不同到期期限的 Delta 與 Gamma 值[①]。圖 7-4 的結果有二層含意：其一當然是期初標的資產價格維

① 我們已經知道買權 Delta 以及 Gamma 值與買權價格呈現正向的關係，因此就買進買權的投資人而言，Delta 以及 Gamma 值皆爲正數值，但是對於賣出買權的投資人而言，上述二數值卻是負數值。如前所述，我們可以將圖 7-4 的 Delta 以及 Gamma 值視爲正數值解釋。

持不變，例如：若 S_0 皆維持於 70，從圖 7-4 內可看出 Delta 值皆維持於 0.5 附近而 Gamma 值卻隨時間增加而攀高。如前所述，於 Delta 值固定不變下，Gamma 值變大，隱含著於既定的控管風險下，可以容忍的 ΔS 範圍縮小了；同理，若 S_0 皆維持於 OTM 如 $S_0 = 65$，則從圖內可看出 Delta 與 Gamma 值隨時間增加而縮小，隱含著於既定的控管風險下，可以容忍的 ΔS 範圍變大了。讀者可以進一步檢視 ITM 的情況。

圖 7-4 內結果的另一層含意是例如若 S_0 維持於 70，不過期中或期末標的資產價格有變，則對應的 Delta 與 Gamma 值未必如圖內所示，即 Delta 值有可能變大或縮小，或者 Gamma 值亦可能變小；因此，圖 7-4 內的結果隱含著於既定的控管風險下，可以容忍的 ΔS 範圍變成不確定了。雖說如此，計算出不同到期期限的 Delta 與 Gamma 值亦有用處，即可隨時知道於既定的控管風險下，可以容忍的 ΔS 範圍。

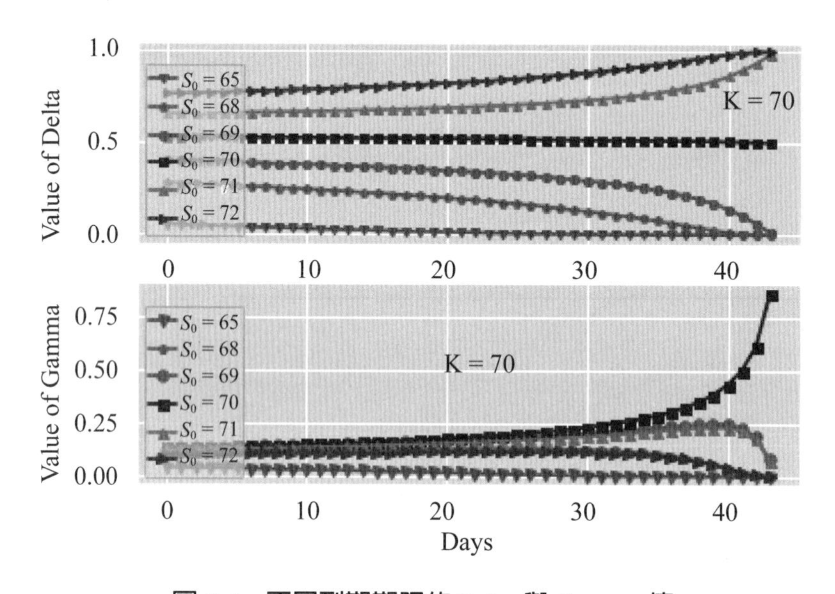

圖 7-4　不同到期期限的 Delta 與 Gamma 值

接下來，我們檢視 Theta 值的情況，可以參考圖 7-5。於該圖內，我們已經將圖內的 Theta 值改爲正數值，表示賣出買權的優點是擁有正數值的 Theta 值，隱含著隨時間經過，買權的價值會下降，賣出買權的投資人可以用較便宜的價格買回買權。因此，若 $S_0 = 70$ 且維持固定不變，從圖 7-5 內的上圖（到期期限爲 44/365）可看出對應的 Theta 值隨時間增加而逐漸趨向於最大值。當然，上述結果屬於最樂觀的情況，因爲有可能標的資產價格於期中或期末未必能維持於 70，或者 S_0 未必等於 70，但是期中或期末標的資產價格卻爲 70。

使用圖 7-5 內上圖的條件，圖 7-5 內的下圖只將到期期限改為 365/365，其餘不變，我們從圖內（下圖）可看出到期期限較長，對應的 Theta 值隨時間增加變化不大；但是，到期期限愈短，對應的 Theta 值隨時間增加反而遞增的速度愈大。因此，若老林想要得到 Theta 值的好處，應選到期期限較短的買權。

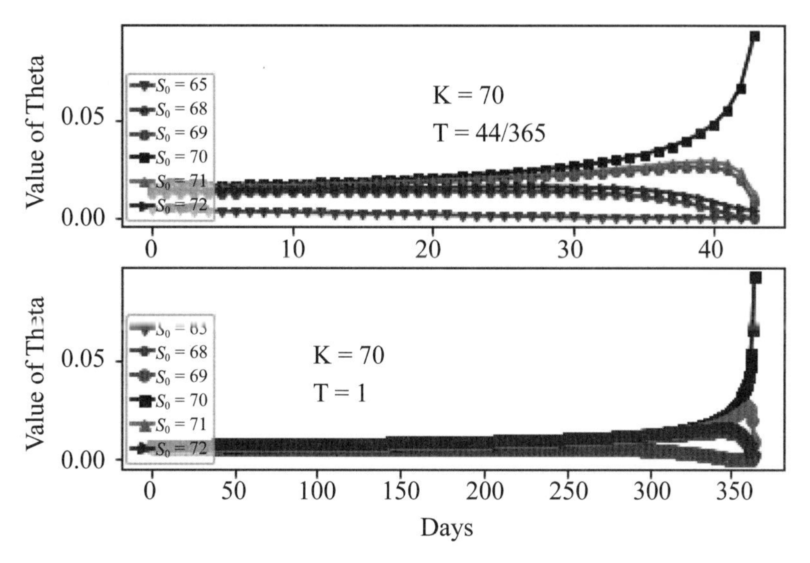

圖 7-5　不同到期期限的 Theta

最後，圖 7-6 繪製出對應的 Vega 值。值得注意的是，因例如（隱含）波動率上升會拉高買權價格，反而對賣出買權的投資人不利，故上述投資人所面對的是負數值的 Vega 值；或者說，標的資產價格下降，有可能會提高波動率，反而會拉高買權的價格。舉例來說，根據表 7-2 內的資訊，於 $S_0 = 70$ 之下，對應的 Vega 值約為 0.0967，依單口買權契約 2,000 股計算，若波動率上升 3%，單口契約約會上升 580（0.0967×3×2,000 元），即賣出單口買權契約約會損失 580（元）。我們從圖 7-6 可看出於 $S_0 = 70$ 之下，對應的 Vega 值最大（依絕對值來看），由此可看出於 $S_0 = 70$ 之下賣出買權反而有最大的 Vega 風險。不過，就老林而言，老林較不擔心標的資產價格下跌的情況（如圖 7-1 所示），故 Vega 風險可能不大。

綜合上述的結果可知，若賣出買權且持有至到期的優點是，於 OTM 處可得到權利金收益，但是其缺點卻是須面對標的資產價格上漲的「無限」風險。就上述老林的例子而言，老林擁有最大的 Theta 值，隱含著隨時間經過對應的買權價格愈低，老林結清部位（買回買權）所得到的利益愈大；但是，上述老林的策略的缺點是須面對較大的 Gamma 值，其於標的資產價格上升時會增大買權價格上升的幅度，隱含著於既定的風險控制目標下可以容忍的標的資產價格上升的幅度愈低。

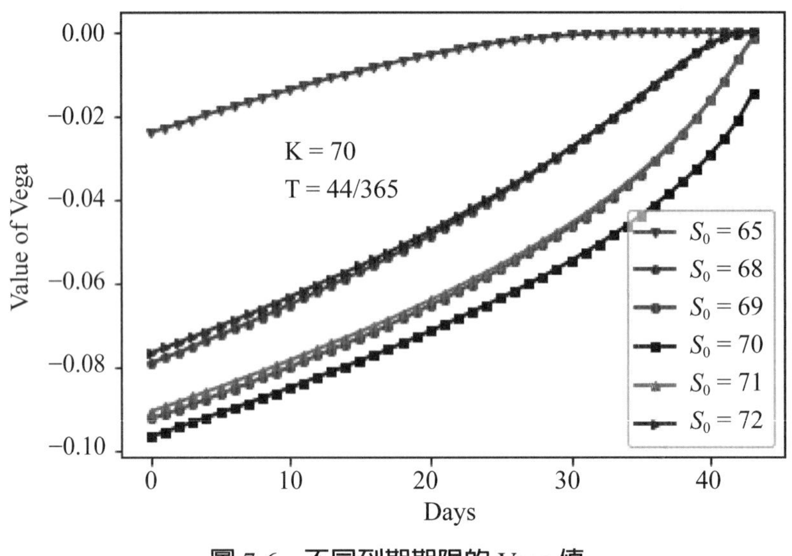

圖 7-6　不同到期期限的 Vega 值

7.2 賣出裸部位賣權

小王亦觀察A公司股價甚久，不同於老林，小王反而認爲A公司股價會微幅超過 70，故小王決定賣出 A 公司履約價爲 70 的賣權，不過小王並沒有足夠的現金；換言之，賣出賣權相當於到期欲買入標的資產，由於小王並未準備足夠的資金[②]，故其相當於採取賣出裸部位賣權策略。小王亦於市場上看到表 7-4 的資訊並選擇賣出 A 公司股價爲 70 的賣權，可得每股爲 1.13 的權利金收入；另一方面，小王進一步利用表 7-4 內的資訊繪製出賣出賣權的到期利潤曲線如圖 7-7 所示。小王看到圖 7-6 的結果，瞭解賣出賣權策略到期存在標的資產價格下跌的無限風險，小王進一步該如何做？

表 7-4　$K = 70$、$r = 0.02$、$q = 0$、$T = 44/365$ **與** $\sigma = 0.125$

St	pt	Delta	Gamma	Theta	Vega
65	4.8915	−0.9485	0.0374	0.0003	0.0238
68	2.3258	−0.7226	0.1135	−0.0084	0.0791
69	1.663	−0.6004	0.129	−0.0108	0.0925

② 事實上，小王必須支付保證金。假定小王有準備上述資金。

St	pt	Delta	Gamma	Theta	Vega
70	1.128	−0.4692	0.1309	−0.0119	0.0967
71	0.7228	−0.3431	0.1193	−0.0115	0.0906
72	0.4362	−0.2338	0.0981	−0.0099	0.0766

說明：第 1～2 欄分別表示標的資產價格與賣權價格。

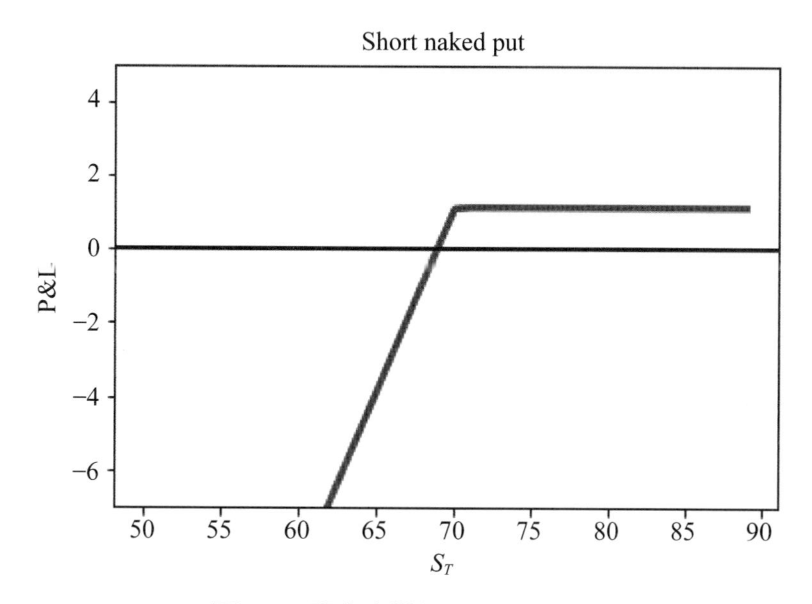

圖 7-7　**賣出賣權的到期利潤曲線**

假定隔日市場基本條件未變，小王有如表 7-5 內的結果可供選擇。例如：標的資產價格爲 72，對應的賣權價格爲 0.43，小王選擇結清部位，此時每股可有 0.87（1.3 − 0.43）的收益，理所當然，此時表 7-4 內的避險參數並未扮演任何角色；但是，若小王決定繼續持有上述賣出賣權，甚至於持有至到期，小王就必須認眞思考圖 7-6 內的無限風險以及上述避險參數的特色。

表 7-5　$K = 70$、$r = 0.02$、$q = 0$、$T = 43/365$ **與** $\sigma = 0.125$

St	65	68	69	70	71	72
pt	4.8918	2.3173	1.6521	1.1161	0.7113	0.4262

說明：St 與 pt 分別表示標的資產價格與隔日賣權價格。

我們已經知道賣出裸部位賣權策略是採取「long put gamma」策略的反面，而就後者而言，於標的資產價格下跌下，對應的 Delta 值與 Gamma 值愈大（依絕對值來看），賣權價格上升的幅度就愈高，因此小王反而應選擇愈小的 Delta 值與 Gamma 值（依絕對值來看）。我們亦可以從另外一個角度檢視上述情況。於第 5 章內可知，小王所面對的 Delta 值為正數值而 Gamma 值卻為負數值。我們以表 7-4 的結果以及小王選擇標的資產價格為 70 為例說明。若 $\Delta S = -1$，根據（7-1）式可知賣權的價值為：

```
dS = -1
p0+(-Dp)*dS # 0.6588179327923889
```

其中 p0（期初賣權價格）與 Dp（賣權之 Delta 值）分別約為 1.128 與 – 0.4692 而 dS 則表示 ΔS。從上述結果可知賣權價值約從 1.128 降至 0.6588；另一方面，若考慮（7-2）式，可得：

```
p0+(-Dp)*dS+0.5*(-G)*dS**2 # 0.5933679327923889
```

其中 G（賣權之 Gamma 值）約為 0.1309。因此，多考慮了 Gamma 值，賣權價值反而更降至 0.5934；換言之，Gamma 值有加深賣權價值下降的幅度。因此，為了減少損失，小王的確需選擇愈小的 Delta 值與 Gamma 值（依絕對值來看）[③]。

瞭解 Delta 與 Gamma 值所扮演的角色後，我們繼續來看小王如何解決圖 7-6 內的無限風險問題。類似於上述老林的例子，小王亦可先預設一個 p_1 值，而該值可以對應至可以容忍的標的資產價格下降的幅度 ΔS。於既定的 p_1 值下，類似於 7.1 節的作法，小王可以找出適當的 ΔS 值。小王的結論仍是 Delta 值與 Gamma 值愈小（依絕對值來看），對應的 ΔS 值愈大，讀者可以參考所附的檔案，於此就不贅述；不過，倒是可以試下列指令：

```
def impDw1(S0,K,r,q,T,sigma,deltaS,Days,p1):
    error = BSM(S0+deltaS,K,r,q,T-Days/365,sigma)['pt']-p1
    while abs(error) > 0.01:
        if error < 0:
            deltaS = deltaS-0.01
```

③ 事實上，於其他情況不變下，若標的資產價格下降，則賣權價格會上升；因此，小王若是要結清部位必須用較高的賣權價格買回，故會有損失。

```
            error = BSM(S0+deltaS,K,r,q,T-Days/365,sigma)['pt']-p1
        else:
            deltaS = deltaS+0.01
            error = BSM(S0+deltaS,K,r,q,T-Days/365,sigma)['pt']-p1
    return deltaS
deltaS = impDw1(S0,K,r,q,T,sigma,-0.01,0,p1) # -5.109999999999355
p0+Dp*deltaS+0.5*G*deltaS**2 # 5.234666877792316
BSM(S0+deltaS,K,r,q,T,sigma)['pt'] # 4.996033023482845
```

上述指令是說明若 $p_1 = 5$，則根據表 7-4 內的條件，於期初標的資產價格爲 70 的情況下，對應的可以容忍的 ΔS 值約爲 -5.11，而且後者的誤差不會超過 1%；換言之，上述結果顯示若標的資產價格跌幅超過 5.11 隱含著賣權價格會升至 5 以上，小王必須結清部位以避免損失過大。

類似於圖 7-2 與 7-3 的繪製，利用上述 impDw1(.) 函數，圖 7-8 進一步繪製出於不同 p_1 下所對應的 ΔS 以及圖 7-9 繪製出不同 S_0 下之賣權價格 p_t（左圖）與於 $p_1 = 5$ 之下可容忍的 ΔS（右圖），讀者可以嘗試解釋上述二圖的結果，看看是否符合直覺判斷。

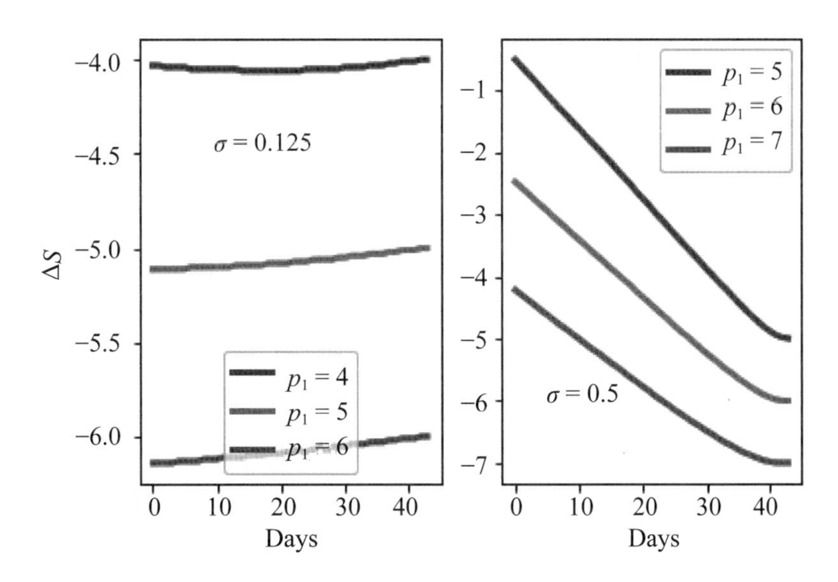

圖 7-8　不同控管目標與不同到期期限下所能容忍的 ΔS（$S_t = K = 70$、$r = 0.02$、$q = 0$ **與** $T = (44 - Days)/365$）

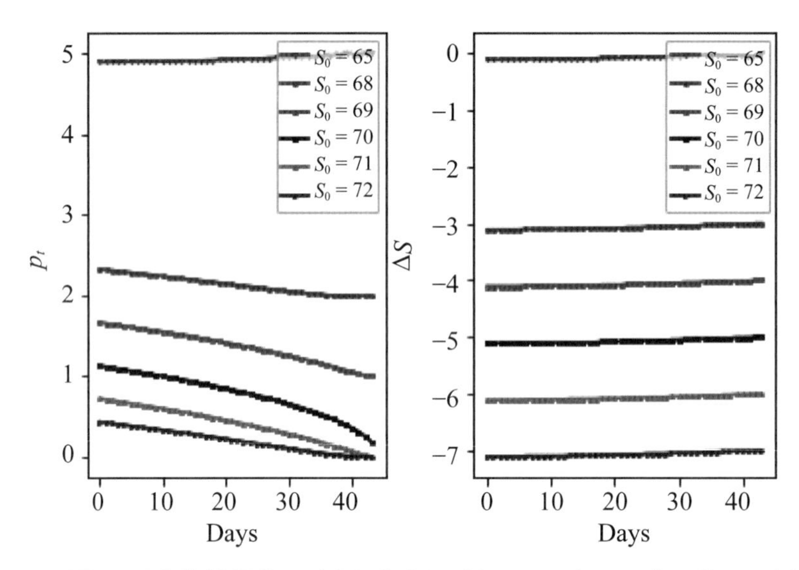

圖 7-9　不同 S_0 下之賣權價格 p_t（左圖）以及於 $p_1 = 5$ 之下可容忍的 ΔS（右圖）

比較上述老林與小王的例子可知二人有相同的 Gamma 與 Vega 值（可以分別參考圖 7-4 與 7-6），但是小王所面對的 Theta 值卻略不同於老林；雖說如此，圖 7-10（類似於圖 7-5）繪製出於不同到期期限下，小王的 Theta 值曲線，而我們從該圖內可看出於 ATM 處所面對的 Theta 值會隨到期期限減少而上升，由此可看出小王所占的優勢（小王依舊應選到期期限較短的賣權）。於 ATM 處，小王所對的較高的 Gamma 與 Vega 值皆對小王不利，前者會壓縮可以容忍標的資產價格下降的空間，而後者則有可能因標的資產價格下降引起波動率上升導致賣權價格上升的風險；因此，小王於期初決策應同時考慮比較 Theta 值所帶來的優勢以及較高的 Gamma 與 Vega 值所帶來的劣勢。

於第 5 章內，我們曾強調履約價愈高（愈低）對應的 Gamma 值愈低（愈高），而上述結果可利用圖 7-11 內的右圖取得驗證；換言之，於該圖內，我們利用例如圖 7-10 內的假定重複繪製出於 ATM 處對應的 Gamma 值（Γ）與不同的履約價之比（寫成 Γ/K），可看出低履約價可有較大的 Gamma 值。另一方面，圖 7-11 的左圖於 ATM 處亦分別繪製出買權以及賣權的 Theta 值與不同履約價之間的比重的情況，而我們從該圖可看出買權與賣權的 Theta 值大致與不同的履約價之間維持固定的比重；也就是說，左圖的結果隱含著買權與賣權的 Theta 值與履約價無關。因此，我們可以得到採取買進買權（「long call gamma」）或買進賣權（「long put gamma」）策略於高履約價下較為不利，反而於低履約價下較為有利的結論。相反地，因可以容忍的標的資產價格變動幅度較大，於高履約價下採取賣出買權與賣出賣權較爲有利。

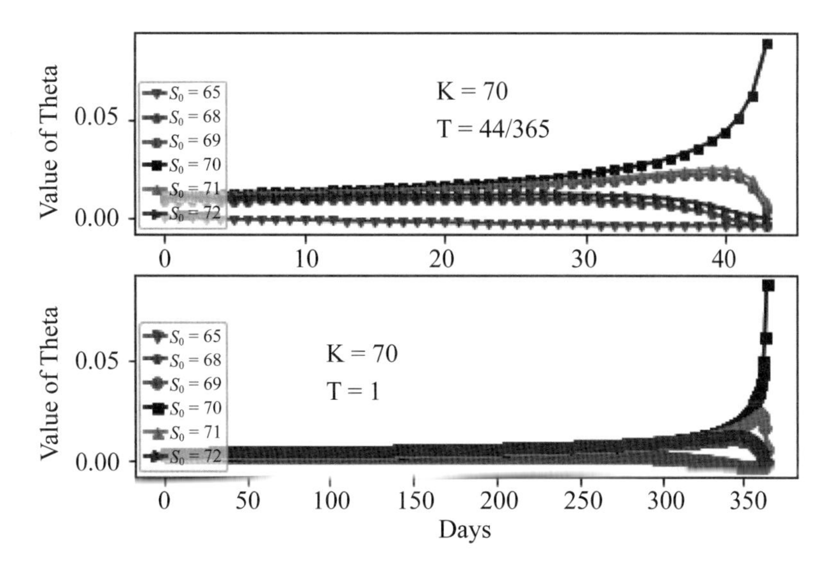

圖 7-10 不同到期期限的 Theta

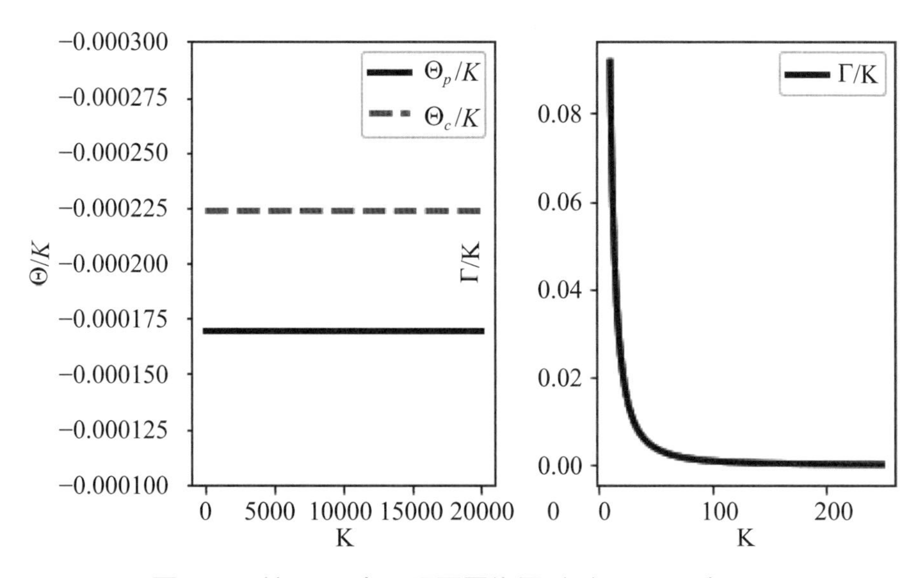

圖 7-11 於 ATM 處，不同履約價（K）下 Θ/K 與 Γ/K

7.3 掩護性買權與掩護性賣權

我們可以回想上述老林與小王的例子，即老林認爲 A 公司股價不大可能超過 70，故賣出履約價爲 70 的買權，不過老林手上並無 A 公司股票，因此老林相當於賣出裸部位的買權。另一方面，小王反倒認爲 A 公司股價有可能約略超過 70，故即使手上無足夠資金，小王仍賣出 A 公司履約價爲 70 的賣權，因此小王相當於賣出裸部位的賣權。是故，老林賣出裸部位買權的動機是老林認爲 A 公司股價不大可能超過 70，而小王賣出裸部位的賣權的動機卻是小王認爲 A 公司股價有可能超過 70。

假定於 A 公司股價爲 70 時，老林除了賣出履約價爲 70 的買權之外，亦同時買進 A 公司股票，即老林採取掩護性買權策略，其結果爲何？另一方面，於 A 公司股價爲 70 時，小王除了賣出履約價爲 70 的賣權之外，亦同時放空 A 公司股票，即小王採取掩護性賣權策略，其結果又爲何？我們發現老林從賣出裸部位的買權策略改爲掩護性買權策略，而小王由賣出裸部位的賣權策略改爲掩護性賣權策略，二人的動機竟然互換了。

圖 7-12 內的左圖分別繪製出賣出買權的到期利潤曲線（實線）以及買進 A 公司股票的到期收益曲線（虛線）；值得注意的是，上述二條曲線的相加就繪製如圖 7-12 內的右圖所示（實線）。有意思的是，檢視圖 7-12 內的右圖與圖 7-7，可以發現上述二圖的形狀非常類似；或者說，從圖 7-12 內的右圖可看出掩護性買權策略竟類似於賣出裸部位賣權策略，即老林從賣出裸部位買權策略改爲採取掩護性買權策略，其動機或目的竟然從 A 公司股價不超過 70 改爲 A 公司股價有可能超過 70。換言之，掩護性買權策略仍無法避免 A 公司股價下跌的風險。雖說如此，上述策略還是有些不同，可以參考圖 7-13。圖 7-13 繪製出三種不同履約價的情況，其中賣出裸部位賣權策略仍維持履約價爲 70，讀者自然可以進一步比較看看。

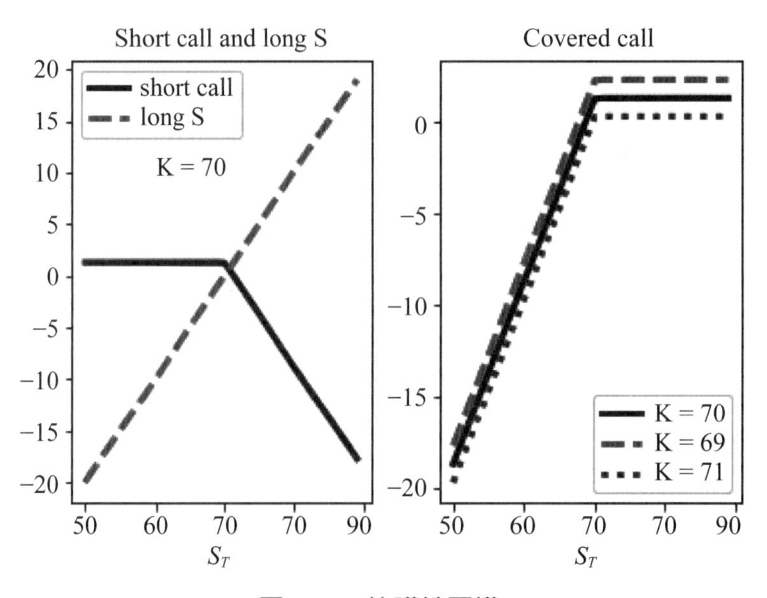

圖 7-12　掩護性買權

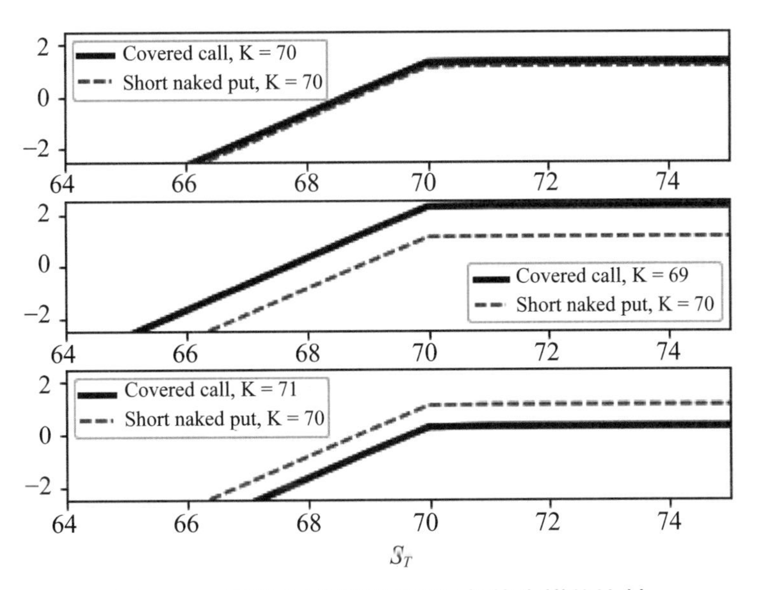

圖 7-13　掩護性買權與賣出裸部位賣權的比較

同理，圖 7-14 內的左圖分別繪製出賣出裸部位賣權（實線）與於 A 公司股價爲 70 處放空現貨的到期利潤曲線，而右圖則繪製出上述二曲線相加的掩護性賣權到期利潤曲線。檢視圖 7-14 內的右圖與圖 7-1，亦可發現上述二圖的形狀非常類似，故掩護性賣權策略亦非常類似於賣出裸部位買權策略，即小王若從賣出裸部位賣權策略改爲採取掩護性賣權策略，其動機或目的竟然從 A 公司股價有可能超過 70 改爲不超過 70。也就是說，掩護性賣權策略亦無法避免 A 公司股價上漲的風險。我們亦可以進一步比較採取掩護性賣權策略與賣出裸部位買權策略的差異，可以參考圖 7-15。讀者亦可以比較看看。

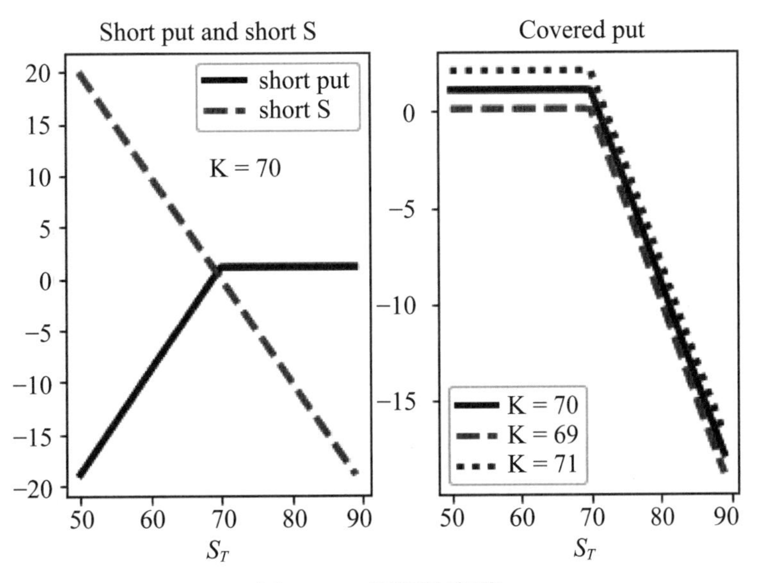

圖 7-14　掩護性賣權

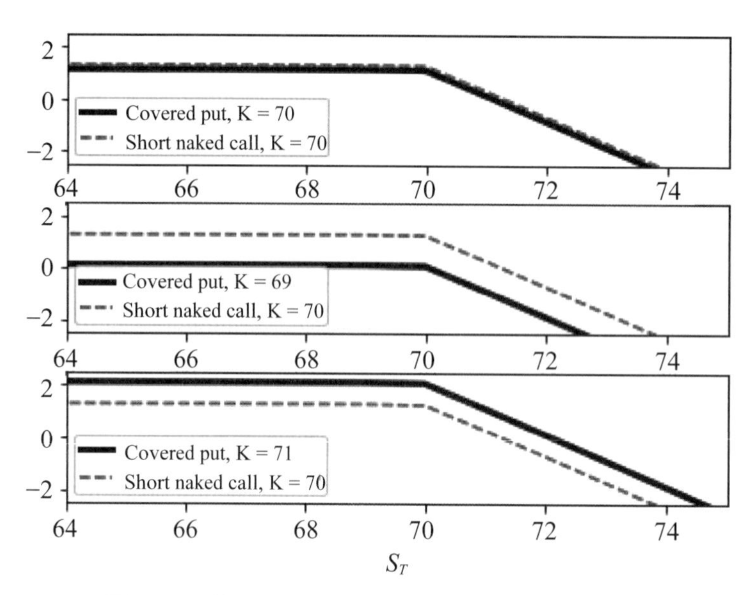

圖 7-15　掩護性賣權與賣出裸部位買權的比較

上述買進現貨（掩護性買權）策略以及放空現貨（掩護性賣權）策略的到期收益分別可寫成 $S_T - S_t$ 與 $-S_T + S_t$，爲了分析方便，圖 7-12 與 7-14 皆以 $S_t = K$ 取代（即於履約價處分別買進現貨與放空現貨）；換言之，買進現貨策略以及放空現貨策略的避險參數除了 Delta 值分別爲 1 與 −1 之外，其餘的避險參數皆爲 0。因此，掩護性買權與賣出裸部位賣權的 Delta 值並不相同；同理，掩護性賣權與賣出裸部位買權的 Delta 值亦並不相同。我們嘗試計算上述掩護性買權與掩護性賣權策略的避險參數。

首先，我們檢視買權與賣權之間的 Delta 值，可以參考圖 7-16 或者參考（4-1）式。由於賣權的 Delta 值爲負數值，故於圖 7-16 內的右圖我們將賣權的 Delta 值轉換成正數值。根據（4-1）式可知若 $q = 0$，則買權的 Delta 值加上絕對值的賣權 Delta 值等於 1；其次，若 $q \neq 0$，則買權的 Delta 值加上絕對值的賣權 Delta 值小於 1，讀者可以驗證看看。換句話說，我們可以透過買權的 Delta 值反推出賣權的 Delta 值如圖 7-16 所示，讀者可以比較圖內之 Delta 值差異；因此，上述掩護性買權或掩護性賣權的 Delta 值可以透過對應的賣權或買權的 Delta 值求得。

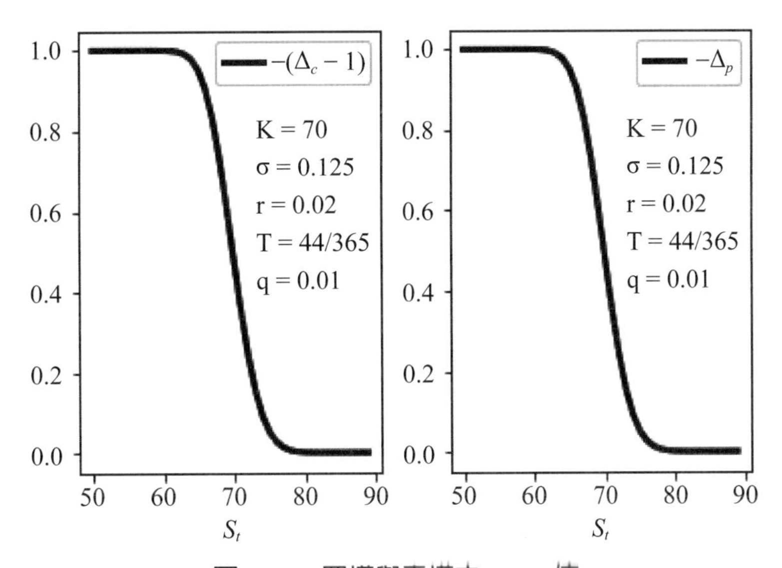

圖 7-16 **買權與賣權之 Delta 值**

接下來，我們來看買權與賣權之 Theta 值的差異，可以參考圖 7-17。圖 7-17 是根據（4-4）式所繪製而成；或者說，根據（4-4）式，試下列指令：

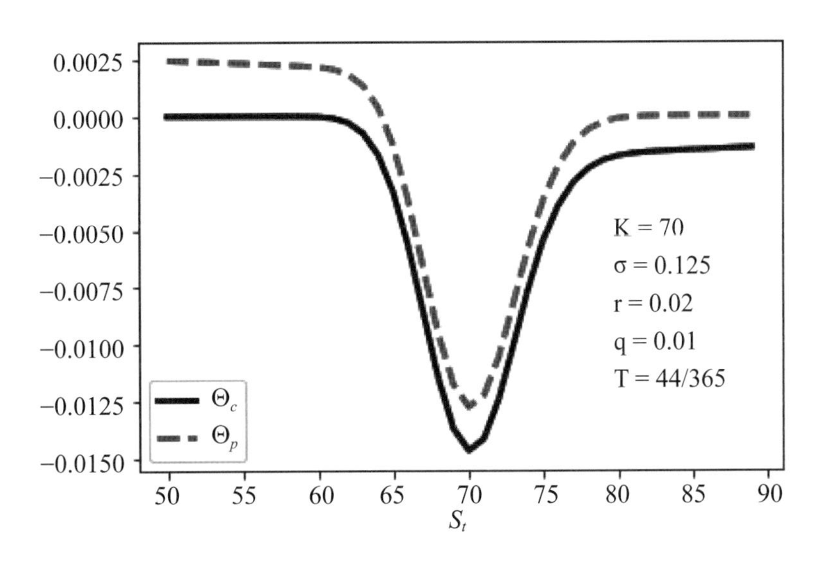

圖 7-17 **買權與賣權之 Theta 值**

```
a = r*K*np.exp(-r*T) # 1.3966287231722143
b = q*St*np.exp(-q*T)
t1 = Tc*365+a-b
```

```
t2 = Tp*365
df1 = pd.DataFrame({'St':St,'Theta_p':t2,'Theta_c (modified)':t1})
df1
```

其中 Tc 與 Tp 係根據圖 7-17 內的條件所計算的買權與賣權的 Theta 值。值得注意的是，（4-4）式是計算「年」之 Theta 值，而上述 Tc 與 Tp 係計算「日」之 Theta 值，故買權與賣權的 Theta 值之轉換，必須將上述 Tc 與 Tp 轉成「年」之 Theta 值，如上述之 t1 與 t2 所示。讀者可檢視上述之 df1。

因此，透過下列指令可將買權之 Theta 值轉換成賣權之 Theta 值，即：

```
q = 0.01
a = r*K*np.exp(-r*T) # 1.3966287231722143
b = q*S0*np.exp(-q*T)
Theta(S0,K,r,q,T,sigma)['c'] # -0.014666086142076694
(Theta(S0,K,r,q,T,sigma)['c']*365+a-b)/365 # -0.012755203812269252
Theta(S0,K,r,q,T,sigma)['p'] # -0.012755203812269252
```

讀者可檢視看看。

最後，我們檢視買權與賣權之 Rho 值之間的關係，可以參考圖 7-18；換言之，透過（4-6）式，可知買權與賣權之 Rho 值之間存在確定的差異如圖 7-18 所示[④]。試下列指令：

```
b = -T*K*np.exp(-r*T)
r1 = Rc*100+b
r2 = Rp*100
df2 = pd.DataFrame({'St':St,'Rho_p':r2,'Rho_c (modified)':r1})
df2
```

其中 Rc 與 Rp 分別表示買權與賣權的 Rho 值。上述指令顯示出買權與賣權之 Rho 值之間的轉換類似於上述買權與賣權之 Theta 值之間的轉換，讀者可檢視上述 df2

---

④ 即 $N(d_2)+N(-d_2)=1$。

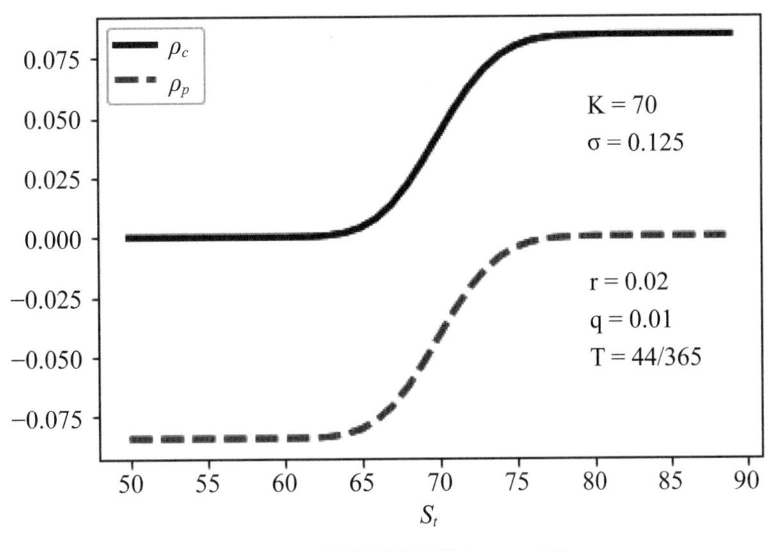

圖 7-18 買權與賣權之 Rho 值

看看。是故，於 ATM 之下，買權與賣權之 Rho 值之間的轉換可為：

```
(Rho(S0,K,r,q,T,sigma)['c']*100+b)/100 # -0.04188613091676324
Rho(S0,K,r,q,T,sigma)['p'] # -0.041886130916763256
```

讀者可試試。

7.4 保護性買權與保護性賣權

本節將介紹保護性買權與保護性賣權二種策略。上述二策略與掩護性買權與掩護性賣權策略不同，我們可以看看。

7.4.1 保護性賣權

小鍾手上有 2,000 股 B 公司股票，當初的成本價為 50。小鍾擔心 B 公司股價下跌，故買了一口 B 公司股票的賣權（一口 2,000 股），而賣權的市價為 0.98；因此，小鍾採取了保護性賣權策略[5]。由上述例子可看出保護性賣權策略與掩護性賣權策略不同，前者係手中早有現貨故買賣權以保障現貨價值；而後者手上卻未必有

⑤ 保護性賣權策略亦可稱為「married put」策略。

現貨，為了「掩護」賣出賣權必須同時買進現貨。換句話說，雖說二策略皆有買進現貨，不過保護性賣權策略係買進賣權而掩護性賣權策略卻是賣出賣權。

小鍾利用圖 7-19 的市場條件分別繪製保護性賣權策略的到期利潤曲線，即左圖分別繪製出買進賣權與買進現貨的到期利潤曲線，而右圖則繪製出前述二曲線的「相加」結果；換言之，小鍾採取保護性賣權策略的到期利潤曲線竟類似於單獨買進買權策略。是故，小鍾採取保護性賣權策略的特色如下：

(1) 顯然，單獨買進買權策略與保護性賣權策略雖說到期利潤曲線頗為類似，但是目的卻不相同，即二者雖說皆看多標的資產，但是後者已保有現貨且利用賣出賣權以保障現貨價值。
(2) 有二因素可解釋為何小鍾會採取保護性賣權策略：其一是小鍾擔心短期看空 B 公司股價，故買進 B 公司股票的賣權（畢竟賣權的壽命有限）；另一則是小鍾仍長期看多 B 公司股價。
(3) 於圖 7-19 內可看出若 B 公司股價低於賣權履約價，賣權可保障 B 公司股票的價值；同理，若 B 公司股價高於賣權履約價，小鍾可獲得 B 公司股價高於賣權履約價部分減去賣權的成本價（賣權的權利金）。可惜的是，保護性賣權策略所提供的保障只局限於賣權的有效期間。

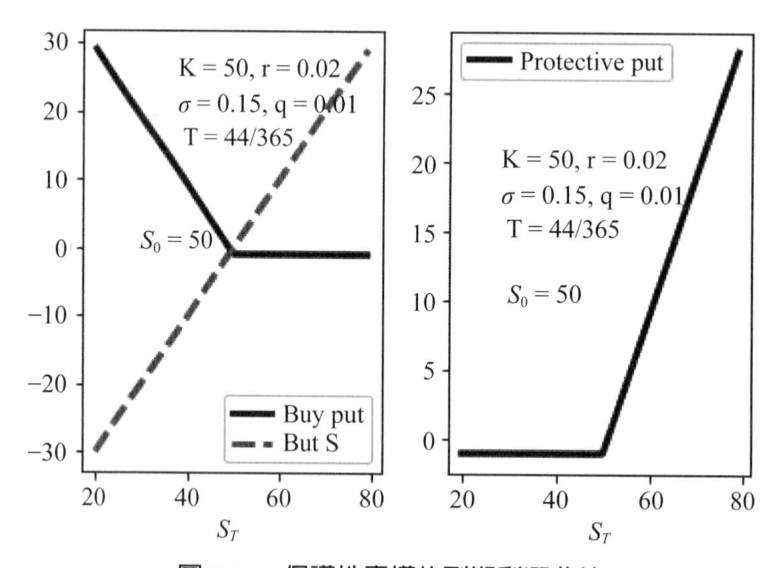

圖 7-19　保護性賣權的到期利潤曲線

如前所述，我們可以從買權與賣權平價關係來檢視圖 7-19 的結果；換言之，利用（3-9）或（3-10）式可得[6]：

$$(c_T - c_0) = p_T - p_0 + (S_T - K) - \left(S_0 e^{-qT} - K e^{-rT}\right) \tag{7-3}$$

（7-3）式說明了保護性賣權策略與買進買權策略的到期利潤稍有差異；換言之，（7-3）式等號的左側表示買進買權的到期利潤而右側則可視爲「修正的」保護性賣權的到期利潤，因後者是保護性賣權的到期利潤扣除掉校正因子[7]。例如：根據圖 7-19 內的條件，表 7-6 列出若干（7-3）式的結果。我們發現忽略校正因子，保護性賣權策略與買進買權策略的到期利潤的確存在著差異。

表 7-6　保護性賣權與買進買權策略之比較

ST	Protective put	c	factor	mPp
48	−1.0071	−1.0672	0.0602	−1.0673
49	−1.0071	−1.0672	0.0602	−1.0673
50	−0.9772	−1.0373	0.0602	−1.0374
51	−0.007	−0.0672	0.0602	−0.0672
52	0.993	0.9328	0.0602	0.9328

說明：第 1～5 欄分別表示到期標的資產價格、保護性賣權到期利潤、買進買權到期利潤、校正因子與修正的保護性賣權到期利潤。

（7-3）式或表 7-6 的結果顯示出一個重要的特色，即就保護性賣權而言，因標的資產價格上升，保護性賣權的資產組合價値會上升（圖 7-19），故小鍾應挑選 Delta 與 Gamma 値較大的賣權。例如：

---

[6] 利用（3-9）或（3-10）式可得：

$$\begin{cases} c_0 - S_0 e^{-qT} + e^{-rT} K = p_0 \\ c_T - S_T + K = p_T \end{cases}$$

$$\Rightarrow (c_T - c_0) - \left(S_T - S_0 e^{-qT}\right) + K\left(1 - e^{-rT}\right) = p_T - p_0$$

整理上式可得（7-3）式。

[7] 保護性賣權到期利潤爲 $p_T - p_0 + (S_T - K)$ 而校正因子爲 $S_0 e^{-qT} - K e^{-rT}$。

```
S0+p0 # 51.00704753397442
```

即上述小鍾採取保護性賣權的成本價約 51，其中 S0 與 p0 分別表示現貨與賣權的購買價；其次，試下列指令：

```
deltaS = 2
(S0+deltaS)+p0+Dp*deltaS+0.5*G*deltaS**2 # 52.353102528576024
(S0+deltaS)+p0+Dp*deltaS+0.5*G*deltaS**2 - (S0+p0) # 1.3460549946016016
```

其中 deltaS、Dp 與 G 分別表示 ΔS、賣權的 Delta 與 Gamma 值；換言之，上述指令說明了若標的資產價格上升 2，則根據（5-2）式，保護性賣權的資產組合價值約會上升至 52.35，故小鍾的潛在收益約 1.35。上述潛在收益亦可用採取買進買權策略計算，即：

```
c0+Dc*deltaS+0.5*G*deltaS**2 # 2.410858108439596
Dc*deltaS+0.5*G*deltaS**2 # 1.3436454882944509
```

其中 c0 與 Dc 分別表示對應的買權價格（履約價爲 50）與買權的 Delta 值，即根據（7-3）式，若忽略校正因子，上述小鍾的潛在收益亦可用採取買進買權策略計算；換言之，保護性賣權的資產組合價值可用「long call gamma」策略計算，故 Delta 與 Gamma 值愈大，對應的保護性賣權之資產組合價值愈大。

瞭解 Delta 與 Gamma 值所扮演的角色後，小鍾其實面臨另外一個難題。假定存在不同履約價之買權與賣權（其餘條件如到期期限或波動率等皆相同）可供小鍾選擇，例如：表 7-7 列出不同履約價的賣權價格以及對應的避險參數；理所當然，亦存在與表 7-7 對應的買權以及對應的避險參數（可參考所附的檔案）。面對表 7-7，小鍾究竟應選擇何履約價的賣權？於上述分析內，已知小鍾的潛在收益亦可用採取買進買權策略計算，因此我們可以利用表 7-7 內的結果計算小鍾的潛在收益 Δc，可以參考圖 7-20[⑧]，於該圖內我們假定 $\Delta S = 3$。

---

⑧ 圖 7-20 的結果係使用「保護性賣權的資產組合價值」計算 Δc，讀者亦可以練習用買進買權策略計算，可以參考所附檔案。

表 7-7 $S_0 = 50$、$r = 0.02$、$q = 0.01$、$T = 44/365$ 與 $\sigma = 0.15$

K	p0	Delta	Gamma	Theta	Vega	Rho
45	0.0185	−0.0191	0.0179	−0.0014	0.0081	−0.0012
48	0.3023	−0.2022	0.1082	−0.008	0.0489	−0.0126
49	0.5831	−0.3306	0.1391	−0.0102	0.0629	−0.0206
50	1.007	−0.4798	0.1528	−0.0111	0.0691	−0.0301
51	1.582	−0.6289	0.1449	−0.0102	0.0655	−0.0398
52	2.2949	−0.7583	0.1194	−0.008	0.054	−0.0485
55	4.966	−0.9614	0.0313	−0.0008	0.0142	−0.0639

說明：p0 表示當期賣權價格。第 3～7 欄爲對應之賣權的避險參數。

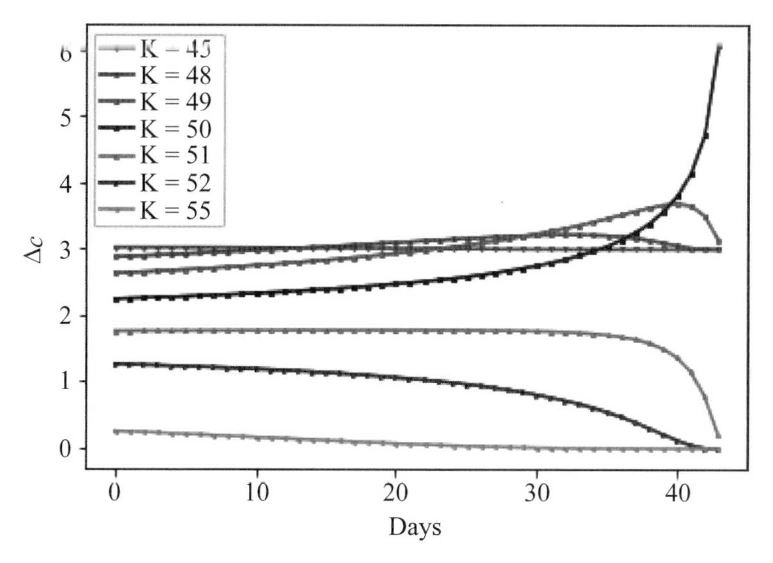

圖 7-20 小鍾的潛在收益 Δc（$\Delta S = 3$）

如前所述，若 Delta 與 Gamma 值愈大，則小鍾的保護性賣權的潛在收益 Δc 愈大，不過若檢視表 7-7 的結果可發現履約價低於 50 似乎較占優勢，畢竟 Delta 值上漲的幅度大於 Gamma 值下降的幅度。因 $T = 44/365$，我們可以利用 BSM 模型計算逐日的 Δc，其結果就繪製如圖 7-20 所示。值得注意的是，圖 7-20 內的橫軸表示經過的天數，例如 Days = 30 表示距離到期剩下 14 日，其餘類推。

從圖 7-20 內可看出期初例如 K = 45 的確可產生較高的 Δc，而 K 大於 50 所能產生的 Δc 皆較低，不過隨著時間經過反而 K = 48 或 K = 49 所對應的 Δc 較高。雖說如此，約從距離到期日前 4 日起（可以參考表 7-8，該表係擷取圖 7-20 的部分結果），K = 50 所能產生的 Δc 趨向於最大。我們亦可從圖 7-21 內看出爲何如此，其原因就是從距離到期日前 4 日起，K = 50 所對應的 Gamma 值逐日增加，而其餘 K 值所對應的 Gamma 值則逐日下降。因此，圖 7-20 的結果指出小鍾若欲保有保護性賣權的資產組合的期限較短，則小鍾可選擇履約價低於 50 的賣權；但是，若小鍾若欲保有保護性賣權的資產組合較久或甚至於到期，則小鍾應選擇履約價爲 50 的賣權。

若小鍾欲保有上述保護性賣權至到期，小鍾其實可繪製對應的到期利潤曲線如圖 7-22 的右圖所示，其中左圖只繪製出 K = 45、50 與 55 的到期利潤曲線；換言之，若小鍾欲保有上述保護性賣權至到期，圖 7-22 或表 7-9 的結果可供參考，其中表 7-9 列出圖 7-22 右圖的部分結果。因此，從上述結果可看出雖然不同履約價的賣權皆能保護現貨價值，不過不同履約價的賣權所提供的保護程度卻不相同，即當標的資產價格下降，雖然低履約價的賣權所能保護的現貨價值較低；但是，當標的資產價格上升幅度愈大，低履約價的賣權所能提供的到期利潤卻是最高。同理，高履約價雖然可以保護較高的現貨價值，不過當標的資產價格上升幅度愈大，高履約價的賣權所帶來的到期利潤卻不如低履約價賣權的到期利潤。是故，若小鍾欲保留上述保護性賣權至到期，如何選擇合適的履約價賣權，取決於小鍾的偏好。

表 7-8　小鍾的潛在收益 Δc（$\Delta S = 3$）

Days	45	48	49	50	51	52	55
30	3.0013	3.213	3.2346	2.755	1.7694	0.8075	0.01
31	3.0009	3.2184	3.2756	2.8	1.7635	0.766	0.0071
32	3.0005	3.2213	3.3192	2.8505	1.7556	0.7199	0.0049
33	3.0003	3.2211	3.3656	2.9079	1.7449	0.6685	0.0032
34	3.0001	3.2169	3.4148	2.9738	1.7303	0.611	0.002
35	3.0001	3.2077	3.4666	3.0506	1.7104	0.5466	0.0013
36	3	3.1926	3.5204	3.1415	1.6828	0.4746	0.0009
37	3	3.1703	3.5748	3.2516	1.6438	0.3947	0.0006
38	3	3.1403	3.6268	3.3883	1.5872	0.3075	0.0005
39	3	3.103	3.67	3.5646	1.5027	0.2153	0.0004
40	3	3.0616	3.6906	**3.8039**	1.3709	0.1247	0.0003
41	3	3.0242	3.6581	4.1553	1.1552	0.0492	0.0002
42	3	3.0033	3.5051	4.7459	0.7861	0.0074	0.0002
43	3	3	3.1489	6.0817	0.2116	0.0001	0.0001

說明：第 1 欄表示經過的天數（例如：Days = 30 表示距離到期剩下 14 日，其餘類推）。第 2～8 欄表示不同履約價，即 K = 45 簡寫爲 45，其餘類推。

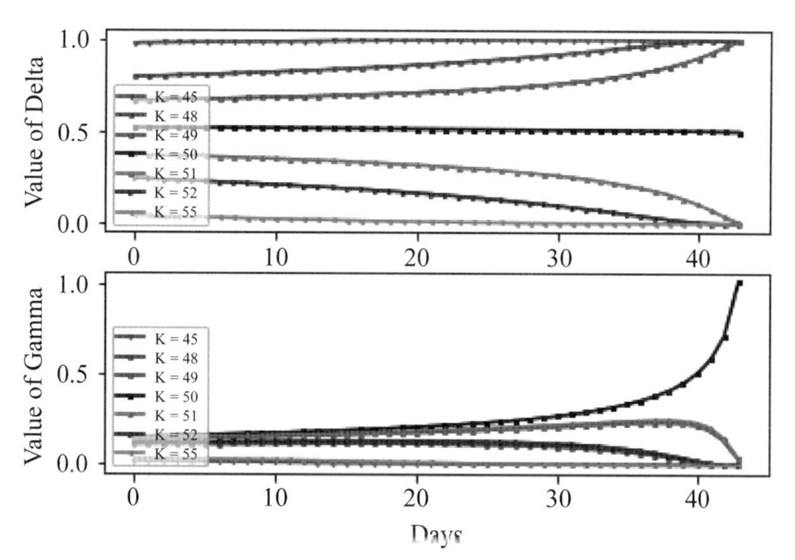

圖 7-21 不同到期期限的 Delta 與 Gamma 值（買權）

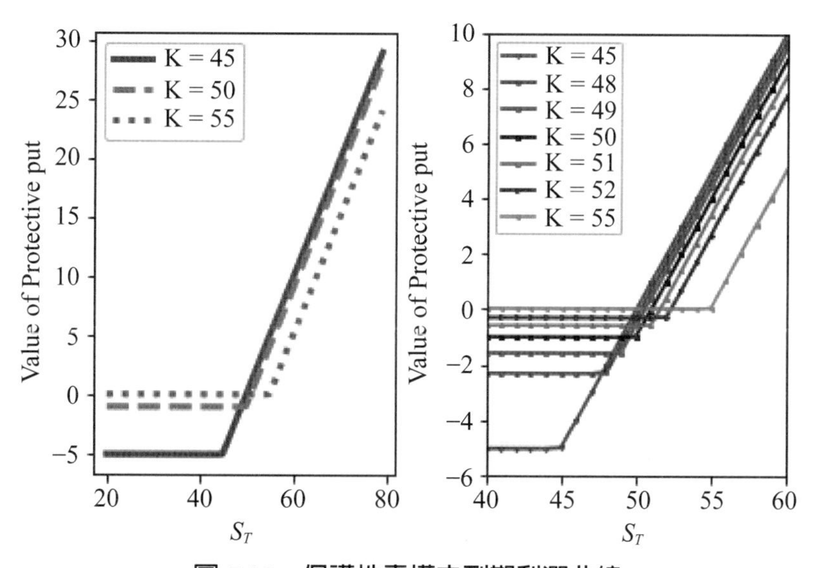

圖 7-22 保護性賣權之到期利潤曲線

表 7-9 小鍾的到期利潤

ST	45	48	49	50	51	52	55
45	−4.9916	−2.3024	−1.5832	−1.0071	−0.582	−0.2949	0.0339
46	−4.0185	−2.3024	−1.5832	−1.0071	−0.582	−0.2949	0.0339
47	−3.0185	−2.3024	−1.5832	−1.0071	−0.582	−0.2949	0.0339

ST	45	48	49	50	51	52	55
48	−2.0185	−2.2736	−1.5832	−1.0071	−0.582	−0.2949	0.0339
49	−1.0185	−1.3023	−1.5538	−1.0071	−0.582	−0.2949	0.0339
50	−0.0185	−0.3023	−0.5831	−0.9772	−0.582	−0.2949	0.0339
51	0.9815	0.6977	0.4169	−0.007	−0.5515	−0.2949	0.0339
52	1.9815	1.6977	1.4169	0.993	0.418	−0.2638	0.0339
53	2.9815	2.6977	2.4169	1.993	1.418	0.7051	0.0339
54	3.9815	3.6977	3.4169	2.993	2.418	1.7051	0.0339
55	4.9815	4.6977	4.4169	3.993	3.418	2.7051	0.0669

說明：ST 表示到期標的資產價格。第 2～8 欄表示不同履約價之到期利潤。

如前所述，買進現貨除了 Delta 值等於 1 之外，其餘的避險參數皆為 0；是故，保護性賣權策略的 Theta 值恰等於賣權策略的 Theta 值，故對小鍾而言，上述 Theta 值是不利的因子（即賣權的 Theta 值為負數值）。利用圖 7-22 內的條件（除了到期期限改為 1 年，其餘不變），圖 7-23 的下圖繪製出保護性賣權策略的 Theta 值曲線，我們從該圖內可看出對應的 Theta 值於期初變化不大，但是約從到期日前 30 日起，K = 50 之 Theta 值下降的幅度遞增（依絕對值來看）。因此，圖 7-23 的結果提醒小鍾，若欲保留上述保護性賣權至到期日，當然上述 Theta 值不影響小鍾的決策；但是，若小鍾有可能於到期期限內結清部位，則小鍾可以選擇期限較長的賣權。

有意思的是，我們從圖 7-23 的下圖內挑選 K = 49、50 與 55 賣權的 Theta 值曲線，重新繪製如圖 7-23 內上圖所示，可以發現小鍾若選擇 K = 50 的賣權反而不利，因其對應的 Theta 值下降幅度最大（依絕對值來看）。反觀 K = 55 的賣權之 Theta 值，於接近到期日約前 30 日起，對應的 Theta 值反而變成正數值，故就 Theta 值而言，小鍾若選擇 K = 55 的賣權未必不利。

最後，我們檢視保護性賣權的 Vega 值。我們已經知道上述 Vega 值就是賣權的 Vega 值。類似於圖 7-23，圖 7-24 的下圖繪製出小鍾所面對的 Vega 值曲線，其中上圖繪製出 K = 49、50 與 51 的 Vega 值曲線；換言之，從圖 7-24 內可看出小鍾若挑選 K = 50 或 51 的賣權，小鍾會面對較大的 Vega 風險。當然，上述風險只局限於小鍾欲於到期期限內結清部位，即小鍾若持有上述賣權至到期，所謂的 Vega 風險並不存在。

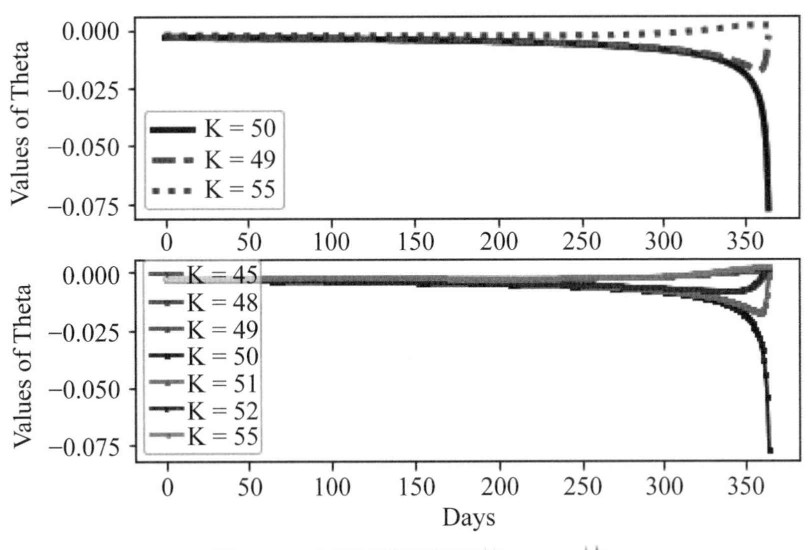

圖 7-23 不同到期期限的 Theta 值

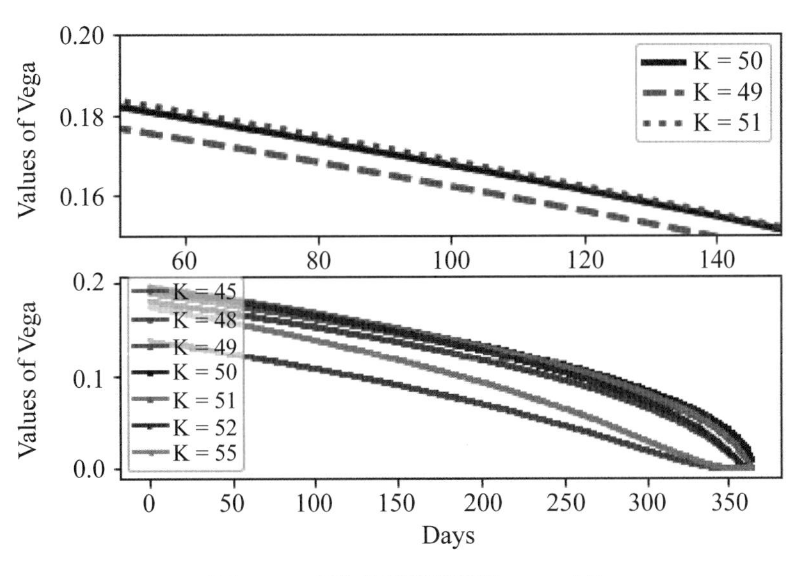

圖 7-24 不同到期期限的 Vega 值

7.4.2 保護性買權

小張的例子與上述小鍾的例子相反，小張於 B 公司股價爲 50 時放空 B 公司股票 2,000 股，爲了避免 B 公司股價上升所導致的風險，小張亦選擇買進履約價爲 50 的 B 公司股票的買權，因此小張採取了保護性買權策略。基本上，小張看空 B

公司股價故放空 B 公司股票；不過，爲了避險，小張同時買進 B 公司股票的買權。圖 7-25 繪製出上述小張的保護性買權策略的到期利潤曲線，其中左圖同時繪製出放空 B 公司股票與買進 B 公司股票買權的到期利潤曲線，而右圖內的實線則是前述二到期利潤曲線的相加；換言之，圖 7-25 的右圖竟然顯示出小張的保護性買權策略相當於買進 B 公司股票的賣權策略。

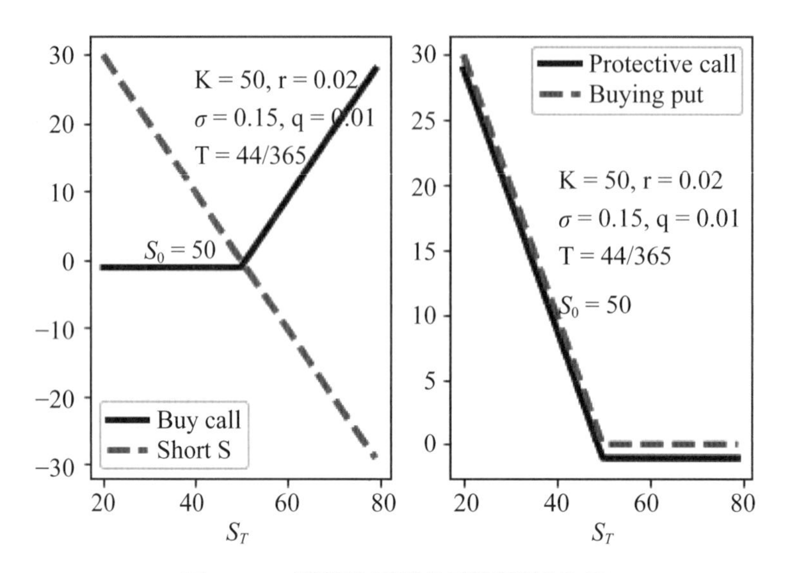

圖 7-25 **保護性買權的到期利潤曲線**

上述保護性買權策略相當於買進賣權策略，亦可以用買權與賣權平價關係如（7-3）式解釋；換言之，（7-3）式可改寫成：

$$p_T - p_0 = c_T - c_0 - (S_T - K) + \left(S_0 e^{-qT} - Ke^{-rT}\right) \tag{7-4}$$

因此，根據（7-4）式，我們於圖 7-25 內可看出買進賣權的到期利潤曲線（虛線）與保護性買權的到期利潤曲線之間的差距就是（7-4）式內的校正因子。類似於表 7-6 的編製，表 7-10 列出保護性買權與買進賣權策略之到期利潤比較，讀者可以檢視看看。

表 7-10　保護性買權與買進賣權策略之到期利潤比較

ST	Protective call	p	factor	mPc
48	0.9328	0.9929	0.0602	0.993
49	−0.0672	−0.0071	0.0602	−0.007
50	−1.0373	−0.9772	0.0602	−0.9771
51	−1.0672	−1.007	0.0602	−1.007
52	−1.0672	−1.007	0.0602	−1.007

說明：第 1～5 欄分別表示到期標的資產價格、保護性買權到期利潤、買進賣權到期利潤、校正因子與修正的保護性買權到期利潤。

如前所述，基本上小張較重視標的資產價格下跌的情況，既然保護性買權策略類似於買進賣權策略，故小張相當於執行「long put gamma」策略；換言之，小張若挑選愈小的 Delta 值與愈大的 Gamma 值，則小張的潛在收益 Δp 將愈高。試下列指令：

```
S0-c0 # 48.93278737985486
```

其中 S0 與 c0 分別表示現貨價格與買權價格，其分別爲 50 與 1.07。上述指令說明了小張採取保護性買權策略，於期初約可得 48.93，即期初小張的資產組合價值約爲 48.93。再試下列指令：

```
deltaS = -3
S0+deltaS # 47
deltac = c0+Dc*deltaS+0.5*G*deltaS**2 # 0.19799947413293806
(S0-c0)-(S0+deltaS)+deltac # 2.130786853987796
-deltaS+Dc*deltaS+0.5*G*deltaS**2 # 2.1307868539877926
```

其中 Dc、G 與 deltaS 分別表示買權的 Delta 值、買權之 Gamma 值與 ΔS，其分別約爲 0.519、0.1528 與 −3。上述指令指出當現貨價格降至 47，小張的資產組合價值約上升 2.13；也就是說，若買權的 Delta 值愈小與 Gamma 值愈高，小張的資產組合價值上升的幅度愈大。我們可看出小張的資產組合價值上升幅度內 Delta 值與 Gamma 值分別扮演著重要角色。試下列結果：

```
Dc1 = 0.2
-deltaS+Dc1*deltaS+0.5*G*deltaS**2 # 3.087753051857681
G1 = 0.3
-deltaS+Dc*deltaS+0.5*G1*deltaS**2 # 2.793033802130111
```

即假定買權的 Delta 值下降或買權的 Gamma 值上升，則保護性買權的資產組合價值 Δp 會上升。

其實上述小張的資產組合價值上升幅度亦可單純用買進賣權（即「long put gamma」）策略計算。試下列指令：

```
p0 # 1.007047533974422
deltap = p0+Dp*deltaS+0.5*G*deltaS**2 # 3.1342201285014886
deltap-p0 # 2.1271725945270665
```

其中 p0 與 Dp 分別表示對應的賣權與賣權的 Delta 值，其分別約爲 1.01 與 −0.4798（可參考表 7-7）。上述指令提醒我們，若標的資產價格下跌，則賣權的價格亦會下跌，投資人反而可以用較低的賣權價格結清部位；是故，Delta 值（依絕對值來看）與 Gamma 值愈大，資產組合價值 Δp 會愈大[9]。換句話說，上述指令指出當現貨價格降至 47，小張的資產組合價值若用買進賣權策略計算亦約上升 2.13。因此，上述指令再次說明了採取保護性買權策略相當於採取「long put gamma」策略。

假定小張亦有許多不同履約價的買權（相同到期日）可供選擇，則類似於圖 7-20，圖 7-26 繪製出於不同履約價下，小張之逐日潛在利益 Δp；另一方面，表 7-11 亦列出圖 7-26 的部分結果。我們從圖 7-26 的結果可看出若小張不想持有上述保護性買權至到期，則小張倒是可以考慮履約價大於 50 的買權；同理，若小張打算持有上述保護性買權的時間較長或甚至於保有至到期，則小張可考慮履約價爲 50 的買權。我們亦可以從表 7-11 或圖 7-27 內看出端倪，即從後者可看出於接近到期日，雖然履約價大於 50 的賣權的 Delta 值有變大（依絕對值來看），但是對應的 Gamma 值卻逐漸縮小；但是，履約價等於 50 的賣權的 Delta 值仍維持不變，不過對應的 Gamma 值卻愈接近到期日愈攀高。有意思的是，上述結果竟然與前述的保護性賣權的結果「相反」，即圖 7-20 與 7-26 以及表 7-8 與 7-11 的結果有些「顚

[9] 可記得買權 Delta 值與賣權 Delta 值之間的關係如圖 7-16 所示。

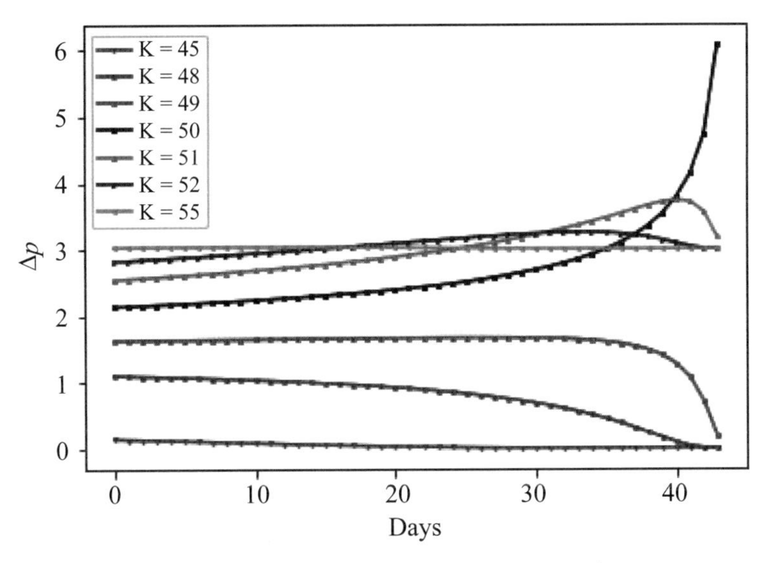

圖 7-26　小張的潛在收益 Δp（$\Delta S = -3$）

表 7-11　小張的潛在收益 Δp（$\Delta S = -3$）

Days	45	48	49	50	51	52	55
30	0.0034	0.6831	1.6582	2.6887	3.2146	3.2333	3.005
31	0.0025	0.645	1.6533	2.736	3.2597	3.2425	3.0035
32	0.0018	0.6027	1.6463	2.789	3.3078	3.2491	3.0024
33	0.0013	0.5559	1.6365	2.849	3.359	3.2524	3.0014
34	0.001	0.5038	1.6228	2.9177	3.4133	3.2513	3.0008
35	0.0008	0.446	1.6037	2.9974	3.4707	3.2447	3.0004
36	0.0007	0.3822	1.5768	3.0913	3.5307	3.2311	3.0001
37	0.0006	0.3124	1.5385	3.2046	3.592	3.2091	3
38	0.0005	0.2377	1.4828	3.3448	3.6516	3.1772	3
39	0.0004	0.161	1.3996	3.5249	3.7031	3.1351	3
40	0.0003	0.0887	1.2703	**3.7685**	3.7327	3.0853	3
41	0.0002	0.0322	1.0603	4.1246	3.7083	3.0367	3
42	0.0002	0.0041	0.7071	4.7208	3.5572	3.0059	3
43	0.0001	0.0001	0.1786	6.064	3.1757	3	3

說明：第 1 欄表示經過的天數（例如：Days = 30 表示距離到期剩下 14 日，其餘類推）。第 2～8 欄表示不同履約價，即 K = 45 簡寫為 45，其餘類推。

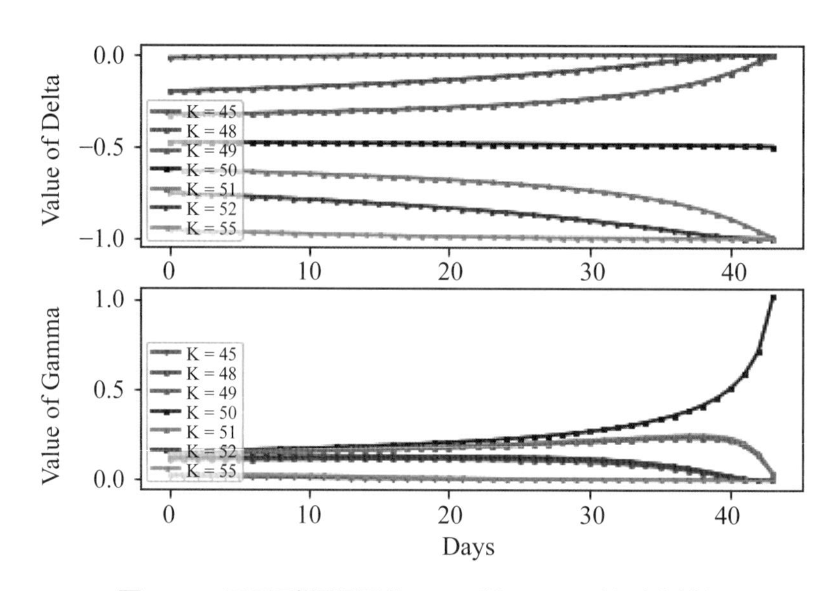

圖 7-27　不同到期期限的 Delta 與 Gamma 值（賣權）

倒」；另一方面，比較圖 7-21 與 7-27，我們亦可看出不同履約價下買權與賣權之 Delta 值之間的關係。如此，可看出保護性買權與保護性賣權之間的對應關係。

圖 7-26 或表 7-11 的結果是描述小張有可能於買權的到期期限內結清保護性買權部位。倘若小張打算持有上述保護性買權至到期，則小張可以進一步繪製出不同履約價的保護性買權的到期利潤曲線如圖 7-28 所示；另外，表 7-12 列出圖 7-28 的部分結果。由於不容易從圖 7-28 的右圖內看出特色，故圖 7-28 的左圖只列出 K = 45、50 與 55 的到期利潤曲線（從右圖內挑選）。是故，從圖 7-28 或表 7-12 內可看出小張如何挑選合適的履約價買權。即小張若挑選例如 K = 55 的買權，雖然對應的權利金支出較高，但是標的資產價格下跌所帶來的保護性買權的到期利潤卻較大；同理，若小張挑選例如 K = 45 的買權，雖然對應的權利金支出較低，但是標的資產價格下跌所帶來的保護性買權的到期利潤卻較小。因此，合適履約價買權的挑選仍取決於小張的偏好。

最後，我們來看保護性買權的其餘避險參數。由於買權與賣權擁有相同的 Vega 值；另一方面，因保護性買權策略相當於買進賣權策略，故上述二策略具有相同的 Theta 值。因此，圖 7-24 的結果亦適用於保護性買權策略；或者說，保護性買權策略與保護性賣權策略具有相同的 Theta 值與 Vega 值。

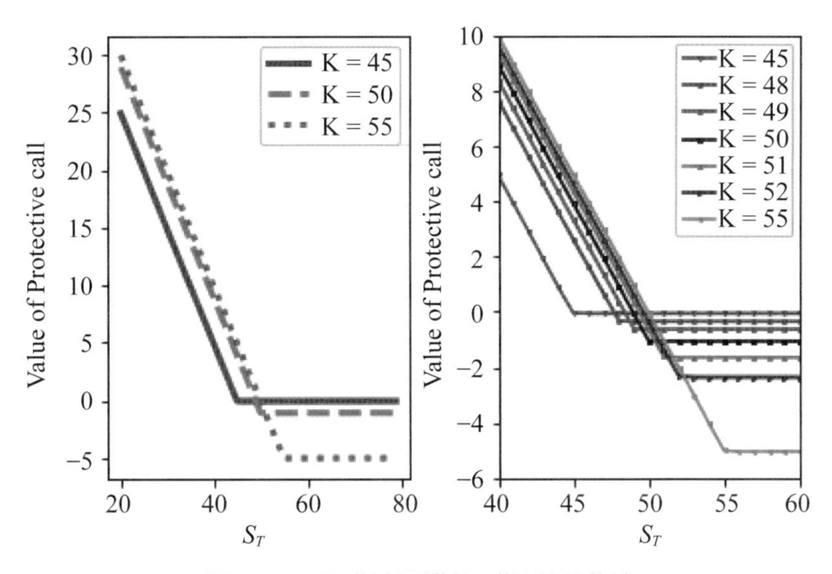

圖 7-28 保護性買權的到期利潤曲線

表 7-12 小張的到期利潤

ST	45	48	49	50	51	52	55
45	−0.0397	2.6423	3.3591	3.9328	4.3555	4.6402	4.9618
46	−0.0666	1.6423	2.3591	2.9328	3.3555	3.6402	3.9618
47	−0.0666	0.6423	1.3591	1.9328	2.3555	2.6402	2.9618
48	−0.0666	−0.3289	0.3591	0.9328	1.3555	1.6402	1.9618
49	−0.0666	−0.3576	−0.6115	−0.0672	0.3555	0.6402	0.9618
50	−0.0666	−0.3576	−0.6408	−1.0373	−0.6445	−0.3598	−0.0382
51	−0.0666	−0.3576	−0.6408	−1.0672	−1.614	−1.3598	−1.0382
52	−0.0666	−0.3576	−0.6408	−1.0672	−1.6445	−2.3287	−2.0382
53	−0.0666	−0.3576	−0.6408	−1.0672	−1.6445	−2.3598	−3.0382
54	−0.0666	−0.3576	−0.6408	−1.0672	−1.6445	−2.3598	−4.0382
55	−0.0666	−0.3576	−0.6408	−1.0672	−1.6445	−2.3598	−5.0053

說明：ST 表示到期標的資產價格。第 2～8 欄表示不同履約價之到期利潤。

垂直價差策略

本章將介紹垂直價差策略（vertical spread strategy）。垂直價差策略[1]牽涉到買進一種選擇權同時又賣出另外一種選擇權，而上述二種選擇權除了履約價不同外，其餘條件皆相同（有相同的標的資產與到期日）。垂直價差策略可以分成四種：多頭買權價差（bull call spread, bcs）、空頭買權價差（bear call spread, BCS）、多頭賣權價差（bull put spread, bps）與空頭賣權價差（bear put spread, BPS）。因此，垂直價差策略亦可從另外幾種角度分類，即其可分成買權價差與賣權價差策略；或是，其亦可分成多頭價差與空頭價差策略。最後，亦可從借貸劃分，即存在所謂的借方價差（debit spread）與貸方價差（credit spread）之分。

第 7 章所介紹的如賣出裸部位買權（賣權）、掩護性買權（賣權）或甚至於保護性買權（賣權）等策略皆有涉及到（無限）風險的可能。我們當然希望能降低風險。我們發現採取垂直價差策略可降低上述風險，表現出來的是垂直價差策略的避險參數可被降低。

8.1 多頭買權價差策略

多頭買權價差（bcs）策略是指投資人買進低履約價的買權同時又賣出高履約價的買權，而上述買權不僅擁有相同的標的資產同時到期日也相同。假定存在下列條件：

[1] 垂直價差策略亦可稱爲價格價差或貨幣價差策略。

```
S01 = 15800
K1 = 16000;K2 = 16100;r = 0.02;q = 0.01;T = 40/365;sigma = 0.2
```

即標的物現貨價格爲 15,800（點）而低履約價 K1 與高履約價 K2 分別爲 16,000 與 16,100。利用上述條件可得 K1 與 K2 買權價格分別爲 334.35 與 294.45；因此，bcs 的價格爲 39.9，即：

買進單口 K1 的買權支出： 16,717.5
賣出單口 K2 的買權支出：−14,722.5

買進單口 bcs（淨）支出： 1,995

即上述 bcs 的借方支出爲 39.9 點，相當於支出 1,995 元[②]。是故，bcs 亦可稱爲借方價差。

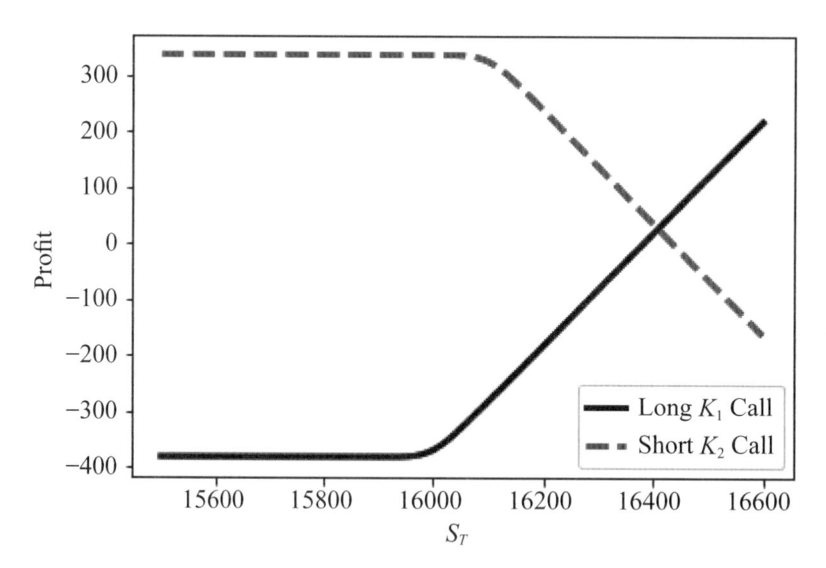

圖 8-1　同時買進 K_1 買權與賣出 K_2 買權的到期利潤曲線，其中 K_1 = K1 與 K_2 = K2

圖 8-1 分別繪製出同時買進 K1 買權與賣出 K2 買權的到期利潤曲線，而根據 bcs 的定義，上述二曲線的相加就是 bcs 的到期利潤曲線。基本上，bcs 策略適用於

② 即 1 點爲 50 元。

多頭市場行情，不過於圖 8-2 內可看出 bcs 屬於一種「風險有限」同時「報酬亦有限」的策略；也就是說，投資人認爲標的資產價格至少會漲超過 K1 故買進 K1 的買權，但是不會漲至超過 K2 故賣出 K2 的買權。我們當然亦可以比較上述 bcs 與買進 K1 的買權的到期利潤曲線（圖 8-1），應可發現 bcs 的投資人願意放棄標的資產價格無限上升所帶來的無限利潤，換來的是 bcs 的最大報酬固定而且價格也比較便宜；換言之，bcs 策略提供了一種取代無限利潤的可能，那就是 bcs 策略的成本較低。表 8-1 列出圖 8-2 的部分結果，完整的部分可參考所附檔案，讀者可檢視看看。或者說，類似於表 8-1 的編製方式，讀者應不難找出 bcs 策略的最大損失、損益兩平所對應的標的資產價格以及最大利潤。

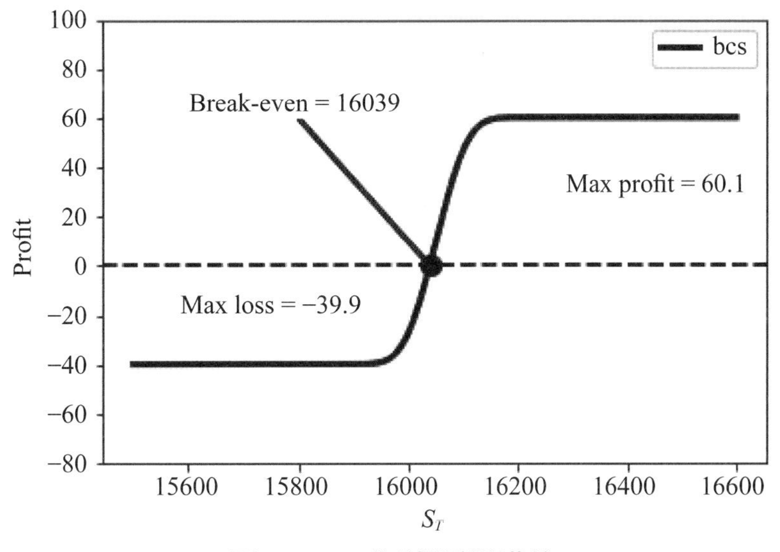

圖 8-2 bcs 的到期利潤曲線

我們嘗試分析看看。若到期標的資產價格低於 16,000，顯然上述二種買權皆不會履約，故投資人購買上述 bcs 的支出爲 39.9；或是，投資人的最大損失爲 39.9。倘若到期標的資產價格介於 16,000 與 16,100 之間，即購進之買權會履約而賣出的買權不會履約，故投資人實際購買價爲 16,039.9(39.9 + 16,000)，因此投資人的損益兩平點爲 16,039.9。換言之，若到期標的資產價格超過 16,039.9，投資人會獲利；同理，若到期標的資產價格小於 16,039.9，則投資人會有損失。若到期標的資產價格高於 16,100，則上述二種買權皆會履約，隱含著到期投資人每股可用 16,000 買進而且用 16,100 賣出，故淨利爲 100，扣除掉期初的支出 39.9，故投資人的最大獲利爲 60.1。

顯然，上述 16,000-16,100 的 bcs 與直接購進 16000 買權（或 16100 買權）是

有差距的，即前者的期初支出爲 39.9 而後者的期初支出爲 334.35（或 294.45），故 bcs 相對上較爲便宜[3]；因此，bcs 可視爲一種「控制風險」或「降低資金需求」的策略，即根據上述例子，bcs 的風險是固定的，即最大的損失爲 39.9。雖說如此，bcs 卻仍存在一個缺點，即其利潤無法與直接購進買權策略相比擬，即 bcs 的最大利潤爲固定數值而後者的利潤卻有可能爲無窮大。

表 8-1　圖 8-2 的部分結果

ST	bcs	call1	call2
15500	−39.9	−334.35	−294.45
15501	−39.9	−334.35	−294.45
---	---	---	---
16038	-0.37	-294.49	−294.12
16039	0.49	-293.6	−294.09
16040	1.35	-292.71	−294.06
16041	2.21	-291.81	−294.03
---	---	---	---
16598	60.1	263.67	203.57
16599	60.1	264.67	204.57

說明：第 1～4 欄分別表示到期標的資產價格、多頭買權價差的到期利潤、買進 16,000 買權的到期利潤與買進 16,100 買權的到期利潤。

圖 8-2 的繪製係假定期初標的資產價格爲 15,800，若期初標的資產價格不同呢？例如：圖 8-3 繪製出三種不同期初標的資產價格的例子，即除了 15,800 之外，該圖亦繪製出期初標的資產價格分別爲 16,000 與 16,100 的情況；換言之，從圖 8-3 內可看出後二者的成本價上升了，但是最大利潤卻下降了[4]。因此，倒是可以擴充圖 8-3 所檢視的範圍。換句話說，於已知的 16,000-16,100 的 bcs 的條件下，圖 8-4 繪製出不同期初標的資產價格所對應的成本價（最大損失）與最大利潤，而從該圖內可看出期初標的資產價格與 bcs 的成本價呈正關係，以及與 bcs 的最大利潤呈負

[3] 隱含著 bcs 的保證金支出較低。

[4] 即期初標的資產價格分別爲 16,000 與 16,100 下，前者的成本價與最大利潤分別爲 47.36 與 52.64 而後者則爲 51.1 與 48.9，讀者可以檢視看看。

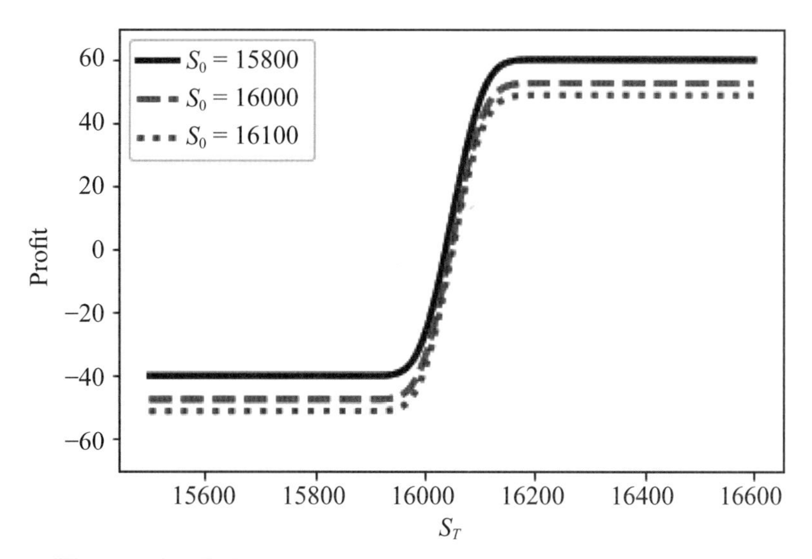

圖 8-3 不同期初標的資產價格 S_0 的 bcs 策略的到期利潤曲線

關係[5]。因此，圖 8-4 的結果隱含著於圖 8-1 的條件下，採取 bsc 策略的投資人應挑選期初標的資產價格愈低愈佳。

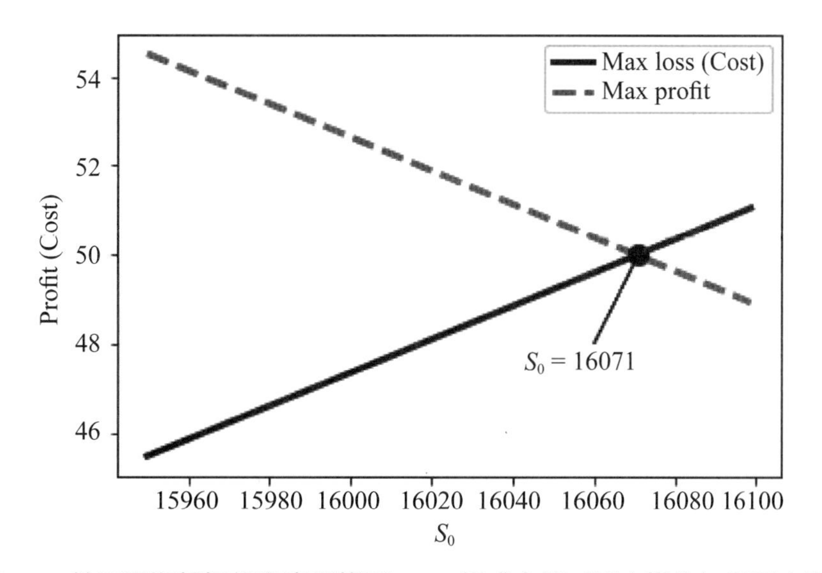

圖 8-4 於不同期初標的資產價格下，bcs 的成本價（最大損失）與最大利潤

[5] 成本與利潤皆用正數值表示。讀者可檢視圖 8-4 內的黑點（成本價與最大利潤幾乎相等），其對應的期初標的資產價格約爲 16,071。

若投資人採取 bcs 策略且保有對應的買權至到期，該投資人自然不需擔心 bcs 所對應的避險參數；不過，若投資人突然不想保有至到期呢？或者說，其實我們也可以檢視 bcs 策略的避險參數，進一步瞭解 bcs 策略的特性。根據定義，上述 bcs 策略於期初的支出可寫成：

$$c_1(S_0, \text{K1}, r, q, T, \sigma) - c_2(S_0, \text{K2}, r, q, T, \sigma) \tag{8-1}$$

其中 K1 < K2。因此，若對（8-1）式取適當的偏微分，自然可以取得 bcs 策略的避險參數。例如：利用圖 8-2 的條件，表 8-2 列出對應的 bcs 策略的避險參數。我們從表 8-2 內可看出除了 bcs 策略的價格較低外，另外 bcs 策略的避險參數亦皆較對應的單獨買權策略的避險參數低。

表 8-2　圖 8-2 所對應的避險參數

	c(K1)	c(K2)	bcs
ct	334.3536	294.4489	---
Delta	0.4437	0.4069	0.0368
Gamma	0.0004	0.0004	0
Theta	−5.3336	−5.2297	−0.1039
Vega	20.6395	20.2787	0.3608
Rho	7.3165	6.7224	0.5941
price	---	---	39.9047

說明：1. ct 與 price 分別表示買權價格與 bcs 價格。
　　　2. 第 2～4 欄分別表示採取買進 K1 買權策略、買進 K2 買權策略與 bcs 策略。

我們進一步計算圖 8-3 內 bcs 策略的避險參數，其結果就列表如表 8-3 所示。相對於採取單獨買權策略的避險參數而言，我們從表 8-3 內可看出，即使期初標的資產價格不同，bcs 策略的避險參數皆較低。直覺而言，我們知道爲何會如此，即 bcs 策略是同時買進低履約價的買權與賣出高履約價的買權，因後者的避險參數須再加上一個「負號」，例如買進低履約價買權的 Delta 值爲正數值而賣出高履約價買權的 Delta 值爲負數值，故 bcs 的 Delta 值自然會變小，隱含著標的資產價格有變動，bcs 價格變動的幅度低於單獨買權價格變動的幅度，因此相對上 bcs 價格的波動較小；同理，其餘的避險參數可類推。是故，於風險控管上，因 bcs 策略的避險參數較小，故其提供了一種選擇。

表 8-3　圖 8-3 所對應的避險參數

	S01	S02	S03	S01	S02	S03
ct	294.4489	430.6531	484.4468	---	---	---
Delta	0.4069	0.5192	0.5565	0.0368	0.0375	0.0373
Gamma	0.0004	0.0004	0.0004	0	0	0
Theta	−5.2297	−5.4744	−5.4742	−0.1039	−0.0125	0.0344
Vega	20.2787	21.0815	21.0211	0.3608	−0.0052	−0.1922
Rho	6.7224	8.6324	9.2887	0.5941	0.6054	0.6023
price	---	---	---	39.9047	47.3593	51.1021

說明：1. ct 與 price 分別表示買權價格與 bcs 價格。
2. S01、S02 與 S03 分別表示期初標的資產價格 15,800、16,000 與 16,100。
3. 第 2 欄爲單獨買進 K2 買權而第 3～4 欄則爲單獨買進 K1 買權策略的避險參數，另外，第 5～7 欄則是 bcs 策略的避險參數。

上述分析是假定 K1 與 K2 值皆固定不變，我們考慮另外二種可能，即假定 K2 爲 16,150 與 16,200，其餘不變。表 8-4 列出上述結果。我們從表 8-4 內發現 bcs 內二履約價差距愈大，不僅對應的成本價，同時避險參數（依絕對值來看）以及最大利潤皆會上升；是故，採取 bcs 策略，不同買權之間的履約價差距亦是一個需要考慮的因子。例如：圖 8-5 繪製出表 8-4 所對應的 bcs 策略之到期利潤曲線，讀者可檢視看看。

表 8-4　16000-16100bcs、16000-16150bcs 與 16000-16200bcs

	16000-16100bcs	16000-16150bcs	16000-16200bcs
price	39.9047	58.5115	76.2422
Delta	0.0368	0.0549	0.0726
Gamma	0	0	0
Theta	−0.1039	−0.1716	−0.249
Vega	0.3608	0.6042	0.8871
Rho	0.5941	0.8863	1.1744

說明：第 2 欄取自表 8-3 的第 5 欄，而第 3～4 欄則分別令 K2 等於 16,150 與 16,200（其餘條件同圖 8-2）。

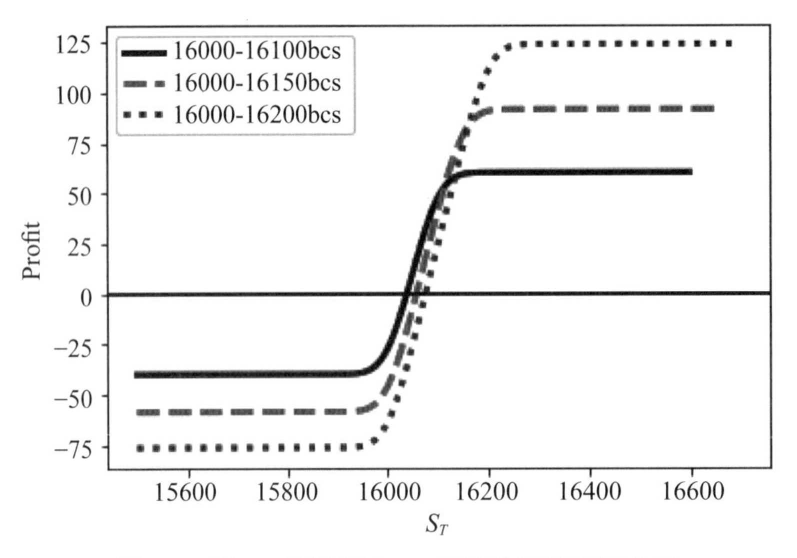

圖 8-5　表 8-4 所對應之 bcs 策略的到期利潤曲線

接下來，我們檢視波動率與到期期限改變的例子。表 8-5 與圖 8-6 分別考慮二種情況，即利用圖 8-2 內的條件，我們分別考慮波動率由 0.2 改爲 0.4 以及到期期限由 40/365 改爲 365/365 的情況。例如：波動率由 0.2 上升至 0.4，比較表 8-5 內 a1 與 a2 的結果或是圖 8-6 內的左圖，雖然成本價由 39.9 上升至 42.9 而最大利潤由 60.1 下降至 57.1（檢視所附檔案），但是對應的避險參數的幅度卻縮小了；換言之，於高波動的環境內，雖然 bcs 的價格會上升以及最大利潤會下降，但是 bcs 的避險參數卻下降了（依絕對値來看），隱含著選擇權的影響因子對 bcs 價格的影響程度較小，或者說 bcs 價格的波動較小。

表 8-5　不同到期日與波動率下之 bcs 策略的避險參數

	a1	a2	a3
price	39.9047	42.9025	43.9996
Delta	0.0368	0.0187	0.0123
Gamma	0	0	0
Theta	−0.1039	−0.0273	0.0009
Vega	0.3608	0.0431	−0.1387
Rho	0.5941	0.2773	1.4991

說明：a1 爲使用圖 8-2 內的條件；a2 爲使用圖 8-2 內的條件，不過波動率由 0.2 改爲 0.4，其餘不變；a3 爲仍使用圖 8-2 內的條件，不過到期期限由 40/365 改爲 365/365，其餘不變。

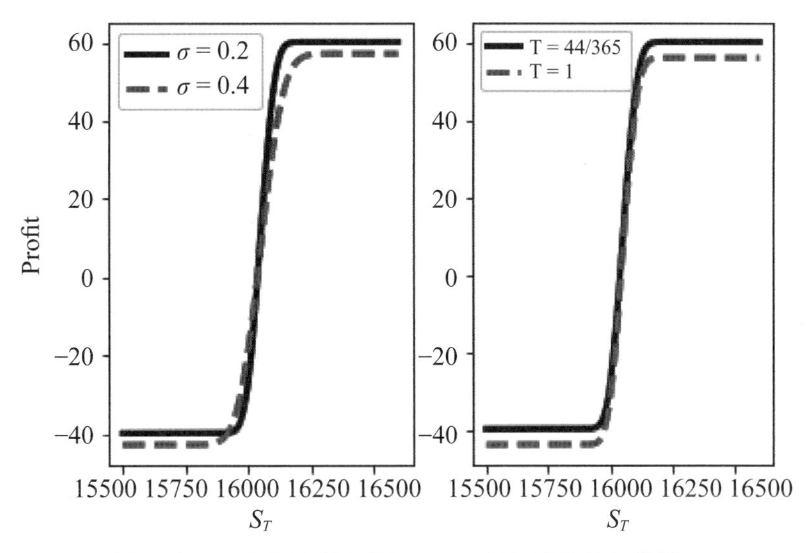

圖 8-6　表 8-5 所對應的 bcs 策略的到期利潤曲線

接著，我們來看到期期限由 40/365 改為 1 年的情況。比較表 8-5 內 a1 與 a3 或者圖 8-6 的右圖，亦可發現 bcs 的價格由 39.1 上升至 44，同時最大利潤從 60.1 降至 56（參考所附檔案），不過對應的避險參數的變化程度卻不同；換言之，到期期限變大，雖說 bcs 的價格會上升而且最大利潤會下降，不過於我們的例子內不僅對應的 Theta 值由負值轉為正數值，同時 Vega 值卻由正數值轉為負數值，另一方面對應的 Rho 值卻變大。因此，到期期限變大，bcs 的價格有可能變化較大。

最後，我們來檢視 bcs 策略的價格與避險參數的逐日變化。利用圖 8-2 內的條件，不過我們將到期期限改為 1 年其餘不變，圖 8-7 分別繪製出 bcs 策略的價格與

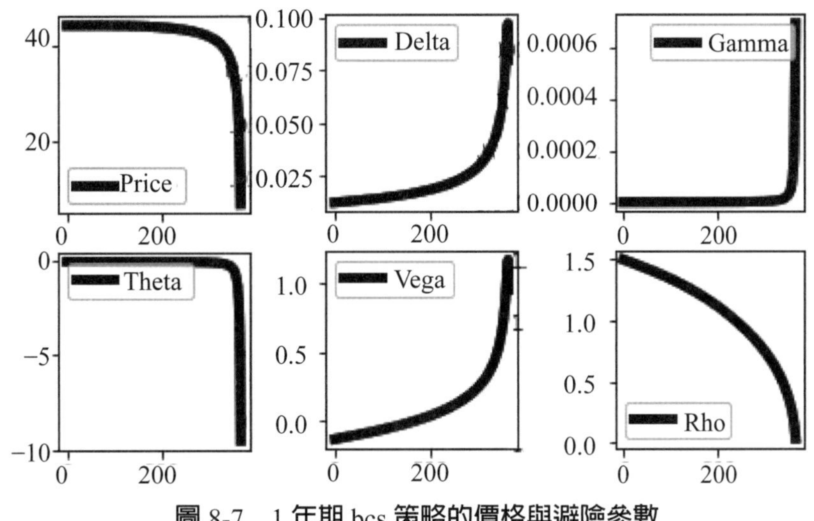

圖 8-7　1 年期 bcs 策略的價格與避險參數

避險參數的逐日變化，而表 8-6 則分別列出到期前 16 日 bcs 之價格與避險參數的變化。上述結果的特色可分述如下：

(1) 於其他影響因子不變的情況下，原本 bcs 之價格逐日下降的幅度並不大，不過約從到期前 10 日後，bcs 之價格下降的幅度變大。我們可從圖 8-7 內的「價格圖」或表 8-6 內的第 2 欄看出端倪。
(2) 雖然從圖 8-7 內的 Delta、Gamma、Vega 以及 Rho 圖可看出於接近到期前，上述避險參數變化的速度加快，不過若與單獨買進買權的避險參數如表 8-3 相比，顯然上述 bcs 的避險參數仍微不足道。
(3) bcs 的 Theta 值不容忽視，尤其是從表 8-6 內可看出到期前 5 日後，Theta 值變化的速度更大了（依絕對值來看）；因此，就 Theta 值而言，投資人倒是可以於接近到期日前採取 bcs 策略，其對應的價格便宜多了。

表 8-6　到期前 16 日 bcs 之價格與避險參數的變化

n	price	Delta	Gamma	Theta	Vega	Rho
350	34.5433	0.0575	0	−0.4597	0.6551	0.3589
351	34.06	0.0592	0	−0.5082	0.6782	0.3454
352	33.524	0.061	0	−0.5656	0.7033	0.3314
353	32.925	0.063	0	−0.6344	0.7307	0.3167
354	32.2501	0.0653	0.0001	−0.7181	0.7608	0.3012
355	31.4822	0.0678	0.0001	−0.8216	0.794	0.2848
356	30.598	0.0706	0.0001	−0.952	0.8308	0.2673
357	29.5656	0.0737	0.0001	−1.1202	0.8719	0.2487
358	28.3394	0.0772	0.0001	−1.3434	0.9181	0.2285
359	26.8511	0.0812	0.0001	−1.6503	0.97	0.2064
360	24.9944	0.0856	0.0002	−2.0917	1.028	0.1819
361	22.5916	0.0905	0.0002	−2.765	1.0908	0.1543
362	19.3213	0.0952	0.0003	−3.8759	1.1507	0.1221
363	14.5421	0.0969	0.0004	−5.8991	1.1716	0.0831
364	6.9385	0.0795	0.0007	−9.5535	0.9519	0.0342

說明：使用圖 8-2 內的條件，不過將到期期限改為 1 年，其餘不變。

8.2 空頭買權價差策略

空頭買權價差（BCS）策略是指投資人不僅賣出低履約價的買權同時又買進高履約價的買權，而上述買權不僅擁有相同的標的資產同時到期日也相同。於相同的條件下，因低履約價買權的價格大於高履約價買權的價格，故 BCS 策略屬於貸方價差策略。因此，BCS 策略可視爲 bcs 策略的「反面」，即於期初後者投資人有權利金支出，而前者投資人有權利金收入，故上述二策略屬於價差策略內的一體兩面。

利用圖 8-1 內的條件，我們已經知道採取 bcs 策略的投資人於期初有 39.9 的權利金支出；是故，於相同的條件下，採取 BCS 策略的投資人於期初卻有 39.9 的權利金收入。因此，採取 bcs 策略的投資人可視爲 16000～16100bcs 的買方；同理，採取 BCS 策略的投資人可視爲 16000～16100BCS 的賣方。我們的確看到相似處。

根據圖 8-1 內的條件，我們將期初標的資產價格改爲 16,200，其餘不變，可得 K1 買權與 K2 買權價格分別爲 541.94 與 487.13，故採取 BCS 策略的投資人於期初會有 54.81 的權利金收入；換言之，BCS 策略可寫成：

賣出單口 K1 的買權收入： 27,097
買進單口 K2 的買權收入：−24,356.5

買進單口 BCS（淨）收入： 2,740.5

即上述 BCS 的貸方收入爲 54.81 點，相當於 2,740.5 元。是故，BCS 亦可稱爲貸方價差。

圖 8-8 進一步分別繪製出上述賣出 K1 與買進 K2 買權的到期利潤曲線；同理，上述二到期利潤曲線的相加，就是採取 BCS 策略的到期利潤曲線，其繪製如圖 8-9 所示。我們檢視上述 BCS 策略的到期利潤曲線亦可發現其亦屬於「風險有限」以及「報酬亦有限」的策略。基本上，採取 BCS 策略的投資人認爲標的資產價格會下降，但是不會降低超過 K1，故賣出 K1 的買權以賺取權利金；不過，爲了避免標的資產價格上漲所造成的無限風險，故再買進 K2 買權以避險。我們進一步嘗試分析看看。

若到期標的資產價格大於 16,100，因兩買權皆履約，故損失 100（賣 16,000 買 16,100），扣除掉期初 54.81 收入，可有 −45.19 的收入。倘若到期標的資產價格介於 16,000 與 16,100 之間，則 16,000 買權會履約而 16,100 買權不會履約，故投資人

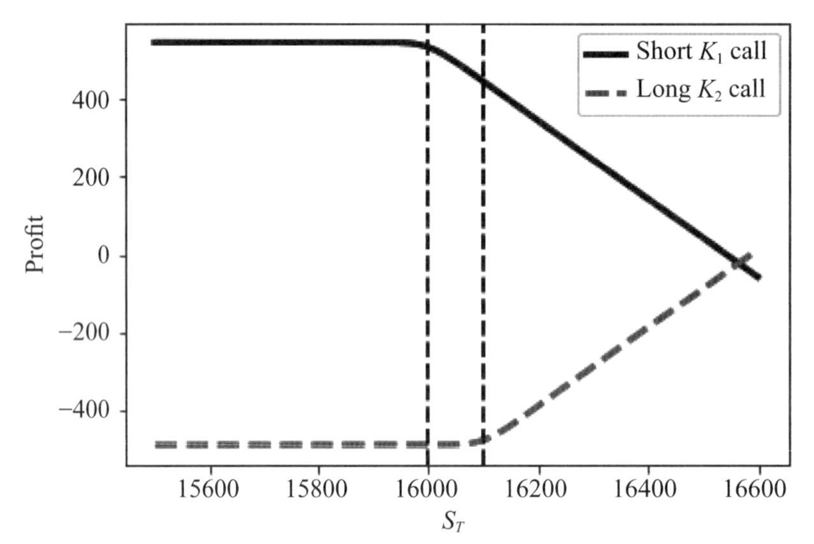

圖 8-8　賣出 K_1 買權與買進 K_2 買權之到期利潤曲線，中 K_1 = K1 與 K_2 = K2

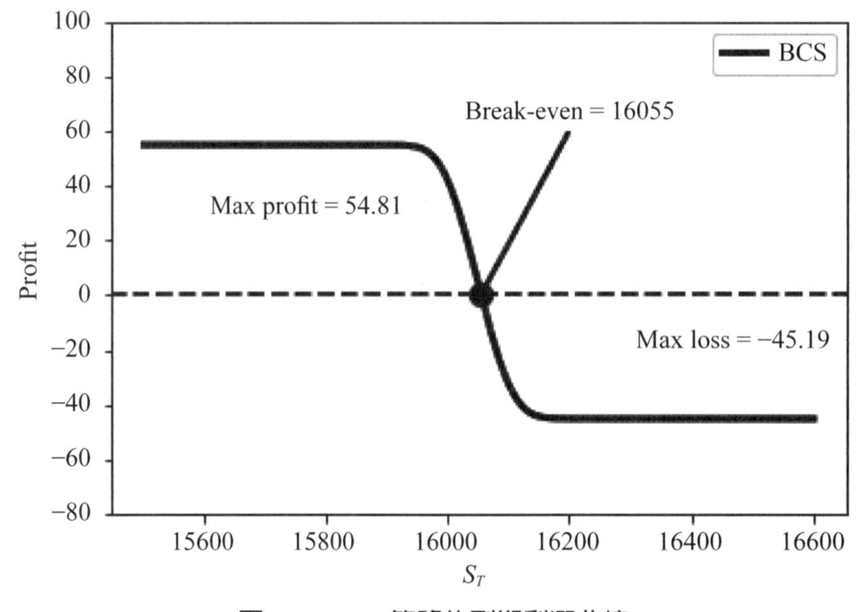

圖 8-9　BCS 策略的到期利潤曲線

會有 16,054.81（16,000 + 54.81）的收入，即 16,054.81 爲損益平衡點。因此，若到期標的資產價格低於 16,054.81，投資人會有利潤；同理，若到期標的資產價格大於 16,054.81，投資人會有損失[6]。最後，若到期標的資產價格小於 16,000，上述二

[6] 例如：若到期標的資產價格爲 16020（16080），賣出 K1 買權會有 20（80）的損失，因有 54.81 的權利金收入，故（淨）利潤爲 34.81（−25.19）。

買權皆不會履約，投資人會有期初 54.81 的利潤。是故，採取 BCS 策略，投資人的最大利潤與最大損失分別爲 54.81 與 45.19。

我們亦可從表 8-7 內的結果看出端倪，該表係擷取圖 8-8 與 8-9 的部分結果。我們發現單獨賣出 K1 買權，雖然權利金收入較高，但是卻面臨標的資產價格上漲的無限風險；反觀，BCS 策略，雖然權利金收入較低，但是上述資產價格上漲的無限風險卻被避免掉了。因此，標的資產價格上漲的無限風險被避免掉的代價，就是 BCS 策略的投資人願意接受較低的權利金收入。

表 8-7　圖 8-9 的部分結果

ST	BCS	call1	call2
15500	54.81	541.94	487.13
15501	54.81	541.94	487.13
16054	1.29	487.32	486.03
16055	0.41	486.36	485.95
16056	-0.46	485.4	485.86
16057	-1.33	484.44	485.78
16598	-45.19	-56.08	-10.89
16599	-45.19	-57.08	-11.89

說明：第 1～4 欄分別表示到期標的資產價格、空頭買權價差的到期利潤、賣出 16,000 買權的到期利潤與賣出 16,100 買權的到期利潤。

圖 8-9 係根據期初標的資產價格爲 16,200 所繪製而成，倘若使用不同的期初標的資產價格呢？圖 8-10 繪製出期初標的資產價格分別爲 16,200、16,100 與 16,000 的 BCS 策略的到期利潤曲線；換言之，根據圖 8-9 的條件，我們發現期初標的資產價格若分別爲 16,200、16,100 與 16,000，則對應的最大利潤與最大損失分別爲 54.81 與 45.19、51.1 與 48.9 以及 47.36 與 52.64，即期初標的資產價格下降，對應的最大利潤會下降而最大損失會上升。我們可以進一步擴充圖 8-10 所考慮的範圍，其結果就繪製如圖 8-11 所示[7]。讀者可檢視看看。

[7] 圖 8-11 內的成本（損失）與利潤皆用正數值表示。

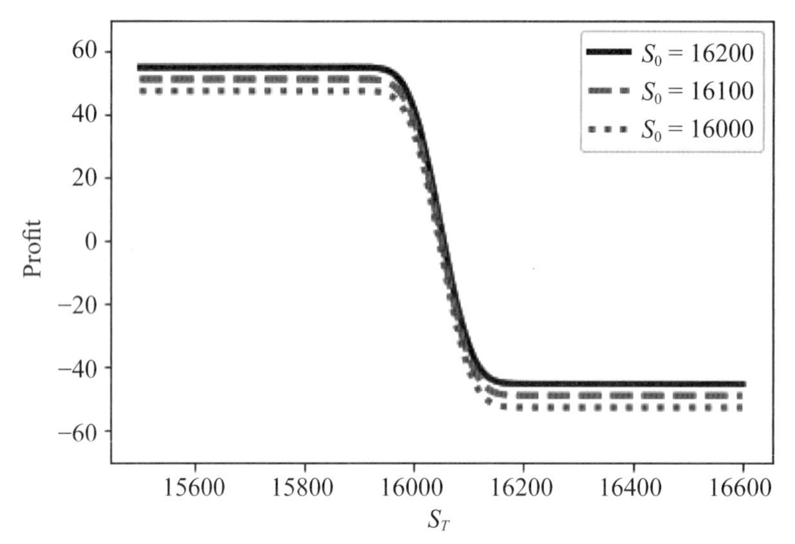

圖 8-10 不同期初標的資產價格下 BCS 策略的到期利潤曲線

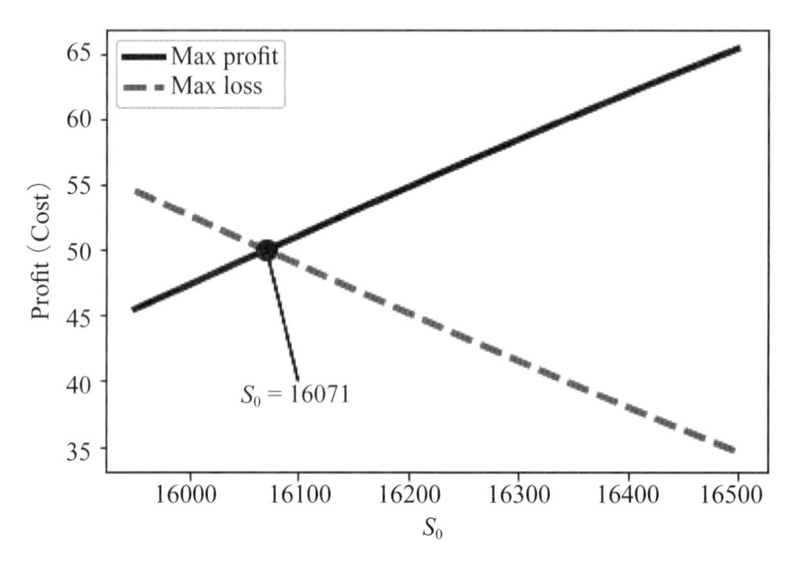

圖 8-11 不同期初標的資產價格下，BCS 策略的最大利潤與最大損失

其實讀者應會注意到圖 8-4 與 8-11 的結果雖然頗爲類似，但是其隱藏的涵義卻大不相同，即圖 8-4 的結果提醒採取 bcs 策略的投資人應挑選期初標的資產價格愈低愈佳，但是圖 8-11 的結果卻隱含著採取 BCS 策略的投資人爲了提高利潤或降低成本，該投資人應挑選期初標的資產價格愈高愈佳。換句話說，圖 8-4 與 8-11 的結果提醒投資人注意，若欲採取 bcs 或 BCS 策略，期初標的資產價格的挑選頗爲重要。我們可以透過圖 8-11a 的結果進一步說明。圖 8-11a 分別繪製出不同期初

標的資產價格下，bcs 與 BCS 策略（根據圖 8-1 的條件）的到期利潤曲線。爲了說明起見，前者額外考慮了 15,500 而後者則多了 16,500 的期初標的資產價格。從圖 8-11a 內可看出多考慮上述二個期初標的資產價格，不僅對應的 bcs 或 BCS 策略的到期利潤會提高，同時對應的購買成本亦可以下降。老實說，上述結果我們並不意外，不就是 bcs 策略隱含著「多頭」，而 BCS 策略隱含著「空頭」嗎？

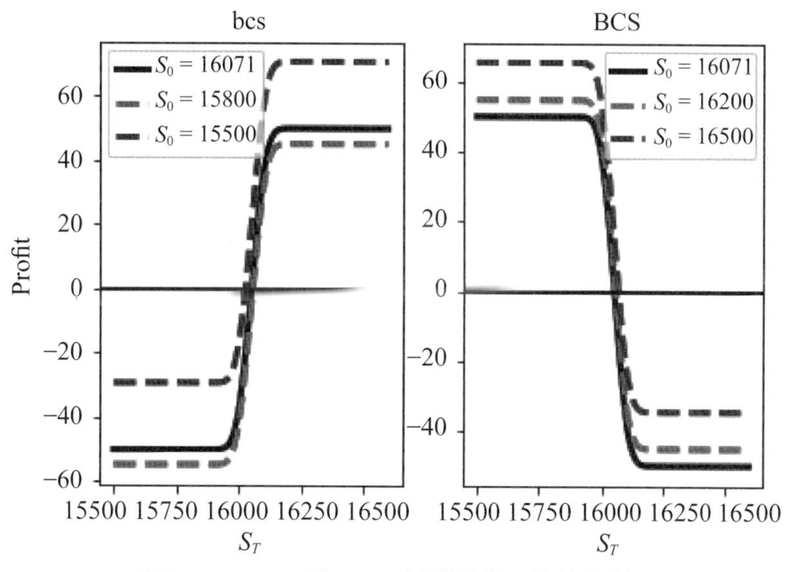

圖 8-11a　bcs **與** BCS **之到期利潤曲線比較**

我們至此應該已注意到 bcs 與 BCS 策略的相似與相異之處；或者說，若期初標的資產價格爲 15,800 或 16200（根據圖 8-1 的條件），應可得到 bcs 的權利金支出恰等於 BCS 的權利金收入（讀者可驗證看看）。因此，bcs 策略亦可稱爲買權價差的買方，而 BCS 策略亦可視爲買權價差的賣方；換言之，bcs 策略與 BCS 策略的操作只差一個「負號」，即由前者可反推得到後者，或前者可由後者得知。雖說如此，從圖 8-11a 的結果可以看出，其實採取 bcs 與 BCS 策略的動機是不相同的。

若我們進一步計算 BCS 策略對應的避險參數，雖然可由 bcs 策略的避險參數得知；不過，爲了避免產生困擾，底下我們仍用「獨立分析」的方式爲之。例如：表 8-8 比較單獨賣出買權與 BCS 的避險參數，我們依舊發現後者的避險參數值低於前者（依絕對值來看），其不僅隱含著 BCS 價格波動較小，同時買權的影響因子對於 BCS 價格的影響程度也較小。表 8-8 的結果類似於表 8-3，即前者的結果亦可使用後者的方法計算出來。

表 8-8　圖 8-10 的部分結果

	S01	S02	S03	S01	S02	S03
ct	−487.127	−484.447	−430.653			
Delta	−0.5563	−0.5565	−0.5192	−0.0368	−0.0373	−0.0375
Gamma	−0.0004	−0.0004	−0.0004	0	0	0
Theta	5.5086	5.4742	5.4744	−0.0805	−0.0344	0.0125
Vega	−21.1534	−21.0211	−21.0815	0.3753	0.1922	0.0052
Rho	−9.3427	−9.2887	−8.6324	−0.5935	−0.6023	−0.6054
price				−54.8111	−51.1021	−47.3593

說明：1. ct 與 price 分別表示買權價格與 bcs 價格。
2. S01、S02 與 S03 分別表示期初標的資產價格 16,200、16,100 與 16,000。
3. 第 2 欄爲單獨賣出 K2 買權而第 3～4 欄則爲單獨賣出 K1 買權策略的避險參數；另外，第 5～7 欄則是 BCS 策略的避險參數。

接下來我們檢視表 8-9 的內容。該表仍沿用圖 8-9 內的條件，不過表 8-9 將 K1 分別改爲 15,950 與 15,900，其餘不變。我們從表 8-9 內可看到兩履約價差距愈大不僅 BCS 的價格（最大利潤）同時最大損失也上升了，我們從圖 8-12 亦可看出上述結果；另一方面，檢視表 8-9 的結果，亦會發現兩履約價差距愈大，對應的 BCS 避險參數幅度亦變大了（依絕對値來看）。

表 8-9　16000-16100BCS、15950-16100BCS 與 15900-16100BCS

	16000-16100BCS	15950-16100BCS	15900-16100BCS
price	−54.8111	−83.6069	−113.323
Delta	−0.0368	−0.055	−0.073
Gamma	0	0	0
Theta	−0.0805	−0.1377	−0.2058
Vega	0.3753	0.63	0.9279
Rho	−0.5935	−0.8852	−1.1726
Loss	45.1887	66.3928	86.677

說明：第 2 欄取自表 8-8 的第 5 欄，而第 3～4 欄則分別令 K1 等於 15,950 與 15,900（其餘條件同圖 8-9）。Loss 表示最大損失。

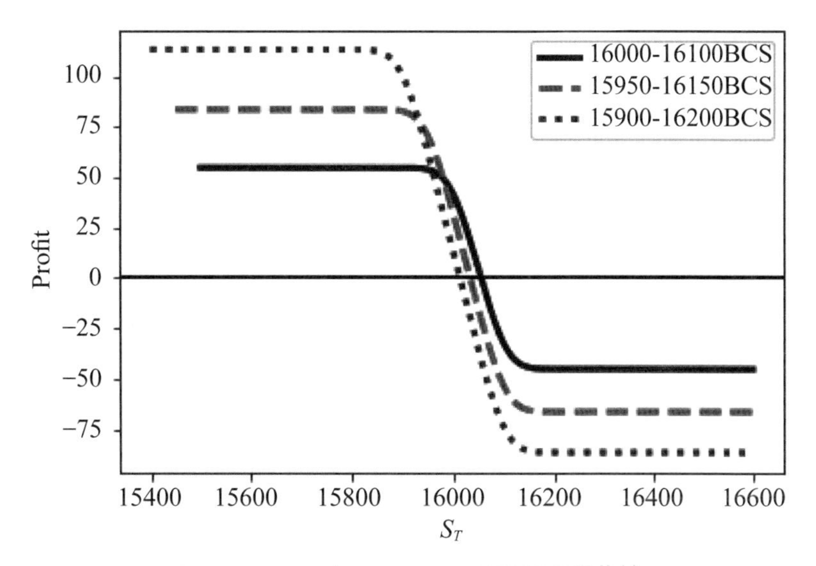

圖 8-12　三種不同 BCS 的到期利潤曲線

根據圖 8-9 內的條件，我們亦分別將波動率由 0.2 更改成 0.4，其餘不變，該結果則繪製如圖 8-13 的左圖所示。圖 8-13 的右圖則只更改上述條件的到期期限為 1，其餘不變（波動率仍維持於 0.2）；是故，從圖 8-13 內可看出波動率改變以及到期期限改變下之 BSC 策略的到期利潤曲線的變化。讀者可以檢視看看。

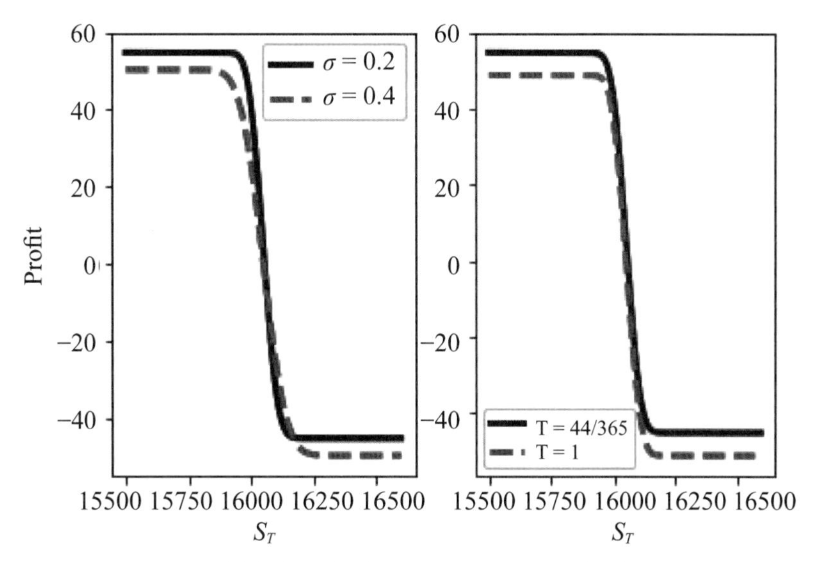

圖 8-13　高波動與到期期限變大的 BCS 到期利潤曲線

類似於圖 8-7，圖 8-14 繪製出上述 BCS 策略的逐日價格與避險參數（使用圖 8-9 的條件，不過將到期期限改爲 1 年，其餘不變）以及表 8-10 列出圖 8-14 之到期前 16 日的資訊。比較重要的是圖 8-14 或表 8-10 內 BCS 策略的價格與 Theta 值的變化，即因 BCS 策略的價格是用負數值表示（權利金收入），故 Theta 爲負數值反而有推高 BCS 策略價格的力道；換句話說，若期初值爲 16,200 持續固定不變（即二買權處於 ITM 的機率愈大），自然繼續保有 BCS 策略愈有利。因此，若是 bcs 與 BCS 策略皆屬於短期策略（到期期限較短），二者進入市場的時間點並不一致，即前者可以選擇距離到期日較短而後者可以選擇距離到期日較長。

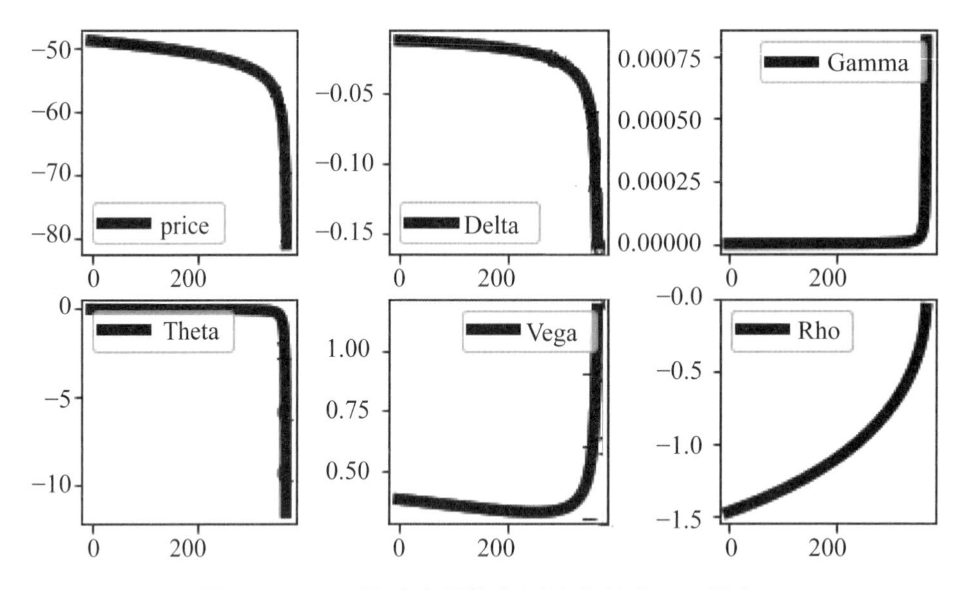

圖 8-14　BCS 策略之價格與避險參數之逐日變化

表 8-10　圖 8-14 內到期日前 16 日的結果

n	price	Delta	Gamma	Theta	Vega	Rho
350	−58.6242	−0.0592	0	−0.3132	0.5043	−0.37
351	−58.953	−0.0612	0	−0.3453	0.5169	−0.3574
352	−59.3169	−0.0633	0	−0.3836	0.531	−0.3442
353	−59.7228	−0.0657	0	−0.4297	0.5468	−0.3305
354	−60.1798	−0.0685	0	−0.4863	0.5647	−0.3161
355	−60.7	−0.0715	0	−0.5568	0.5852	−0.3009
356	−61.2998	−0.0751	0	−0.6466	0.6089	−0.2848
357	−62.0024	−0.0792	0.0001	−0.7642	0.6367	−0.2675

n	price	Delta	Gamma	Theta	Vega	Rho
358	−62.8418	−0.084	0.0001	−0.9231	0.6699	−0.249
359	−63.8702	−0.0899	0.0001	−1.1472	0.7102	−0.2289
360	−65.1724	−0.0972	0.0001	−1.4812	0.7604	−0.2067
361	−66.8991	−0.1065	0.0001	−2.0186	0.8249	−0.1817
362	−69.3494	−0.1189	0.0002	−2.9877	0.911	−0.1526
363	−73.2348	−0.1362	0.0004	−5.0924	1.0298	−0.1169
364	−80.8697	−0.1583	0.0008	−11.6262	1.1692	−0.0681

說明：使用圖 8-9 內的條件，不過將到期期限改為 1 年，其餘不變。

我們亦可以從圖 8-15 內看出端倪，該圖的左圖繪製出於不同期初標的資產價格下 bsc 策略價格的逐日變化（使用圖 8-1 的條件），而右圖則繪製出對應的逐日 Theta 值。若期初標的資產價格小於 K1（16,000），隱含著二買權處於 OTM 的機率增加，bcs 價格會較低，故可選擇距離到期日較短的 bcs 進入；相反地，若期初標的資產價格大於 K2（16,100），隱含著二買權處於 ITM 的機率增加，bcs 價格會較高，故可選擇距離到期日較長的 bcs 進入。是故，雖說 bcs 策略與 BCS 策略屬於買權價差的一體兩面，不過二策略的適用時機點未必一致。

於圖 8-15 內可看出 bcs 價格與對應的 Theta 值走勢頗為一致，而 BCS 呢？讀者可試繪製同時與圖 8-15 的結果比較看看。結果為何？

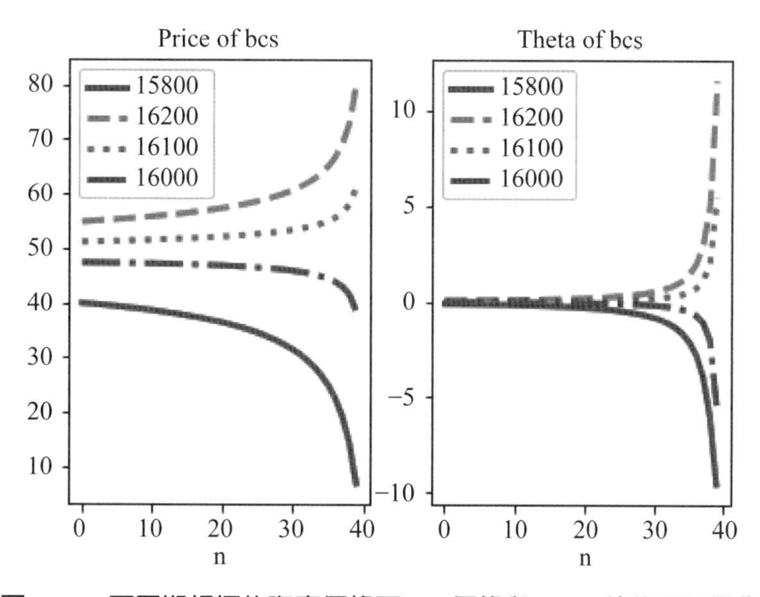

圖 8-15　不同期初標的資產價格下 bcs 價格與 Theta 值的逐日變化

8.3 多頭賣權價差

多頭賣權價差（bps）是指買進低履約價的賣權同時賣出高履約價的賣權，當然上述二賣權的標的資產與到期期限相同。直覺而言，因買權與賣權平價關係，bps 策略的結果其實與 bcs 策略的結果差距不大；換言之，bps 策略亦適用於預期標的資產價格屬於小漲的格局。若利用圖 8-1 的條件，分別可得 K1 賣權與 K2 賣權的價格爲 516.63 與 576.51，故採取 bps 策略的投資人期初可得 59.88 的權利金收益，即 bps 屬於一種貸方價差。圖 8-16 繪製出採取 bps 策略的到期利潤曲線，可發現該結果與圖 8-2 差距不大[⑧]。

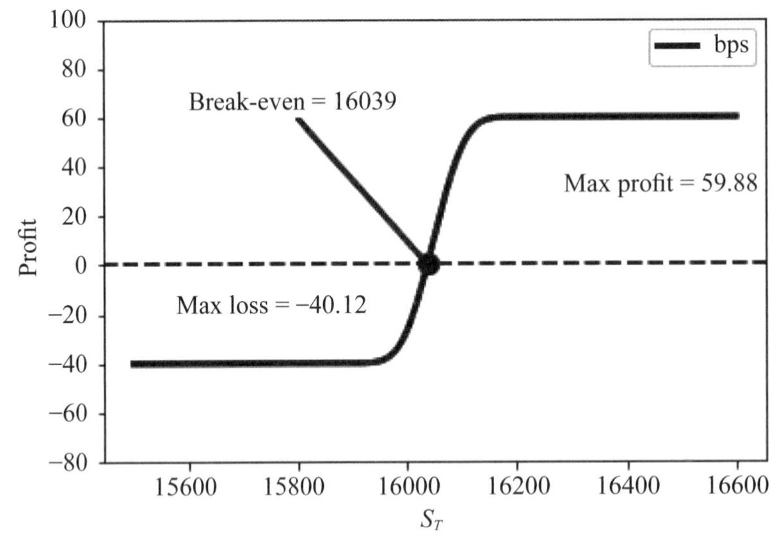

圖 8-16　bps 策略的到期利潤曲線

表 8-11 進一步列出圖 8-16 的部分結果，爲了比較起見，該表亦列出對應的 bcs 到期利潤。我們從表 8-11 內可看出 bcs 與 bps 的到期利潤之間存在些微的差距。例如：bps 的最大利潤與最大損失分別爲 59.88 與 40.12，而 bcs 的最大利潤與最大損失分別爲 60.1 與 39.91。如前所述，買權與賣權平價關係如（3-9）式可解釋上

⑧ 若到期標的資產價格小於 16,000，二種賣權皆會履約，故採取 bps 策略的投資人會有 40.12(16,000 − 16,100 + 59.88) 的損失。倘若到期標的資產價格介於 16,000 與 16,100 之間，例如到期標的資產價格爲 16,039，K1 賣權不會履約而 K2 賣權會履約，故投資人會有 −1.12(16,039 − 16,100 + 59.88) 的損失，即到期標的資產價格爲 16,039 接近投資人的損益平衡點如圖 8-16 所示。最後，若到期標的資產價格大於 16,000，二種賣權皆不會履約，投資人有 59.88 的權利金收入。

表 8-11　bcs 與 bps 策略到期利潤之比較

ST	bcs	bps	mbcs
15500	−39.9047	−40.1234	−40.1236
15501	−39.9047	−40.1234	−40.1236
---	---	---	---
16038	−0.371	−0.5897	−0.5899
16039	0.4866	0.2679	0.2677
16040	1.3481	1.1293	1.1291
---	---	---	59.8762
16598	60.0951	59.8764	59.8762
16599	60.0951	59.8764	59.8762

說明：使用圖 8-1 的條件。第 1～4 欄分別表示到期標的資產價格、bcs 到期利潤、bps 到期利潤以及修正的 bcs 到期利潤。

述差距，即透過（3-9）式，分別可得：

$$c_t(K_1) - c_t(K_2) + e^{-r(T-t)}(K_1 - K_2) = p_t(K_1) - p_t(K_2) \tag{8-2}$$

與

$$\begin{aligned} & c_T(K_1) - c_t(K_1) - [c_T(K_2) - c_t(K_2)] + (K_1 - K_2)[1 - e^{-r(T-t)}] \\ & = p_T(K_1) - p_t(K_1) + [p_T(K_2) - p_t(K_2)] \end{aligned} \tag{8-3}$$

其中 $c_t(K_1)$ 與 $c_t(K_2)$ 分別表示 t 期之 K1 買權與 K2 買權價格，而 $p_t(K_1)$ 與 $p_t(K_2)$ 則分別表示 t 期之 K1 賣權與 K2 賣權價格；理所當然，若 $t = T$ 表示對應的到期價格。

透過（8-2）式可知 bcs 與 bps 價格之間的差距是 $e^{-r(T-t)}(K_1 - K_2)$；同理，bcs 與 bps 到期利潤之間的差距，根據（8-3）式，可得該差距因子爲：

$$(K_1 - K_2)[1 - e^{-r(T-t)}] \tag{8-4}$$

即表 8-11 內的 mbcs 到期利潤爲 bcs 到期利潤加上述差距因子。我們從表 8-11 內可看出 bps 到期利潤與修正的 bcs 到期利潤相當接近，隱含著 bcs 策略與 bps 策略之間的相似性。其次，我們從（8-4）式進一步可看出 bcs 策略與 bps 策略之間的相似程度，即若 $r = 0$，則上述差距因子等於 0，隱含著 bcs 與 bps 的到期利潤完全相同，讀者可驗證看看。

表 8-12　買進賣權、bcs 與 bps 之價格與避險參數

	put	bcs	bps
pt	516.6291	---	---
Delta	−0.5552	0.0368	0.0368
Gamma	0.0004	0	0
Theta	−4.8912	−0.1039	−0.1094
Vega	20.6395	0.3608	0.3608
Rho	−10.1794	0.5941	0.7034
price	---	39.9047	−59.8764
Profit	---	60.0951	---
Loss	---	---	40.1234

說明：1. 第 2 欄是買進 K1 的賣權，其中 pt 爲對應之價格。Loss 與 Profit 分別表示最大損失與最大利潤。
2. 使用圖 8-1 的條件。

嚴格來說，bcs 與 bps 策略還是有差距的，可以參考表 8-12，該表是利用圖 8-1 內的條件所編製而成，其中該表的特色可分述如下：

(1) 相對於單獨買進賣權策略而言，bps 策略的避險參數值（依絕對值來看）仍較低，故 bps 策略的保證金支出較低。
(2) 根據（8-4）式，於 bcs 策略與 bps 策略的避險參數值內，Theta 與 Rho 值會有差異。
(3) 於 bcs 策略內，期初有支出，此可視爲最大損失。而於 bps 策略內，期初有權利金收入，此可視爲最大利潤。
(4) bcs 策略與 bps 策略的期初價格並不相同，其中前者爲權利金支出，而後者爲權利金收入。

因此，雖然 bcs 策略與 bps 策略的動機與目的頗爲類似，但是其對應的價格表示方式卻不相同。讀者可練習進一步比較 bcs 策略與 bps 策略的避險參數的差異，於此我們就不再贅述。不過，最後值得強調的是 bcs 策略與 bps 策略的進入時機點其實是不同的，可以參考圖 8-17 與 8-18。基本上，上述二圖的繪製仍沿用圖 8-1 的條件，只不過除了使用期初標的資產價格為 15,800，上述二圖亦多考慮了其他期初標的資產價格。圖 8-17 與 8-18 係強調若期初標的資產價格不變，bcs 或 bps 策略的價格與 Theta 值至到期日的逐日變化。雖說上述二圖的形狀頗為相似，但是若仔細檢視，二者仍有不同，特別是 bcs 策略與 bps 策略的價格變化。

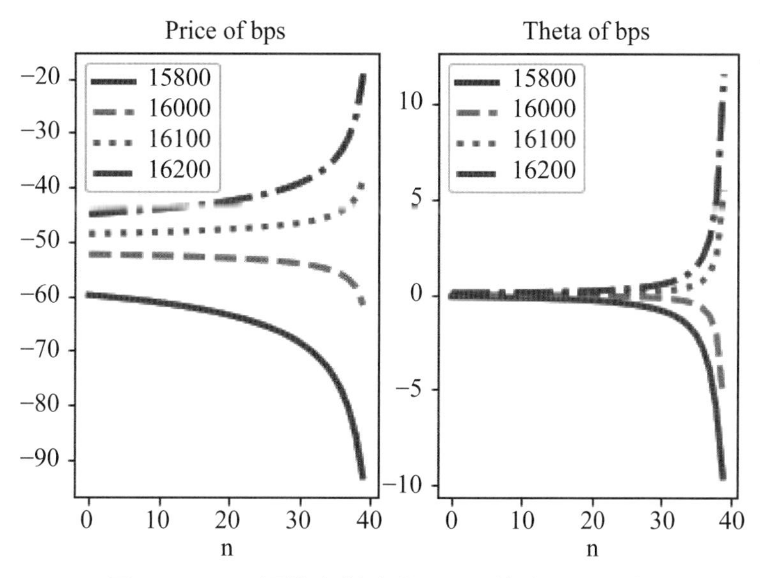

圖 8-17　bps 價格與對應的 Theta 值之逐日變化

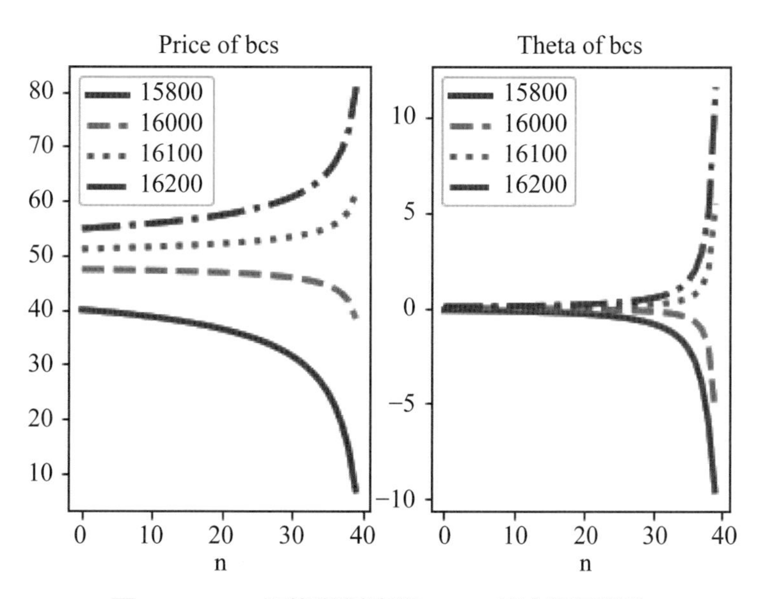

圖 8-18　bcs 價格與對應的 Theta 值之逐日變化

以期初標的資產價格 15,800 爲例，從圖 8-17 與 8-18 內可看出（上述二圖的部分結果則列於表 8-13），愈接近到期日 bps 的價格反而愈高（賣權爲 ITM 的機率變大），但是 bcs 的價格反而愈低（買權爲 OTM 的機率變大），故 bcs 策略與 bps 策略的使用時機點的確不相同，即前者較「晚」而後者較「早」。同理，若期初標的資產價格爲 16,200 呢？檢視圖 8-19 或表 8-13，可發現愈接近到期日 bps 的權利金收益反而愈低，而 bcs 的價格反而愈高，故 bcs 策略與 bps 策略的使用時機點恰好相反。雖說於圖 8-19 可看出 bps 與 bcs 的價格走勢相反，但是對應的 Theta 值卻是相同的，讀者可檢視看看。

表 8-13　bps 與 bcs 價格之逐日變化

n	bps				bcs			
	15800	16000	16100	16200	15800	16000	16100	16200
0	−59.88	−52.42	−48.68	−44.97	39.9	47.36	51.1	54.81
1	−59.99	−52.44	−48.65	−44.89	39.8	47.35	51.14	54.89
---	---	---	---	---	---	---	---	---
32	−70.39	−54.46	−46.1	−37.95	29.57	45.5	53.86	62
33	−71.62	−54.73	−45.79	−37.12	28.34	45.24	54.17	62.84
34	−73.12	−55.06	−45.42	−36.1	26.85	44.9	54.55	63.87
35	−74.98	−55.5	−44.95	−34.8	24.99	44.47	55.03	65.17
36	−77.39	−56.09	−44.31	−33.08	22.59	43.89	55.67	66.9
37	−80.66	−56.96	−43.39	−30.63	19.32	43.02	56.59	69.35
38	−85.45	−58.42	−41.87	−26.75	14.54	41.57	58.11	73.23
39	−93.06	−61.64	−38.57	−19.12	6.94	38.35	61.42	80.87

說明：圖 8-17 與 8-18 的部分結果。

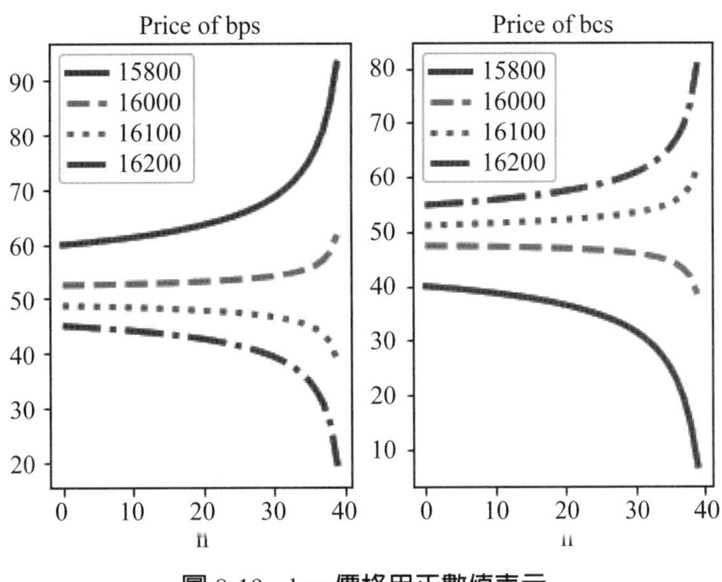

圖 8-19　bps 價格用正數值表示

8.4 空頭賣權價差

空頭賣權價差（BPS）是買進高履約價賣權的同時又賣出低履約價的賣權，而上述二賣權的標的資產與到期日相同。BPS 策略與 BCS 策略皆認爲標的資產價格於到期日之前屬於小跌的格局。利用前述圖 8-9 的條件，可得 K1 賣權與 K2 賣權價格分別爲 324.65 與 369.62，故採取 BPS 策略的投資人於期初會有 44.97 的權利金支出，故 BPS 策略屬於一種借方價差。我們可以回想 8.2 節內，於相同的條件下，採取 BCS 策略的投資人於期初則會有 54.81 的權利金收入（屬於貸方價差）；是故，BCS 策略與 BPS 策略之間的關係，猶如 bcs 策略與 bps 策略之間的關係，二者有其相似性。

因此，利用圖 8-9 的條件，圖 8-20 繪製出 BPS 策略的到期利潤曲線，而該曲線的形狀類似於圖 8-9 內的 BCS 策略的到期利潤曲線形狀；雖說如此，上述二策略還是有些微的差異，即 BPS 策略的最大利潤與最大損失分別爲 55.03 與 44.97，而 BCS 策略的最大利潤與最大損失則分別爲 54.81 與 45.19。二策略的損益平衡點則約在到期標的資產價格爲 16,095 附近[⑨]。

---

⑨ 若到期標的資產價格低於 16,000，則 BPS 策略內的二賣權皆會履約，故投資人可得 55.03(100 − 44.97) 的收益。倘若到期標的資產價格介於 16,000 與 16,100，如 16,056，則 K1 賣權不會履約而 K2 賣權會履約，投資人約有 0.97(−16100 + 16056 + 44.97) 的支出，

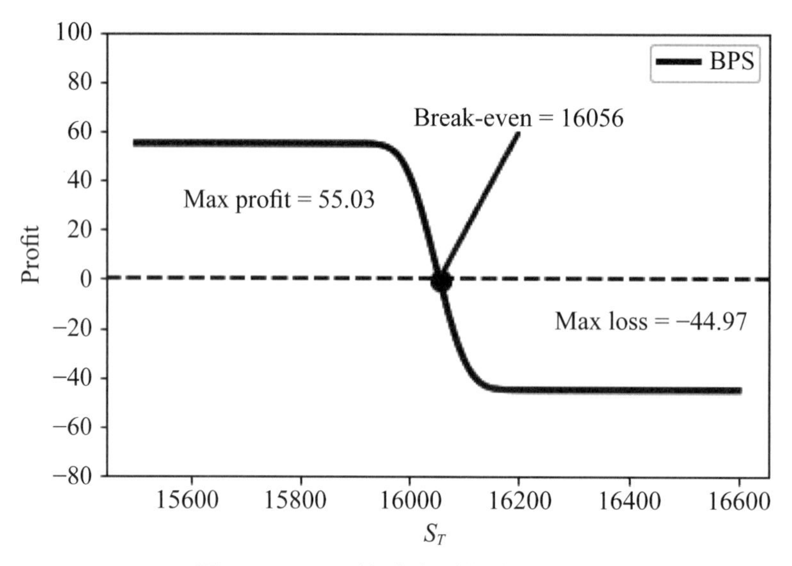

圖 8-20　BPS 策略之到期利潤曲線

同理，透過買權與賣權平價關係如（8-2）式，可知 BCS 與 BPS 策略的期初價格關係（讀者可驗證看看）。另一方面，透過（8-3）式亦可得 BCS 與 BPS 策略的到期利潤關係。上述到期利潤關係可列表如表 8-14 所示。類似於表 8-11，從表 8-14 內可看出 BCS 與 BPS 策略的相似關係。

表 8-14　BCS 與 BPS 到期利潤之比較

ST	BCS	BPS	MBCS
15500	54.8111	55.0299	55.0301
15501	54.8111	55.0299	55.0301
15502	54.8111	55.0299	55.0301
16052	3.0482	3.2669	3.2671
16053	2.1687	2.3875	2.3877
16054	1.2904	1.5092	1.5094
16055	0.4136	0.6323	0.6325
16056	−0.4614	−0.2427	−0.2425
16057	−1.3342	−1.1155	−1.1153

故損益平衡點則約在到期標的資產價格爲 16,095 附近。最後，若到期標的資產價格大於 16,000，二賣權皆不會履約，投資人的損失爲 44.97。

ST	BCS	BPS	MBCS
16597	−45.1887	−44.9699	−44.9697
16598	−45.1887	−44.9699	−44.9697
16599	−45.1887	−44.9699	−44.9697

說明：第 1～4 欄分別表示到期標的資產價格、BCS 的到期利潤、BPS 的到期利潤與修正的 BCS 的到期利潤。

使用圖 8-9 的條件，表 8-15 列出 BPS 策略的避險參數。我們從該表內依舊看到相對於單獨賣出賣權的避險參數而言，BPS 策略的避險參數的幅度仍較小（依絕對值來看）。至於 BCS 與 BPS 策略的避險參數比較，依舊是 Rho 值的差距較大，其餘避險參數則幾乎相同。

表 8-15　賣出賣權、BCS 與 BPS 策略之價格與避險參數

	−put	BCS	BPS
pt	−324.652	---	---
Delta	0.4058	−0.0368	−0.0368
Gamma	−0.0004	0	0
Theta	4.9966	−0.0805	−0.075
Vega	−20.7781	0.3753	0.3753
Rho	7.5597	−0.5935	−0.7029
price	---	−54.8111	44.9699
Loss	---	45.1887	---
Profit	---	---	55.0299

說明：pt、Loss 與 Profit 分別表示賣出 K1 賣權價格、最大損失與最大利潤。第 2～4 欄分別表示賣出賣權、BCS 與 BPS 策略。使用圖 8-9 的條件。

類似於圖 8-19，根據圖 8-9 內的條件，圖 8-21 繪製出於不同期初標的資產價格下，BCS 與 BPS 策略價格之逐日變化。我們可看出雖然 BCS 與 BPS 策略的到期利潤頗接近，但是其價格走勢卻恰相反。例如：若期初標的資產價格爲 16,200 且維持不變，接近到期日的價格如 BCS 竟逐日上升，但是 BPS 竟逐日下降，隱含著進入市場的時間未必一致。BCS 與 BPS 的關係竟有些類似 bcs 與 bps 之間的關係。

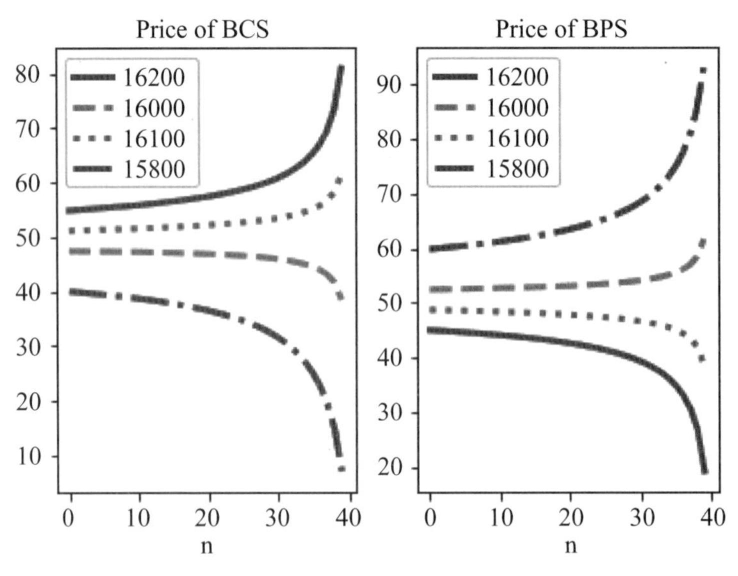

圖 8-21　BCS 與 BPS 策略價格之逐日比較

8.5 盒式價差策略

若我們同時使用下列策略：

買進 K1 的買權
賣出 K2 的買權
賣出 K1 的賣權
買進 K2 的賣權

相當於一個盒子的四個「腳」，故稱爲盒式價差（box spread）。根據上述四個策略，其實可知盒式價差策略相當於同時使用 bcs 策略與 BPS 策略。

利用圖 8-1 內的條件以及考慮不同的期初標的資產價格與到期期限，圖 8-22 繪製出盒式價差策略的到期收益曲線，其中只有右下圖使用到期期限爲 50/365，其餘各圖仍使用到期期限爲 40/365。從圖 8-22 內可看出盒式價差策略是一種風險極小的投資策略，即到期盒式價差策略的收益爲固定數值，於我們的例子內，不管到期標的資產價格爲何，盒式價差策略的到期收益皆爲 100。

例如：左上圖的期初標的資產價格爲 16,200 而盒式價差策略的價格爲 99.78，另一方面到期收益爲 100；因此，因風險極小，故盒式價差策略竟然可以透過選擇權市場創造出一種借貸的環境。換句話說，借入 99.78 買進上述盒式價差策略，到期可得 100，故其借款利率約爲 2%，恰等於圖 8-1 內的條件[10]；同理，賣出上述盒式價差策略可得 99.78，到期須支付 100，依舊利率爲 2%。是故，盒式價差策略幫我們創造出 40 天期的借貸環境。有意思的是，不管期初標的資產價格爲何，如圖 8-22 內的右上圖或左下圖所示，結果皆相同（可驗證看看）；另一方面，圖 8-22 內的右下圖創造出 50 天期的借貸條件，讀者亦可驗證看看。

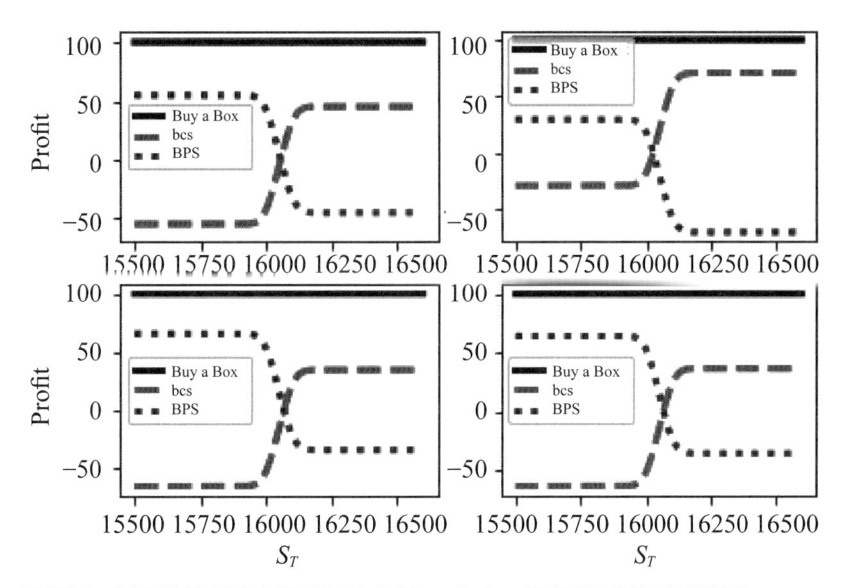

圖 8-22　**四種盒式價差策略的到期收益曲線。左上：期初標的資產價格為** 16,200；**右上：期初標的資產價格為** 15,500；**左下：期初標的資產價格為** 16,500；**右下：期初標的資產價格為** 16,500 **與到期期限為** 50/365

如前所述，盒式價差策略竟可創造出許多天數的借貸條件，故投資人除了金融市場外，竟亦可利用選擇權市場借貸資金。另外，盒式價差策略尚有一個用處。以上述期初標的資產價格爲 16,200 爲例，可知盒式價差策略是買權價差（bcs）策略與賣權價差（BPS）策略所構成，而上述二策略的價格分別爲 54.81 與 44.97；因此，若知道其中一種價格，透過盒式價差策略的價格，自然可知另外一種策略的「公正」價格。例如：一位造市者知道買權價差的價格爲 54.81，自然可推測出賣權價差的「公正」價格爲 44.97，該造市者可進一步決定出賣權價差的「買－賣價」爲 45.15-44.76。若該造市者能實現，可得上述價差。

圖 8-22 係同時使用 bcs 與 BPS 策略。若同時使用 BCS 與 bps 策略呢？換句話

[10] 即 $99.78 \times \left(1 + 0.02 \times \frac{40}{365}\right) = 100$。

說，盒式價差策略應也可以由 BCS 策略與 bps 策略所構成，如圖 8-23 所示，其中到期期限改為 120/365，即透過圖 5-23，盒式價差策略亦可創造出 120 天期的借貸條件，讀者可驗證看看。

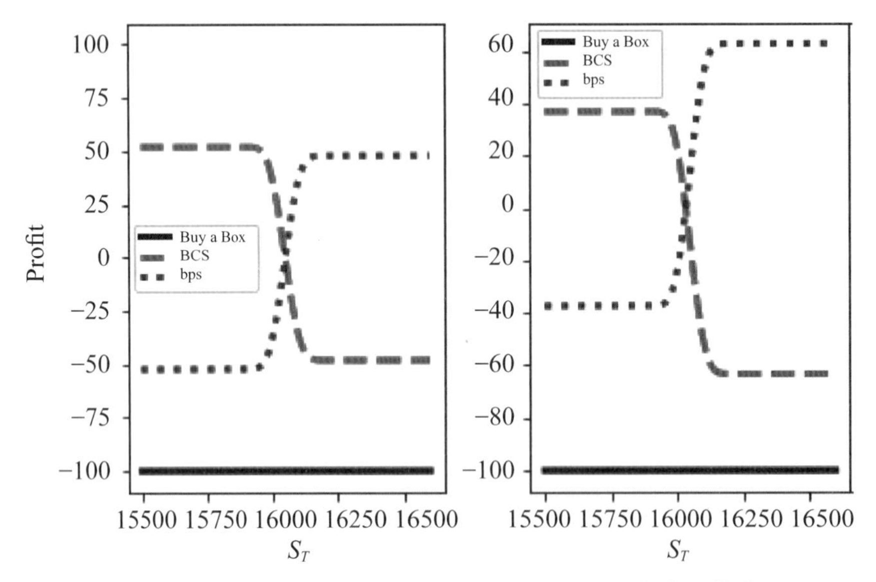

圖 8-23　**二種盒式價差策略的到期收益曲線。左：期初標的資產價格為** 16,200；**右：期初標的資產價格為** 15,500。**二圖皆使用到期期限為** 120/365

盒式價差策略亦可由對應的避險參數得知其風險並不高。例如：利用圖 8-22 內左上圖的條件，表 8-16 列出盒式價差策略的避險參數，而我們可以從該表內看出盒式價差策略內的 bcs 與 BPS 策略的避險參數幾乎相互抵消，特別是其中的 Delta、Gamma 與 Vega 值幾乎等於 0，而對應的 Theta 值亦微乎其微。因此，盒式價差策略屬於投資風險較小的策略。

表 8-16　**盒式價差策略的價格與避險參數**

	bcs	BPS	Box
price	54.8111	44.9699	99.7811
Delta	0.0368	−0.0368	0
Gamma	0	0	0
Theta	0.0805	−0.075	0.0055
Vega	−0.3753	0.3753	0
Rho	0.5935	−0.7029	−0.1093

說明：利用圖 8-22 內左上圖的條件。

Chapter 9

跨式策略

本章與下一章將介紹跨式策略（Straddles）與勒式策略（Strangles）。二策略皆屬於「無方向型（non-directional）」的策略，同時二策略皆擁有較大的 Vega 值（底下就會看出）。當採取跨式策略或勒式策略時，我們會同時買進（或賣出）買權與賣權，此隱含著我們未必只關心市場的走勢，同時亦會在意買權與賣權價格的波動幅度。例如：因上述二策略擁有較大的 Vega 值，故我們不僅關心標的資產價格的變化，同時更在意隱含波動率劇變對於跨式價格的衝擊。因此，跨式策略或勒式策略屬於波動型策略。

跨式策略與勒式策略皆可從買方或賣方的觀點來檢視：

買方

採取買進跨式策略或勒式策略的投資人通常預期標的資產價格會有劇烈的波動（不過卻不能確定何方向）或是隱含波動率有較大的往上波動。

賣方

採取賣出跨式策略或勒式策略的投資人通常預期標的資產價格不會有劇烈的波動或是隱含波動率有較大的往下波動；另一方面，上述投資人較擔心買權或賣權價值會隨時間消失。

雖說上述買方或賣方的動機或目的並不相同，不過從收益或成本面來看，我們可從跨式策略或勒式策略的買方得知對應的賣方。

跨式策略或勒式策略是一種頗爲奇特的策略，透過對應的避險參數分析，我們可以看出上述策略的優點與缺點。我們很難說出上述二策略是否是一種不錯的策略？讀者可以自行斟酌看看。

底下，我們分成若干部分檢視跨式策略。如前所述，跨式策略可以分成買進跨式策略與賣出跨式策略，即買進跨式策略的「反面」就是賣出跨式策略；換言之，從買進跨式策略的特徵的反面，自然可看到賣出跨式策略的特色。

9.1 跨式策略的特色

假定買權與賣權的標的資產與到期期限相同，買進跨式策略是指同時買進相同履約價的買權與賣權。例如：利用表 9-1 內的條件以及對應的買權與賣權價格可以繪製出買進跨式策略的到期利潤曲線，如圖 9-1 內的左圖所示。從該圖內可以看出跨式策略的使用時機：即於到期日前，標的資產價格有可能出現大跌或大漲的格局。同理，賣出跨式策略是指買進跨式策略的「反面」，即同時賣出相同履約價的買權與賣權；換言之，若到期標的資產價格未出現大跌或大漲的情形，即若假定標的資產價格仍停留於履約價格處附近，則賣出跨式策略的投資人可以賺取權利金，而其到期利潤曲線繪製如圖 9-1 內的右圖所示。

表 9-1　$K = 16000$、$r = 0.06$、$q = 0.01$、$T = 40/365$ **與** $\sigma = 0.3$

S0	call	put	Straddle	Straddle A	Straddle B
15800	572.66	685.1	1257.76	1830.42	1942.87
16000	675.86	588.53	1264.39	1940.26	1852.92
16200	789.03	501.92	1290.95	2079.99	1792.87

說明：第 1～6 欄分別表示期初標的資產價格、買權價格、賣權價格與傳統跨式策略價格、跨式策略 A 價格與跨式策略 B 價格。

從上述定義內可以看出買進跨式策略是一種頗爲奇特的策略，因爲投資人懷疑到期標的資產價格會出現暴漲或暴跌的情形，不過該投資人並不是很確定究竟何種情況會出現，故願意用買權與賣權的加總價格購買；因此，採取買進跨式策略的投資人承擔了一個風險，那就是倘若預期錯誤，則上述投資人的期初成本支出偏高，畢竟上述成本是買權價格與賣權價格的相加。是故，買進跨式策略應該是一種需要謹慎操作的策略。

乍看圖 9-1 內的左圖，的確頗吸引人，因爲只要到期標的資產價格落於二個損益平衡點之外，採取買進跨式策略的投資人可能會有無限的利潤，而若到期標的資產價格落於二個損益平衡點之內，損失亦有限，因此買進跨式策略亦屬於風險有

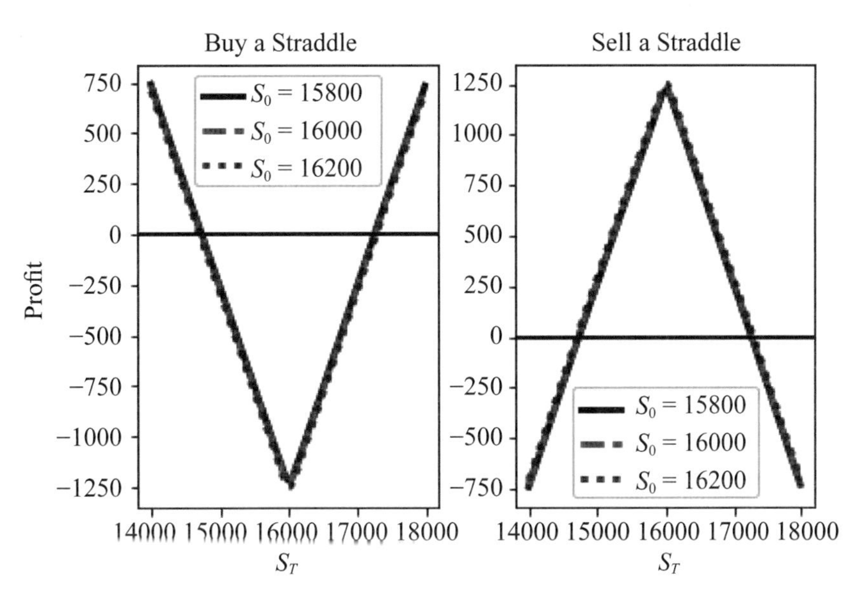

圖 9-1　不同期初標的資產價格下之跨式策略的到期利潤曲線

限，利潤無窮的投資策略[①]。不過若仔細推敲，可能不符合成本上的考量。

例如：根據表 9-1 內的條件，表 9-2 不僅列出期初標的資產價格爲 16,000 的單獨買進買權與單獨買進賣權的到期利潤，同時亦列出三種不同期初標的資產價格的買進跨式策略的到期利潤。我們從表 9-2 內可以看出，若投資人預期錯誤如到期標的資產價格落於履約價附近，則採取跨式策略的投資人的損失相對上是頗大的；或者說，若到期標的資產價格出現大漲（或大跌），則單獨買進買權或賣權的到期利潤反而較大。是故，若投資人認爲到期標的資產價格暴漲（或暴跌）的機率較大，反而單獨採取買進買權（或賣權）策略來得有利。因此，到期標的資產價格出現暴漲或暴跌的可能性如何判斷？反而是投資人必須先克服的難題。

表 9-2　買進買權、買進賣權與買進跨式策略的到期利潤曲線

ST	call 2	put 2	Straddle 1	Straddle 2	Straddle 3
14000	−606.97	1390.83	742.16	735.53	708.97
14010	−605.89	1381.93	732.16	725.53	698.97
---	---	---	---	---	---

① 因此採取買進跨式策略的投資人不須交保證金，而採取賣出跨式策略的投資人則需交保證金，因後者有可能會有無限的損失。

ST	call 2	put 2	Straddle 1	Straddle 2	Straddle 3
15980	−10.77	9.2	−1216.24	−1222.87	−1249.42
15990	−5.39	4.59	−1218.66	−1225.29	−1251.85
16000	0	0	−1219.46	−1226.09	−1252.65
16010	5.43	−4.57	−1218.61	−1225.24	−1251.8
16020	10.88	−9.11	−1216.14	−1222.77	−1249.33
---	---	---	---	---	---
17980	1477.73	−500.1	722.32	715.69	689.13
17990	1486.72	−501.1	732.32	725.69	699.13

說明：買權與賣權皆是假定期初標的資產價格爲 16000。第 1 欄表示到期標的資產價格，第 2～3 欄則爲買權與賣權的到期利潤。第 4～6 欄爲跨式到期利潤，其可分別對應至期初標的資產價格分別爲 15,800、16,000 與 16,200。

跨式策略是一種頗簡單而且也容易擴充的策略。假定投資人認爲到期標的資產價格暴漲（或暴跌）的機率大於（或小於）暴跌的機率，則投資人可以更改買進跨式策略的內容。例如：圖 9-2 內的跨式策略 A 是指同時買進 2 口買權與買進 1 口的賣權，而圖 9-3 內的跨式策略 B 則是指同時買進 1 口買權與買進 2 口的賣權。我們從圖 9-2 內可看出若到期標的資產價格暴漲成眞，單獨買進買權策略的到期利潤優於「傳統的」買進跨式策略（即買權與賣權各買 1 口），不過若採取跨式策略 A，

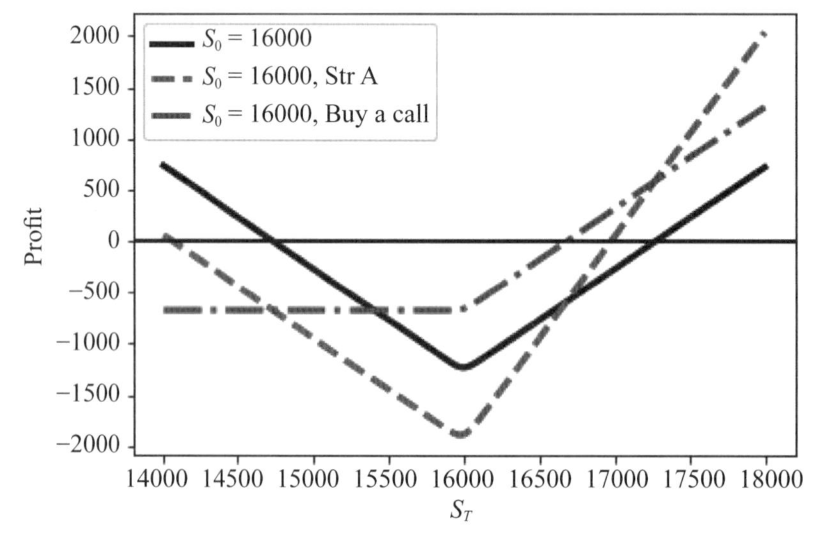

圖 9-2　於期初標的資產價格為 16,000 下，跨式策略、跨式策略 A 與買進買權策略的到期利潤曲線（使用表 9-1 內的條件）

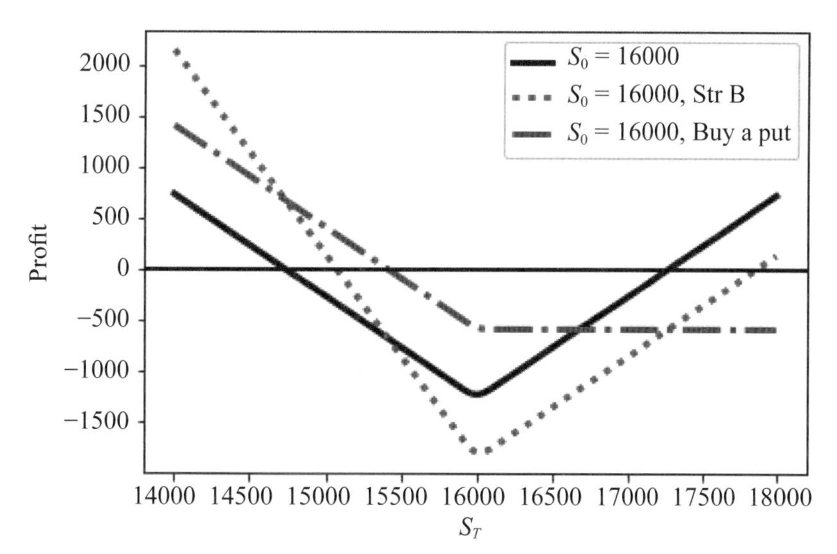

圖 9-3　於期初標的資產價格為 16,000 下，跨式策略、跨式策略 B 與買進賣權策略的到期利潤曲線（使用表 9-1 內的條件）

其到期利潤有可能超過單獨買進買權的到期利潤。同理，若到期標的資產價格暴跌，單獨買進賣權策略的到期利潤優於「傳統的」買進跨式策略，但是跨式策略 B 的到期利潤有可能優於單獨買進賣權策略。雖說如此，上述跨式策略 A 與 B 的期初成本仍偏高，可以參考表 9-1。因此，投資人仍須謹慎操作。讀者可以嘗試計算不同期初標的資產價格下的跨式策略 A 與 B 的價格。

當然我們可以繼續擴充上述傳統的跨式策略。例如：延續圖 9-2，圖 9-4 內多增加了跨式策略 Aa 的到期利潤的繪製。跨式策略 Aa 是指同時買進 3 口買權與買進 1 口賣權。我們從圖 9-4 內可看出相對於傳統跨式策略與跨式策略 A 而言，跨式策略 Aa 的損益平衡點所對應的到期標的資產價格較低，不過此是有代價的，即跨式策略 Aa 的期初購買成本會高於傳統跨式策略與跨式策略 A 的期初購買成本（於期初標的資產價格爲 16,000 之下，買進跨式策略 Aa 的期初購買成本爲 2,616.12）。最後，從圖 9-4 內可看出，擴充傳統跨式策略的特色是以成本換取損益平衡點所對應的到期標的資產價格的降低，即買進跨式策略的損益平衡點所對應的到期標的資產價格可以降低，但是必須要用更高的期初購買成本換取。

上述我們說可以用期初購買成本的上升，來換取損益平衡點所對應的到期標的資產價格的下降，那損益平衡點所對應的到期標的資產價格應如何找出呢？例如：根據表 9-1 與 9-2 的結果，若期初標的資產價格爲 16,000（點），跨式策略投資人於期初除了需支付 1,264.39 之外，同時該投資人必須預期到期標的資產價格約跌至

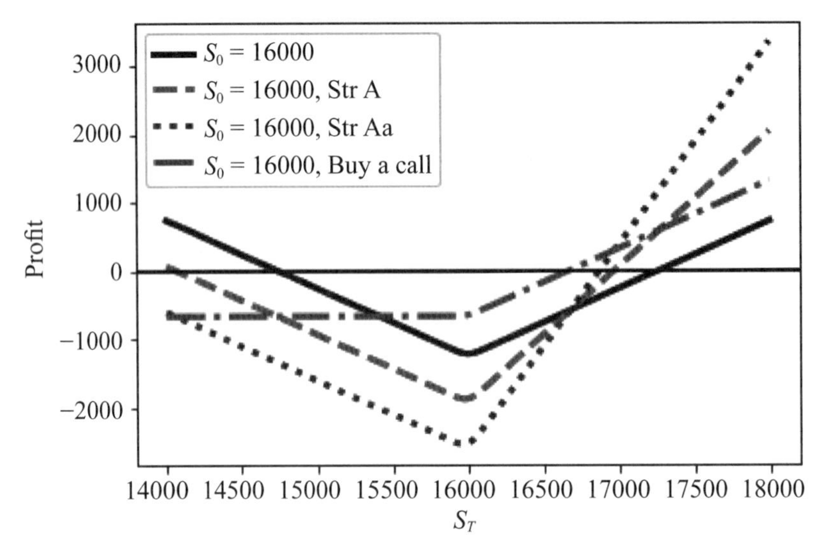

圖 9-4　於期初標的資產價格為 16,000 下，跨式策略、跨式策略 A 與跨式策略 Aa 的到期利潤曲線

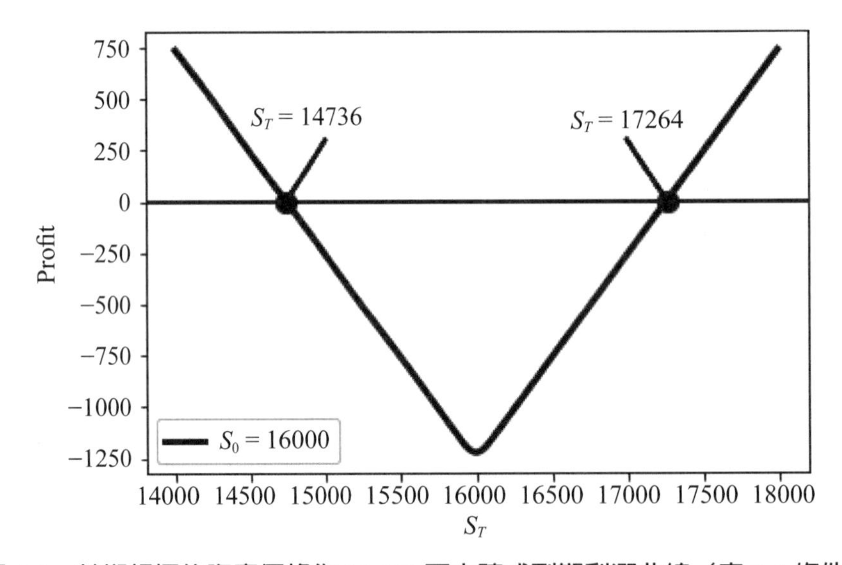

圖 9-5　於期初標的資產價格為 16,000 下之跨式到期利潤曲線（表 9-1 條件）

14,740 之下或漲至 17,260 之上方能獲利，即到期標的資產價格的波動幅度必須大於 7.9%（絕對值），上述投資人方能獲利。至於期初標的資產價格若為 15,800 或 16,200，則前者到期標的資產價格下跌約至少 −6.7% 以及至少上升約 9.2% 才能獲利，而後者到期標的資產價格則至少下跌約 9.2% 以及至少上升約 6.7% 方能獲利，可以參考圖 9-5。例如：於期初標的資產價格為 16,000 下，我們分別計算出到期標的資產價格每點的跨式到期利潤，若後者為 0，則分別可取得跨式策略的到期損益

平衡點；換言之，於圖 9-5 內可得損益平衡點所對應的到期標的資產價格分別約爲 14,736 與 17,264（圖內黑點），其對應的損益平衡分別約爲 −0.47 與 −0.31，上述二者接近於 0。至於其他期初標的資產價格所對應的損益平衡點可類推（參考所附的檔案）。

9.2 跨式策略的買點與損益平衡點

本節分成二部分介紹，其一是如何找出跨式策略所對應的損益平衡點，另一則是如何找出合適的跨式策略的期初標的資產價格。我們發現跨式策略的最佳買點與最佳賣點未必相同。

9.2.1 跨式策略的損益平衡點

圖 9-5 的結果是讓人印象深刻的，因爲它有牽涉到如何找出買進跨式策略所對應的損益平衡點；不過，圖 9-5 的推理過程雖說簡單但稍嫌繁瑣，底下我們自行設計二個函數指令可以計算出跨式策略的損益平衡點。例如：

```
def PL1(S0,K,r,q,T,sigma):
    c0 = BSM(S0,K,r,q,T,sigma)['ct']
    p0 = BSM(S0,K,r,q,T,sigma)['pt']
    ST = S0
    cT = BSM(ST,K,r,q,0.0001,sigma)['ct']
    pT = BSM(ST,K,r,q,0.0001,sigma)['pt']
    Strad =(cT-c0)+(pT-p0)
    while Strad < 0:
        ST = ST+0.5
        cT = BSM(ST,K,r,q,0.0001,sigma)['ct']
        pT = BSM(ST,K,r,q,0.0001,sigma)['pt']
        Strad =(cT-c0)+(pT-p0)
    return ST,Strad
Re1 = PL1(S02,K,r,q,T,sigma)
Re1[0] # 17264.5
Re1[1] # 0.18577320691383647
```

即考慮上述期初標的資產價格爲 16,000 的情況，利用 PL1(.) 函數指令可得到期標的資產價格約爲 17,264.5 所對應的跨式策略到期利潤約爲 0.19，即 17,264.5 已接近損益平衡點[②]。上述到期標的資產價格結果與圖 9-5 的結果只差 0.5，故用 PL1(.) 函數指令的確比較方便。

再試下列指令：

```
def PL2(S0,K,r,q,T,sigma):
    c0 = BSM(S0,K,r,q,T,sigma)['ct']
    p0 = BSM(S0,K,r,q,T,sigma)['pt']
    ST = S0
    cT = BSM(ST,K,r,q,0.0001,sigma)['ct']
    pT = BSM(ST,K,r,q,0.0001,sigma)['pt']
    Strad =(cT-c0)+(pT-p0)
    while Strad < 0:
        ST = ST-0.5
        cT = BSM(ST,K,r,q,0.0001,sigma)['ct']
        pT = BSM(ST,K,r,q,0.0001,sigma)['pt']
        Strad =(cT-c0)+(pT-p0)
    return ST,Strad
Re2 = PL2(S02,K,r,q,T,sigma)
Re2[0] # 14735.5
Re2[1] # 0.025773766913516738
```

即利用 PL2(.) 函數指令可得到期標的資產價格約爲 14,735.5 所對應的跨式策略到期利潤約爲 0.03，即到期標的資產價格爲 14,735.5 的結果亦接近圖 9-5 內的結果。

利用上述 PL1(.) 與 PL2(.) 函數指令，我們不難根據表 9-1 內的條件進一步檢視於不同期初標的資產價格下，買進跨式策略之二個損益平衡點所對應的到期標的資產價格的上漲率與下跌率。圖 9-6 繪製出上述結果。例如：於圖 9-5 內，二個損益平衡點，根據上述 PL1(.) 與 PL2(.) 函數指令計算的到期標的資產價格分別爲 14,735.5 與 17,264.5，故可得下跌率與上漲率分別爲 −0.079 與 0.079，而該二點亦

② 讀者亦可改變 PL1(.) 函數的內容，使其結果更接近損益平衡點。不過，就我們而言，計算至損益平衡爲 0.19 似乎已足夠分析了。

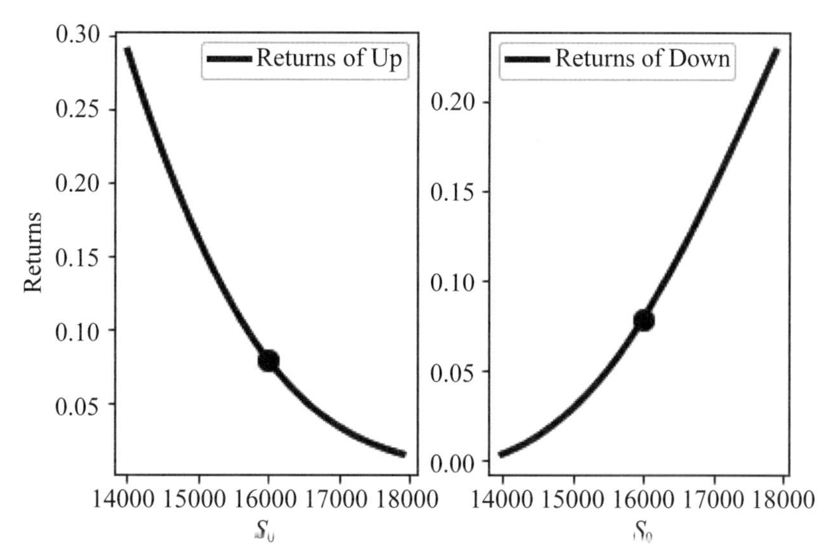

圖 9-6 不同期初標的資產價格下，買進跨式策略內二損益平衡點所對應的到期標的資產價格上漲率（左圖）與下跌率（用正數值表示）（右圖）

繪製於圖 9-6 內的黑點處或列於表 9-3 內[3]。換言之，圖 9-6 與表 9-3 的結果一致。我們從圖 9-6 或表 9-3 的結果可看出，若期初標的資產價格爲 16,000，上述下跌率與上漲率的（絕對值）幅度是相同的。倘若期初標的資產價格小於 16,000（可記得履約價爲 16,000），則下跌率的幅度（絕對值）小於上漲率的幅度；同理，倘若期初標的資產價格大於 16,000，則下跌率的幅度（絕對值）大於上漲率的（絕對值）幅度，此結果頗符合我們的直覺判斷。

表 9-3 不同期初標的資產價格下，二損益平衡點所對應的上漲率與下跌率

S0	Returns of Up	Returns of Down
14000	0.2892	0.0035
14100	0.2746	0.0051
---	---	---
15800	0.0923	0.067
15900	0.0854	0.0729
16000	0.079	0.079
16100	0.073	0.0854

③ 即上述下跌率與上漲率可計算如下：(14735.5 − 16000)/16000 與 (17264.5 − 16000)/16000。

S0	Returns of Up	Returns of Down
16200	0.0673	0.0921
---	---	---
17800	0.017	0.2192
17900	0.0156	0.2279

說明：使用表 9-1 內的條件。第 1～3 欄分別表示期初標的資產價格、損益平衡點所對應的到期標的資產價格上漲率與到期標的資產價格下跌率。到期標的資產價格下跌率用正數值表示。

從圖 9-6 或表 9-3 內可看出跨式策略的特色，即若期初處於 ATM 處，跨式兩個損益平衡點相互對稱；換言之，我們只要計算其中之一就知另外一個損益平衡點。是故，透過期初 ATM 處所得的損益平衡點，我們進一步可檢視選擇權影響因子變動對跨式策略的影響。例如：圖 9-7（期初爲 ATM）只更改表 9-1 內波動率的條件，其餘不變。我們可從圖 9-7 內發現若波動率由 0.3 改爲 0.5，則到期標的資產價格至少需波動 13.15% 以上，投資人採取跨式策略方能獲利；同理，若波動率由 0.3 改爲 0.1，則到期標的資產價格上漲或下跌幅度只需 2.67% 以上就可獲利了。因此，圖 9-7 的結果隱含著波動率愈大（愈小），到期標的資產價格必須波動愈大（愈小），方能獲利，採取跨式策略的投資人應注意。

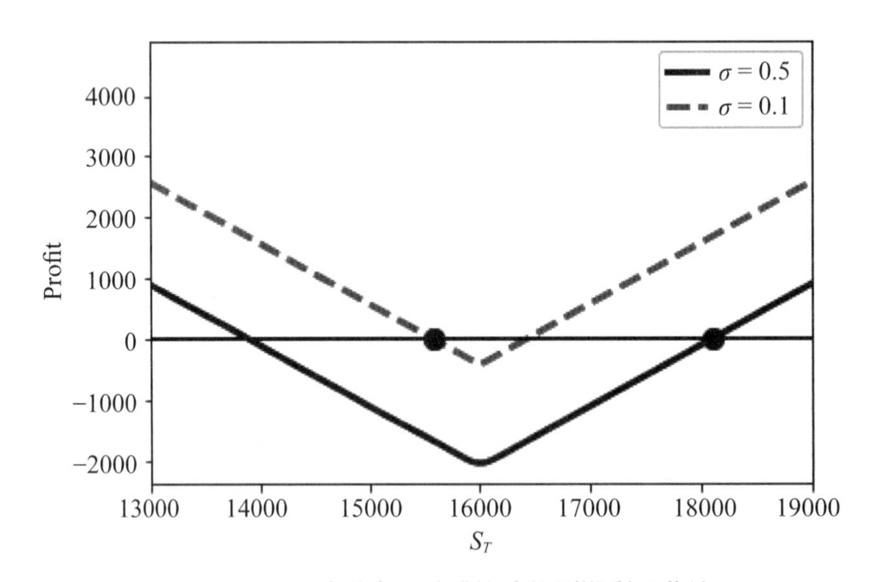

圖 9-7　不同波動率下跨式策略的到期利潤曲線

於選擇權影響因子內，除了波動率之外，不同到期期限的改變亦會顯著地影響買進跨式策略的損益平衡點位置。利用表 9-1 內的條件，我們亦只改變到期期限，其餘不變，圖 9-8 繪製出到期期限分別爲 1 年與 2 日的買進跨式策略的到期利潤曲線（期初爲 ATM）。我們從圖 9-8 內可看出若到期期限爲 1 年，到期標的資產價格的變動幅度至少須超過 23.35%，投資人方能獲利；其次，若到期期限爲 2 日，則到期標的資產價格的變動幅度只要超過 1.78%，投資人就能獲利。因此，買進跨式似乎到期期限愈短愈有利。

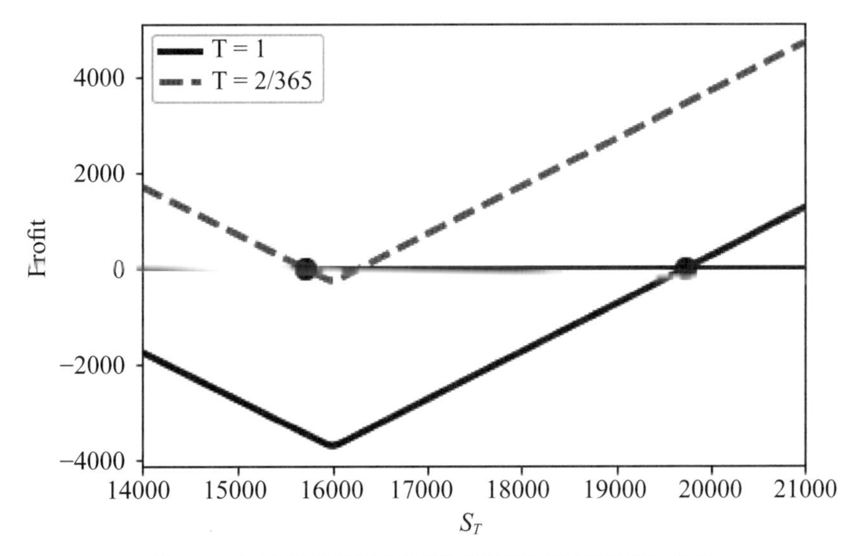

圖 9-8　不同到期期限下跨式策略的到期利潤曲線

圖 9-7 與 9-8 的結果可以繼續延伸。例如：圖 9-9 分別繪製出不同波動率與到期期限所對應的到期標的資產價格的變動幅度，而我們從左圖可看出不同波動率幾乎與上述變動幅度呈直線關係，以及右圖則顯示出不同到期期限與上述變動幅度呈非直線關係。若上述就到期標的資產價格的變動的幅度（依損益平衡點計算）而言，似乎愈小愈佳，但是圖 9-9 的結果卻隱含著買進跨式策略的適當時機：低波動的環境以及到期期限較短。不過上述結果似乎與我們的直覺衝突。重新檢視圖 9-1 內左圖的結果，應可知買進跨式策略適用於標的資產價格變動劇烈的情況，而該情況應屬於高波動而且到期期限較長的環境，而根據圖 9-9 的結果可知於上述環境內，到期標的資產價格變動的幅度也較大；是故，如何適當地斟酌拿捏，的確考驗著投資人。

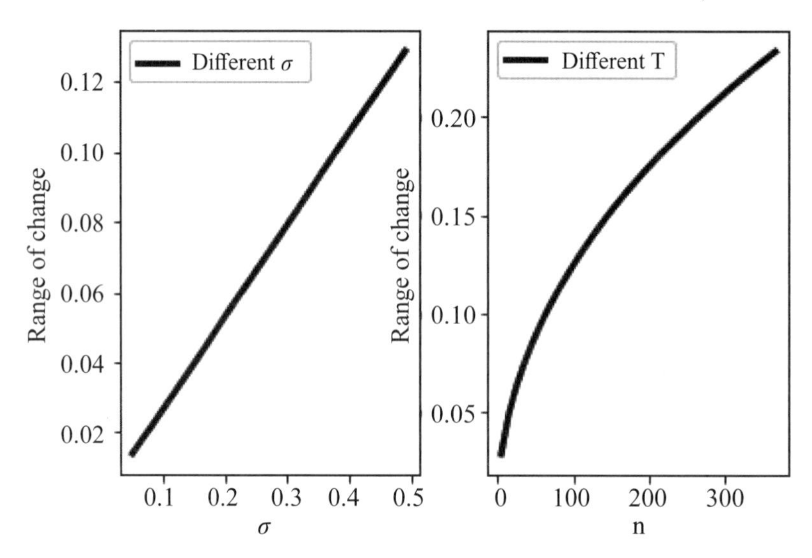

圖 9-9　不同波動率與到期期限所對應的到期標的資產價格變動幅度，其中 n 表示距離到期日的天數

最後，我們檢視利率因子對於買進跨式策略的影響。仍使用表 9-1 內的條件，我們進一步檢視於不同利率下，買進跨式策略（於期初 ATM 下）之損益平衡點所對應的到期標的資產價格的變動幅度，而該結果則繪製如圖 9-10 所示。我們從圖 9-10 內可看出上述變動幅度與利率之間幾乎呈現正的關係，還好不同利率所對應的變動幅度的差距並不大。例如：於利率等於 5% 之下，我們已經知道到期標的資產價格的變動幅度約為 7.9%；但是，若利率為 20%，則上述變動幅度約為 8.01%，顯示出利率的變動對於跨式策略的影響相當有限。

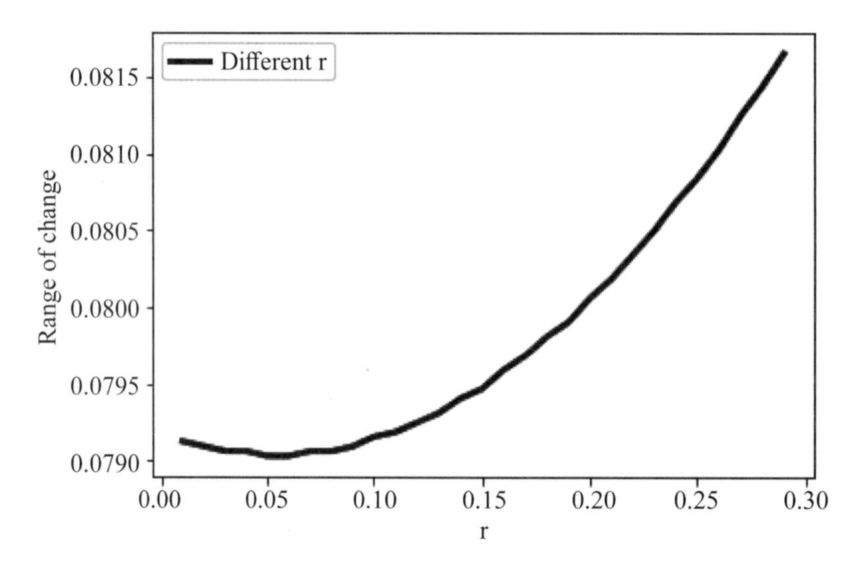

圖 9-10　不同利率所對應的到期標的資產價格變動幅度

9.2.2 跨式策略的最佳買點與賣點

以上的分析大多局限於處於 ATM 的情況；換言之，期初標的資產價格大多選擇跨式策略的履約價，也許上述履約價未必是合適的買點或賣點，我們檢視看看。根據表 9-1 內的條件，我們嘗試使用不同的期初標的資產價格以計算對應的跨式策略價格，其結果則繪製如圖 9-11 所示。我們發現最低的跨式策略價格所對應的期初標的資產價格並非是 16,000 而是 15,830，而後者所對應的價格約爲 1,257.47。可以參考圖 9-11。

圖 9-11 的結果是讓人印象深刻的，即若影響選擇權價格的因素沒變，則應該存在最低價的跨式價格所對應的期初標的資產價格，故就買進跨式策略的投資人而言，最佳的買點不就是 15,830 嗎？有意思的是，就賣出跨式策略的投資人而言，最佳的賣點反而應該離上述 15,830 愈遠愈好，因爲上述投資人反而可以獲得更高的權利金收入。是故，跨式策略的最佳買點與賣點未必一致。

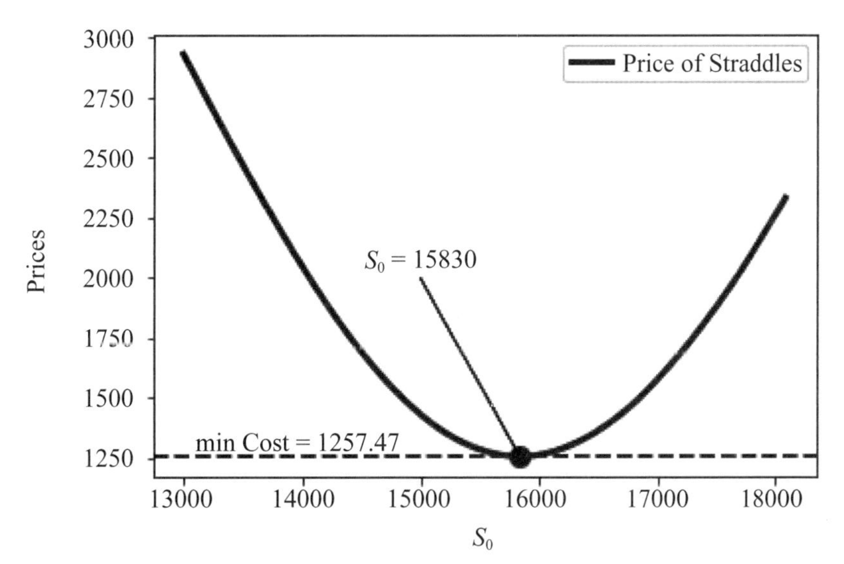

圖 9-11　不同期初標的資產價格下的跨式策略的價格（使用表 9-1 內的條件）

我們不難理解圖 9-11 內的結果從何而來，即該圖的拆解則繪製如圖 9-12 所示；換言之，根據圖 9-12，期初標的資產價格上升雖會使得買權價格上升，但是卻會導致賣權價格下降，因此買權與賣權價格之和（即跨式價格）會出現最小值。我們從圖 9-12 內可看出上述跨式價格的最小值並非出現於期初標的資產價格爲 16,000，即後者的價格爲 1,264.39，大於最小值爲 1,257.47。

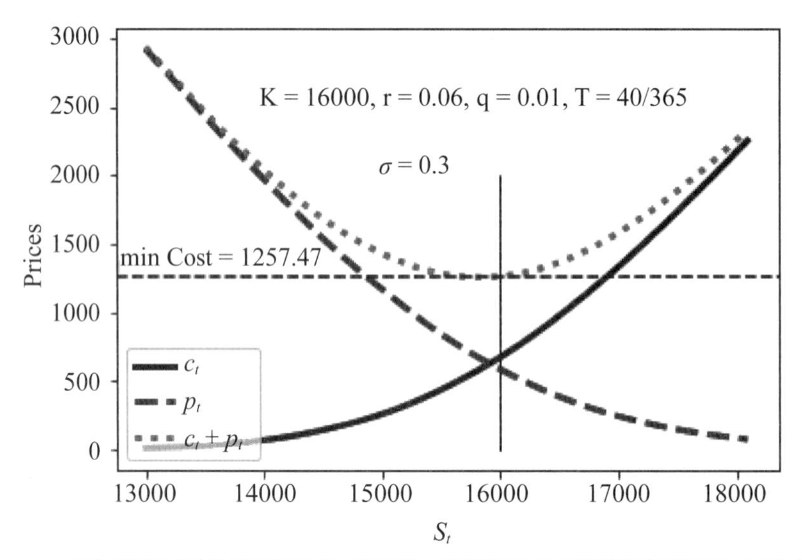

圖 9-12　不同期初標的資產價格下買權、賣權以及買權與賣權價格之和曲線

既然跨式價格有可能出現最小值而該最小值又並非履約價，故我們需要一種方式能迅速找出跨式價格的最小值，試下列指令：

```
def minStrad(S0,K,r,q,T,sigma):
    cost = np.zeros(len(S0))
    for i in range(len(S0)):
        cost[i] = ExStraddle(S0[i],K,r,q,T,sigma)[1]
    mincost = min(cost)
    for j in range(len(S0)):
        if cost[j] == mincost:
            break
    return S0[j],cost
```

即於 S0 下，我們自設一個 minStrad(.) 函數能找出跨式價格的最小值。我們試看看如何使用上述函數。

試下列指令：

```
S0b = np.arange(13000,18100,10)
minStr = minStrad(S0b,K,r,q,T,sigma)
```

```
cost = minStr[1]
Ststar = minStr[0] # 15830
min(cost)# 1257.4693200417896
```

即於不同的期初標的資產價格（S0b），可找出上述跨式價格最小值 1,257.47 所對應的期初標的資產價格爲 15,830，而該結果與圖 9-11 一致。利用上述 minStrad(.) 函數，我們繼續：

```
minStr1 = minStrad(S0b,K,r,q,100/365,sigma)
cost1 = minStr1[1]
Ststar1 = minStr1[0] # 15590
min(cost1)# 1963.8756248220561
minStr2 = minStrad(S0b,K,r,q,T,0.5)
cost2 = minStr2[1]
Ststar2 = minStr2[0] # 15700
min(cost2)# 2089.6762521976525
```

即延續表 9-1 內的條件，我們進一步更改到期期限爲 100/365 或波動率爲 0.5，我們發現跨式價格最小值爲 1,963.88 或 2,089.68，而對應的期初標的資產價格則爲 15,590 或 15,700。

使用 minStrad(.) 函數的確較爲方便，仍沿用上述到期期限爲 100/365 或波動率爲 0.5 的例子，圖 9-13 繪製出對應的跨式價格曲線，我們發現於其他情況不變下，提高到期期限或波動率，皆會使得跨式價格曲線或跨式價格的最小值往上升，同時跨式價格的最小值所對應的期初標的資產價格卻會下降；換言之，到期期限愈長或是波動率變大，跨式策略的最佳買點（成本最小）是使用愈低的期初標的資產價格。

圖 9-14 提供另外一個例子。該圖仍沿用表 9-1 內的條件，不過我們將履約價改爲 16,300 或將利率改爲 20%，其餘不變。我們發現履約價或利率的改變對於跨式策略價格的影響不如到期期限或波動率改變的影響，讀者可以檢視看看，參考所附的檔案。

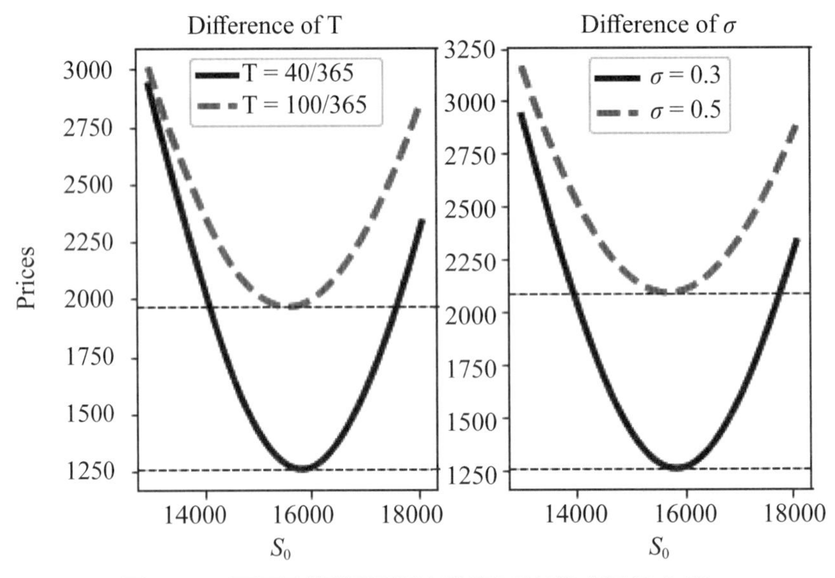

圖 9-13　不同到期期限與波動率下的跨式價格曲線

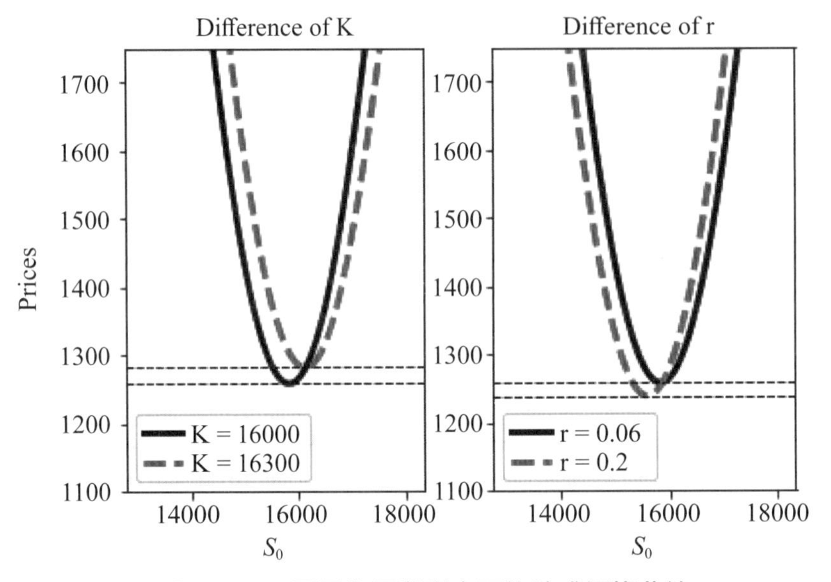

圖 9-14　不同履約價與利率下的跨式價格曲線

9.3 跨式策略的避險參數

接下來，我們檢視買進跨式策略所對應的避險參數。利用表 9-1 的條件，表 9-4 分別列出三種期初標的資產價格下的避險參數以及於 ATM 下買進買權與買進賣權的避險參數。從表 9-4 內的結果可看出買進跨式策略的 Delta、Rho 與 Gamma

值皆較小，我們知道前二者的值皆較小是因買進跨式策略內買進買權與買進賣權的 Delta 與 Rho 值相互抵消所致；至於 Gamma 值，我們底下自會說明。讓人比較意外的是，買進跨式策略所對應的 Theta 與 Vega 值皆較大[4]，隱含著「時間」與「波動」對於買進跨式策略的價格是有影響的；換言之，若買進買權與買進賣權的 Theta 值相等，買進跨式策略的 Gamma、Theta 與 Vega 值竟是前二者的 2 倍。

表 9-4　不同期初標的資產價格下，買進跨式策略的避險參數

	S01	S02	S03	call	put
price	1257.763	1264.393	1290.952	675.8643	588.5286
Delta	−0.0174	0.0834	0.1816	0.5412	−0.4578
Gamma	0.0005	0.0005	0.0005	0.0002	0.0002
Theta	−15.3846	−15.7189	−15.8013	-8.9469	−6.7719
Vega	41.6775	41.9838	41.6279	20.9919	20.9919
Rho	−1.6796	0.0767	1.81	8.748	−8.6713
Up	0.0923	0.079	0.0673	---	---
Down	−0.067	−0.079	−0.0921	---	---

說明：使用表 9-1 內的條件。S01、S02 與 S03 表示期初標的資產價格分別爲 15,800、16,000 與 16,200。Up 與 Down 分別表示損益平衡點所對應的到期標的資產價格的上漲率與下跌率。最後二欄分別表示 ATM 的買權與賣權。

於第 5 章內，我們已經知道買進買權與買進賣權具有 Gamma scalping 的特徵，故買進跨式策略亦具有上述特徵；或者說，透過 Gamma scalping 特徵，我們可以看出投資人採取 Delta 避險策略的重要性。是故，底下分成二部分介紹，其中第一部分介紹 Gamma scalping 特徵，而第二部分則分別說明於買進跨式策略下，Gamma、Theta 與 Vega 值所扮演的角色。

9.3.1 Gamma scalping

直覺而言，買進跨式策略同時包括買進買權與買進賣權策略，故其所對應的 Gamma scalping 特徵所帶來的優點大於後二者。因此，採取買進跨式策略的投資人

[4] 買進跨式策略內買進買權與買進賣權的 Delta 與 Rho 值可以相互抵消，但是買進跨式策略內的 Gamma、Theta 與 Vega 值卻是該策略內買進買權與買進賣權的 Gamma、Theta 與 Vega 值相加。

若採取 Delta 避險，該投資人不僅必須賣出買權 Delta 值比重的標的資產，同時亦需要買進賣權 Delta 值比重的標的資產，即於 ATM 處買進跨式策略因 Delta 避險所產生的潛在收益可寫成：

$$K\Delta_c - S_t\Delta_c - K(-\Delta_p) + S_t(-\Delta_p) \quad (9\text{-}1)$$

其中 Δ_c 與 Δ_p 分別表示買權與賣權的 Delta 值，而 S_t 表示 t 期標的資產價格[5]。根據表 9-1 內的條件，我們來看（9-1）式的意義。

整理（9-1）式可得：

$$(K - S_t)(\Delta_c + \Delta_p) \quad (9\text{-}2)$$

於表 9-4 內可知 Δ_c 與 Δ_p 的相加接近於 0（即上述相加值約爲 0.0834），隱含著於 ATM 處，買進跨式策略的投資人若採取 Delta 避險已接近於 Delta 中立。我們舉一個例子看看。假定臺股指數選擇權符合表 9-1 內的條件。根據表 9-1，三聰於 ATM 處買了 10 口跨式選擇權，可記得每點指數相當於新臺幣 50（元）。三聰進一步採取 Delta 避險策略。

讀者可嘗試分析三聰內之買進買權與買進賣權的淨潛在收益看看（第 5 章），我們則將上述買權與賣權各拆成二部分，該結果則繪製如圖 9-15 內所示。爲了避險，我們已經知道三聰必須放空買權之 Delta 值比重以及買進賣權之 Delta 值比重的標的資產，而上述比重的潛在收益分別可用圖 9-15 內的 bc 與 bp 表示；另一方面，買進買權與買進賣權的淨潛在收益除了上述 bc 與 bp 之外，尚包括買權與賣權價格變化所導致的潛在收益變動，我們則分別用 ac 與 ap 表示。我們從圖 9-15 內的左圖可看出 bc 與 bp 曲線的走勢恰爲相反，故 bc + bp 曲線的形狀接近於一條水平線；同理，於圖 9-15 內的右圖亦可看出 ac + ap 曲線的形狀接近於一條水平線。

於第 5 章內，我們已經知道如何計算出買進買權與買進賣權的淨潛在收益，即上述淨潛在收益分別可用 bc + ac 與 bp + ap 表示，而圖 9-16 內的上圖與中圖分別繪製出上述結果。最後，買進買權與買進賣權的淨潛在收益加總，就是買進跨式策略的淨潛在收益，其可繪製如圖 9-16 的下圖所示。比較圖 9-16 內的結果，可知買進跨式策略的淨潛在收益皆大於買進買權與買進賣權的淨潛在收益。從圖 9-15 至

---

[5] 因於 ATM 處，故（9-1）式內用履約價 K 取代期初標的資產價格 S_0。（9-1）式是依下列順序表示：賣標的資產、買標的資產、買標的資產與賣標的資產。

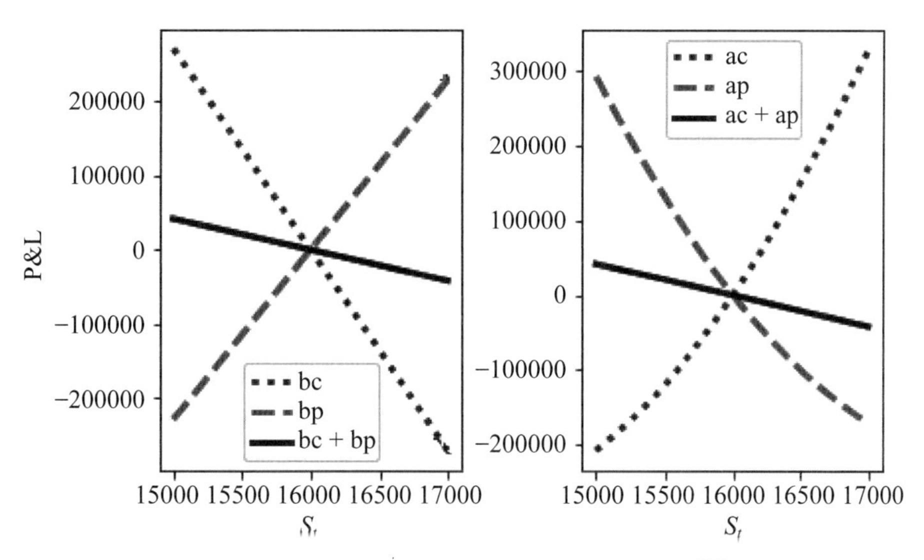

圖 9-15　$ac = 500(c_t - c_0)$、$ap = 500(p_t - p_0)$、$bc = -500\Delta_c(S_t - K)$ 與 $bp = -500\Delta_p(S_t - K)$，其中 c_0 與 p_0 分別表示期初買權與賣權價格

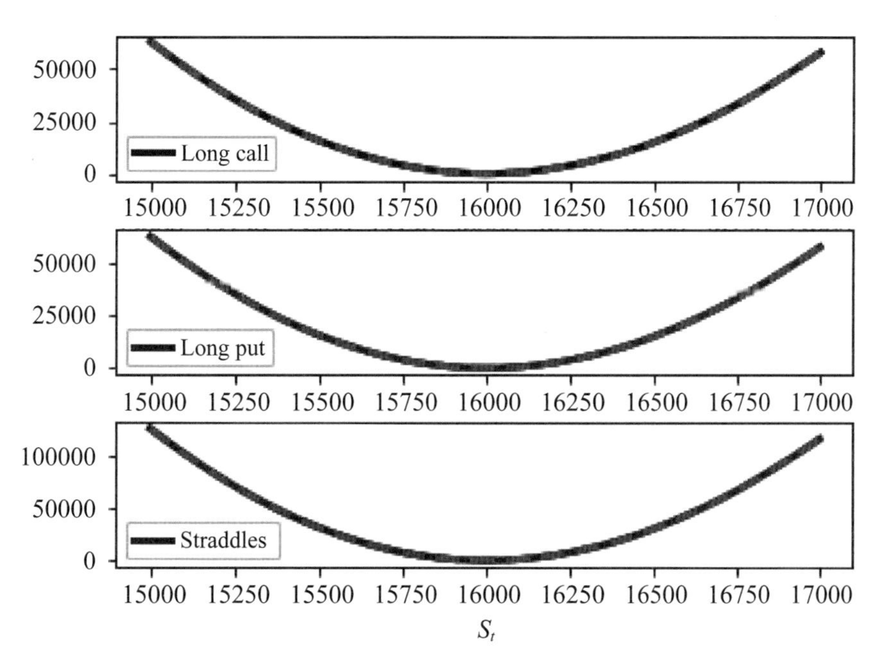

圖 9-16　買進跨式策略的淨潛在收益曲線（下圖），其是由買權（上圖）與賣權（中圖）內的淨潛在收益曲線相加而得

圖 9-16 的計算過程，我們知道如何計算買進跨式策略的淨潛在收益。讀者可嘗試將上述結果編表看看。

類似於第 5 章，我們可將圖 9-16 內的買進跨式策略的淨潛在收益拆成變動幅度相同的「標的資產價格上升」與「標的資產價格下降」所導致的淨潛在收益，其結果就繪製成如圖 9-17 所示。從圖 9-17 內除了可看出標的資產價格下降所導致的淨潛在收益仍較大；另一方面，我們亦可看出標的資產價格波動愈大，淨潛在收益就愈大。可惜的是，我們不容易分別低波動與高波動之間的界線。

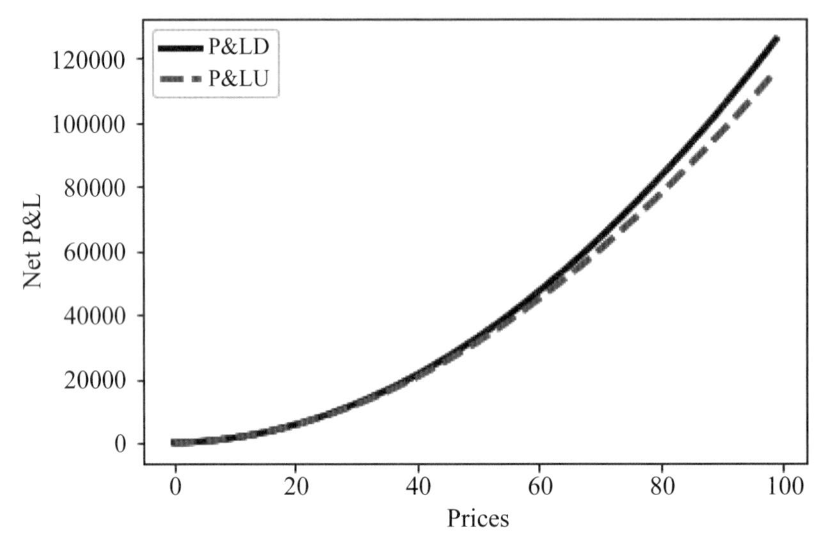

圖 9-17　買進跨式策略的淨潛在收益

以上的分析多半局限於當日標的資產價格有波動的情況。圖 9-18 繪製出當日與 10 日後[6]之於 ATM 處所對應的買進跨式的淨潛在收益曲線。我們從圖 9-18 內可看出當日的淨潛在收益仍大於等於 0，但是 10 日後的淨潛在收益已絕大部分小於 0。因此，買進跨式的淨潛在收益應只局限於當日計算。

---

[6] 即買進跨式後，10 日後才計算淨潛在收益。

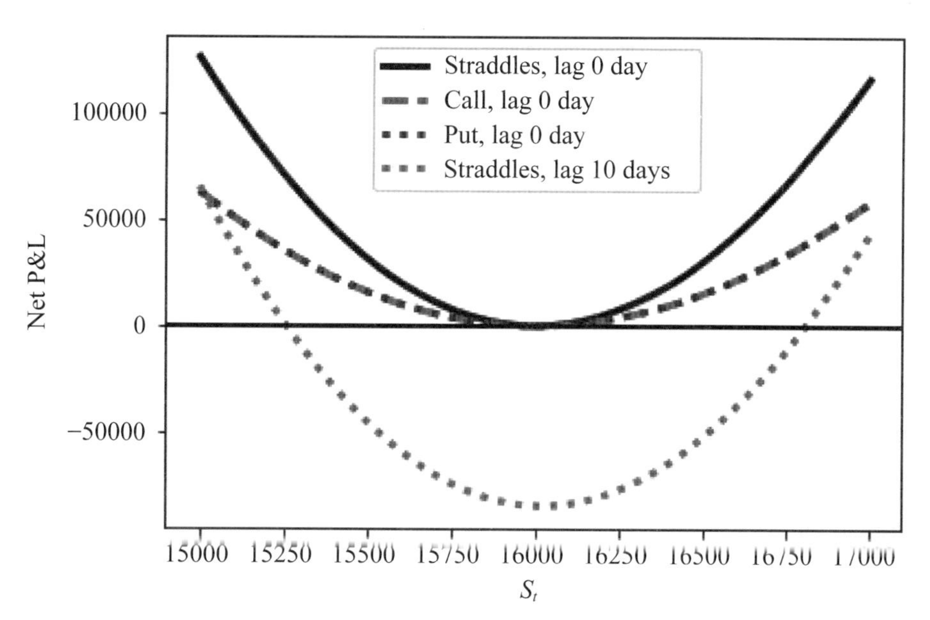

圖 9-18　於 ATM 處所對應的買進跨式的潛在收益曲線

第 5 章與上述的計算方式皆是假定投資人於 ATM 處採取買進跨式（或買進買權或賣權）策略。倘若不是處於 ATM 處呢？試下列指令：

```
dcA = Delta(16750,K,r,q,T,sigma)['c'] # 0.7135532278413375
dpA = Delta(16750,K,r,q,T,sigma)['p'] # -0.2853514820163038
dcA+dpA # 0.4282017458250337
dcA1 = Delta(16250,K,r,q,T,sigma)['c'] #
dpA1 = Delta(16250,K,r,q,T,sigma)['p'] #
dcA1+dpA1 #  0.20563952813175168
dcA2 = Delta(15830,K,r,q,T,sigma)['c'] #
dpA2 = Delta(15830,K,r,q,T,sigma)['p'] #
dcA2+dpA2 #  -0.002173956478329131
dcA3 = Delta(15500,K,r,q,T,sigma)['c'] #
dpA3 = Delta(15500,K,r,q,T,sigma)['p'] #
dcA3+dpA3 #  -0.16993257652534627
```

即仍使用表 9-1 內的條件，投資人分別於期初標的資產價格爲 16,750、16,250、15,830 或 15,500 處採取買進跨式策略，於 9.2.2 節內可記得跨式策略最低價所對應的期初標的資產價格為 15,830。我們可發現上述 4 個期初價格所對應的買權與買權之 Delta 值加總為 0.4282、0.2056、−0.0022 或 −0.1699。底下可看出 Delta 值的加總值若不接近於 0 的結果。

為了能輕易計算買進跨式的淨潛在收益，底下我們自設一個函數，即試下列指令：

```
def GammaScalpingA(St,S0,K,r,q,T,sigma):
    CA = np.zeros(len(St))
    for i in range(len(St)):
        c0i = BSM(S0,K,r,q,T,sigma)['ct']
        c01 = BSM(St[i],K,r,q,T,sigma)['ct']
        Ca = (c01-c0i)
        dc0i = Delta(S0,K,r,q,T,sigma)['c']
        Dca = -dc0i*(St[i]-K)
        A1 = Ca+Dca
        p0i = BSM(S0,K,r,q,T,sigma)['pt']
        p01 = BSM(St[i],K,r,q,T,sigma)['pt']
        Pa = (p01-p0i)
        dp0i = Delta(S0,K,r,q,T,sigma)['p']
        Dpa = -dp0i*(St[i]-K)
        B1 = Pa+Dpa
        CA[i] = A1+B1
    return CA
```

上述 GammaScalpingA(.) 函數是計算「每點」的淨潛在收益，讀者當然可以更改以計算「10 口」的淨潛在收益。可以參考所附的檔案。

圖 9-18 進一步繪製出上述不同期初標的資產價格下之買進跨式的淨潛在收益曲線，我們從該圖內可看出期初若不處於 ATM，買進跨式的淨潛在收益有可能會出現負值的情況。表 9-5 列出圖 9-18 內不同期初標的資產價格所對應的淨潛在收益的最小值，而我們可以從該表內看出期初標的資產價格分別為 15,500、16,250 與 16,750 所對應的淨潛在收益並不理想，反而期初標的資產價格分別為 15,830 與 16,000 所對應的淨潛在收益則不分軒輊。我們大致可從上述不同期初標的資產價格

所對應的 Delta 值看出爲何有上述之不同（前三者之 Delta 值明顯不等於 0，而後二者之 Delta 值則接近於 0）。

根據表 9-1 內的條件，底下我們分成二部分檢視買進跨式之淨潛在收益的計算：其一是根據跨式策略價格之最小值所對應的期初標的資產價格，另一則是全部處於 ATM 處；當然，前者因每次皆要找出上述跨式策略價格之最小值所對應的期初標的資產價格，故計算稍微複雜，而後者的計算則較爲簡易。我們先舉一個簡單的例子。

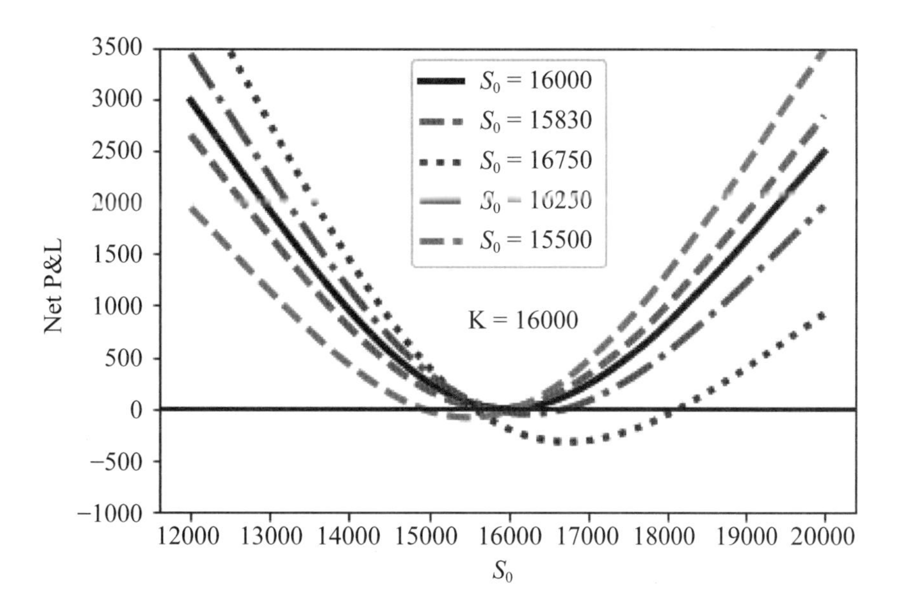

圖 9-19　不同期初標的資產價格下之買進跨式的淨潛在收益曲線（每點）

表 9-5　買進跨式的淨潛在收益的最小值（圖 9-19）

S0	15500	15830	16000	16250	16750
Min	−84.97	−0.37	0	−51.41	−321.15

說明：S0 與 Min 分別表示期初標的資產價格與淨潛在收益的最小值。

仍使用表 9-1 內的條件，只不過我們額外多考慮到期期限爲 100 日的情況。根據 9.2.2 節，可知到期期限爲 100 日的跨式策略價格之最小值爲 1,963.88，而對應的期初標的資產價格爲 15,590，即到期期限爲 100 日的跨式策略的最佳買點的期初標的資產價格爲 15,590。是故，加上到期期限爲 40 日的「最佳」期初標的資產價格爲 15,830，我們可以分別計算對應的買進跨式策略之淨潛在收益曲線，其結果則繪製如圖 9-20 內的右圖所示；至於圖 9-20 內的左圖則皆使用期初標的資產價格爲 16,000。

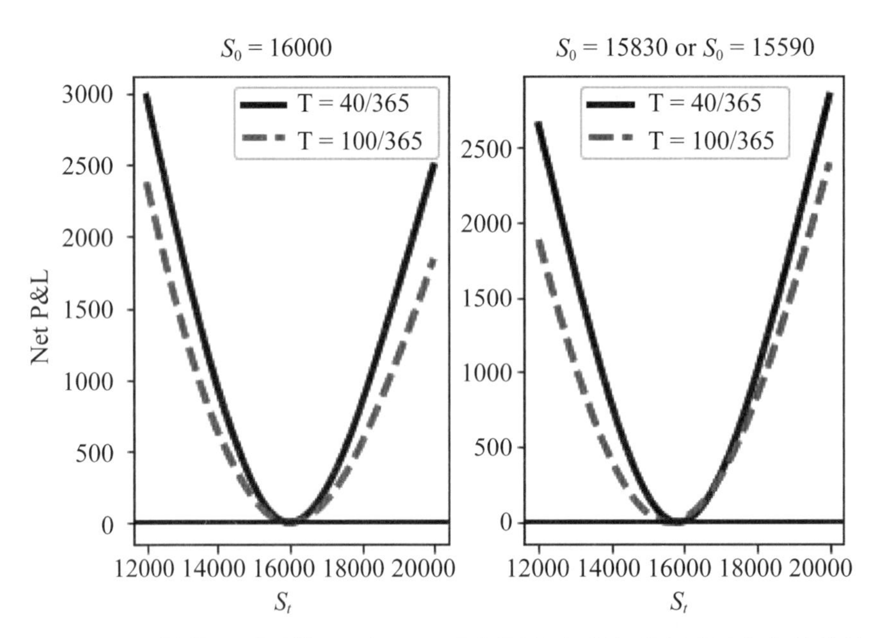

圖 9-20　到期期限分別為 40 與 100 日之買進跨式策略之淨潛在收益曲線

從圖 9-20 內可看出二種情況其實非常類似，也就是說，到期期限變大，淨潛在收益會降低；或者說，到期期限變小，淨潛在收益反而會增加。有意思的是，若處於 ATM 處（左圖），淨潛在收益的最小值皆爲 0（其位置剛好落於期初標的資產價格爲 16,000 處）；但是，若使用「最佳」的期初標的資產價格（右圖），則 40 日與 100 日對應的潛在收益的最小值分別爲 −0.37 與 0.14（其位置剛好落於期初標的資產價格分別爲 15,830 與 15,590 處）。值得注意的是，於到期期限爲 100 日處，使用 ATM 與最佳期初標的資產價格所對應的 Delta 值分別約爲 0.13 與 0，似乎後者接近於 Delta 中立。

圖 9-20 的計算方法可以繼續延伸，即若將到期期限改成 1 至 365 日，其餘不變，圖 9-21 繪製出對應的最佳期初標的資產價格的時間走勢（左圖）以及淨潛在收益的最小值走勢（右圖）。我們發現最佳期初標的資產價格的選擇與到期期限有關，即到期期限愈長，最佳期初標的資產價格愈低。例如：分別考慮到期期限 100 日與 200 日，對應的最佳期初標的資產價格分別爲 15,590 與 15,190，如圖 9-21 內左圖的黑點所示。圖 9-21 內的右圖則分別繪製出最佳期初標的資產價格所對應的淨潛在收益的最小值，而從圖內可看出上述淨潛在收益的最小值的最大值與最小值分別爲 1.27 與 −1.26，隱含著上述淨潛在收益的最小值並不大。

從圖 9-20 內左圖的結果大概就可知道若將到期期限改成 1 至 365 日，採取 ATM 的方式所得到的淨潛在收益的最小值皆爲 0（讀者可驗證看看）。我們可以

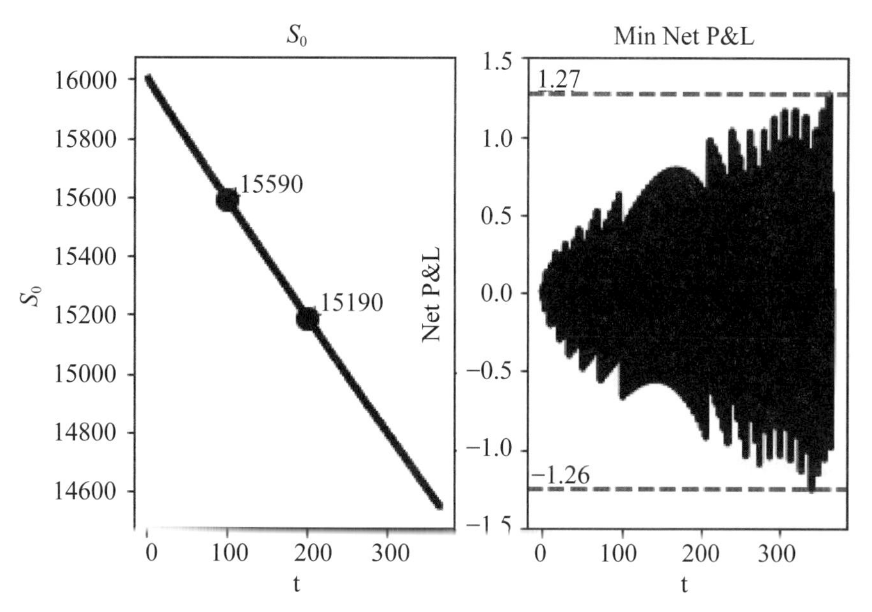

圖 9-21 S_0（期初標的資產價格）與淨潛在收益之最小值，其中 t 表示到期日

進一步檢視上述採取 ATM 方式以及採取最佳期初標的資產價格方式的特徵，可以參考圖 9-22；也就是說，該圖分別繪製出買進跨式策略所對應的不同到期期限的 Delta 值走勢。我們發現採取最佳期初標的資產價格方式的 Delta 值走勢大致維持於 0 附近，但是採取 ATM 方式的 Delta 值走勢則隨到期期限的提高而變大。因此，

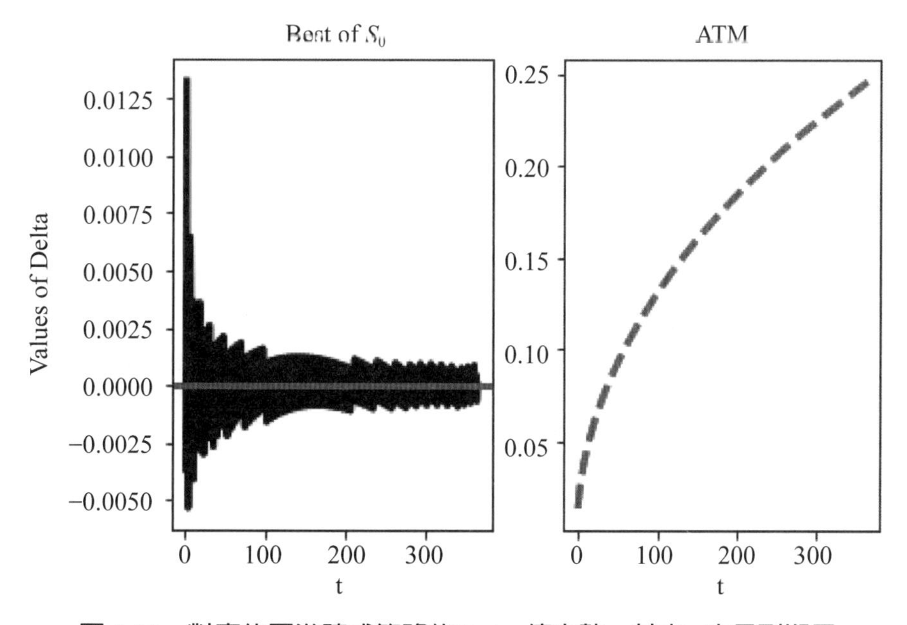

圖 9-22 對應的買進跨式策略的 Delta 值走勢，其中 t 表示到期日

圖 9-22 的結果顯示出購買跨式策略的投資人採取最佳期初標的資產價格方式，若進一步採取 Delta 避險，不僅可以計算出對應的淨潛在收益，同時亦接近於 Delta 值中立。

圖 9-21 係繪製出（採取最佳期初標的資產價格方式）於不同到期期限下的淨潛在收益的最小值時間走勢，與圖 9-21 對應的是，圖 9-23 則繪製出於不同到期期限下的淨潛在收益的最大值時間走勢。我們從圖 9-23 內可看出採取 ATM 方式與採取最佳期初標的資產價格方式所對應的淨潛在收益的最大值各有優劣，就到期期限較長而言，後者大於前者（即採取 ATM 方式）較多；不過，若到期期限縮小約至 97 日以下，雖然後者小於前者，但是二者的差距卻不大。

圖 9-20～9-23 的結果是頗有意義的，因爲買進跨式策略的投資人若採取選擇跨式價格最小値所對應的最佳期初標的資產價格，該投資人所面對的 Delta 值竟接近於 0；另一方面，若上述投資人採取 Delta 避險（可知其趨向於 Delta 值中立），我們另外發現存在淨潛在收益。有意思的是，使用 ATM 方法來計算淨潛在收益，其實比較簡易。我們再試試。

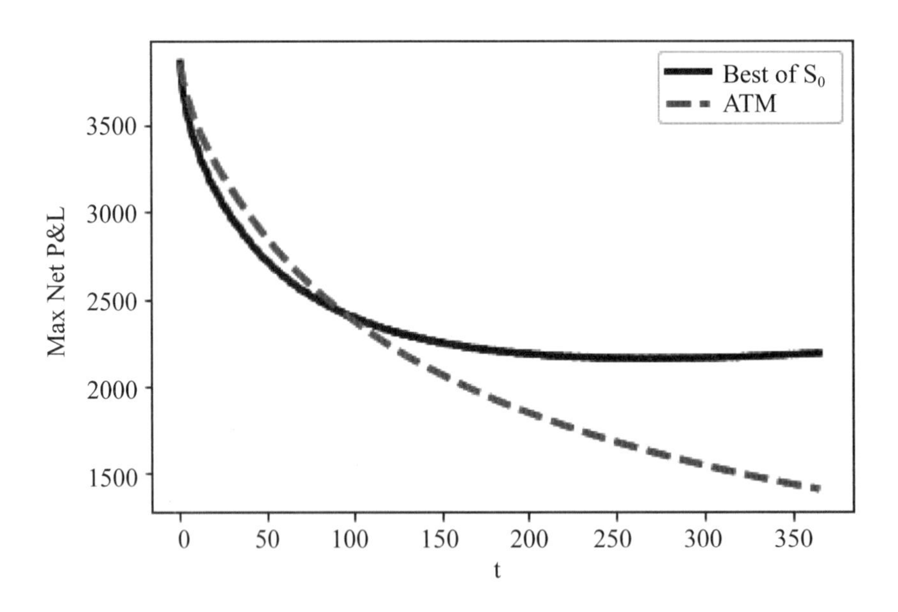

圖 9-23　買進跨式策略淨潛在收益的最大值走勢，其中 t 表示到期日

利用類似於繪製圖 9-23 的方法，我們可以分別比較例如波動率或利率改變對淨潛在收益的影響。首先我們檢視波動率改變的情況。根據表 9-1 內的條件，我們額外考慮波動率爲 0.5，其餘不變，圖 9-24 繪製出上述結果。從圖 9-24 內除了可看出波動率改爲 0.5 後，淨潛在收益會下降（左圖），隱含著波動愈大，淨潛在收益愈小之外；另外，亦可看出使用最佳期初標的資產價格方法與使用 ATM 方法的結果頗為類似（右圖）。雖說如此，上述二方法還是有些不同。例如：仍根據表 9-1 內的條件，圖 9-25 繪製出不同利率水準下，淨潛在收益之最大值曲線。我們發現二種方法的結果並不相同，讀者可檢視看看。

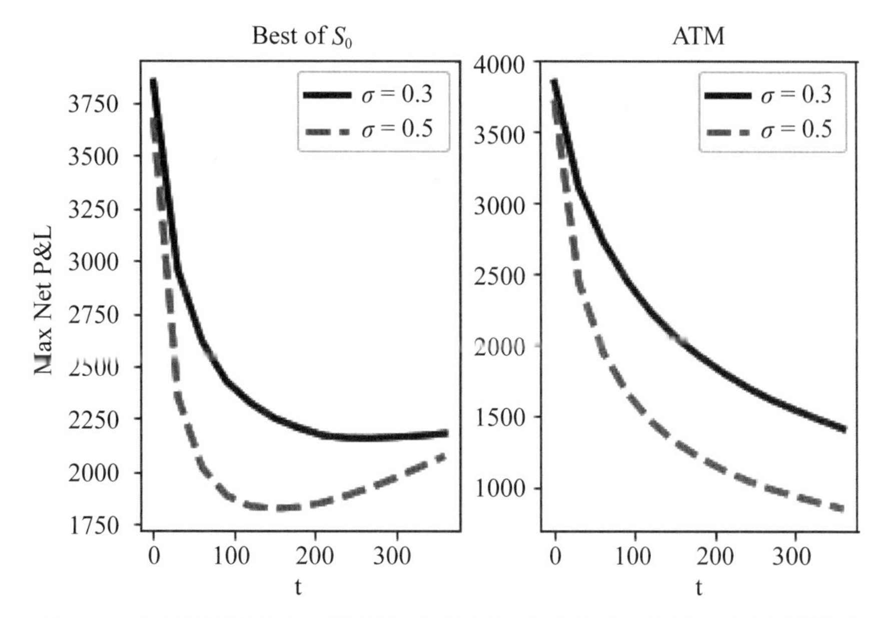

圖 9-24　不同波動率下，淨潛在收益之最大值曲線，其中 t 表示到期日

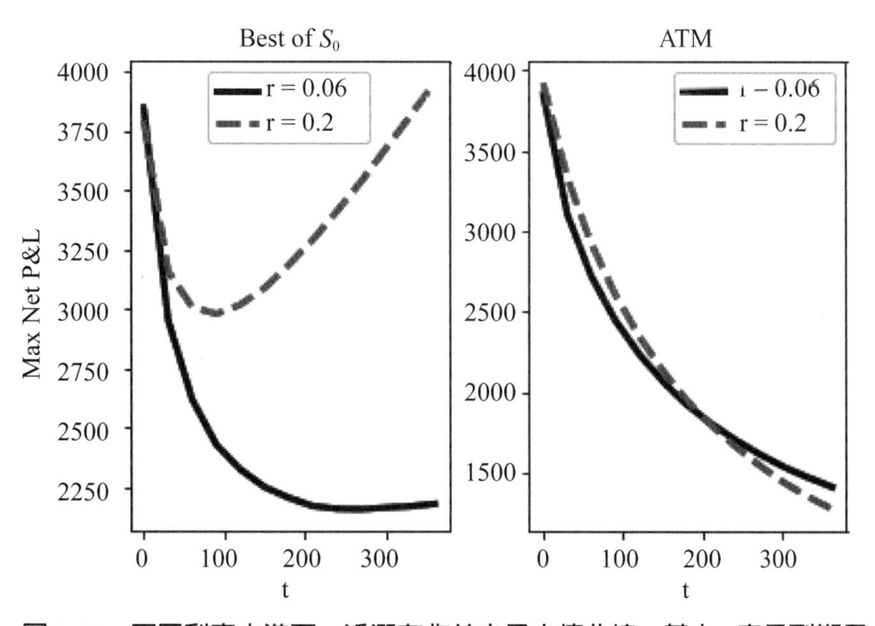

圖 9-25　不同利率水準下，淨潛在收益之最大值曲線，其中 t 表示到期日

圖 9-23～9-25 的結果是讓人印象深刻的，儘管波動率或利率對淨潛在收益的影響不一，不過我們皆可以發現到期期限愈短，對應的淨潛在收益竟愈大（可注意上述三圖的橫軸表示方式，即由右至左表示到期期限縮小）；換言之，就淨潛在收益而言，買進跨式策略的到期期限愈短竟愈佳。

9.3.2 Gamma、Theta 與 Vega

仍使用表 9-1 內的條件（只更改到期期限為 1 年），圖 9-26 繪製出於不同到期期限下，於 ATM 處買進跨式策略所對應的價格以及對應的避險參數曲線，其特色可分述如下：

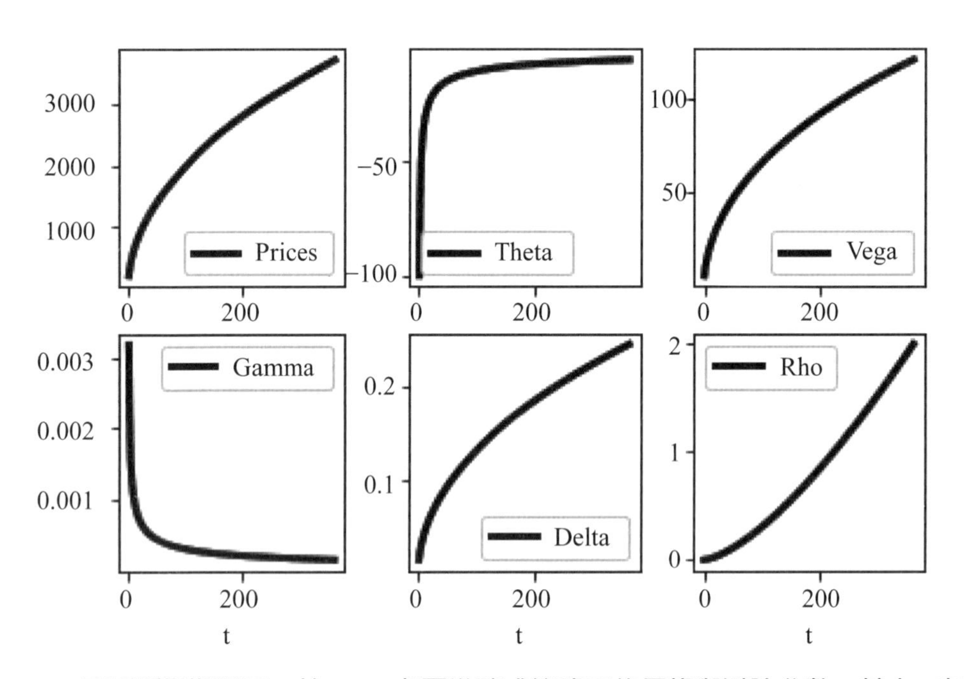

圖 9-26　不同到期期限下，於 ATM 處買進跨式策略下的價格與避險參數，其中 t 表示到期期限（用日表示）

(1) 到期期限愈短，買進跨式策略所對應的價格愈低，我們已經知道「時間」會侵蝕上述價格。

(2) 時間侵蝕因子就是 Theta 值。從圖內可看出隨著時間經過，對應的 Theta 值愈大（依絕對值來看），表示買進跨式策略所對應的價格愈便宜。如第 6 章所述，約接近到期日的前 30 日後，買權或賣權所對應的 Theta 值下降的幅度愈大，而我們從圖 9-26 內亦可看出類似的結果。

(3) 根據例如(6-3)式可知，於 ATM 處到期期限愈短的買權或賣權對 Gamma 值愈敏感(即到期期限愈短對應的 Gamma 值愈大)；同理，於 ATM 處到期期限愈長的買權或賣權對 Vega 值愈敏感(即到期期限愈長對應的 Vega 值愈大)。我們從圖 9-26 內亦有看到類似的結果。
(4) 於 9.3.1 節內，我們已經知道到期期限愈短，於 ATM 處買進跨式策略所對應的淨潛在收益愈大，透過圖 9-26 可知此乃是因逐漸變大的 Gamma 值所造成的。
(5) 由於對應的 Vega 值較大，故若波動率上升而導致跨式價格上升反而對於採取買進到期期限較長的跨式策略的投資人有利；不過，若波動率下降而導致跨式價格下跌，反而上述投資人會有損失。
(6) 由於對應的 Vega 值較大，故跨式價格的波動較大。
(7) Gamma 值愈大，對買進跨式策略的投資人愈有利；但是，Theta 值愈大，對上述投資人愈不利。

圖 9-26 是使用 ATM 的方法，若改用最佳期初標的資產價格方法，其結果則繪製如圖 9-27 所示。比較圖 9-26 與 9-27 的結果，可發現除了 Delta 與 Rho 值之外，其餘的結果倒是非常類似。圖 9-28 進一步繪製出圖 9-26 與 9-27 結果的比較，我們發現二圖 Gamma 與 Theta 值非常接近，其餘結果有些差距。比較特別的是跨式價

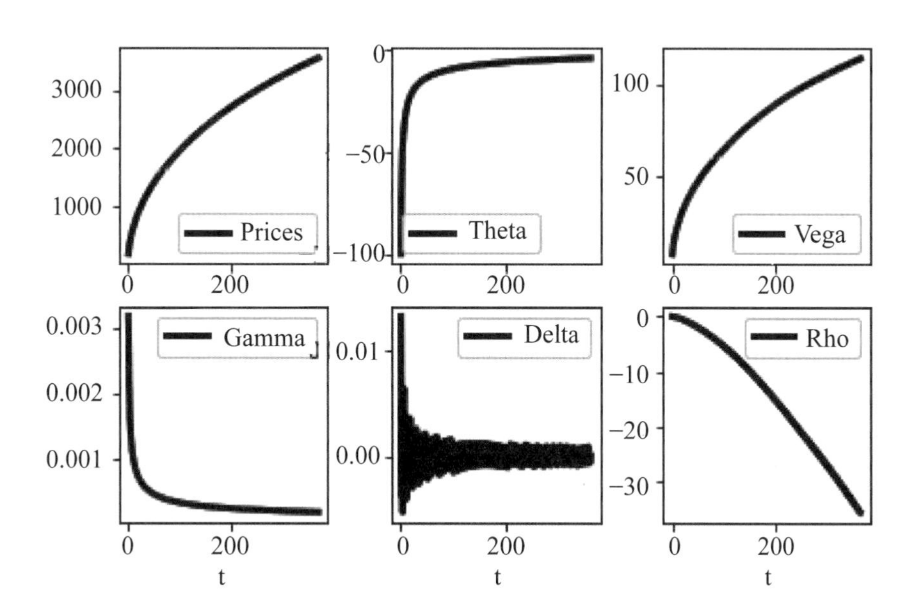

圖 9-27 不同到期期限下，使用最佳期初標的資產價格買進跨式策略下的價格與避險參數，其中 t 表示到期期限(用日表示)

格（Prices）與 Vega 值[7]，可發現使用 ATM 方法的結果皆較大，隱含著使用最佳期初標的資產價格方法不僅價格較低，同時價格的波動也較低。圖 9-28 的詳細結果可參考所附的檔案。

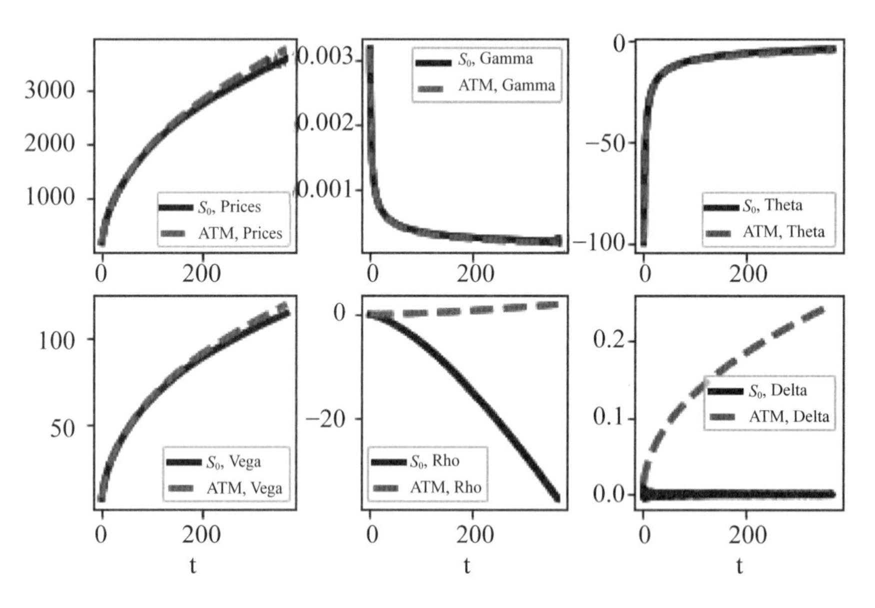

圖 9-28　圖 9-26 與 9-27 結果的比較

利用表 9-1 內的條件（多考慮了到期日爲 10、9、2 與 1 日的情況，其餘不變）以及使用最佳期初標的資產價格方法，圖 9-29 分別繪製出對應的買進跨式的淨潛在收益曲線，而從該圖內可看出到期日爲 10 與 9 日的淨潛在收益曲線差距不大，但是 1 日的淨潛在收益顯然大於 2 日的淨潛在收益。圖 9-30 進一步繪製出二條淨潛在收益差異曲線，而該曲線的意思爲例如 39 日的淨潛在收益減去 40 日的淨潛在收益，依此類推。圖 9-30 內的水平虛線則分別表示 40 日與 2 日之 Theta 值（即 t0 與 t1，皆用正數值表示）。因此，於圖 9-30 內可看出標的資產價格若處於 14,160 以下，則 39～40 日的淨潛在收益差異有可能大於 t0；同理，若標的資產價格若處於 15,460 以下，則 1～2 日的淨潛在收益差異有可能大於 t1。換言之，圖 9-30 竟顯示使用最佳期初標的資產價格方法，若標的資產價格下跌的幅度夠大，淨潛在收益增加的幅度有可能足以彌補 Theta 值的損失。讀者可改用 ATM 方法，看看結果爲何。

---

[7] Delta 值的差距之前已解釋過了，至於 Rho 值的差異，因利率因素的影響較低，故此處省略。

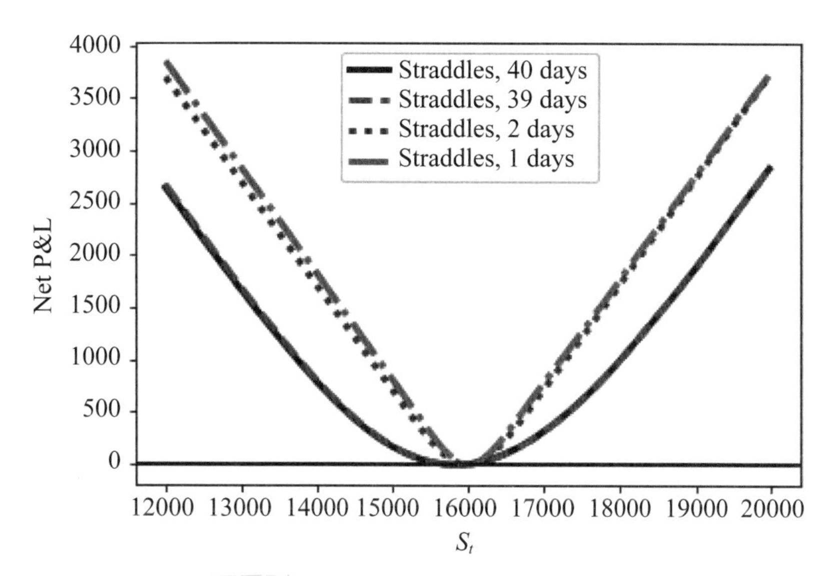

圖 9-29 不同到期期限下，買進跨式的淨潛在收益曲線

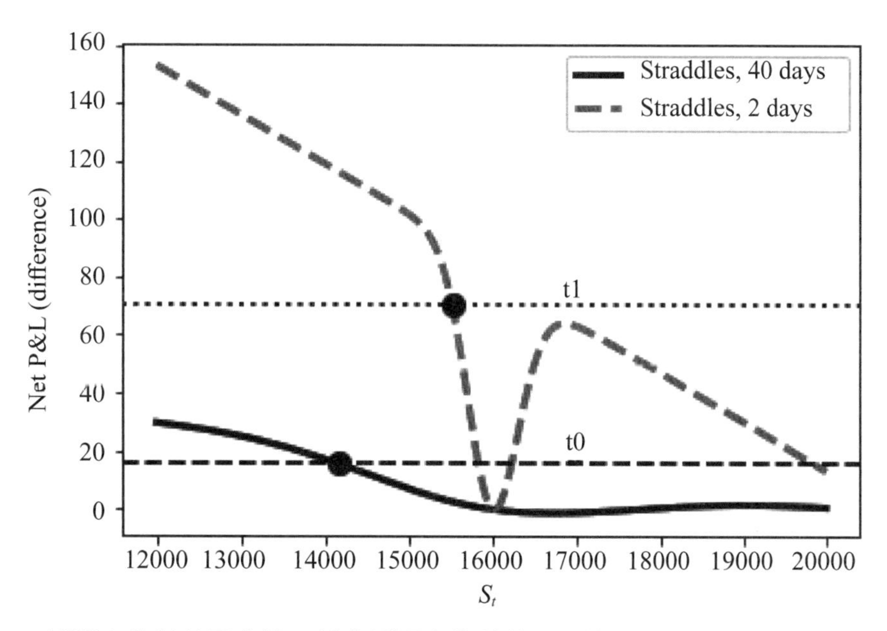

圖 9-30 淨潛在收益差異曲線，其中淨潛在收益差異是後一日淨潛在收益減當日淨潛在收益，其中 t0 與 t1 分別表示買進跨式離到期 40 日與 2 日的 Theta 值（用正數值表示）

於 5.3 節內，我們已經知道買權或賣權的 Gamma 值與履約價之間呈現負關係，即履約價愈低，對應的買權或賣權的 Gamma 值愈高。因此，直覺而言，買進低履約價的跨式所對應的淨潛在收益應較大。例如：仍利用表 9-1 內的條件，不過只將

履約價改爲 100，其餘不變。我們計算買進跨式策略所對應的 Gamma 與 Theta 值分別約爲 −0.0982 與 0.0798，若與表 9-4 比較，顯然低履約價如 100 的 Gamma 值較大而 Theta 值較低。我們再檢視看看。

類似於圖 9-30 的繪製與計算方式，圖 9-31 繪製出上述履約價爲 100 的情況。與我們預期一致的是，從圖 9-31 內可看出買進履約價爲 100 的跨式所帶來的淨潛在收益差異有可能於某些情況下能彌補時間上的侵蝕。例如：於圖 9-31 內，我們發現到期期限爲 40 日，當標的資產價格約大於 118，上述淨潛在收益差異有可能大於對應的 Theta 值；同理，若到期期限爲 2 日，上述淨潛在收益差異亦有可能大於對應的 Theta 值，此時標的資產價格需約大於 104。因此，圖 9-31 的結果提醒我們，若有高與低履約價的跨式可供選擇，選擇低履約價的跨式策略似乎較占優勢。

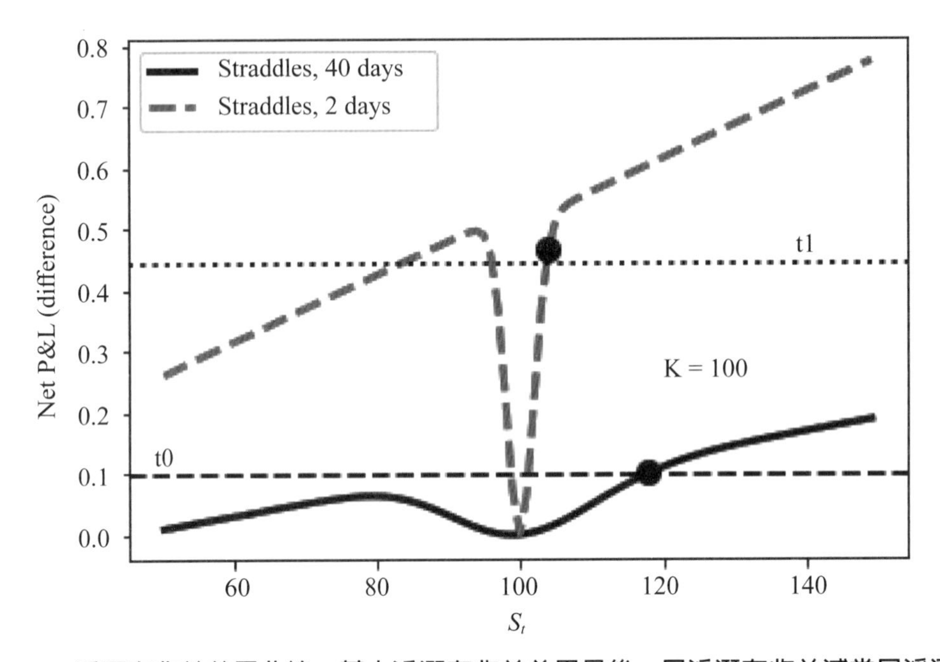

圖 9-31　淨潛在收益差異曲線，其中淨潛在收益差異是後一日淨潛在收益減當日淨潛在收益，其中 t0 與 t1 分別表示買進跨式離到期 40 日與 2 日的 Theta 值（用正數値表示）

勒式策略

勒式策略是指同時買進買權與賣權，不過上述買權與賣權的履約價並不相同，當然上述買權與賣權擁有相同的標的資產與到期日。因此，根據上述定義，勒式策略其實可以分成二種，其一是買進低履約價買權與買進高履約價賣權，另一則是買進高履約價買權與買進低履約價賣權。因此，嚴格來說，勒式策略有點複雜。

勒式策略可說是跨式策略的延伸，故其仍適用於標的資產價格呈現大起大落的格局；或者說，買進勒式策略亦屬於風險有限而利潤無窮的投資策略，故其與跨式策略有點類似。換句話說，畢竟是買權與賣權的結合，勒式策略亦擁有較大的 Gamma、Theta 與 Vega 值，即勒式策略亦屬於波動幅度較大的策略。有意思的是，若適當使用，勒式策略有可能出現較大的 Gamma scalping 效果。我們看看。

10.1 二種勒式策略

如前所述，其實存在二種勒式策略，爲了分析方便起見，我們將買進低履約價買權與買進高履約價賣權稱爲買進勒式策略 1，而將買進高履約價買權與買進低履約價賣權稱爲買進勒式策略 2；當然，賣出勒式策略 1 與 2 可類推。使用表 10-1 的條件可繪製買進勒式策略 1 與 2 的到期收益曲線如圖 10-1 所示。表 10-1 或圖 10-1 的特色可分述如下：

(1) 使用表 10-1 內的條件，我們亦加入於 ATM 下的買進跨式策略的情況；因此，於表 10-1 或圖 10-1 內可比較買進跨式策略與於期初標的資產價格爲 16,000 下，買進 15,700-16,000 以及 16,000-16,300 的勒式策略 1 與 2 之比較。

(2) 從圖 10-1 內可看出買進跨式策略與買進勒式策略皆屬於適用於到期標的資產價格呈現「大起大落」的情況；或者說，上述二策略亦皆屬於「風險有限而利潤無窮」的投資策略。

(3) 若與買進跨式策略的到期利潤曲線比較，顯然買進 15,700-16,000 的勒式策略的到期利潤曲線往左移，故對應的損益平衡點亦往左移；同理，買進 16,000-16,300 的勒式策略的到期利潤曲線往右移，而其對應的損益平衡點亦往右移。圖 10-2 繪製出圖 10-1 內上圖的結果，讀者可比較看看。

(4) 於圖 10-2 內可看出買進勒式策略的到期利潤曲線於二履約價之間呈現水平，不過其最小值大於對應的買進跨式策略的到期利潤最小值（依絕對值來看）[①]。

(5) 從圖 10-1 內可看出二種勒式策略的到期利潤結果其實差距不大[②]，讀者可驗證看看，但是期初價格卻有差距；換言之，從表 10-1 內可看出似乎買進勒式策略 2 較為便宜。

表 10-1　履約價分別為 15700、16000 與 16300，其餘使用表 9-1 內的條件

	Straddle	Strangle 1a	Strangle 1b	Strangle 2a	Strangle 2b
price	1264.39	1425.32	1423.88	1127.29	1125.85
bp d	17264.5	14574.5	14876	14572.5	14874
bp u	14735.5	17125.5	17424	17127.5	17426
min	−1226.09	−1125.3	−1123.85	−1127.27	−1125.82

說明：1. price、bp d、bp u 與 min 分別表示價格、下跌損益平衡點、上升損益平衡點與最小值。期初標的資產價格為 16,000。

2. 第 2 欄表示履約價為 16,000 的跨式策略。第 3～6 欄表示勒式策略。

3. 第 3～4 欄分別表示 15,700-16,000 的勒式策略 1 與 2。

4. 第 5～6 欄分別表示 16,000-16,300 的勒式策略 1 與 2。

---

① 其實買進勒式策略到期利潤亦存在最低點，不過其與附近的值差距不大，故兩履約價之間的到期利潤像一條水平線。

② 因本書屬於單色印刷，故讀者可找出圖 10-1 的附屬 Python 檔案，執行後自然可更清楚看出圖 10-1 內的不同。

表 10-1 的結果是讓人印象深刻的，因爲我們發現買進勒式策略 1 與 2 的到期利潤差距不大，但是買進勒式策略 2 的價格明顯低於買進勒式策略 1 的價格。直覺而言，以 15,700-16,000 的勒式策略爲例，於期初標的資產價格爲 16,000 之下，顯然因低履約價買權價格大於高履約價買權價格，同時低履約價賣權價格低於高履約價賣權價格，故勒式策略 1（買低履約價買權同時買高履約價賣權）的買入成本較高。同理，其餘可類推。

根據表 10-1 內的條件，我們分別考慮三種期初標的資產價格，並且進一步計算對應之 15,700-16,000 以及 16,000-16,300 勒式策略 1 與 2 的期初價格，而該結果可列表如表 10-2 所示。從表 10-2 內可看出勒式策略 2 的期初價格皆較低，此隱含著就買進勒式策略的投資人而言，該投資人可以選擇購入成本較低的勒式策略 2；同理，因期初收入較高，故賣出勒式策略的投資人可以選擇勒式策略 1。換句話說，買進與賣出勒式策略的投資人選擇勒式策略的標的未必相同；或者說，勒式策略 1 與 2 各自有買進與賣出的投資人。

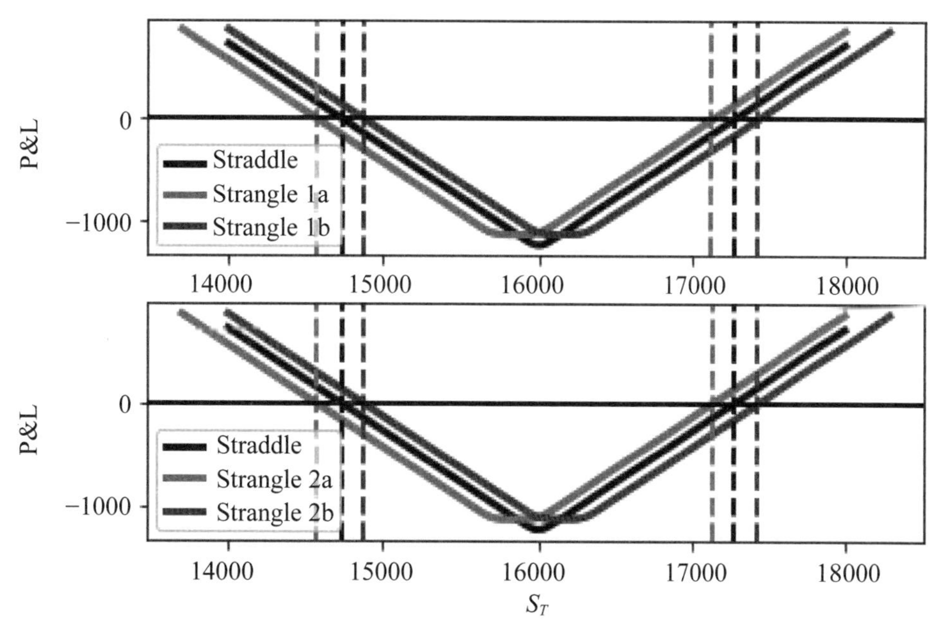

圖 10-1 買進跨式與勒式策略的到期利潤曲線，其中上圖是使用勒式策略 1，而下圖則是使用勒式策略 2

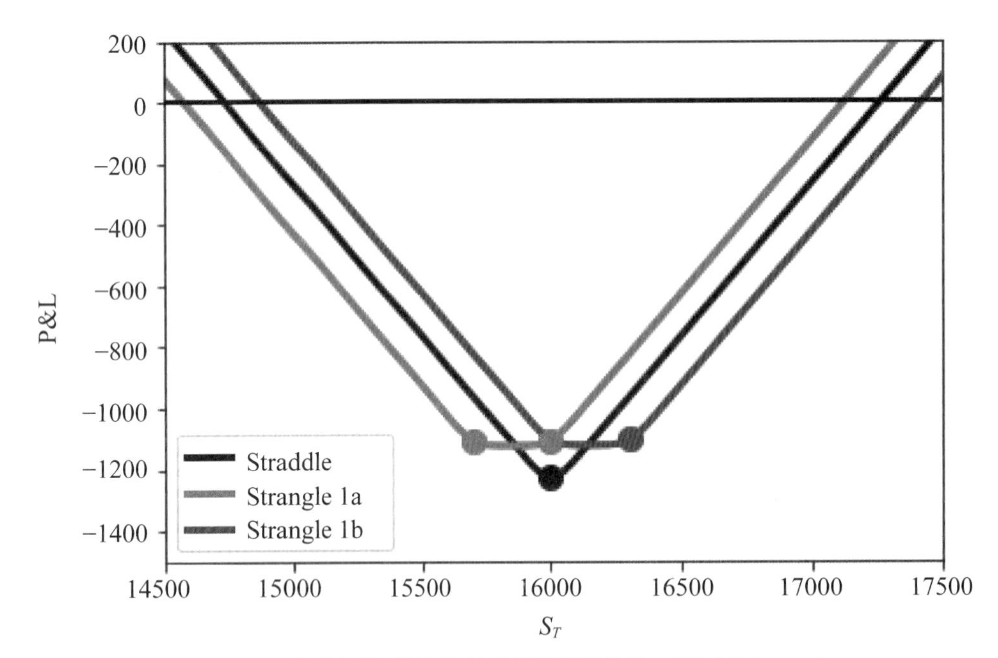

圖 10-2　跨式與勒式策略的到期利潤曲線（取自圖 10-1）

表 10-2　勒式策略 1 與 2 的期初價格（使用表 10-1）

K	Strangle 1	Strangle 2	S0
15700-16000	1425.32	1127.29	16000
16000-16300	1423.88	1125.85	16000
15700-16000	1308.57	1221.64	15000
16000-16300	1432.75	1364.04	15000
15700-16000	1735.55	1508.72	17000
16000-16300	1579.91	1371.6	17000

說明：K 與 S0 分別表示履約價與期初標的資產價格，而 Strangle 1 與 Strangle 2 分別表示勒式策略 1 與 2 的期初價格。

表 10-2 的結果可以繼續延伸，即就 15,700-16,000 與 16,000-16,300 的勒式策略而言，我們考慮於更多的不同期初標的資產價格下，勒式策略 1 與 2 所對應的價格，而該結果則繪製如圖 10-3 所示。圖 10-3 的結果可分述如下：

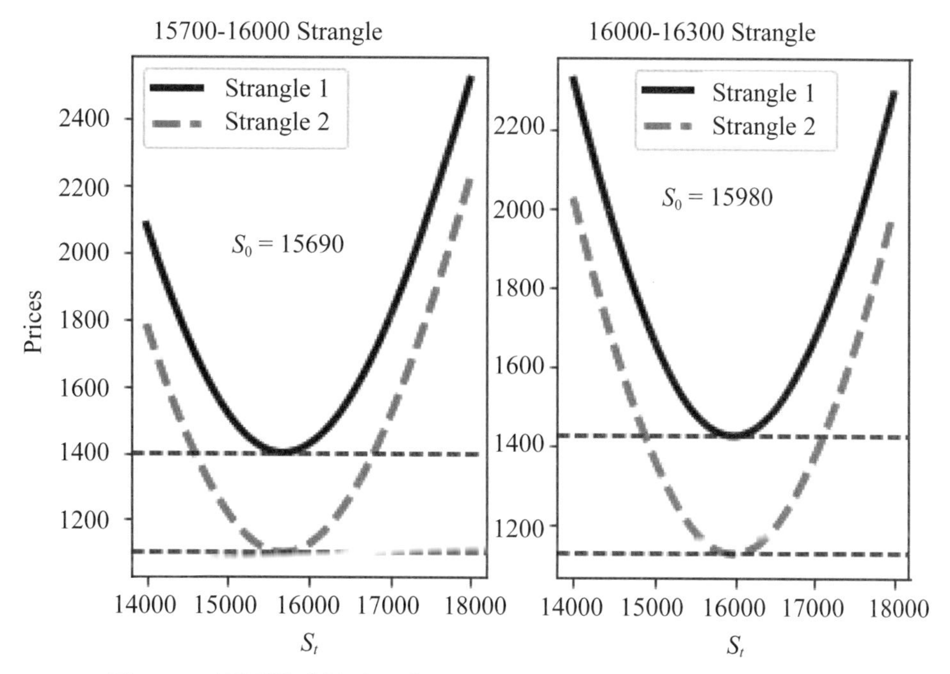

圖 10-3　不同勒式策略 1 與 2 的價格（使用表 10-1 內的條件）

(1) 根據表 10-1 內的條件，我們發現於不同的期初標的資產價格下，勒式策略 1 的價格的確高於勒式策略 2 的價格；因此，買進勒式策略的投資人可選擇勒式策略 2，而賣出勒式策略的投資人可選擇勒式策略 1。

(2) 不同期初標的資產價格所對應的勒式策略 1 與 2 價格皆有可能出現最低價格的情況。例如：就 15,700-16,000 的勒式策略而言，最低勒式策略 1 與 2 價格所對應的期初標的資產價格皆爲 15,690；而就 16,000-16,300 的勒式策略而言，最低勒式策略 1 與 2 價格所對應的期初標的資產價格皆爲 15,980。因此，若選擇買進勒式策略 2 的投資人，於第 1 個履約價附近似乎是較佳的買點。

(3) 至於選擇賣出勒式策略 1 的投資人而言，根據圖 10-3 內的結果，似乎應選擇離二個履約價愈遠的期初標的資產價格。

(4) 圖 10-3 係根據表 10-1 的條件所繪製而成，讀者可以練習看看若上述條件有改變，結果爲何？例如：仍根據表 10-1 內的條件，我們只更改到期期限爲 1 年，其餘不變，圖 10-4 繪製出勒式策略 1 與 2 的價格曲線。我們發現勒式策略 1 與 2 的價格最小値所對應的期初標的資產價格仍相同，不過若與圖 10-3 比較，可知到期期限增加，除了成本價上升外，勒式策略 1 與 2 的價格最小値所對應的期初標的資產價格皆下降了。

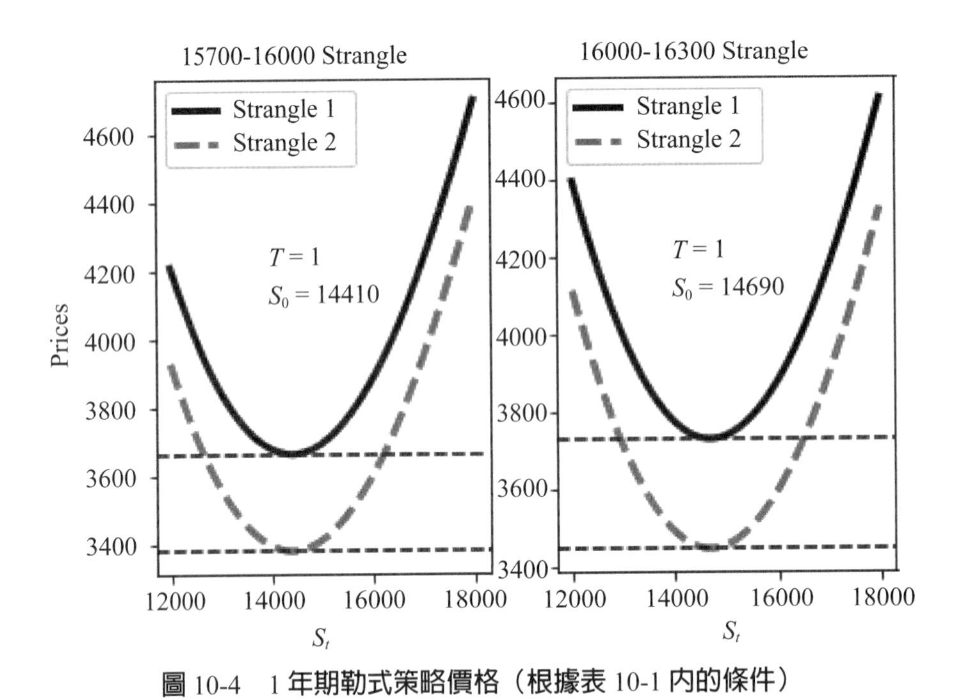

圖 10-4　1 年期勒式策略價格（根據表 10-1 內的條件）

根據圖 10-3 與 10-4 的結果，我們不難自設一個函數以找出勒式策略 1 與 2 的價格最小值所對應的期初標的資產價格，即試下列指令：

```
def minStrange1(S0,K1,K2,r,q,T,sigma):
    cost = np.zeros(len(S0))
    for i in range(len(S0)):
        cost[i] = ExStrangle1(S0[i],K1,K2,r,q,T,sigma)[1]
    mincost = min(cost)
    for j in range(len(S0)):
        if cost[j] == mincost:
            break
    return S0[j],cost
def minStrange2(S0,K1,K2,r,q,T,sigma):
    cost = np.zeros(len(S0))
    for i in range(len(S0)):
        cost[i] = ExStrangle2(S0[i],K1,K2,r,q,T,sigma)[1]
    mincost = min(cost)
```

```
for j in range(len(S0)):
    if cost[j] == mincost:
        break
return S0[j],cost
```

即爲了計算方便，我們自設 minStrange1(.) 與 minStrange2(.) 二個函數以分別計算勒式策略 1 與 2 的價格最小值所對應的期初標的資產價格。我們試試上述函數的使用方式，即：

```
S0b = np.arange(12000,18000,10)
min1 = minStrange1(S0b,K1,K2,r,q,T1,sigma)
min1[0] # 14410
costa = min1[1]
min(costa) # 3663.0849495153043
min2 = minStrange2(S0b,K2,K3,r,q,T1,sigma)
min2[0] # 14690
costb = min2[1]
min(costb) # 3447.1517515605374
```

其中 T1 = 1。讀者可以與圖 10-4 的結果對照看看。

再試下列指令：

```
min3a = minStrange1(S0b,K1,K2,r,q,T,0.5)
min3a[0] # 15550
cost3a = min3a[1]
min(cost3a) # 2222.4525563539264
min4a = minStrange2(S0b,K1,K2,r,q,T,0.5)
min4a[0] # 15550
cost4a = min4a[1]
min(cost4a) # 1924.4186880153256
```

即若將波動率改爲 0.5，其餘不變（表 10-1）。若使用勒式策略 1 與 2，則 15,700-16,000 勒式價格最小値所對應的期初標的資產價格皆爲 15,550，不過最低價格卻分別爲 2,222.45 與 1924.42。

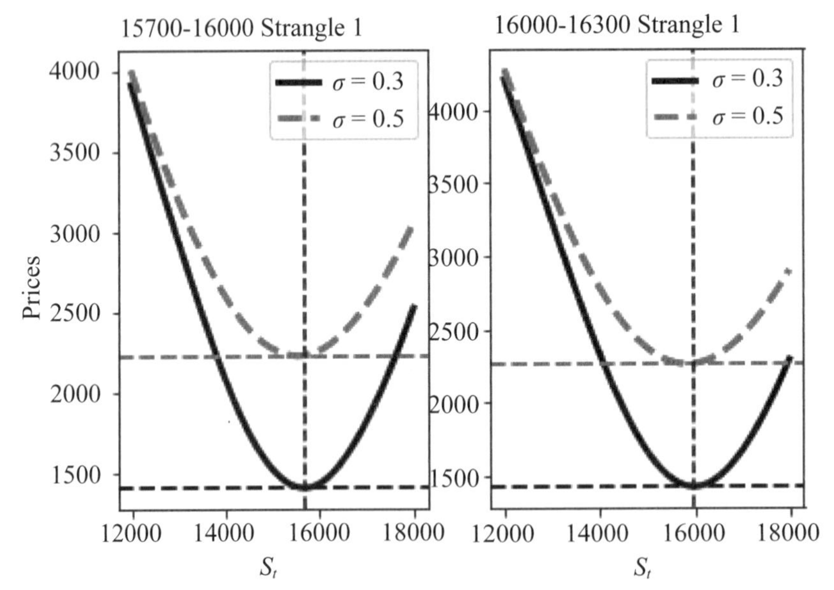

圖 10-5　不同波動率下之勒式策略之最低價與對應的期初標的資產價格

因此，利用上述 minStrange1(.) 與 minStrange2(.) 二個函數，我們可以輕易地判斷影響選擇權價格因子變動對於勒式策略之最低價與對應的期初標的資產價格的影響。例如：根據表 10-1 內的條件，我們額外多考慮了波動率爲 0.5 的情況，圖 10-5 分別繪製出波動率爲 0.3 與 0.5 的結果，我們發現不管何履約價，使用勒式策略 1，波動率上升皆會使勒式策略之最低價上升，即波動率上升會使勒式策略之購買成本增加。讀者可以檢視或練習看看，若使用勒式策略 2，結果會如何？

利用表 10-1 內的條件，除了利率爲 0.06 之外，圖 10-6 額外多考慮了利率爲 0.2 的情況；換言之，相對於波動率的影響，從圖 10-6 內可看出利率影響因子對於勒式價格較低，連帶地也對於勒式價格最低價所對應的期初標的資產價格的影響較小。當然，圖 10-6 只繪製出勒式策略 1 的結果，讀者也可以練習繪製勒式策略 2 的情況。圖 10-5 與 10-6 的結果可整理成如表 10-3 所示，讀者可以比較或對照看看。

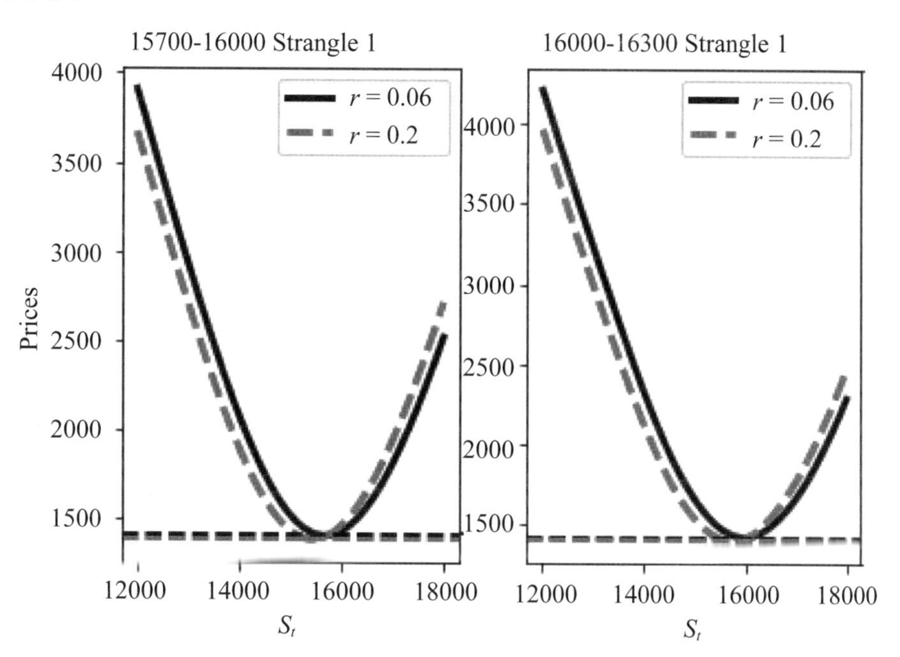

圖 10-6　不同波動率下之勒式策略之最低價與對應的期初標的資產價格

表 10-3　不同波動率與利率下的買進勒式最低價格與期初標的資產價格

	Strangle 1	Strangle 2	Strangle 1	Strangle 2
		$r = 0.06$ 與 $\sigma = 0.3$		
15700-16000	1400.332	1102.298	15690	15690
16000-16300	1423.8	1125.766	15980	15980
		$r = 0.06$ 與 $\sigma = 0.5$		
15700-16000	2222.453	1924.419	15550	15550
16000-16300	2261.572	1963.538	15840	15840
		$r = 0.2$ 與 $\sigma = 0.3$		
15700-16000	1379.009	1085.513	15450	15450
16000-16300	1402.121	1108.625	15740	15740

說明：第 2～4 欄分別表示 15,700-16,000 勒式最低價、16,000-16,300 勒式最低價、15,700-16,000 勒式之對應的期初標的資產價格以及 16,000-16,300 勒式之對應的期初標的資產價格。

10.2 勒式策略的損益平衡點

根據表 10-1 內的條件，我們檢視 16,000-16,300 的勒式策略。圖 10-7 繪製出於期初標的資產價格爲 15,830 處的買進 16,000 跨式以及於期初標的資產價格爲 15,980 的買進 16,000-16,300 勒式的到期利潤曲線，因勒式策略 2 較勒式策略 1 的成本價低，故圖 10-7 是使用勒式策略 2。即底下若無特別註明，我們皆使用勒式策略 2。

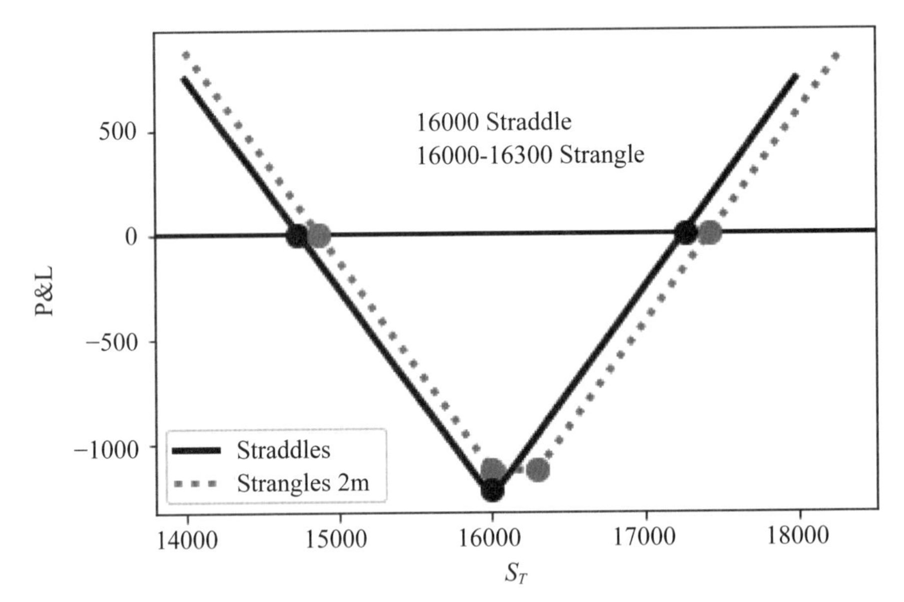

圖 10-7　買進 16,000 跨式與買進 16,000-16,300 勒式策略的到期利潤曲線

圖 10-7 的特色可分述如下：

(1) 上述跨式與勒式策略的期初標的資產價格皆根據跨式與勒式策略的價格最低價而定。

(2) 圖內的跨式與勒式的成本價分別爲 1,257.47 與 1,125.77。跨式到期利潤的最小值爲 −1,219.17，而勒式到期利潤的最小值爲 −1,125.74。顯然買進勒式的價格較低而且最大損失也較小。

(3) 買進跨式的二個損益平衡點分別爲 17,257.5 與 14,742 轉成上漲率與下跌率分別爲 9.0177% 與 −6.873%。買進勒式的二個損益平衡點分別爲 17,426 與 14,874 轉成上漲率與下跌率分別爲 9.0488% 與 −6.9212%。

(4) 顯然，從買進跨式策略轉成買進勒式策略，於我們的例子內，相當於將履約價從 16,000 拆成 16,000 與 16,300，而其結果不僅期初標的資產價格上升，到期利潤的最小值亦提高，而且二個損益平衡點亦往右移動；換言之，從買進 16,000 跨式策略轉成買進 16,000-16,300 勒式策略，會使得整條到期利潤曲線往右上移動。讀者可考慮整條到期利潤曲線往左上移動的情況。可以參考圖 10-2。

(5) 有意思的是，從圖 10-7 內可看出到期標的資產價格低於 16,000，勒式的到期利潤竟然較對應的跨式的到期利潤大；同理，到期標的資產價格約高於 16,000 處（讀者可以檢視看看），勒式的到期利潤竟然較低。

表 10-4　跨式與一些勒式策略的比較

	S0	Cost	Up	Down
16000 Straddle	15830	1257.469	0.0902	−0.0687
16000-16300 Strangle	15980	1125.766	0.0905	−0.0692
16000-16100 Strangle	15880	1212.344	0.0902	−0.0688
15700-16000 Strangle	15690	1102.298	0.09	−0.0696
15900-16000 Strangle	15690	1206.769	0.0967	−0.0635

說明：第 2～5 欄分別表示期初標的資產價格、購買價、到期標的資產價格上漲率與下跌率。

其實，圖 10-7 尚有一個重要的特色是買進勒式策略的二個損益平衡點所對應的到期標的資產價格的上漲率與下跌率幅度似乎皆較買進跨式策略大（依絕對值來看），隱含著買進勒式策略的投資人似乎須「期待」到期標的資產價格變動的幅度大，不過若考慮表 10-4 的結果可能不一定。除了圖 10-7 內的跨式與勒式策略之外，表 10-4 額外多考慮了 16,000-16,100、15,700-16,000 以及 15,900-16,000 的勒式策略（仍根據表 10-1 的條件）。

我們發現若以 16,000 的跨式策略爲基準，從表 10-4 內可看出勒式策略的價格皆較跨式策略低，另外一方面，勒式策略的期初標的資產價格亦與跨式策略不同，其中 16,000-16,100 與 16,000-16,300 勒式高於跨式而 15,700-16,000 與 15,900-16,000 勒式則低於跨式。其次，我們也注意到二履約價的差距較大的勒式策略價格較低。比較有意思的是，我們不容易判斷勒式策略的損益平衡點所對應的到期標的資產價格上漲率或下跌率是否大於跨式策略。例如：考慮 15,900-16,000 勒式，其對應的上漲率大於跨式策略，但是下跌率的幅度卻小於跨式策略。

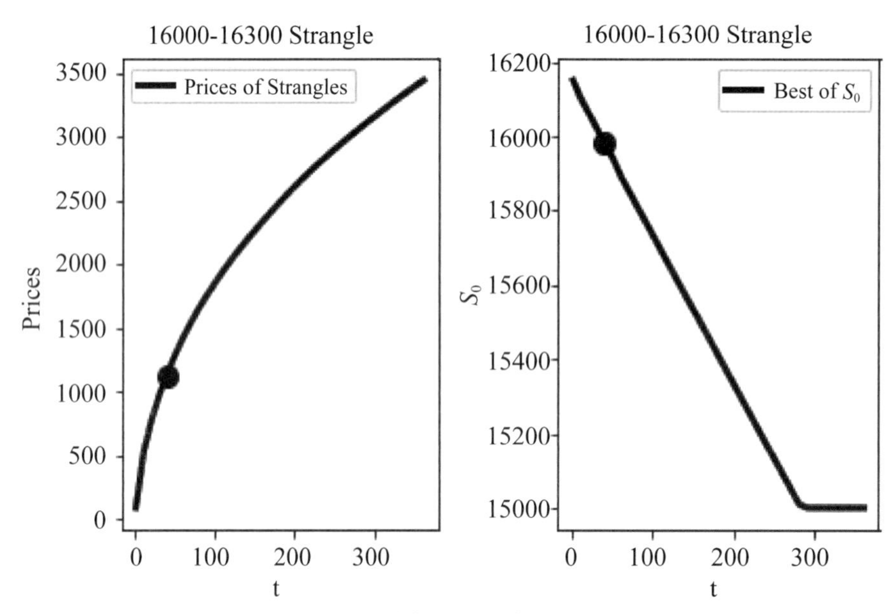

圖 10-8　不同到期日買進 16,000-16,300 勒式所對應的最低成本價與期初標的資產價格，其中 t 表示到期日

瞭解勒式策略所對應的到期標的資產價格上漲率或下跌率後[3]，我們來檢視選擇權價格影響因子改變對於上述勒式策略所對應的上漲率或下跌率的影響。首先檢視到期期限改變的情況，我們以 16,000-16,300 勒式策略的例子說明（根據表 10-1 的條件），其他勒式策略可類推。於表 10-4 內，我們是利用勒式策略價格的最低價以決定出最佳的期初標的資產價格；因此，我們必須先於不同到期期限下找出不同的勒式策略價格的最低價以及對應的最佳期初標的資產價格。圖 10-8 繪製出上述結果，例如：考慮到期期限爲 40 日的勒式策略價格的最低價爲 1,125.77 而對應的最佳期初標的資產價格爲 15,980 如圖內的黑點所示，此結果亦可參考表 10-4。圖 10-8 的結果頗符合直覺判斷：即到期期限愈長，對應的勒式策略價格的最低價愈高，而對應的最佳期初標的資產價格則愈低。利用圖 10-8 的結果，我們可以進一步檢視勒式策略所對應的到期標的資產價格上漲率與下跌率（底下簡稱爲上漲率與下跌率）。

[3] 勒式策略所對應的到期標的資產價格上漲率或下跌率的計算方式類似於跨式策略，可以參考所附檔案。

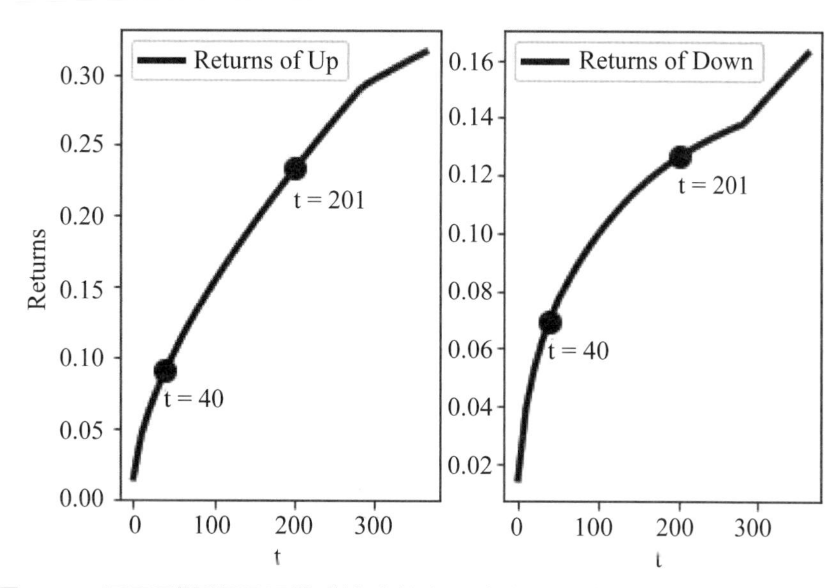

圖 10-9　不同到期期限下勒式策略的上漲率與下跌率（皆用正數值表示）

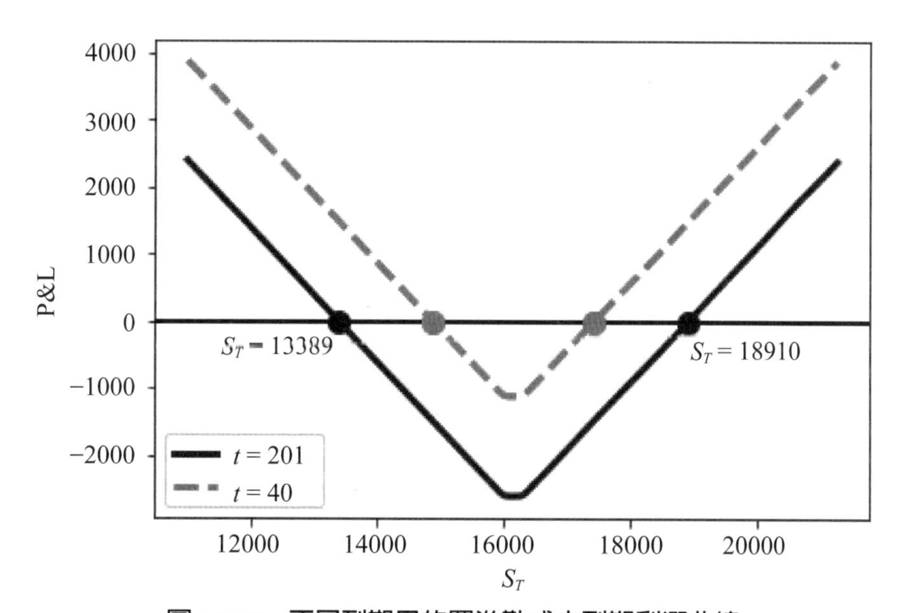

圖 10-10　不同到期日的買進勒式之到期利潤曲線

根據表 10-1 內的條件，我們只更改到期期限，其餘不變，圖 10-9 繪製出 16,000-16,300 勒式策略所對應的上漲率與下跌率（皆用正數值表示），我們發現上述上漲率與下跌率大致與到期期限維持正向的關係，即到期期限愈長，上漲率與下跌率的幅度愈大，隱含著買進到期期限愈長的勒式策略，到期標的資產價格必須變動愈大才有可能獲利。例如：考慮圖 10-10 內二個到期期限不同的勒式之到期利潤曲線，而其損益平衡點位置恰可對應至圖 10-9 的黑點（或紅點）；換言之，圖 10-10 分別繪製出離到期日有 40 日與 201 日的勒式到期利潤曲線，我們可以看出對應的二損益平衡點分別為 14,874-17,426（表 10-1）以及 13,389-18,910，顯然後者到期標的資產價格的變動較大。

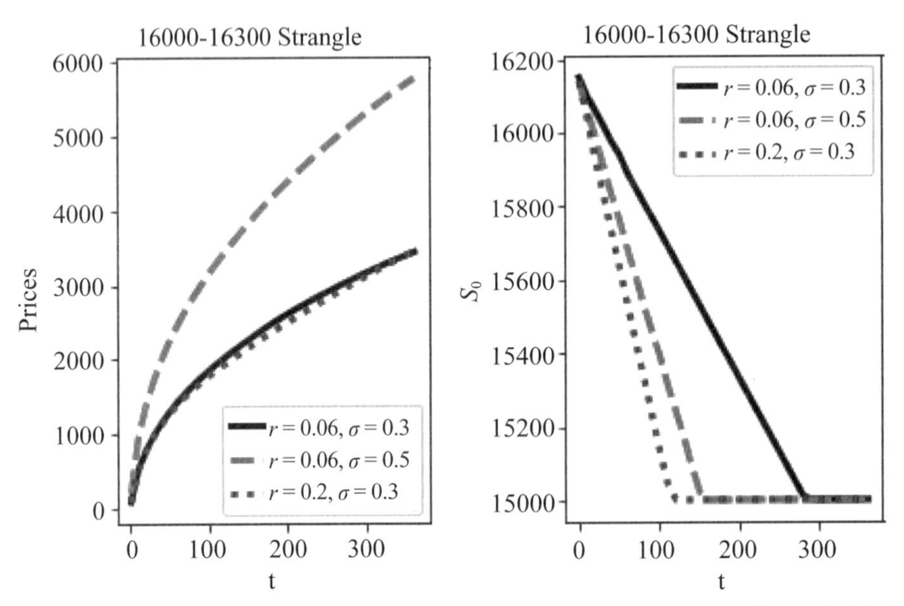

圖 10-11　不同到期日、波動率與利率下買進 16,000-16,300 勒式所對應的最低成本價與期初標的資產價格，其中 t 表示到期日

是故，根據圖 10-9 的結果可知買進勒式策略的投資人應注意到期期限愈長不僅勒式價格愈高（圖 10-8），同時到期標的資產價格必須波動愈大，方有可能損益平衡。利用類似圖 10-8 與 10-9 的計算方式，我們可以進一步檢視其他選擇權價格影響因子改變對勒式價格與對應的上漲率或下跌率的影響。例如：圖 10-11 與 10-12 分別繪製出不同到期期限、利率與波動率下的勒式最低價、最佳期初標的資產價格、勒式的上漲率與下跌率結果。我們發現於到期期限固定下，波動率愈大，對應的勒式最低價就愈高、期初標的資產價格就愈低以及對應的上漲率或下跌率的幅度就愈大；另外一方面，我們也發現利率的影響不如波動率。比較特別的是，於圖 10-11 的右圖內可看出到期期限愈長，期初標的資產價格竟然維持於 15,000 固定不變[④]。

④ 我們可以理解為何會如此，因為我們只考慮到標的資產價格最低為 15,000，可以參考所附的檔案；換言之，若將標的資產價格的範圍擴大，結果自然不同，參考 10.3.2 節。

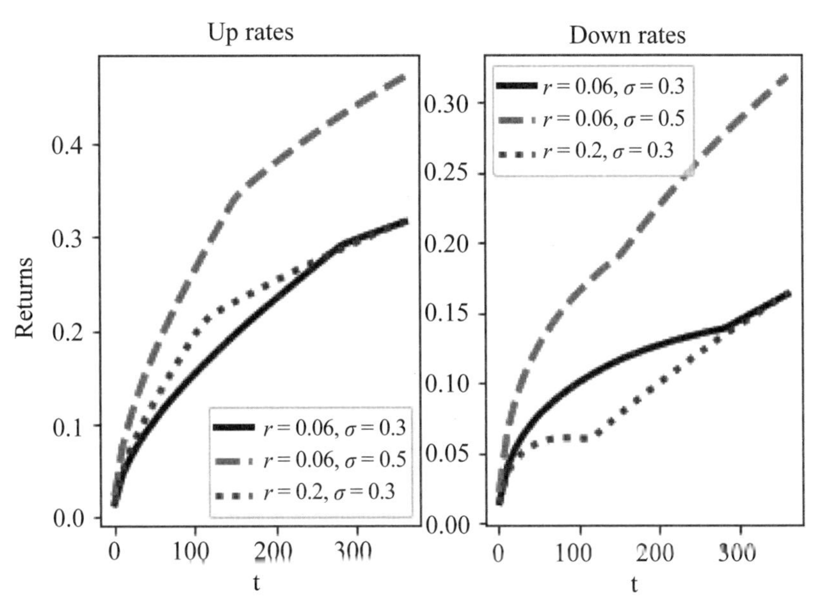

圖 10-12　不同到期期限、利率與波動率下勒式策略的上漲率與下跌率（皆用正數值表示）

表 10-5　買進 16,000-16,300 勒式策略 1 與 2 的避險參數

	Straddle	Strangle 1	Strangle 2
price	1264.393	1423.879	1125.846
Delta	0.0834	0.009	0.009
Gamma	0.0005	0.0005	0.0005
Theta	−15.7189	−15.5462	−15.5952
Vega	41.9838	42.0282	42.0282
Rho	0.0767	−1.4031	−1.0765
Up	---	0.089	0.0891
Down	---	−0.0703	−0.0704

說明：期初標的資產價格爲 16,000。使用表 10-1 內的條件。Up 與 Down 分別表示勒式策略的上漲與下降率，Strangle 1 與 2 分別表示勒式策略 1 與 2。

10.3 勒式策略的避險參數

接下來，我們檢視買進勒式策略所對應的避險參數。根據表 10-1 內的條件，於期初標的資產價格爲 16,000 之下，表 10-5 列出勒式策略 1 與 2 的避險參數，而從該表內可看出買進勒式策略與買進跨式策略的避險參數特徵，尤其是買進勒式策略所對應的 Delta 值接近於 0；另一方面，上述二策略所對應的 Gamma、Vega 以及 Theta 值亦非常接近。底下我們可以看出上述避險參數特色。

10.3.1 再論 Gamma Scalping

9.3.1 節曾介紹買進跨式策略的 Gamma scalping 特徵，我們發現買進勒式策略內亦存在 Gamma scalping 特徵，我們看看。從表 10-5 內可看出買進勒式策略的 Delta 值接近於 0，顯示出採取買進勒式策略的投資人若採取 Delta 避險，可能會有意想不到的結果。

我們先檢視勒式策略 1。試下列指令：

```
def GammaScalping1(St,S0,K1,K2,r,q,T,sigma):
    CA = np.zeros(len(St))
    for i in range(len(St)):
        c0i = BSM(S0,K1,r,q,T,sigma)['ct']
        c01 = BSM(St[i],K1,r,q,T,sigma)['ct']
        Ca = (c01-c0i)
        dc0i = Delta(S0,K1,r,q,T,sigma)['c']
        Dca = -dc0i*(St[i]-K1)
        A1 = Ca+Dca
        p0i = BSM(S0,K2,r,q,T,sigma)['pt']
        p01 = BSM(St[i],K2,r,q,T,sigma)['pt']
        Pa = (p01-p0i)
        dp0i = Delta(S0,K2,r,q,T,sigma)['p']
        Dpa = -dp0i*(St[i]-K2)
        B1 = Pa+Dpa
        CA[i] = A1+B1
    return CA
```

即上述 GammaScalping1(.) 函數可用於計算於期初標的資產價格 S0 下，K1-K2 勒式策略 1 的淨潛在收益。

使用上述 GammaScalping1(.) 函數以及表 10-1 內的條件，圖 10-13 繪製出

16,000-16,300 勒式策略 1 的淨潛在收益曲線，同時爲了比較起見，該圖亦繪製出買進 16,000 跨式策略的淨潛在收益曲線。可惜的是，於圖 10-13 內可看出絕大部分的勒式策略的淨潛在收益曲線竟皆爲負數值，隱含著勒式策略 1 的 Gamma scalping 特徵並不明顯。

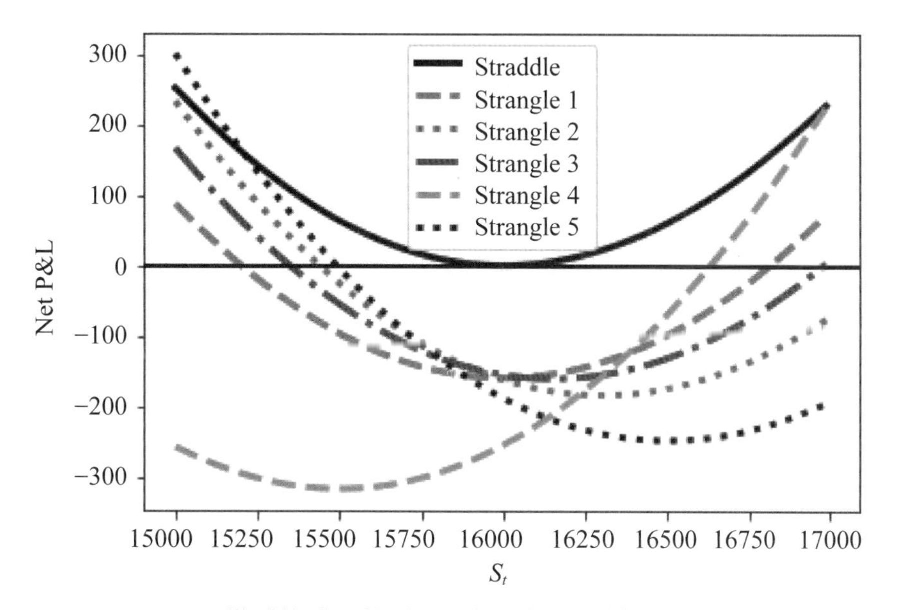

圖 10-13 16,000-16,300 **勒式策略** 1 **的淨潛在收益曲線，其中買進跨式**（Straddle）**的期初標的資產價格與履約價皆為** 16,000**，而勒式** 1～5（Strangle 1～5）**的期初標的資產價格分別為** 16,000、16,300、16,150、15,500 **與** 16,500

類似於上述 GammaScalping1(.) 函數的設計方式，我們不難設計出計算勒式策略 2 的淨潛在收益的函數[5]；換言之，類似於圖 10-13 的繪製方式，圖 10-14 繪製出 16,000-16,300 勒式策略 2 的淨潛在收益曲線。出乎意料之外，從圖 10-14 內可看出圖內的淨潛在收益竟大部分爲正數值，隱含著勒式策略 2 的 Gamma scalping 特徵較明顯；或者說，從 Gamma scalping 特徵可看出買進勒式策略 2 可能優於買進勒式策略 1。

圖 10-14 的結果是耐人尋味的，因爲勒式策略 2 不像買進跨式策略要求期初最好處於 ATM 處；換句話說，圖 10-14 的結果竟顯示出不同的期初標的資產價格所對應的勒式淨潛在收益大不相同。或者說，勒式策略的採用未必局限於期初處

[5] 利用上述 GammaScalping1(.) 函數亦可以計算，即只要將二履約價的位置互換即可。

於 ATM 處。我們試著於圖 10-14 內找出不同的期初標的資產價格的結果。考慮圖 10-14 內的 Strangle 1、Strangle 4 與 Strangle 5 策略，其分別可對應至期初標的資產價格爲 16,000、15,500 與 16,500。至於 Strangle 2 與 Strangle 3 的分析類似。

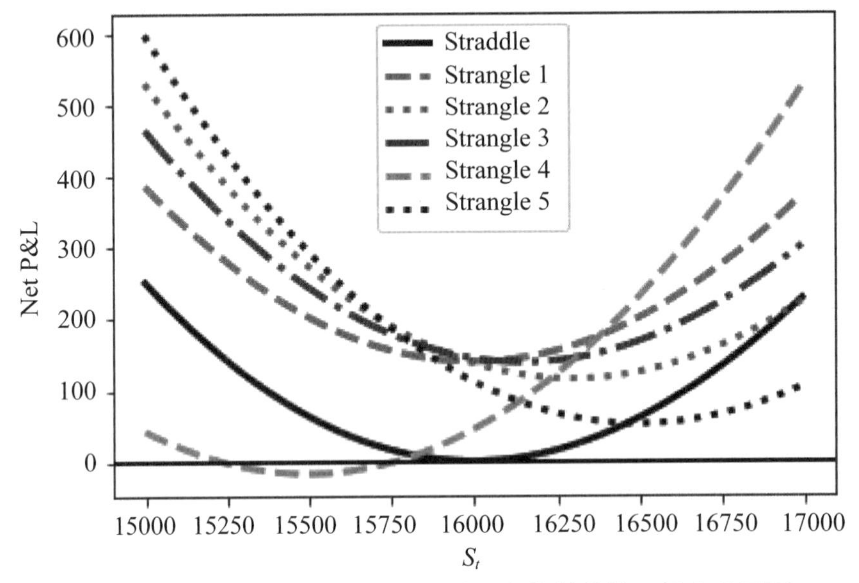

圖 10-14　16,000-16,300 **勒式策略** 2 **的淨潛在收益曲線，其定義同圖** 10-13

嚴格來說，圖 10-14 內的 Strangle 4 與 Strangle 5 策略的分析是不完整的，因爲圖 10-14 大致是以期初標的資產價格爲 16,000 爲基準；換言之，上述二策略的淨潛在收益的計算應另外分別以 15,500 與 16,500 爲基準，而該結果則繪製如圖 10-15 內所示。從圖 10-15 內可看出以上述期初價格下，標的資產價格變動所導致的淨潛在收益大致維持對稱的情況。有意思的是，比較 Strangle 1 與 Strangle 4 以及 Strangle 1 與 5 的淨潛在收益曲線，我們發現 Strangle 1 可能較占優勢，即就淨潛在收益曲線的最低點而言，Strangle 1 竟然最大。

根據圖 10-14 與 10-15 的結果，我們進一步可將 Strangle 1、Strangle 5 與 Strangle 4 的淨潛在收益拆成標的資產價格上升與下降二部分，圖 10-16 繪製出上述結果。我們發現就 Strangle 1 與 Strangle 5 而言，標的資產價格下降所導致的淨潛在收益皆高於對應的標的資產價格上升的淨潛在收益；但是，就 Strangle 4 而言，標的資產價格上升的淨潛在收益卻高於標的資產價格下降所導致的淨潛在收益。

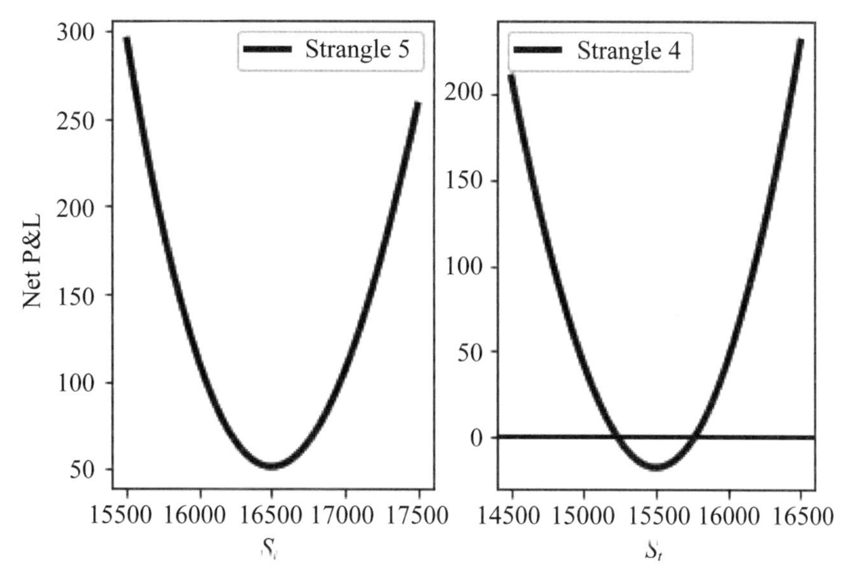

圖 10-15 Strangle 5 與 Strangle 4 的淨潛在收益曲線

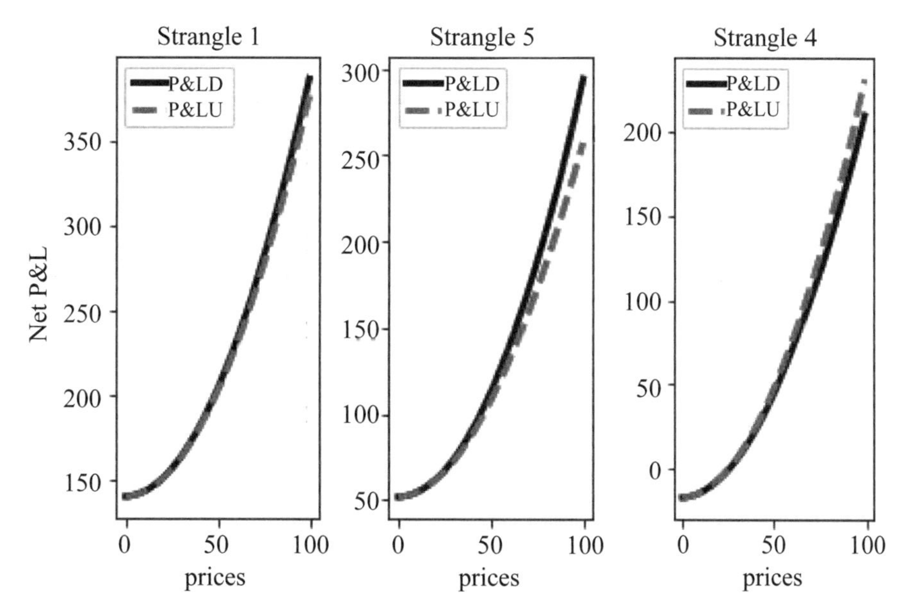

圖 10-16 圖 10-14 內的 Strangle 1、Strangle 5 與 Strangle 4 的淨潛在收益之拆解

從上述分析可看出買進勒式策略 2 優於買進勒式策略 1，故底下的買進勒式策略指的就是勒式策略 2。我們可從圖 10-14 內找出一個「標準的」勒式策略如 Strangle 1 檢視若干情況，例如：圖 10-14 亦顯示出就淨潛在收益而言，上述 Strangle 1 可能優於對應的跨式策略。圖 10-17 繼續延伸。於圖 10-17 的左圖內，

除了上述 Strangle 1 與對應的跨式策略（取自圖 10-14）外，我們額外多考慮了 16,000-16,100 與 16,000-16,200 的勒式策略；當然，上述 Strangle 1 就是 16,000-16,300 的勒式策略，圖 10-17 的右圖內的勒式策略可類推。從圖 10-17 的左圖內可看出就淨潛在收益而言，上述勒式策略皆優於對應的跨式策略。我們發現隨著二履約價的間距縮小，如高履約價愈接近低履約價，勒式策略與跨式策略的淨潛在收益竟愈接近；或者說，從跨式策略改爲勒式策略，即前者的履約價分成高與低履約價，當二履約價差距愈大，對應的淨潛在收益差距亦愈大。我們從圖 10-17 內的右圖亦可看到類似的結果。

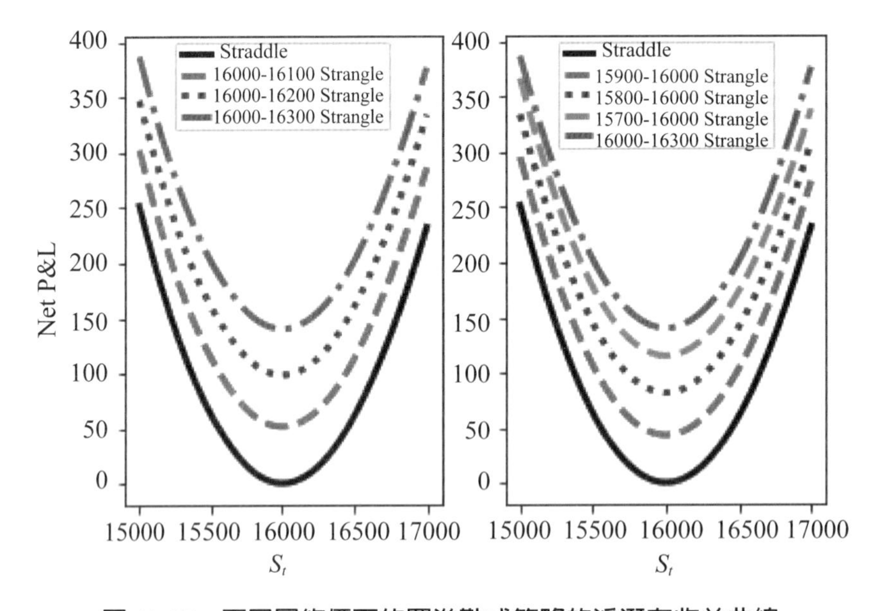

圖 10-17　不同履約價下的買進勒式策略的淨潛在收益曲線

綜合以上所述，我們發現買進勒式策略 2 的優點是不僅勒式的價格比買進勒式策略 1 的價格低，同時其若選取適當的期初標的資產價格，買進勒式策略 2 亦擁有正數值的淨潛在收益。既然勒式策略 1 的價格偏高，如前所述，賣出勒式的投資人可以選擇勒式策略 1，那賣出勒式策略 1 是否存在淨潛在收益？我們從圖 10-13 內可看出一些端倪。

仍利用圖 10-13 內的條件以及期初標的資產價格皆爲 16,000，圖 10-18 繪製出若干賣出勒式策略 1 的淨潛在收益曲線，我們發現對應的淨潛在收益曲線形狀恰與例如圖 10-17 內的淨潛在收益曲線「顚倒」。有意思的是，從圖 10-18 內可看出標的資產價格位於二個臨界點之內的淨潛在收益皆爲正數值，其餘標的資產價格所對應的淨潛在收益則皆爲負數值。以 16,000-16,300 以及 15,700-16,000 勒式爲例，對應的二個臨界點分別約爲 15,200-16,820 以及 15,140-16,900，而上述二個臨界點分別於圖 10-18 內以黑點表示。值得注意的是，上述臨界點並不是勒式策略的損益平衡點。讀者可嘗試找出其他勒式策略的臨界點[6]。於圖 10-18 內可看出賣出勒式策略 1 亦存在「有限」的淨潛在收益，而且其最大值集中於期初標的資產價格處且二個履約價差距愈大，最大值愈大。

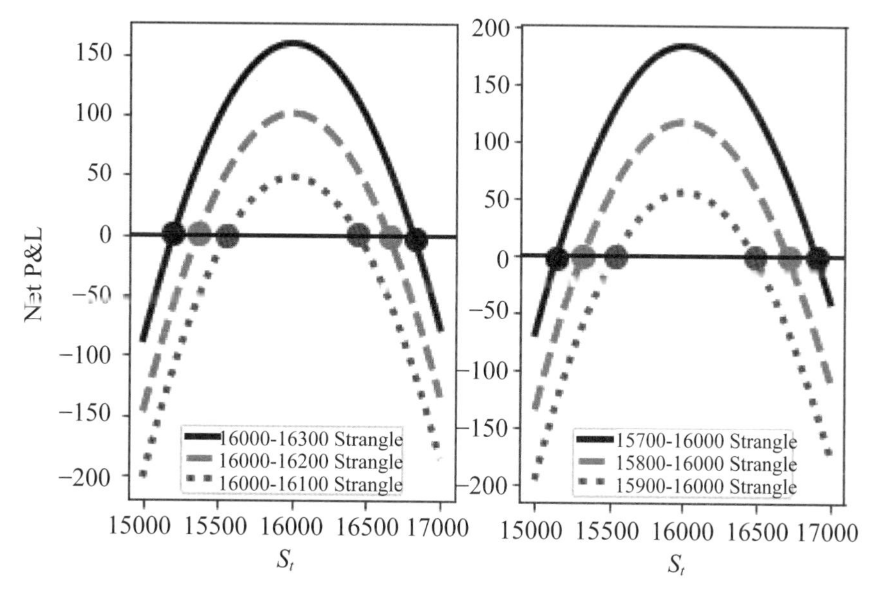

圖 10-18 賣出 16,000-16,300 勒式策略 1 之淨潛在收益，其中期初標的資產價格皆為 16,000

10.3.2 最佳期初標的資產價格

於 10.3.1 節內，我們計算買進不同勒式策略的淨潛在收益，實際上是皆採取固定的期初標的資產價格如 16,000，不過若使用勒式最低價所對應的期初標的資產價格方式計算呢？換言之，根據表 10-1 內的條件，考慮買進 16,000-16,300 勒式策略，圖 10-19 分別繪製出採取固定的期初標的資產價格爲 16,000 以及勒式最低價所對應的期初標的資產價格爲 15,980 的淨潛在收益曲線。我們可以看出因期初標的資產價格差距不大，故對應的淨潛在收益曲線亦差異不大。不過若考慮不同到期期限，二者的差距就會擴大，可以參考圖 10-20 內的左圖。

---

[6] 可以參考所附的 Excel 檔案。

仍根據表 10-1 內的條件（只更改到期期限，其餘不變）以及考慮 16,000-16,300 勒式策略，圖 10-20 內的左圖繪製出固定的期初標的資產價格爲 16,000（姑且稱爲方法 1）以及勒式最低價所對應的期初標的資產價格方法（姑且稱爲方法 2）的淨潛在收益最小值，而右圖則繪製出對應的 Delta 值。我們發現方法 1 的淨潛在收益最小值大致大於對應的方法 2，但是到了離到期日愈近，反而方法 2 的淨潛在收益最小值較大。原則上，我們從圖 10-20 內可看出方法 2 的計算方式仍與對應的 Delta 值接近於 0 有關；也就是說，採用方法 2 相當於買進勒式策略 2 的投資人採取 Delta 中立避險。

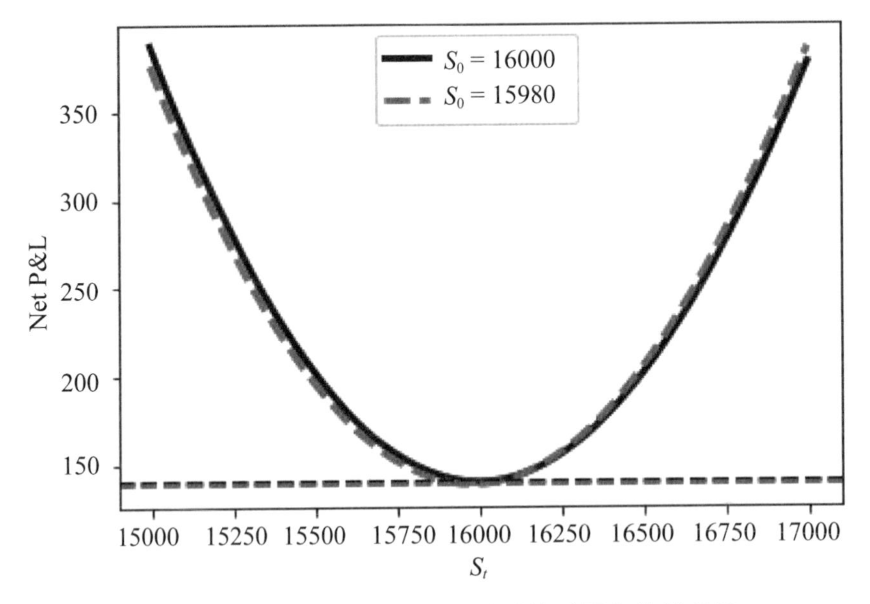

圖 10-19　買進 16,000-16,300 勒式的淨潛在收益曲線

從圖 10-20 內可看出離到期日愈近（大致於 38 日之內），方法 2 的淨潛在收益最小值較大，圖 10-21 挑出 4 個如到期期限爲 350、10、3 與 1 日並繪製出對應的方法 1 與 2 的淨潛在收益曲線，我們可發現除了前者之外，後三者之方法 1 的最小值皆較低。有意思的是，因到期期限爲 350 日的最佳期初標的資產價格爲 14,740，故其對應的淨潛在收益曲線最小值離標的資產價格爲 16,000 稍遠，至於其他到期期限的淨潛在收益曲線最小值則接近於標的資產價格爲 16,000 附近，即後三者的最佳期初標的資產價格分別爲 16,110、16,140 與 16,150。

我們繼續檢視選擇權影響因子變動對上述淨潛在收益曲線的影響。例如：使用方法 2 以及額外多考慮波動率爲 0.5（仍使用表 10-1 的條件），圖 10-20 分別繪製出於不同到期期限下，買進 16,000-16,300 勒式策略 2 的淨潛在收益最小值以及對應的 Delta 值。我們發現不同波動率的淨潛在收益最小值與對應的 Delta 值竟然呈現鋸齒狀，隱含著於既定的到期期限下，低波動與高波動的淨潛在收益最小值「互有高低」；另一方面，雖然對應的 Delta 值呈現鋸齒狀，不過不同期限的 Delta 值仍接近於 0。

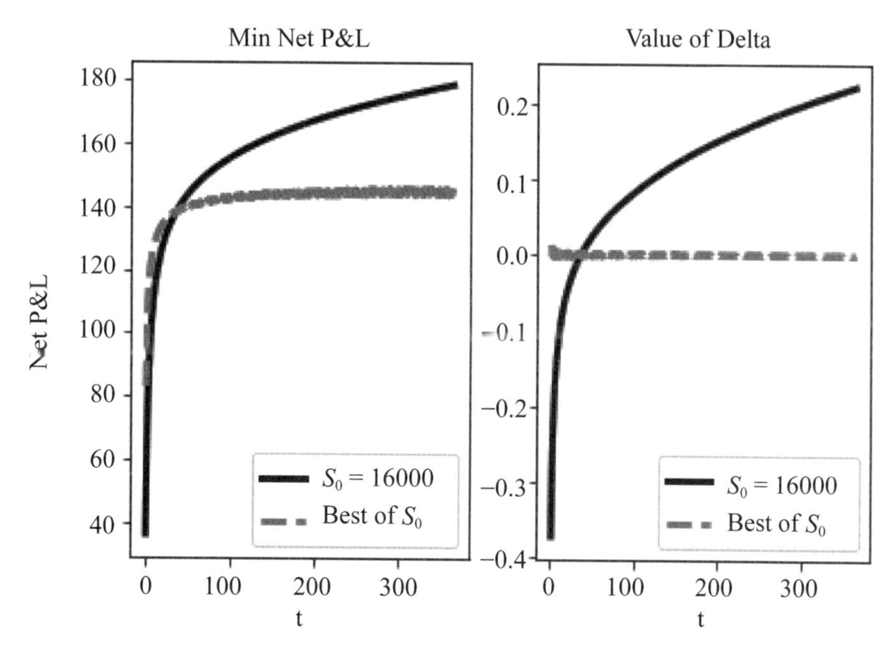

圖 10-20 不同到期期限下買進 16,000-16,300 勒式之淨潛在收益曲線與對應的 Delta 值曲線

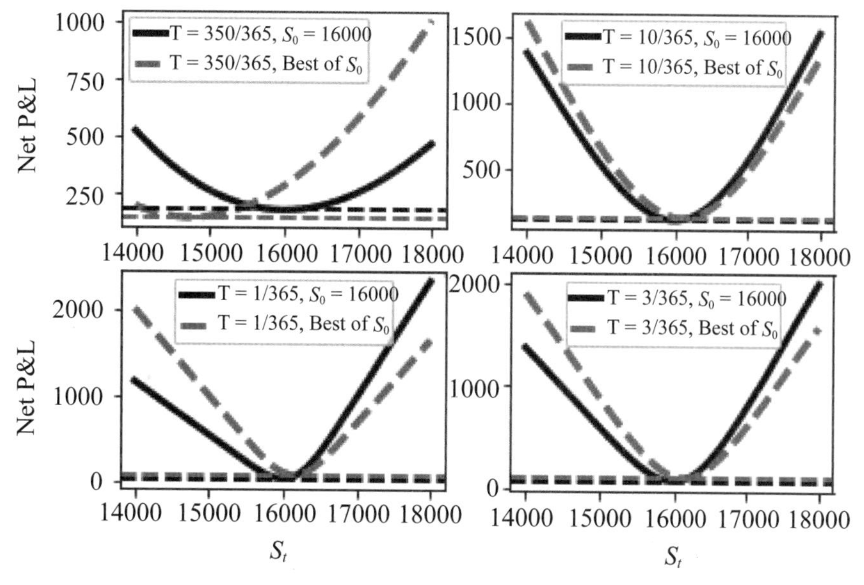

圖 10-21 不同到期期限下買進 16,000-16,300 勒式之淨潛在收益曲線比較

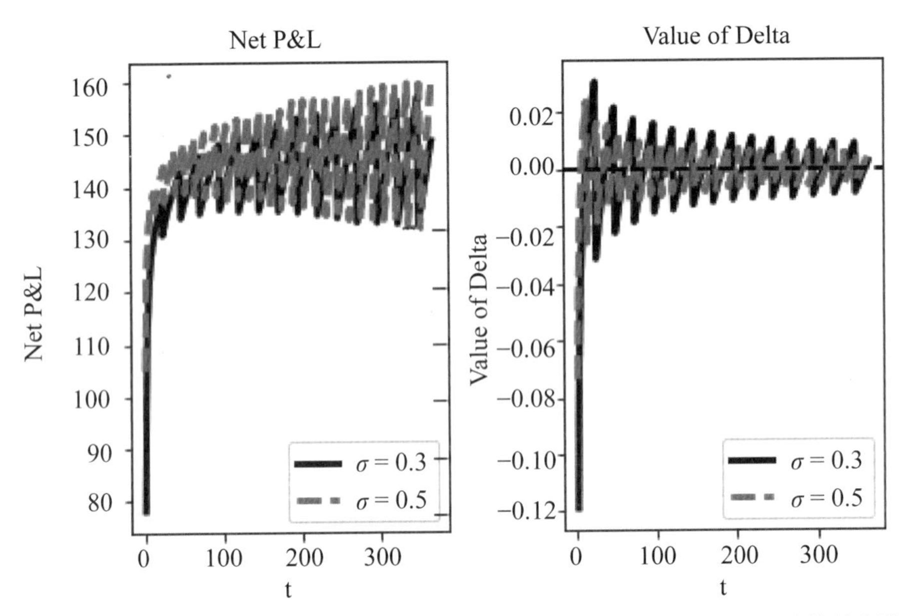

圖 10-22　不同到期期限與波動率下買進 16,000-16,300 勒式之淨潛在收益曲線與對應的 Delta 值曲線

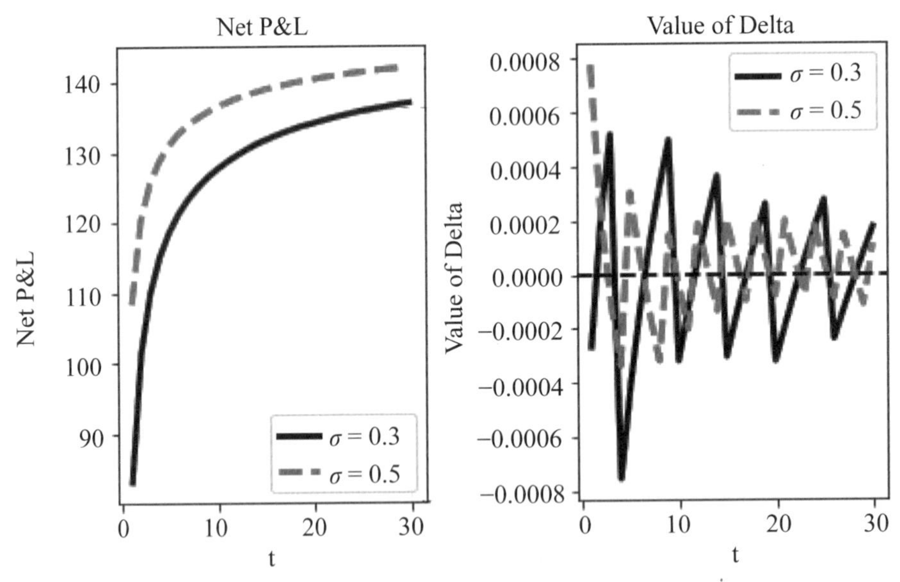

圖 10-23　圖 10-22 內使用到期期限為 1-30 日以及較「緊密」的標的資產價格

圖 10-22 的結果並不讓人意外，因爲方法 2 的使用首先必須先找出於「不同標的資產價格」下，勒式最低價所對應的期初標的資產價格，即我們如何設定不同標的資產價格？爲了節省時間，圖 10-22 的「不同標的資產價格」下是於標的資產價

格介於 12,000-20,000 之間每隔 100 計算一次，讀者亦可嘗試若每隔 50、10 或 5 計算一次，看看結果爲何？爲了取得較明確的結果，我們嘗試計算到期期限爲 1-30 日以及標的資產價格介於 12,000-20,000 之間（每隔 1 計算一次）方式（參考所附的檔案），計算不同波動率下的淨潛在收益最小值，其結果則繪製如圖 10-23 所示。從圖 10-23 的結果可發現於其他情況不變下，波動率上升會使淨潛在收益增加；另一方面，使用方法 2，於高波動的環境內，對應的 Delta 值仍接近於 0。我們可以從圖 10-23 的結果內隨意挑出二個到期期限的淨潛在收益曲線如圖 10-24 所示，讀者可以檢視比較看看。

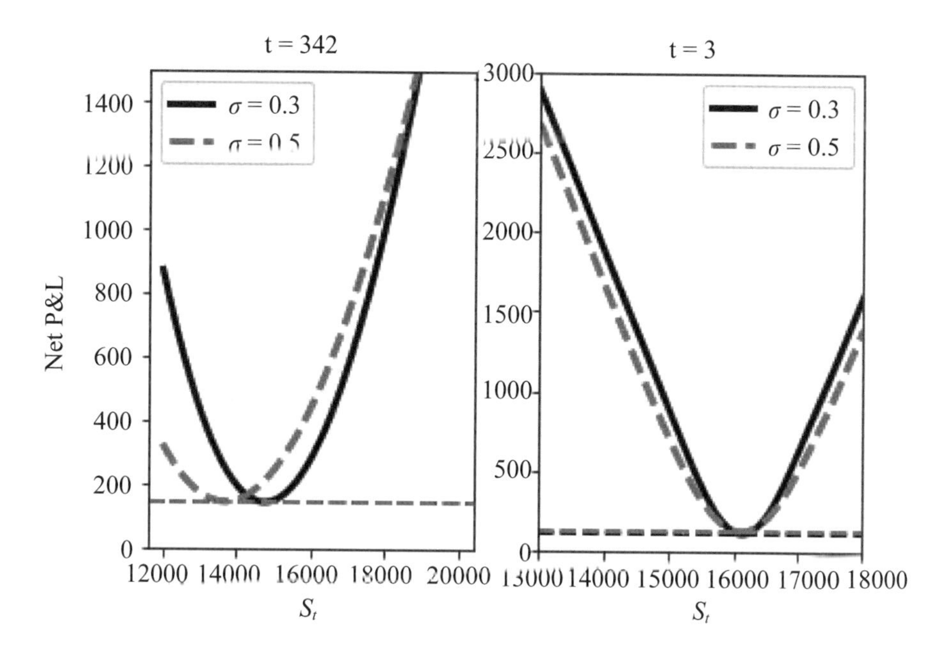

圖 10-24　從圖 10-23 挑出二種結果

接下來，利用類似的方式，我們檢視利率變動對淨潛在收益的影響，可以參考圖 10-25。因利率的影響效果較小，故圖 10-25 的左圖繪製出低減高利率之淨潛在收益的差異，而右圖仍繪製出低與高利率的 Delta 值。我們可以發現高利率對淨潛在收益的影響相當有限。讀者亦可以隨意找出多個到期期限的淨潛在收益曲線比較看看。

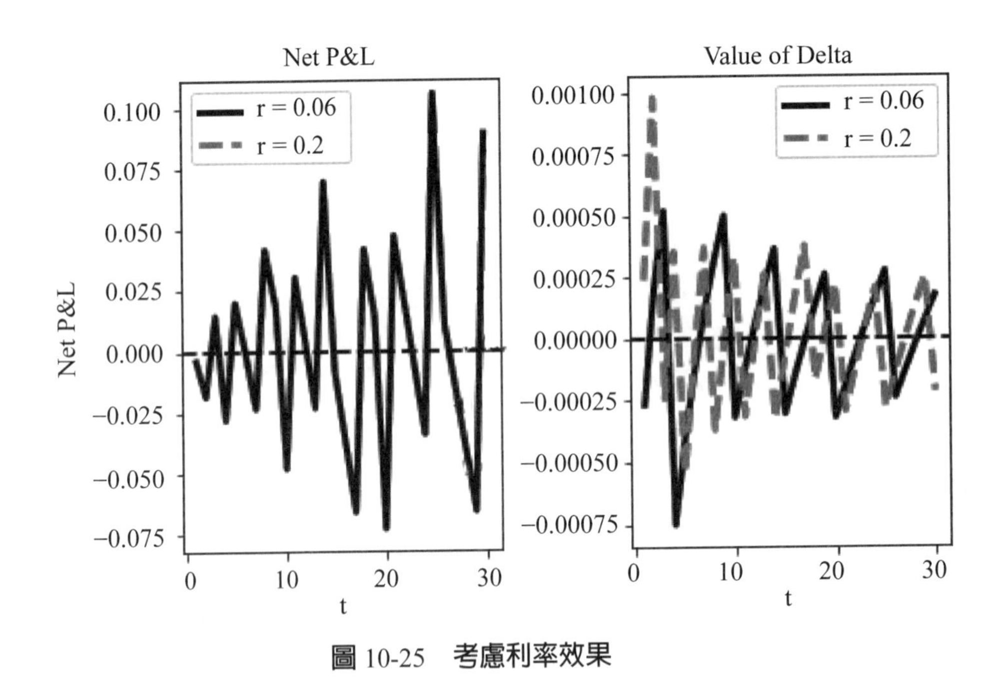

圖 10-25　考慮利率效果

10.3.3 勒式策略的 Gamma、Vega 與 Theta

現在我們來檢視勒式策略的避險參數，可以參考圖 10-26 與 10-27。上述二圖的特色可以分述如下：

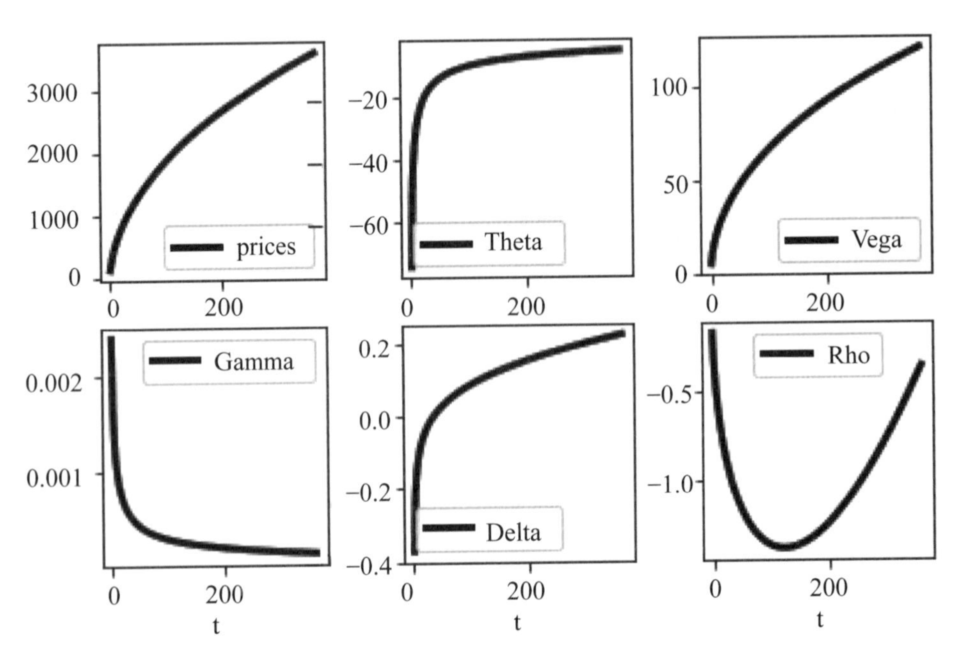

圖 10-26　買進 16000-16300 勒式策略 2 之避險參數（方法 1）

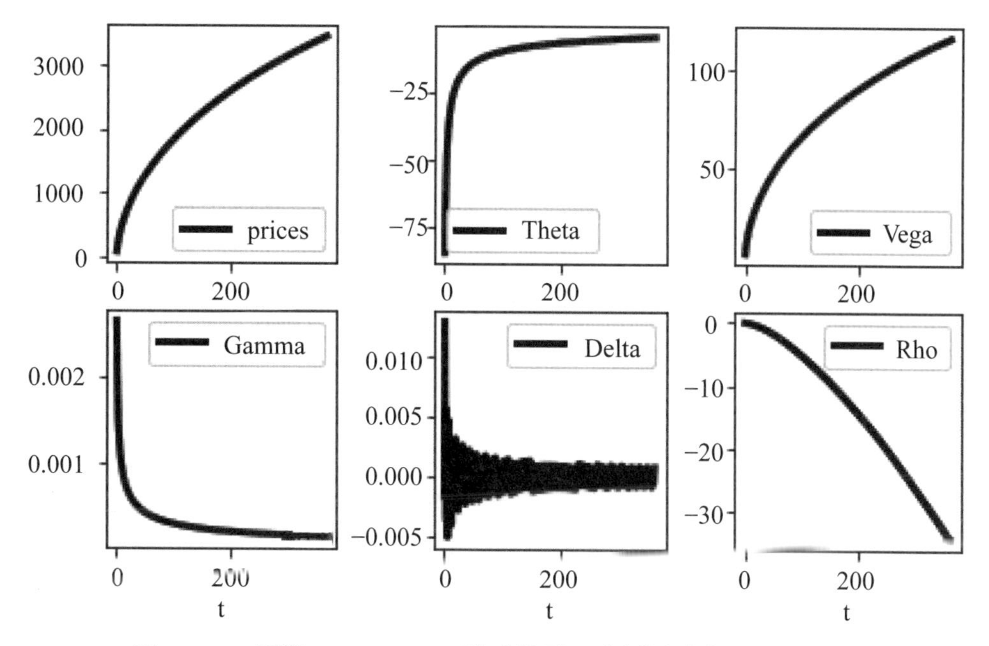

圖 10-27 **買進** 16000-16300 **勒式策略** 2 **之避險參數（方法** 2）

(1) 圖 10-26 與 10-27 內各圖仍以買進 16000-16300 勒式策略 2 爲基準，不過將到期期限改爲 1 年，即各圖內的橫座標由右至左表示愈接近到期日，其中圖 10-26 是使用方法 1，而圖 10-27 則使用方法 2。

(2) 勒式策略仍是買權與賣權（不同履約價）的加總，是故上述二圖內的 Gamma、Theta 與 Vega 值仍比單獨買權或賣權所對應的值大。

(3) 如前所述，使用方法 2，相當於買進勒式策略的投資人採取 Delta 中立避險，即對應的 Delta 值接近於 0（圖 10-27）；反觀，若使用方法 1，買進勒式策略的投資人採取 Delta 避險，未必能達到中立。

(4) 從上述二圖內大致可看出只有 Delta 與 Rho 值的走勢稍有不同，不過因後者的影響力較低，我們不再進一步檢視。至於其他如價格或 Gamma、Vega 與 Theta 值的走勢，二圖的結果頗爲類似。

(5) 如前所述，愈接近到期日，標的資產價格波動愈大，對應的淨潛在收益愈大。我們知道這是遞增的 Gamma 值所造成的，即從上述二圖內可看到愈接近到期日，對應的 Gamma 值愈大。

(6) 愈接近到期日，對應的 Theta 值愈大（依絕對值來看），故可知愈接近到期日，勒式策略的價格愈便宜。

(7) 比較麻煩的是勒式策略（或跨式策略）擁有較大的 Vega 值，隱含著於波動愈大的環境，勒式策略（或跨式策略）的價格波動愈大；還好，隨著愈接近到期日，相對上對應的 Vega 值愈小，故價格波動愈小。
(8) 勒式策略（或跨式策略）的優點是擁有淨潛在收益，而其缺點卻是擁有較大的 Vega 值以及愈接近到期日對應的 Theta 值愈大（依絕對值來看）。

既然買進 16,000-16,300 勒式策略 2 擁有負數值的 Theta 值以及正數值的淨潛在收益，我們不禁好奇二者是否可以比較；也就是說，前者的損失是否可以透過後者來彌補？例如：使用前述如圖 10-27 內的條件，圖 10-28 分別繪製出離到期 40、39、2 與 1 日的買進勒式策略的淨潛在收益曲線（方法 2），我們發現前二者的淨收益曲線差距不大，但是後二者卻存在顯著的差異。換言之，就 2 日與 1 日淨潛在收益而言，於二淨潛在收益最小値附近前者大於後者；但是，就標的資產價格偏離上述最小値而言，1 日淨潛在收益卻大於 2 日淨潛在收益。讀者可檢視看看。

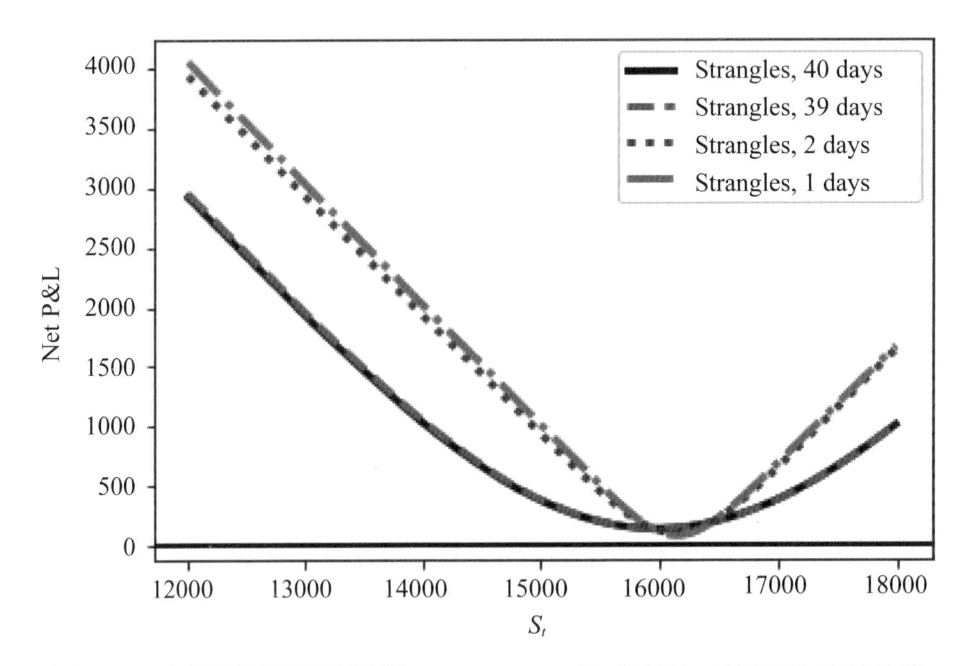

圖 10-28　不同到期期限下買進 16,000-16,300 勒式策略 2 的淨潛在收益曲線

延續圖 10-28，圖 10-29 分別繪製出 39 減 40 日以及 1 減 2 日之淨潛在收益曲線，可發現前者標的資產價格約從 16,050 以上皆爲正數值，而後者則於標的資產價格介於 15920 與 16470 間之外爲正數值；也就是說，就到期日的前 2 日而言，隔 1 日淨潛在收益會增加，尤其是於標的資產價格上升幅度較大處。圖 10-29 亦繪製出到期日的前 40 日與前 2 日的 Theta 值（用水平虛線表示），我們可看出於到期前 40 日，隔日若標的資產價格下跌超過 14,260 以下淨潛在收益增加幅度可以彌補時間的侵蝕；同理，就到期前 2 日而言，隔日淨潛在收益增加幅度卻有可能彌補時間的侵蝕，只不過標的資產價格需下跌超過 15,560 以下。可檢視所附檔案。

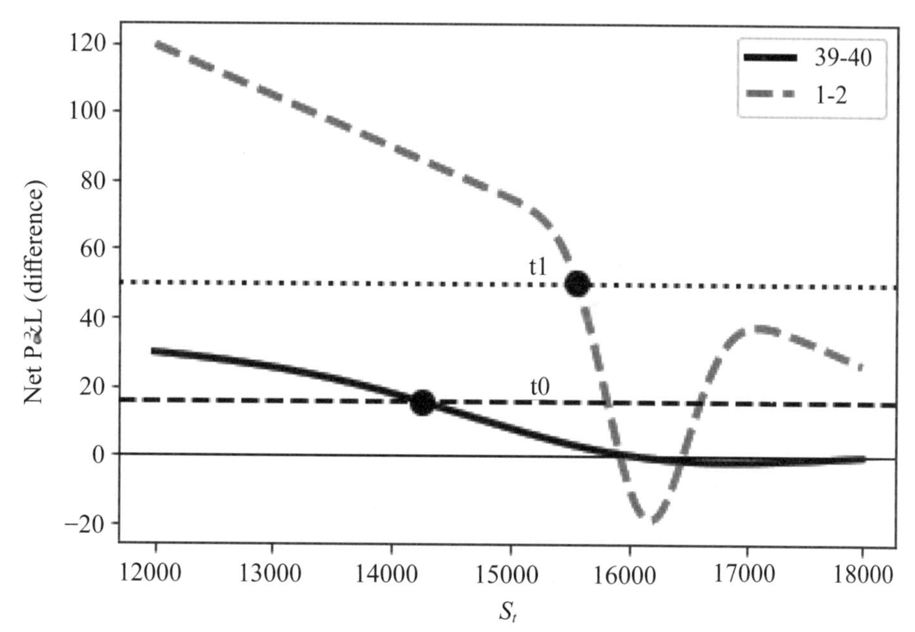

圖 10-29　延續圖 10-28，39 減 40 日以及 1 減 2 日之淨潛在收益曲線，其中 t1 與 t0 分別表示 40 與 2 日的 Theta 值（以正數值表示）

蝶式與禿鷹策略

本章將介紹蝶式策略（Butterfly strategy）與禿鷹策略（Condor strategy）。蝶式策略是指面對三個履約價的買權與賣權，而禿鷹策略則指面對四個履約價的買權與賣權，其中買權與賣權不僅標的資產價格相同，同時到期期限亦相同。蝶式策略與禿鷹策略二者皆可從買方與賣方來看，同時二者可再分成買權與賣權二種；重要的是，二策略皆可進一步拆成由二種垂直價差策略所構成，故二策略亦可稱爲蝶式價差（Butterfly spread）策略與禿鷹價差（Condor spread）策略。我們看看。

11.1 蝶式策略

蝶式價差策略可分成買進蝶式買權策略與買進蝶式賣權策略二種，因此我們介紹蝶式價差策略，首先必須分別出上述二策略有何不同？接下來，我們檢視蝶式價差策略的特徵或對應的避險參數。理所當然，從買進蝶式價差策略可看出賣出蝶式價差策略的特色。

11.1.1 何謂蝶式價差策略？

假定面對三個履約價如 15,900、16,000 與 16,100 的買權與賣權，則買進蝶式買權策略是指同時：

買進一口 15,900 買權、賣出二口 16,000 買權與買進一口 16,100 買權

同理，買進蝶式賣權策略是指同時：

買進一口 15,900 賣權、賣出二口 16,000 賣權與買進一口 16,100 賣權

值得注意的是，上述履約價的間距相同，同時買權與賣權的標的資產價格與到期期限亦相同。

從上述買進蝶式買權與買進蝶式賣權的定義可看出前者可由多頭買權價差（bcs）與空頭買權價差（BCS）所構成，而後者則可拆成多頭賣權價差（bps）與空頭賣權價差（BPS）二部分。我們舉一個例子看看。試下列指令：

```
K1 = 15900;K2 = 16000;K3 = 16100
r = 0.06;q = 0.01;T = 40/365;sigma = 0.3
S01 = 16000
```

使用上述條件以及令期初標的資產價格爲 16,000，圖 11-1 的左圖除了分別繪製出買進 15,900-16,000 bcs 與 16,000-16,100 BCS 策略的到期利潤曲線之外，同時亦繪製出上述二策略之到期利潤和曲線；另一方面，圖 11-1 的右圖則繪製出買進蝶式買權策略的到期利潤曲線。我們可以看出圖 11-1 的左圖的到期利潤和曲線與右圖的到期利潤曲線完全相同，讀者可檢視對應的價格與到期利潤看看。

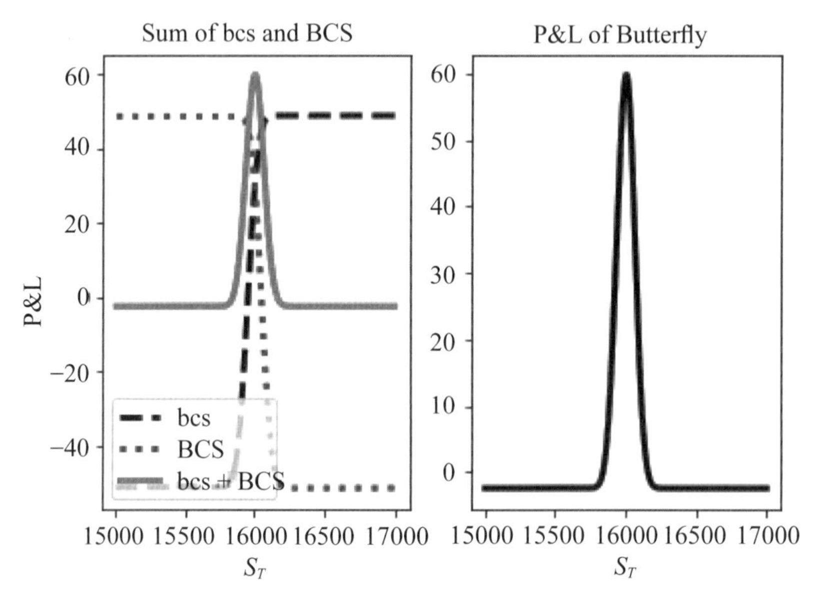

圖 11-1　買進 bcs 與 BCS 策略以及買進蝶式買權策略的到期利潤曲線

我們繼續檢視買進蝶式賣權策略。同理，圖 11-2 的左圖除了分別繪製出買進

15,900-16,000 bps 與 16,000-16,100 BPS 策略的到期利潤曲線之外，同時亦繪製出上述二策略之到期利潤和曲線；另一方面，圖 11-2 的右圖則繪製出買進蝶式賣權策略的到期利潤曲線。我們亦可以看出圖 11-1 的左圖的到期利潤和曲線與右圖的到期利潤曲線完全相同。

有意思的是，我們發現圖 11-1 與 11-2 內的買進蝶式買權策略與買進蝶式賣權策略的結果非常接近，即不僅對應的價格相同，同時到期利潤（曲線）亦完全相同，我們再看看。

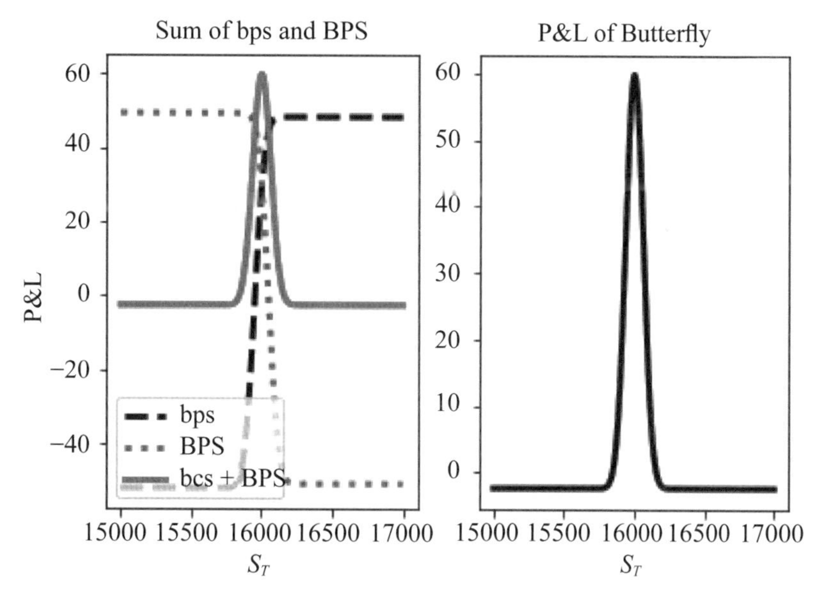

圖 11-2　買進 bps 與 BPS 策略以及買進蝶式賣權策略的到期利潤曲線

利用圖 11-1 的條件，我們再額外考慮期初標的資產價格分別為 15,800 與 16,300，圖 11-3 分別繪製出買進與賣出蝶式買權策略的到期利潤曲線，而上述買進蝶式買權（或賣權）策略的價格則列表如表 11-1 所示。從表 11-1 內可看出期初標的資產價格若有不同，買進蝶式買權策略與買進蝶式賣權策略的價格稍有差異，但

表 11-1　買進蝶式買權與買進蝶式賣權的成本價（根據圖 11-1 的條件）

	Cost_c	Cost_p
S0 = 16000	2.4933	2.4933
S0 = 15800	2.4752	2.4752
S0 = 16300	2.4476	2.4476

說明：S0、Cost_c 與 Cost_p 分別表示期初標的資產價格、買進蝶式買權的價格與買進蝶式賣權的價格。

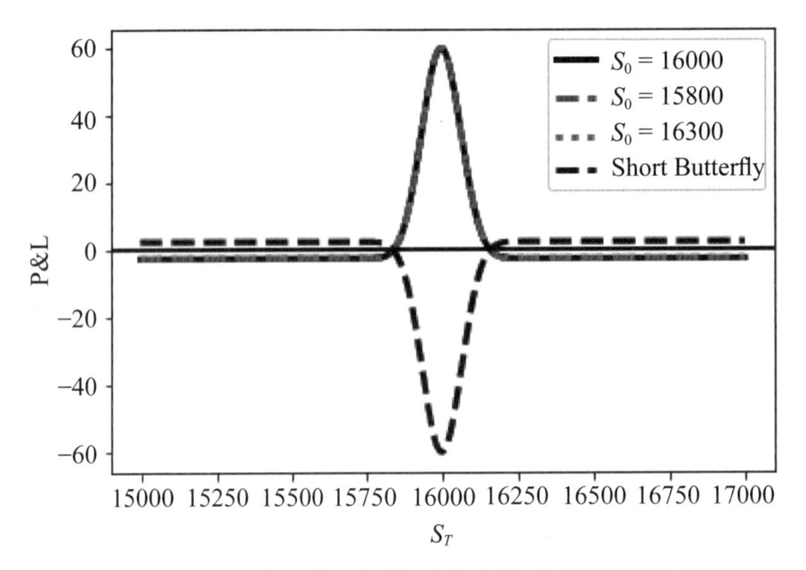

圖 11-3　不同期初標的資產價格下買進與賣出蝶式買權策略的到期利潤曲線

是上述二策略的價格則完全相同；因此，從表 11-1 內大致可看出買進蝶式買權策略與買進蝶式賣權策略完全一致，讀者可以進一步檢視表 11-1 所對應的到期利潤是否一致。

根據圖 11-1 內的條件，我們只更改履約價，其餘不變，圖 11-4 繪製出上述更改後的買進蝶式策略（期初標的資產價格爲 100）的到期利潤曲線結果。比較圖

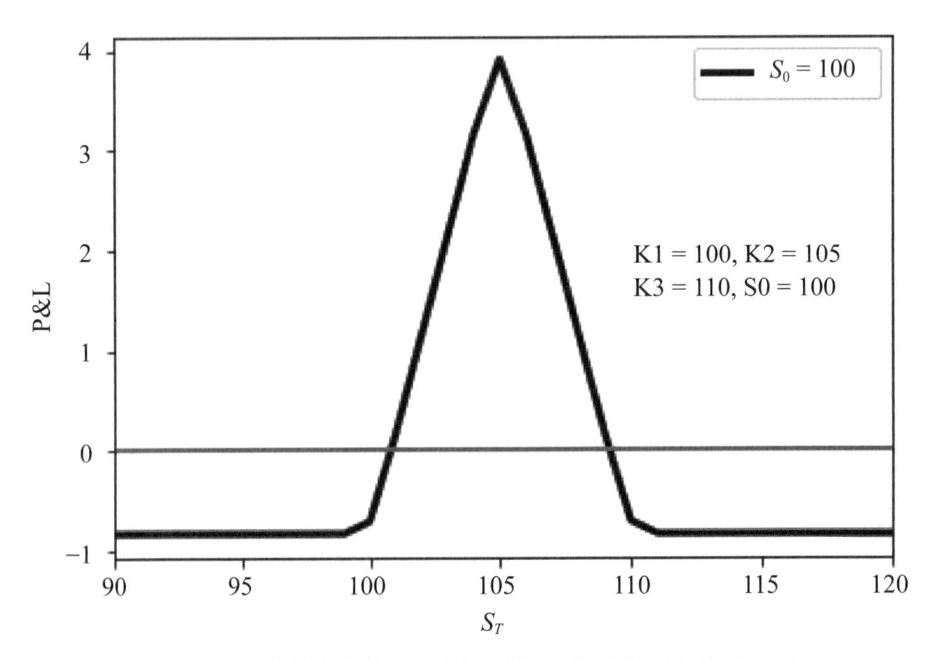

圖 11-4　不同履約價的買進蝶式買權策略的到期利潤曲線

11-4 與圖 11-3 的結果，敏感的讀者也許會對上述二圖內的到期利潤曲線形狀稍有不同感到迷惑，其實那只是到期標的資產價格挑選的標準不一所導致。例如：仍根據圖 11-1 內的條件，我們於決定到期標的資產價格的挑選時採取二種方式，其中之一是每隔 100，如 16000, 16100, 16200 ……方式；而另外一種則每隔 50，如 16000, 16050, 16100 ……方式。上述二方式表現於圖 11-5 內，就是分別爲其內之 ST1 與 ST2；或者說，圖 11-1 或 11-3 是採取到期標的資產價格的挑選爲每隔 1，如 16000, 16001, 16002 ……方式。讀者可以參考所附的檔案。

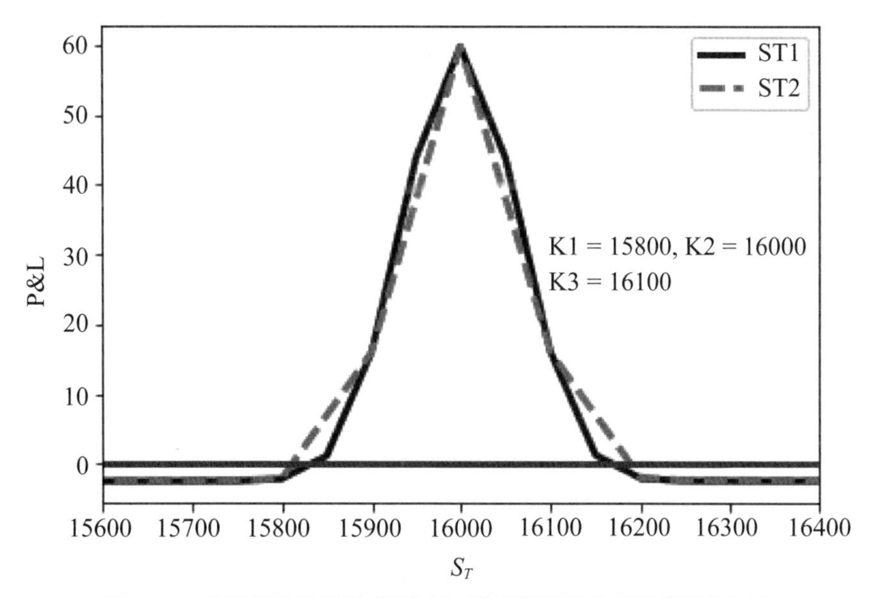

圖 11-5 不同履約價的買進蝶式買權策略的到期利潤曲線

11.1.2 蝶式策略的特徵

現在我們來檢視蝶式策略的特徵。根據圖 11-1 的條件以及使用期初標的資產價格爲 16,150，圖 11-6 繪製出買進蝶式策略的到期利潤曲線，該圖的特色可分述如下：

(1) 從圖 11-6 內可看出買進蝶式策略的到期利潤曲線爲「風險有限且利潤亦有限」的策略。有意思的是，上述利潤最大值（約爲 59.8702）恰出現於到期標的資產價格爲 16,000；因此，採取買進蝶式策略的投資人似乎預期到期標的資產價格會處於 16,000 附近。

(2) 如前所述，買進蝶式策略可說是同時買進 bcs 與 BCS 策略的組合，若與後二者比較，買進蝶式策略的價格較低；換言之，圖 11-6 內買進蝶式買權策略的價格約爲 2.4811。

(3) 因此，買進蝶式策略的確相當吸引人，即按照圖 11-6 的例子，若到期標的資產價格眞的爲 16,000，買進蝶式策略的投資人可以 2.4811 的成本價取得 59.8702 的到期利潤，隱含著到期（毛）報酬率竟高達 2,413.09%[①]，可以參考圖 11-7，該圖是將圖 11-6 的到期利潤改成到期（毛）報酬率，可記得成本價爲 2.4811。

(4) 雖說圖 11-7 內顯示出極高的報酬率，不過那僅局限於到期標的資產價格處於二個損益平衡點之間；因此，買進蝶式策略適用於投資人預期到期標的資產價格會盤整於某個區間。讀者可以利用所附的檔案檢視看看。

(5) 乍看之下，蝶式策略不錯的報酬率且成本價並不高，但是蝶式策略卻易陷入「高報酬陷阱」，即買進 1 口蝶式買權（或賣權），相當於需負擔 4 口買權（或賣權）的佣金（或手續費）；買進 100 口蝶式買權（或賣權），則需負擔 400 口買權（或賣權）的佣金。因此，若預期錯誤，除了需負擔成本價外，尚須支付「龐大」的佣金。

(6) 因有涉及到賣出選擇權，故採取蝶式策略，期初需額外支付保證金。

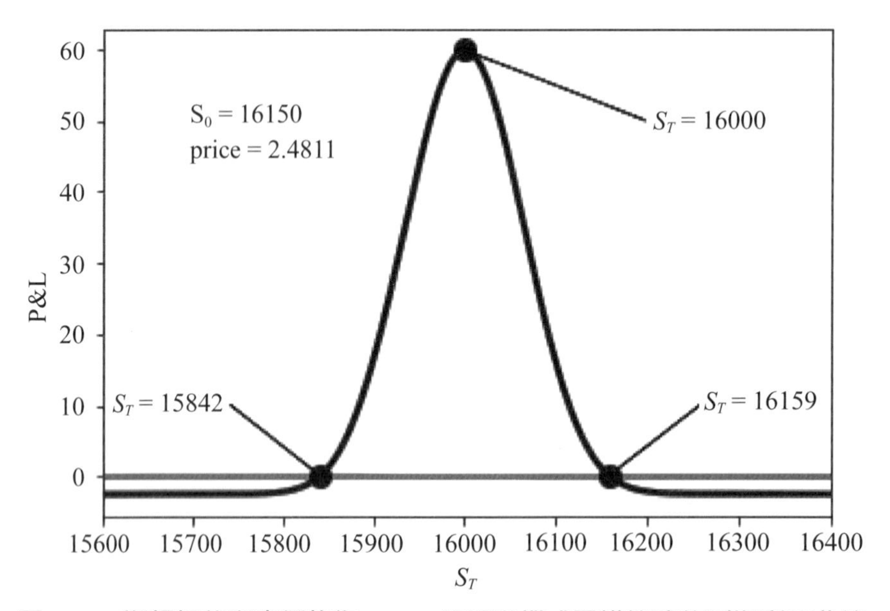

圖 11-6　期初標的資產價格為 16150 的買進蝶式買權策略的到期利潤曲線

① 即 (59.8702/2.4811)100%。

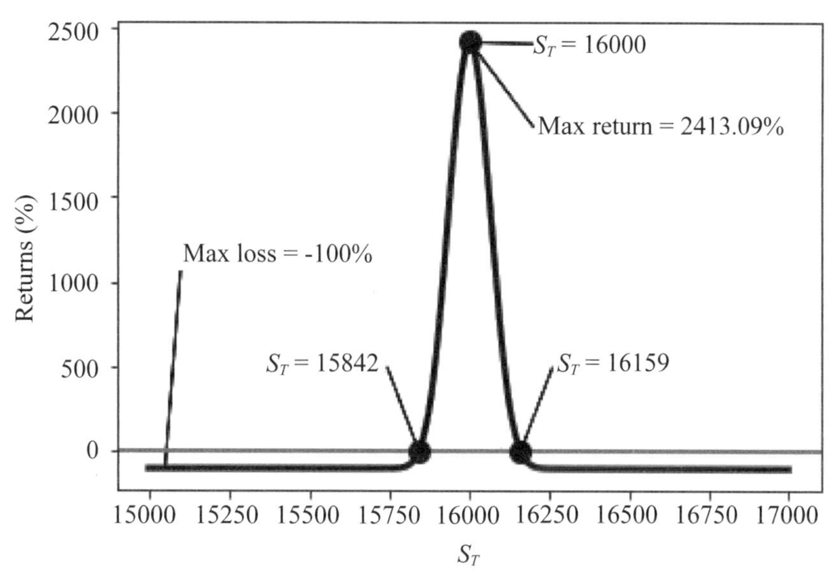

圖 11-7 **將圖** 11-6 **的結果轉換成到期報酬率，成本價為** 2.4811

面對圖 11-6 內的到期利潤曲線，我們倒是可以利用下列的指令取得對應的臨界點，即試下列指令：

```
def ButtCriticalPointsC(S0,K1,K2,K3,r,q,T,sigma):
    Butt = ExButterflyC(S0,K1,K2,K3,r,q,T,sigma)
    ST = Butt[0]
    Pro = Butt[2]
    maxC = max(Pro)
    for i in range(len(ST)):
        if Pro[i] == maxC:
            break
    for j in range(len(ST)):
        if Pro[j] > 0:
            break
    rev = np.arange(len(ST)-1,1,-1)
    for k in rev:
        if Pro[k] > 0:
            break
    return i,j,k
```

即上述函數指令可以找出買進蝶式買權策略之到期最大值以及二個損益平衡點的「位置」。我們嘗試使用上述函數指令，例如：

```
crBc = ButtCriticalPointsC(16150,K1,K2,K3,r,q,T,sigma)
crBc # (1000, 842, 1159)
```

換言之，圖 11-6 或 11-7 內的三個臨界點就是根據上述結果所繪製。讀者可以練習將上述函數指令更改成買進蝶式賣權策略，即使用相同條件，上述買進蝶式買權策略與買進蝶式賣權策略的三個臨界點應該會相同。

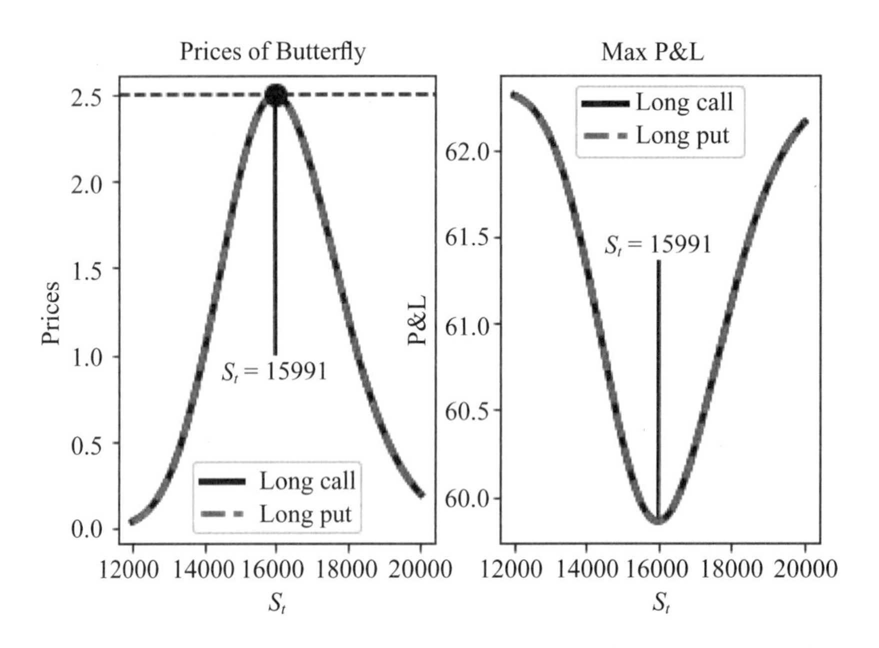

圖 11-8　**不同期初標的資產價格下的（買進）蝶式買權與蝶式賣權策略價格**

圖 11-6 或 11-7 的繪製是使用期初標的資產價格爲 16,150，倘若我們使用其他的期初標的資產價格呢？換言之，仍使用圖 11-1 內的條件，圖 11-8 分別繪製出使用許多不同期初標的資產價格的（買進）蝶式買權策略與蝶式賣權策略價格（左圖）以及對應的到期利潤最大值（右圖）。圖 11-8 的特色爲：

(1) 蝶式買權策略與蝶式賣權策略價格之間的差異甚小，可以參考圖 11-9。圖 11-9 係進一步利用圖 11-8 的結果繪製出不同期初標的資產價格的（買進）蝶式買權策略與蝶式賣權策略價格（左圖）以及到期利潤最大值之間的差距，我們可看出上述差距幾乎微乎其微，注意圖內縱軸座標的表示方式。

(2) 從圖 11-8 內的結果可看出，根據圖 11-1 內的條件，若期初標的資產價格由例如 12,000 逐一上升至 20,000，對應的蝶式買權（或賣權）策略價格竟逐漸遞增後再遞減，即蝶式買權（或賣權）策略價格存在最大值；同理，對應的到期利潤最大值竟存在最小值。

(3) 根據圖 11-1 內的條件，蝶式買權（或賣權）策略價格的最大值約爲 2.4934 而其對應的期初標的資產價格爲 15,991。換言之，利用上述期初標的資產價格爲 15,991，可繪製出買進蝶式買權策略所對應的到期利潤曲線，應可發現到期利潤最大值仍位於到期標的資產價格爲 16,000 處。讀者可練習看看。

(4) 我們倒是可以嘗試使用期初標的資產價格分別爲 12,000 與 20,000，可得出期初的買進蝶式買權策略價格分別爲 0.0383 與 0.1976；另一方面，再分別繪製出對應的到期利潤曲線如圖 11-10 所示。從圖 11-10 內可看出到期利潤最大值仍位於到期標的資產價格爲 16,000 處。

(5) 當然，我們未必能使用到期初標的資產價格分別爲 12,000 與 20,000，不過上述結果顯示出，若買進蝶式買權策略的投資人預期到期標的資產價格可能會盤整於 16,000 處附近，則爲了降低期初的購買成本，該投資人應選擇離期初標的資產價格爲 15,991 愈遠愈佳。

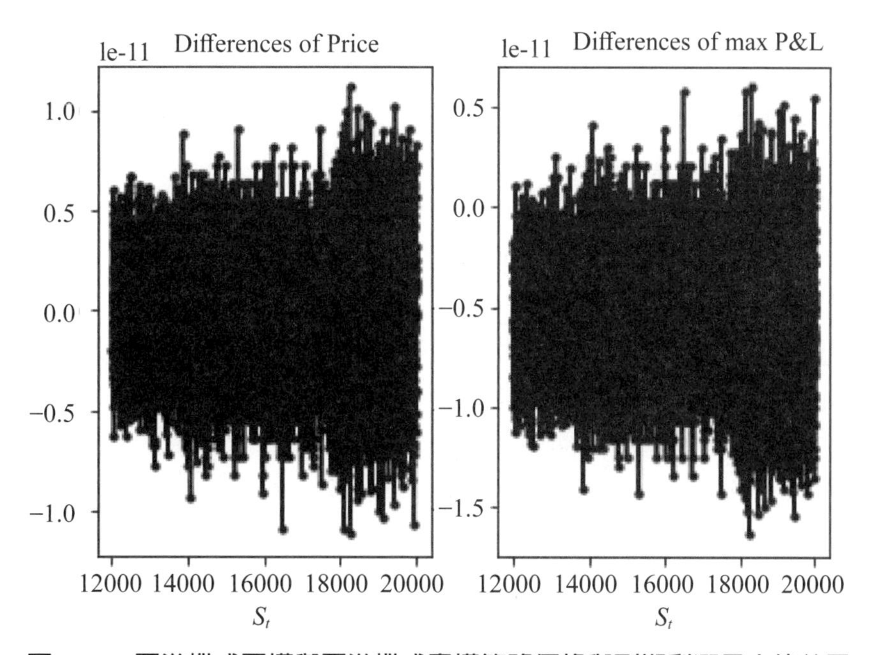

圖 11-9 買進蝶式買權與買進蝶式賣權策略價格與到期利潤最大值差異

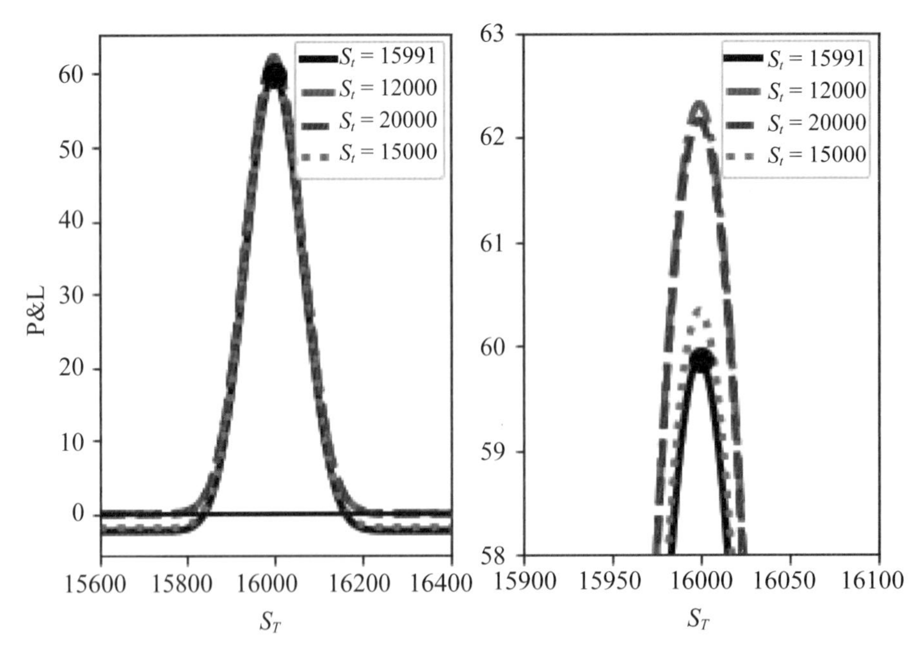

圖 11-10　**期初標的資產價格分別為** 15,991、12,000、15,000 **與** 20,000 **的買進蝶式買權策略之到期利潤曲線，其中右圖為左圖之放大**

如前所述，若可以的話，期初標的資產價格應離 15,991 愈遠（購買）成本愈低。例如：圖 11-10 除了繪製期初標的資產價格分別爲 12,000 與 20,000 之外，另外尚繪製期初標的資產價格爲 15,000 的買進蝶式買權策略之到期利潤曲線，從左圖（或圖 11-8）內可看出其對應的成本價（約 2.0264）仍較低；有意思的是，從右圖內可看出其對應的到期利潤最大値竟然高於期初標的資產價格爲 15,991 的到期利潤最大値。或者說，圖 11-10 內的右圖顯示出期初標的資產價格分別爲 12,000 或 20,000 的到期利潤最大値竟然較大。另一方面，從圖 11-10 內的左圖大致可看出期初標的資產價格愈低或愈高，二損益平衡點之間的「距離」愈大；也許，我們有必要重新檢視看看。

根據圖 11-1 的條件，圖 11-11 分別繪製出不同期初標的資產價格下買進蝶式賣權策略的一些特徵，讀者當然可以改成檢視買進蝶式買權策略的情況（結果應該完全相同）。圖 11-11 內各小圖的意義如下：圖 (a) 繪製出對應的到期利潤最大値；圖 (b) 繪製出對應的到期利潤最大値之到期標的資產價格；圖 (c) 繪製出對應的到期利潤最小値；圖 (d) 繪製出對應的右側損益平衡點之到期標的資產價格；圖 (e) 繪製出對應的左側損益平衡點之到期標的資產價格；圖 (f) 繪製出對應的二損益平衡點的「間隔」。圖 11-11 的特色可分述如下：

(1) 從圖 (a) 內可看出離最大成本價愈遠，對應的到期利潤最大值愈大，此結果與圖 11-10 的結果一致；因此，根據圖 11-1 內的條件，投資人的「進場時機」應選擇高於或低於期初標的資產價格爲 15,991，其結果不僅成本價較低，同時到期利潤最大值較大。
(2) 從圖 (b) 內可看出到期利潤最大值所對應的到期標的資產價格皆爲 16,000。
(3) 從圖 (c) 內可看出到期利潤最小值與圖 11-8 的結果一致。
(4) 從圖 (d)、(e) 與 (f) 內可看出期初標的資產價格愈低或愈高，二損益平衡點之間的「間隔」愈大。

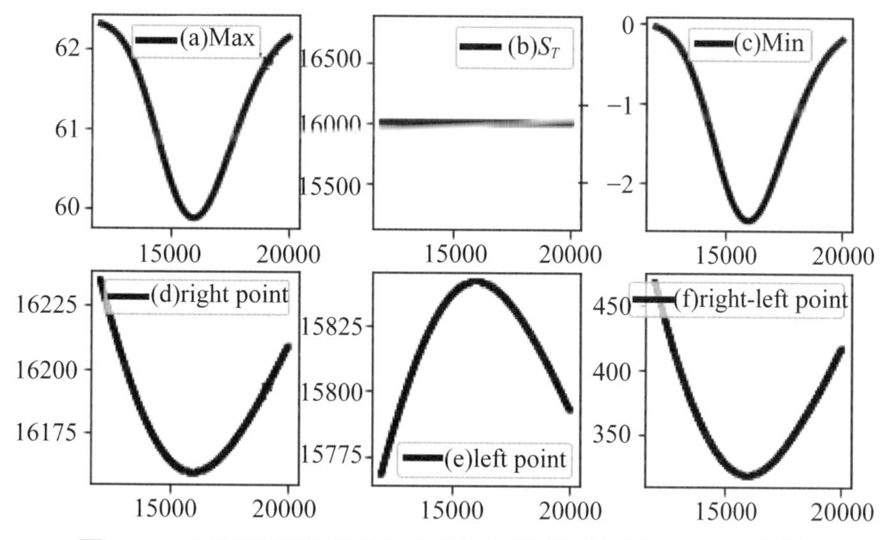

圖 11-11　不同期初標的資產價格下買進蝶式賣權策略的一些特徵

總結上述結果可知根據條件如圖 11-1，投資人必須先找出不同期初標的資產價格所對應的蝶式買權或賣權策略的所有價格，避開最高價格所對應的期初標的資產價格，如此不僅購買成本可降低，同時到期利潤可增加且二損益平衡點之間的距離也較大。

11.1.3 蝶式策略的避險參數

現在我們來檢視蝶式策略的避險參數。根據圖 11-1 內的條件，圖 11-12 與 11-13 分別繪製出於不同期初標的資產價格下，買進蝶式買權策略與買進蝶式賣權策略的價格與避險參數。從上述二圖內的各小圖可看出價格與避險參數竟完全相同。換句話說，至目前爲止，我們可以看出雖然蝶式策略可以分成蝶式買權與蝶式賣權策略二種，不過我們發現二種策略的結果其實是完全相同的。讀者可以檢視看看。

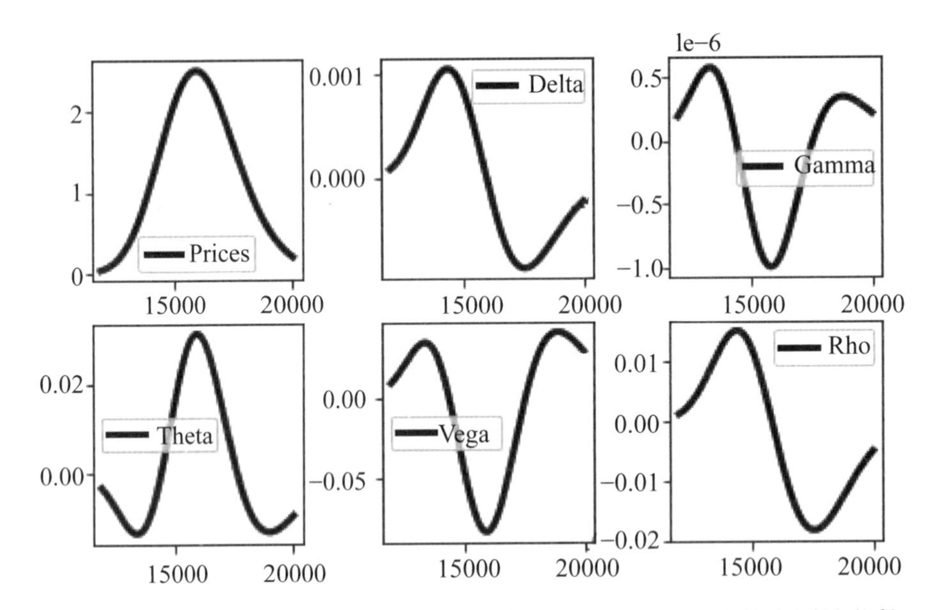

圖 11-12　不同期初標的資產價格下買進蝶式買權策略的價格與避險參數

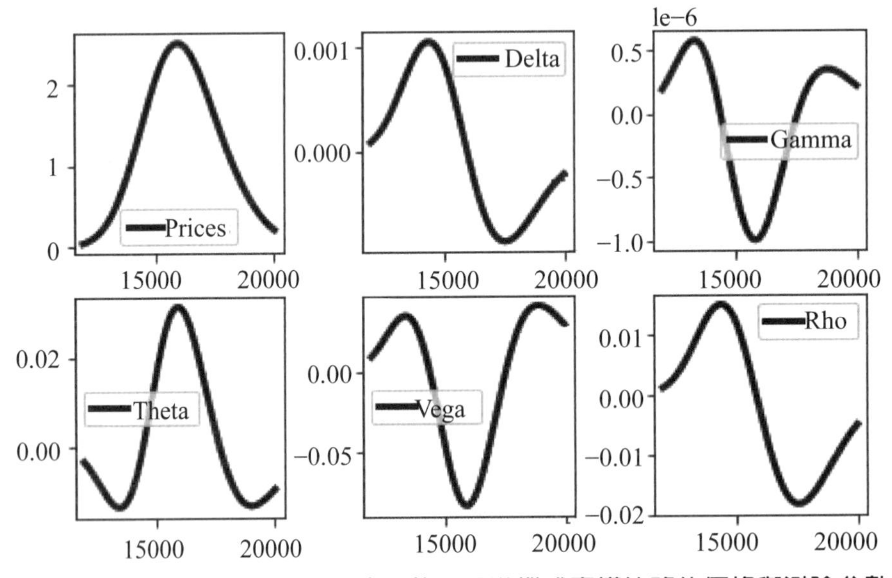

圖 11-13　不同期初標的資產價格下買進蝶式賣權策略的價格與避險參數

其實若檢視圖 11-12 或 11-13 內的結果，可發現蝶式策略價格與圖 11-8 內的結果一致；另一方面，避險參數如 Delta、Gamma、Theta 或甚至於 Vega 值皆不大，使我們不禁好奇若履約價改變，結果又如何？根據圖 11-1 的條件，我們只更改履約價爲 90、100 與 110，其餘不變，圖 11-14 繪製出於不同期初標的資產價格下，買進蝶式買權策略的價格與避險參數。有意思的是，比較圖 11-14 與 11-12（或 11-13）內的結果，我們發現低履約價與高履約價所對應的買進蝶式買權策略價格竟然差距不大；或者說，較高（低）履約價的蝶式價格未必較高（低）。由於買進蝶式策略屬於「低風險低報酬」策略，故可從圖 11-14 內看出買進蝶式策略所對應的避險參數值並不大。

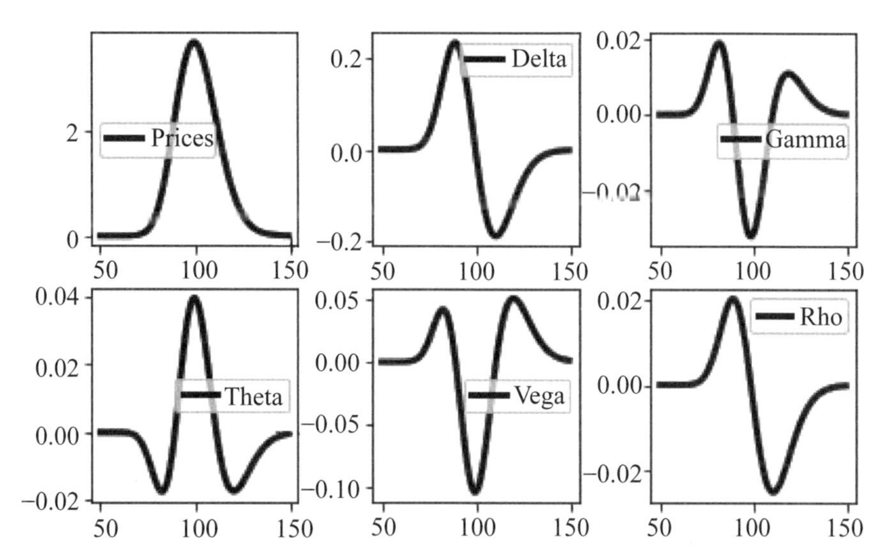

圖 11-14　不同期初標的資產價格下買進蝶式買權策略的價格與避險參數，其中履約價分別為 90、100 與 110

雖說如此，我們從圖 11-12～11-14 內可看出一些買進蝶式策略的特色，特別是蝶式策略的價格、Theta 與 Vega 值皆有出現極值的情況[②]，我們不禁好奇上述極值所對應的期初標的資產價格爲何？我們可以自訂函數指令找出，試下列指令：

```
def ButtPTVMaxMin(S0,K1,K2,K3,r,q,T,sigma):
    prices = np.zeros(len(S0))
    vegas =  np.zeros(len(S0))
    thetas = np.zeros(len(S0))
```

② 當然其他的避險參數亦存在極值，不過因影響力較小，故予以省略。

```
    for i in range(len(S0)):
        all1 = ButterflyCG(S0[i],K1,K2,K3,r,q,T,sigma)
        prices[i] = all1.loc['Price'].item()
        thetas[i] = all1.loc['Theta'].item()
        vegas[i] = all1.loc['Vega'].item()
    for j in range(len(S0)):
        if prices[j] == max(prices):
            break
    for k in range(len(S0)):
        if thetas[k] == max(thetas):
            break
    for h in range(len(S0)):
        if vegas[h] == min(vegas):
            break
    return S0[j],S0[k],S0[h],prices[j],thetas[k],vegas[h]
ButtG = ButtPTVMaxMin(St,K1,K2,K3,r,q,T,sigma)
ButtG[0] # 15991
ButtG[1] # 15997
ButtG[2] # 15939
ButtG[3] # 2.493383901903144
ButtG[4] # 0.031557235680114815
ButtG[5] # -0.08319448760453696
```

即透過上述 ButtPTVMaxMin(.) 函數可知於期初標的資產價格分別爲 15,991、15,997 與 15,939 處依序有出現蝶式策略價格最大值、最大 Theta 值與最小 Vega 值。換言之，若欲取得最大 Theta 值（爲正數值），期初標的資產價格可以選 15,997；又或是欲取得最低 Vega 值（爲負數值），期初標的資產價格則可以選 15,939。

面對圖 11-12 或 11-14 的結果，底下分成若干方向檢視。首先檢視不同履約價之間的距離對於買進蝶式策略價格與避險參數的影響。根據圖 11-1 內的條件，我們只更改其內的履約價，其餘不變；換言之，除了不同履約價之間的距離爲 100 之外，我們另外再考慮不同履約價之間的距離爲 200 與 50，圖 11-15 繪製出於期初標的資產價格爲 16,000 下，上述三種不同「模型」的買進蝶式買權策略的到期利潤曲線，至於對應的價格與避險參數的不同期初標的資產價格下的「形狀」，則因類似於圖 11-12 或 11-14，故予以省略。我們發現不同履約價之間的距離愈大，相當於將到期利潤曲線「放大」，即不僅對應的價格以及到期利潤最大值較高，同時二損益平衡點之間的距離也加大，讀者可檢視看看。

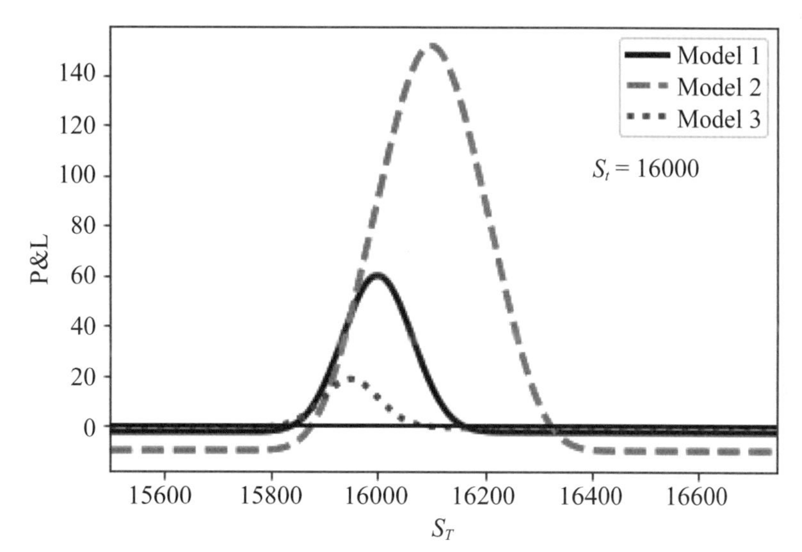

圖 11-15　不同期初標的資產價格下買進蝶式買權策略的價格與避險參數，其中 Model 1、2 與 3 的履約價分別為 15,900-16,000-16,100、15,900-16,100-16,300 以及 15,900-15,950-16,000

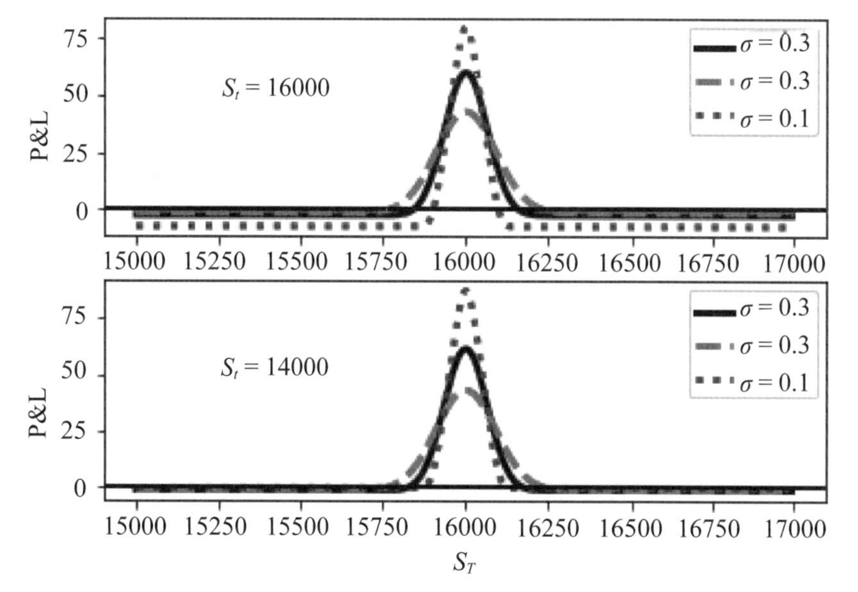

圖 11-16　不同波動率下買進蝶式策略的到期利潤曲線

接下來，我們來看不同波動率對買進蝶式策略的影響。根據圖 11-1 內的條件，圖 11-16 內的上圖繪製出期初標的資產價格爲 16,000 的買進蝶式策略的到期利潤曲線，我們發現波動率上升會使得蝶式價格與到期利潤的最大值下降，同時亦會擴大二損益平衡點之間的距離；同理，波動率下降不僅會拉高蝶式價格與到期利潤的最大值，不過卻會縮短二損益平衡點之間的距離。上述結果亦可以參考表 11-2。

表 11-2　期初標的資產價格分別為 16,000 與 14,000 的買進蝶式策略特徵

	S0 = 16,000			S0 = 14,000		
sigma	Price_1	P_L_1	Max_1	Price_2	P_L_2	Max_2
0.3	2.4933	(15842, 16159)	59.858	1.018	(15823, 16179)	61.3333
0.5	1.4945	(15768, 16635)	42.7685	1.0371	(15757, 16247)	43.2259
0.1	7.3783	(15902, 16098)	79.8548	0.0041	(15851, 16150)	87.229

說明：第 1～7 欄分別表示波動率、蝶式價格、二損益平衡點區間、到期利潤最大值、蝶式價格、二損益平衡點區間與到期利潤最大值。

圖 11-16 的上圖與表 11-2 內的結果可與圖 11-12 內的 Vega 值相對應；也就是說，根據圖 11-12 內的結果可知於期初標的資產價格爲 16,000 之下，對應的 Vega 值爲負數值（其值約爲 −0.083），故波動率與蝶式價格呈負關係；有意思的是，例如：於期初標的資產價格爲 14,000 之下，對應的 Vega 值卻爲正數值（其值約爲 0.0223），故波動率與蝶式價格反而呈正關係。值得注意的是，上述期初標的資產價格爲 16,000 或 14,000 的情況所對應的到期利潤最大卻皆出現於到期標的資產價格爲 16,000 處，可以參考圖 11-16 的下圖。雖說如此，根據圖 11-1 的條件，期初標的資產價格會處於 14000 的可能性並不大；因此，我們幾乎可以得到下列的結論：採取買進蝶式策略的投資人應選擇波動較大的環境，因爲此時不僅蝶式價格較低，同時二損益平衡點之間的距離也較大；同理，採取賣出蝶式策略的投資人應選擇波動較小的環境，可類推 2。

我們再來看到期期限不同對蝶式策略的影響。仍使用圖 11-1 內的條件，不過我們額外再考慮一些不同的到期期限。於期初標的資產價格爲 16,000 下，買進蝶式買權的特徵可繪製如圖 11-17 或列表如表 11-3 所示。我們發現到期期限愈短，不僅對應的蝶式價格愈高且二損益平衡點之間的距離縮短，同時到期利潤最大值亦會降低。上述結果可以與圖 11-12 內的 Theta 值爲正數值結果相呼應；換言之，若期初標的資產價格爲例如 14,000，其對應的 Theta 值爲負數值（讀者可以檢視看看），其與買進蝶式買權的特徵恰好相反，可以參考圖 11-18 的結果（即到期期限愈短，蝶式價格反而愈便宜且二損益平衡點之間的距離愈長，同時到期利潤最大值亦會增加）。

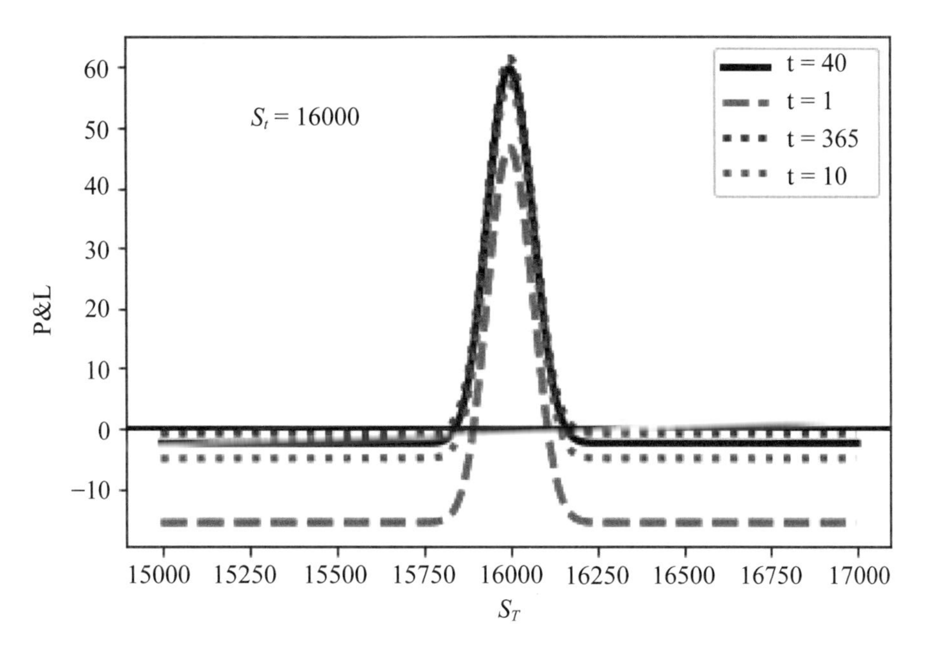

圖 11-17　**不同到期期限下買進蝶式策略的到期利潤曲線，其中** t **表示距離到期的天數**

表 11-3　**不同到期期限下買進策略的特徵（期初標的資產價格為** 16,000**）**

T	Price	P_L	Max
40/365	2.4933	(15823, 16179)	59.858
1/365	15.6699	(15984, 16106)	46.6814
365/365	0.7826	(15818, 16184)	61.5687
10/365	5.0064	(15913, 16087)	57.3449

說明：第 1～4 欄分別表示到期期限、蝶式價格、二損益平衡點區間與最大利潤之最大值。

當然，圖 11-18 的結果只是在說明買進蝶式策略的 Theta 值若爲負數值的結果，畢竟期初標的資產價格爲 14,000 離履約價太遠了。因此，反而是圖 11-17 或表 11-3 的結果較爲合理。換言之，就採取買進蝶式策略的投資人而言，選擇到期期限愈短的蝶式策略反而愈不利；同理，就採取賣出蝶式策略的投資人而言，選擇到期期限愈短的蝶式策略反而愈有利。

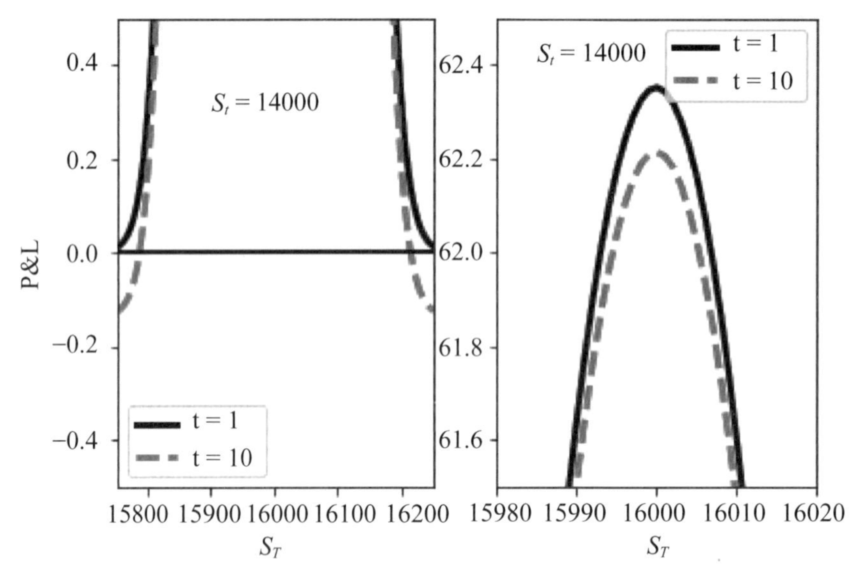

圖 11-18　不同到期期限下買進蝶式策略的到期利潤曲線，其中 t 表示距離到期的天數（放大版）

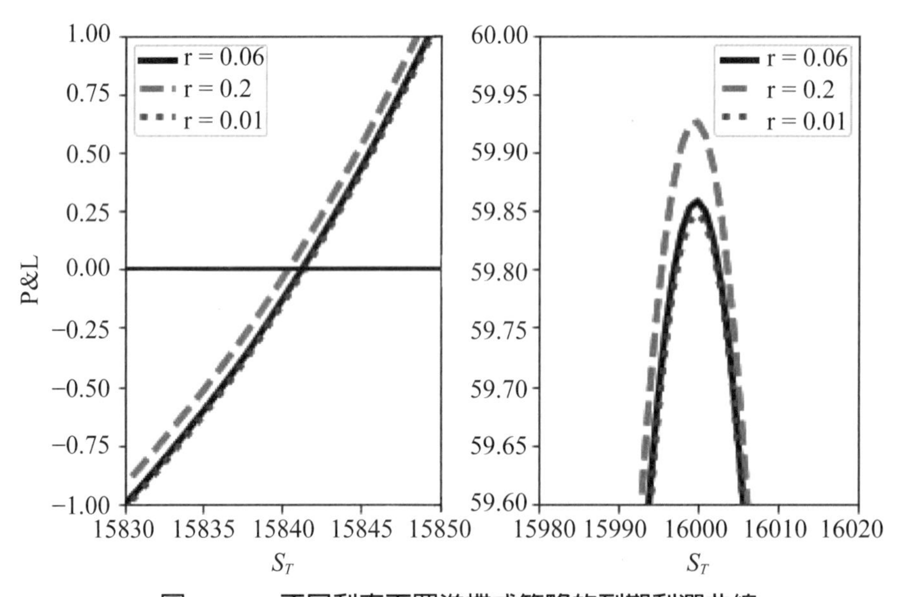

圖 11-19　不同利率下買進蝶式策略的到期利潤曲線

最後，我們檢視利率變動對蝶式策略的影響。根據圖 11-1 內的條件與於期初標的資產價格爲 16,000 下，圖 11-19 繪製出不同利率的買進蝶式買權策略的到期利潤曲線。我們發現利率變動的影響較小，故圖 11-19 的左圖只繪製出「單邊」的損益平衡點；同理，右圖亦只繪製出到期標的資產價格爲 16,000 所對應的到期利潤最大值部分。我們發現利率上升會加大二損益平衡點的區間，同時拉高到期利潤最大值。其次，因圖 11-12 內的 Rho 值爲負數值，故利率上升（下降）反而降低（拉高）蝶式策略的價格；另一方面，從圖 11-12 內亦可能出現 Rho 值爲正數值的情況，讀者可檢視看看。

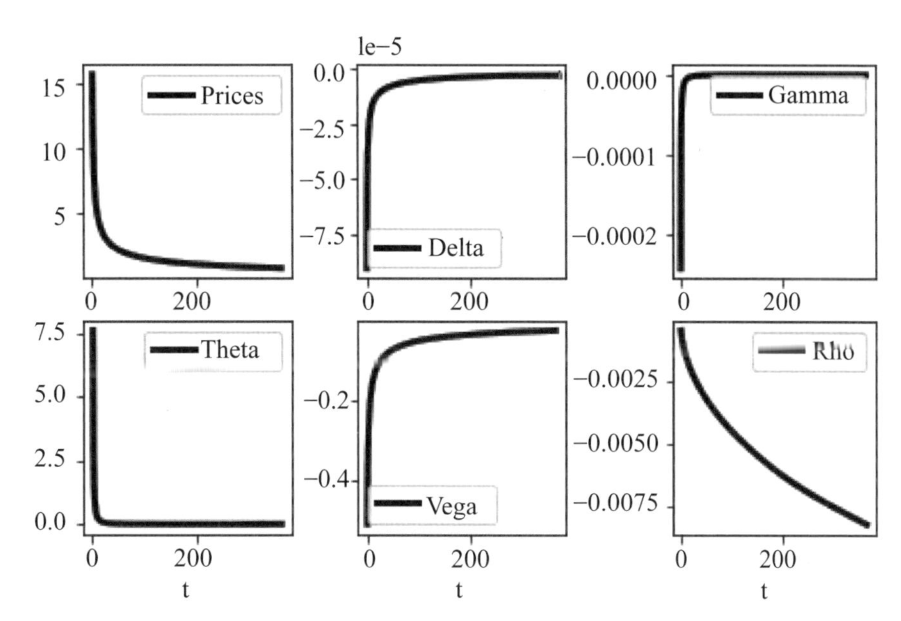

圖 11-20　不同到期期限與期初標的資產價格為 16,000 下，買進蝶式買權策略價格與避險參數變化

瞭解上述重要的影響因子變動對蝶式策略的價格與避險參數影響後，我們來檢視於不同到期期限買進蝶式買權策略價格與避險參數變化。例如：圖 11-20 繪製出於期初標的資產價格爲 16,000（根據圖 11-1 內的條件，只更改到期期限爲 1 年，其餘不變）的結果，其特色可爲：

(1) 圖 11-20 係繪製出買進蝶式買權策略價格與避險參數的逐日變化。
(2) 於期初標的資產價格皆固定爲 16,000 下，因 Theta 值皆爲正數值且愈接近到期日 Theta 值愈大，故買進蝶式買權策略價格竟逐日攀高。
(3) 隨著愈接近到期日，對應的 Delta 與 Gamma 值愈小，隱含著標的資產價格的變動對於蝶式買權策略價格的影響愈小。

(4) 隨著愈接近到期日，對應的 Vega 值不僅爲負數值而且其幅度愈大，隱含著波動愈小的環境，對應的蝶式買權策略價格會增加，但是增加的幅度愈大。
(5) 隨著愈接近到期日，對應的 Rho 值不僅爲負數值而且其幅度愈小，隱含著利率愈小的環境，對應的蝶式買權策略價格雖會增加，但是增加的幅度愈小。
(6) 讀者可改用買進蝶式賣權策略，其結果應與圖 11-20 的結果一致。
(7) 圖 11-20 的結果是假定期初標的資產價格皆固定爲 16,000，若將期初標的資產價格分別改爲 16,300 或 15,700，其結果又如何呢？圖 11-21 與 11-22 分別繪製出上述結果，讀者可自行分析看看。

11.2 禿鷹策略

本節將介紹禿鷹策略。如前所述，禿鷹策略適用於四種履約價的買權或賣權，其中買權或賣權擁有相同的標的資產以及相同的到期日。類似於蝶式策略，禿鷹策略亦可分成買進禿鷹策略與賣出禿鷹策略，其中買進（或賣出）禿鷹策略可有買進（或賣出）禿鷹買權策略與買進（或賣出）禿鷹賣權策略二種。

禿鷹策略與蝶式策略皆屬於「無方向型」策略，而上述二策略之間的關係猶如勒式策略與跨式策略之間的關係，我們看看。

11.2.1 何謂禿鷹策略？

其實禿鷹策略可說是蝶式策略的「一般化」，即若於圖 11-1 的條件內再額外加進第 4 個履約價 16,200，則買進禿鷹買權策略是指同時：

買進一口 15,900 買權、賣出一口 16,000 買權、賣出一口 16,100 買權與買進一口 16,200 買權

同理，買進禿鷹賣權策略是指同時：

買進一口 15,900 賣權、賣出一口 16,000 賣權、賣出一口 16,100 賣權與買進一口 16,200 賣權

值得注意的是，上述履約價的間距相同，同時買權與賣權的標的資產價格與到期期限亦相同。同理，賣出禿鷹策略可類推。

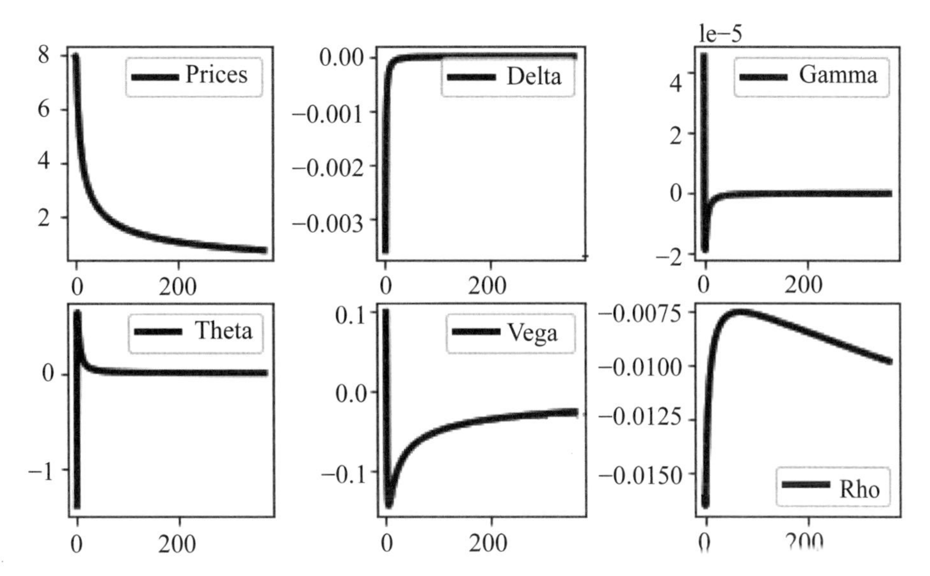

圖 11-21 不同到期期限與期初標的資產價格為 16,300 下，買進蝶式買權策略價格與避險參數變化

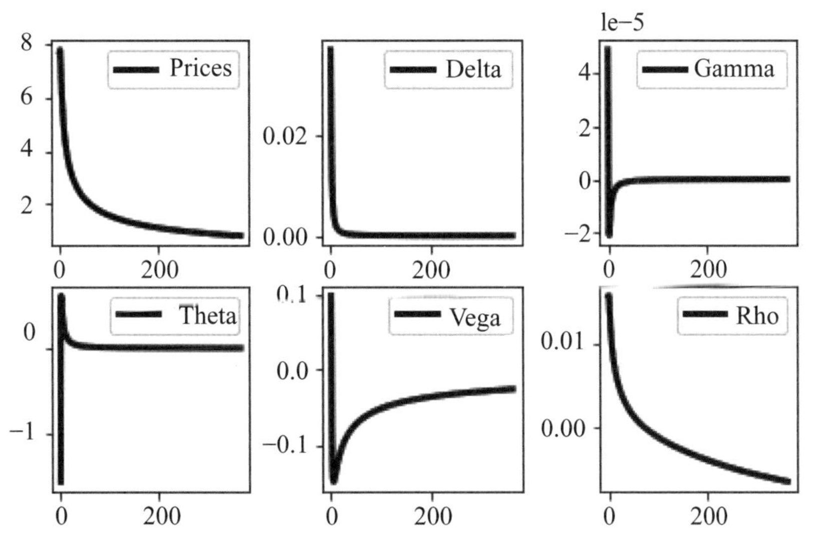

圖 11-22 不同到期期限與期初標的資產價格為 15,700 下，買進蝶式買權策略價格與避險參數變化

根據圖 11-1 的條件內再額外考慮履約價 16,200，圖 11-23 分別繪製出於期初標的資產價格爲 16,000 下買進蝶式買權與買進禿鷹買權策略的到期利潤曲線，其中前者使用 15,900、16,000 與 16,100 履約價，而後者則使用全部的履約價。我們可以看出買進禿鷹買權策略可說是買進蝶式買權策略的「放大版」。

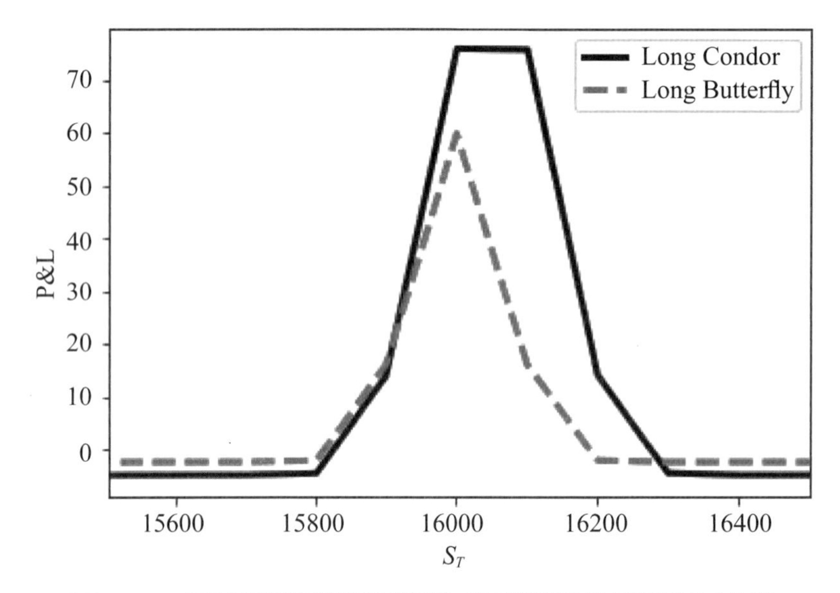

圖 11-23　買進禿鷹買權與買進蝶式買權策略的到期利潤曲線

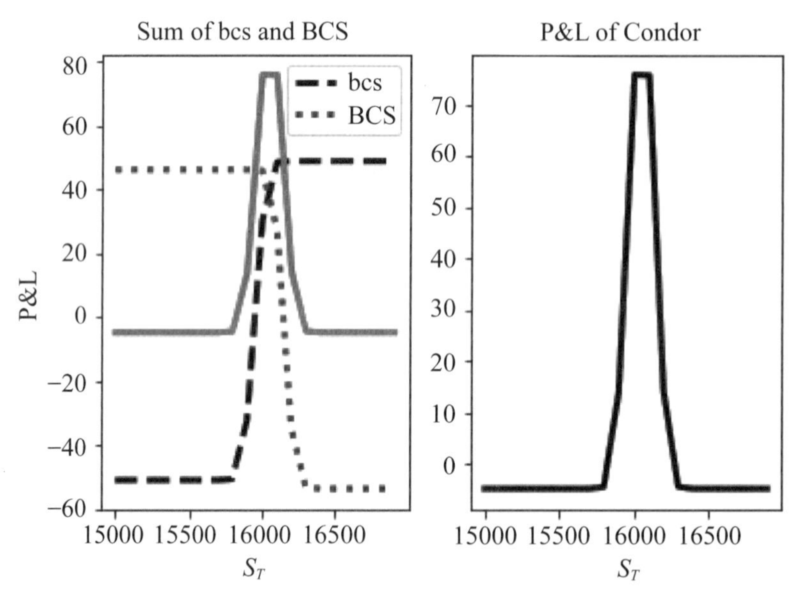

圖 11-24　買進 bcs 與 BCS 買權組合策略以及買進禿鷹策略的到期利潤曲線

從上述定義可看出蝶式策略包含於禿鷹策略內[3]；換言之，買進禿鷹買權策略亦可用同時買進一口 15,900-16,000 bcs 買權策略與買進一口 16,100-16,200 BCS 買權

[3] 即例如買進蝶式買權策略可以視為：買進一口 15,900 買權、賣出一口 16,000 買權、賣出一口 16,000 買權與買進一口 16,100 買權。

策略的組合表示，可以參考圖 11-24。讀者若有檢視圖 11-23 或 11-24 的所附檔案，應可發現對應的到期標的資產價格的表示方式是用「每隔 100（點）」表示，故對應的到期利潤曲線形狀並非屬於平滑的曲線，即圖 11-23 或 11-24 內的曲線形狀類似圖 11-5。

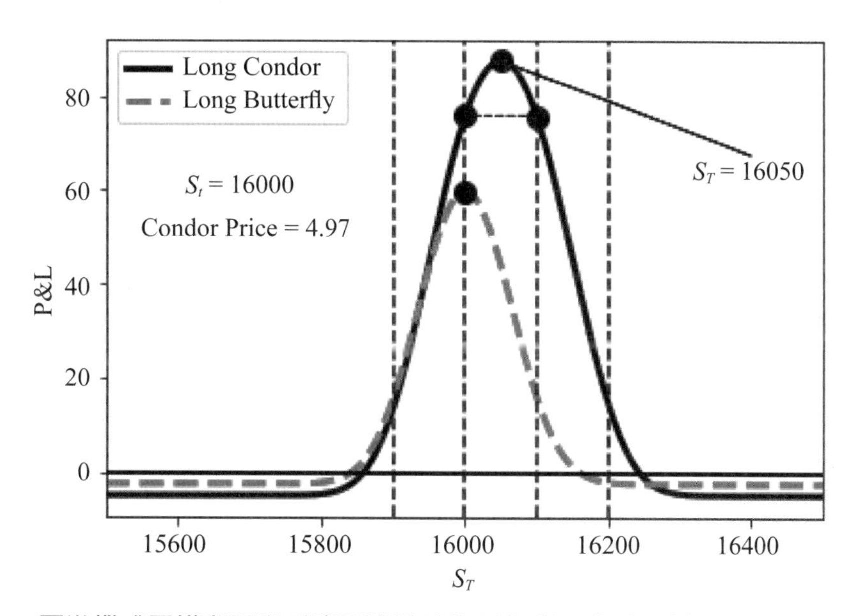

圖 11-25　買進蝶式買權與買進禿鷹買權策略的到期利潤曲線，其中垂直虛線分別對應至四個履約價

是故，買進蝶式買權與買進禿鷹買權策略的到期利潤曲線形狀亦可用平滑曲線形狀如圖 11-25 所示，其中期初標的資產價格爲 16,000；換言之，圖 11-25 係根據圖 11-23 內的條件所繪製而成，其特色可爲：

(1) 圖 11-25 的繪製是以到期標的資產價格「每隔 1（點）」所計算而成。

(2) 買進禿鷹買權策略的適用時機是投資人預期到期標的資產價格會盤整於某段區間；因此，類似於買進蝶式策略，買進禿鷹策略亦屬於「風險與利潤皆有限」的策略。

(3) 類似於買進蝶式策略，圖 11-25 的到期利潤曲線亦可以改用於期初標的資產價格爲 16,000 下買進禿鷹賣權策略繪製，結果應完全相同；或者說，讀者亦可以練習改用同時買進一口 bcs 買權與買進一口 BCS 買權策略繪製，可嘗試看看。

(4) 按照圖 11-25 內到期標的資產價格的表示方式，到期利潤最大值出現於第 2 與 3 個履約價之間，即對應的到期標的資產價格爲 16,050。

(5) 如前所述，買進禿鷹策略相當於是買進蝶式策略的「放大版」，故前者的價格與到期利潤最大值皆較後者大；換言之，根據圖 11-25，買進禿鷹策略的價格與到期利潤最大值分別爲 4.97 與 87.6，而買進蝶式策略則分別爲 2.49 與 59.86。

(6) 圖 11-25 的結果係根據期初標的資產價格爲 16,000，讀者可試試其他的期初標的資產價格。

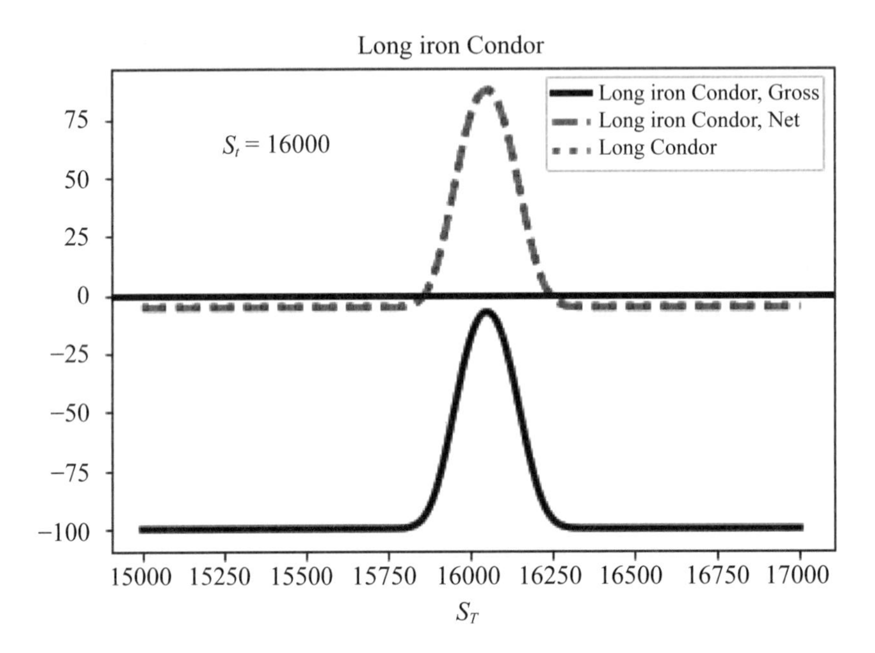

圖 11-26　買進鐵禿鷹策略的到期收益（Gross）與利潤（Net）曲線

買進禿鷹策略其實可以擴充，此處我們介紹一種稱爲買進鐵禿鷹（long iron Condor）策略[④]。買進鐵禿鷹策略是指同時：

買進一口 15,900 賣權、賣出一口 16,000 賣權、賣出一口 16,100 買權與買進一口 16,200 買權

即買進鐵禿鷹策略有同時使用到買權與賣權。根據圖 11-23 內的條件與期初標的資產價格爲 16,000，圖 11-26 同時繪製出上述買進鐵禿鷹策略的到期收益（實線）與到期利潤曲線（虛線）；換言之，根據上述條件，期初買進鐵禿鷹策略的價格

④ 可參考 Saliba et al. (2009)。

爲 –94.38（即有權利金收益），不過對應的到期收益卻皆爲負數值，如圖 11-26 所示，故買進鐵禿鷹策略到期利潤（即權利金收益加上到期收益）曲線形狀類似買進禿鷹策略的到期利潤曲線形狀，其中後者取自圖 11-25。我們進一步計算買進鐵禿鷹策略到期利潤的最小值與最大值分別爲 –5.62 與 86.95，而買進禿鷹策略的到期利潤的最小值與最大值分別爲 –4.97 與 87.6（即買進禿鷹策略的價格爲 4.97）。換句話說，圖 11-26 內的買進鐵禿鷹策略雖說期初有 94.38 的權利金收入，而買進禿鷹策略期初有 4.97 的權利金支出，但是到期買進鐵禿鷹策略的利潤卻不如買進禿鷹策略。

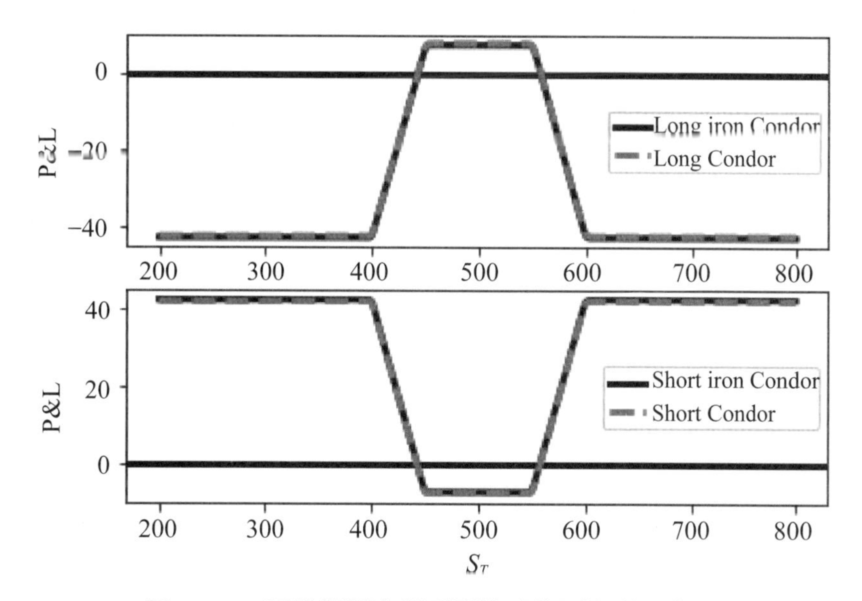

圖 11-27　買進與賣出鐵禿鷹策略的到期利潤曲線

上述買進鐵禿鷹策略應是一種頗爲複雜或是一種頗有意思的策略，我們再舉一個例子看看。根據圖 11-23 內的條件，我們只更改履約價分別爲 400、450、550 與 600，其餘不變。於期初標的資產價格爲 500 之下，圖 11-27 分別繪製出買進與賣出鐵禿鷹策略的到期利潤曲線，同時爲了比較起見，該圖亦分別繪製出買進與賣出禿鷹策略的到期利潤曲線。圖 11-27 的特色可分述如下：

(1) 不同履約價之間的間隔距離並不相同，使得鐵禿鷹或禿鷹策略的結果更捉摸不定。
(2) 圖 11-27 的上圖繪製出買進而下圖則繪製賣出鐵禿鷹或禿鷹策略的到期利潤曲線。從到期利潤曲線可看出，其實我們不易分別出買進策略與賣出策略之不同；也就是說，有些時候鐵禿鷹或禿鷹策略較難定義「買方」與「賣方」。

(3) 期初權利金究竟是收入或支出，其實並不能確定。例如：買進鐵禿鷹策略期初有權利金收益而買進禿鷹策略期初則有權利金支出；同理，賣出鐵禿鷹策略期初有權利金支出而買進禿鷹策略期初則有權利金收益。

(4) 不管期初是否有權利金支出或收益，也許我們可以直接檢視到期利潤情況，畢竟後者有扣除掉期初的權利金支出或收益；換言之，從圖 11-27 的結果可看出賣出策略似乎更勝一籌（下圖）。

(5) 若仔細比較下圖內賣出鐵禿鷹與禿鷹策略的到期利潤，可發現前者到期利潤的最小值與最大值分別爲－7.31 與 42.69，而後者則爲－7.64 與 42.36，似乎賣出鐵禿鷹策略較占優勢。

(6) 鐵禿鷹與禿鷹策略因有牽涉到賣出選擇權的使用，故期初需準備保證金。

(7) 鐵禿鷹與禿鷹策略因有牽涉到四種選擇權的使用，故其佣金或手續費的支出較高。

類似鐵禿鷹策略，亦存在有鐵蝶式（iron Butterfly）策略⑤；換言之，若使用圖 11-23 內的條件與前三個履約價，則買進鐵蝶式策略是指同時：

買進一口 15,900 的賣權、賣出一口 16,000 的買權、賣出一口 16,000 的賣權與買進一口 16,100 的買權

於期初標的資產價格爲 16,000 之下，圖 11-28 分別繪製出買進鐵蝶式策略與買進蝶式策略的到期利潤曲線。不出意料之外，我們發現雖然二策略的到期利潤曲線形狀頗爲接近，但是期初權利金卻大不相同，即買進鐵蝶式策略期初有 96.85 的權利金收入，而買進蝶式策略於期初則有 2.49 的權利金支出。於圖 11-28 的例子內，我們發現買進蝶式策略略勝一籌。讀者可檢視看看。

11.2.2 禿鷹策略的特徵

現在我們重新檢視禿鷹策略的特徵。根據圖 11-23 內的條件以及期初標的資產價格爲 16,000 下，可得買進禿鷹買權策略價格爲 4.97，並且圖 11-29 進一步繪製出買進禿鷹買權策略的到期利潤曲線。從圖 11-29 內可發現到期利潤曲線有到期利潤

---

⑤ 亦可參考 Saliba et al. (2009)。

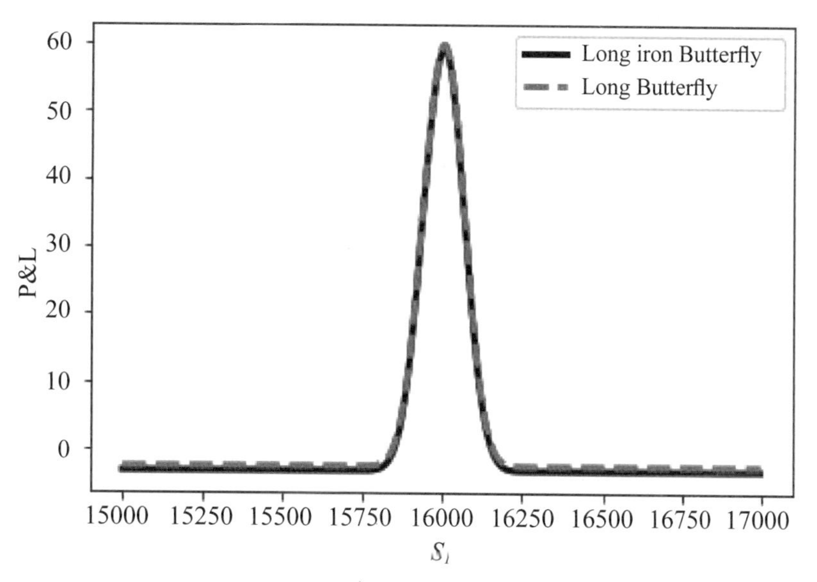

圖 11-28　買進鐵蝶式與買進蝶式策略的到期利潤曲線

最大點以及二個損益平衡點三個臨界點，我們當然希望能夠迅速計算出上述三點，試下列指令：

```
def CondorCriticalPointsC(S0,K1,K2,K3,K4,r,q,T,sigma):
    Condor = ExCondorC(S0,K1,K2,K3,K4,r,q,T,sigma)
    ST = Condor[0]
    Pro = Condor[2]
    maxC = max(Pro)
    for i in range(len(ST)):
        if Pro[i] == maxC:
            break
    for j in range(len(ST)):
        if Pro[j] > 0:
            break
    rev = np.arange(len(ST)-1,1,-1)
    for h in rev:
        if Pro[h] == maxC:
            break
    for k in rev:
```

```
        if Pro[k] > 0:
            break
    return i,j,h,k
CondorCriticalPointsC(S01,K1,K2,K3,K4,r,q,T,sigma)
# (1050, 859, 1050, 1243)
```

其中 S01 表示期初標的資產價格爲 16,000。上述指令係自設一個函數指令可以找出買進禿鷹買權策略的到期利潤曲線上的三個臨界點。例如：圖 11-29 內的三個臨界點的位置分別爲 859、1050 與 1243。

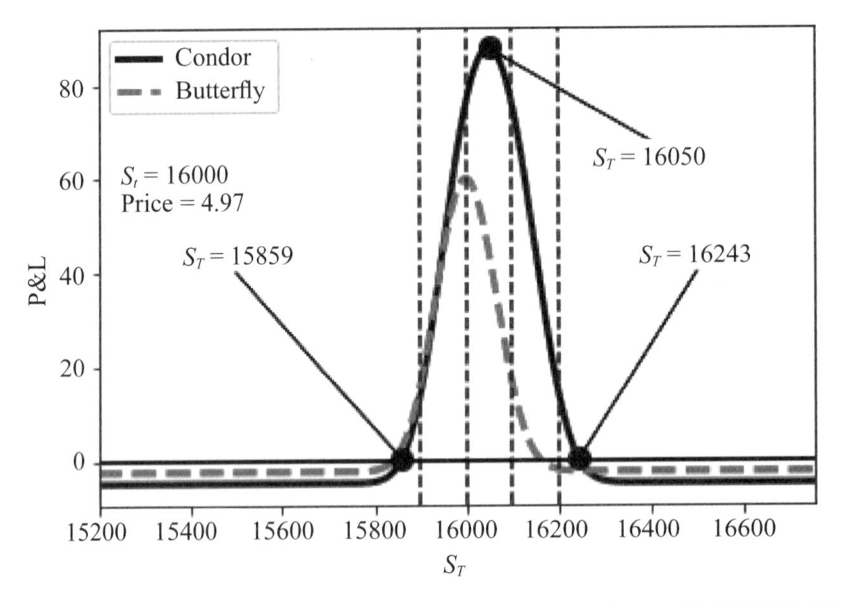

圖 11-29　買進禿鷹買權策略的到期利潤曲線，其中垂直虛線可對應至履約價

圖 11-29 的特色可以分述如下：

(1) 其實圖 11-29 內的結果亦可以使用買進禿鷹賣權策略繪製；也就是說，買進禿鷹買權策略與買進禿鷹賣權策略的結果完全相同。讀者可檢視看看。
(2) 到期利潤最大值恰好出現於第 2 與 3 個履約價中間，於圖 11-29 例子內到期利潤最大值爲 87.6 而其對應的到期標的資產價格爲 16,050；換言之，買進禿鷹買權策略的成本價爲 4.97，故最大利潤的報酬率竟高達 1,763.63%。
(3) 於期初標的資產價格爲 16,000 下，可得買進蝶式買權策略價格爲 2.49（仍根據

圖 11-23 內的條件以及使用前面三個履約價），圖 11-29 進一步繪製出對應的到期利潤曲線（虛線）。我們發現對應的買進蝶式到期利潤最大值出現於第 2 個履約價處，而利潤最大值爲 59.86；換言之，買進蝶式買權策略的最大利潤的報酬率亦高達 2,400.71%。因此，雖然買進禿鷹策略的最大值低於買進蝶式策略的最大值，但是就最大報酬率而言，後者竟較高。

(4) 是故，禿鷹與蝶式策略皆可以「被宣傳」爲頗具吸引力的策略，不過上述最大報酬率的前提是投資人必須能正確預期到期標的資產價格。

(5) 利用上述 CondorCriticalPointsC(.) 函數，我們可以找出圖 11-29 內的三個臨界點的位置（用黑點表示），讀者若有檢視，可發現二個損益平衡點所對應的到期利潤接近於 0。若讀者需要取得到期利潤恰等於 0，必須更改到期標的資產價格的設定方式。

(6) 從圖 11-29 內的結果可發現買進禿鷹（或蝶式）策略適用於投資人預期到期標的資產價格落於二個損益平衡點之間。

(7) 雖然買進禿鷹（或蝶式）策略的成本價並不高而且到期報酬率頗吸引人，不過仍須提醒投資人注意，由於同時使用 4 種選擇權，故其佣金並不低。

(8) 讀者亦可以練習找出買進禿鷹賣權策略的到期利潤曲線的三個臨界點。

前述計算買進禿鷹策略的到期利潤如圖 11-29 大多使用既定的期初標的資產價格，我們倒是可以試試使用其他的期初標的資產價格計算看看。例如：根據圖 11-23 內的條件，圖 11-30 與 11-31 分別繪製出不同期初標的資產價格下之買進禿鷹策略的到期利潤曲線，爲了能清楚看出差異，上述二圖內的各小圖皆是使用「放大圖示」，其中各圖之左圖只顯示出左側損益平衡點位置而圖 11-31 則只繪製出期初標的資產價格分別爲 16,000 與 16,041 的情況。圖 11-30 與 11-31 內的特徵，則列表如表 11-4 所示。

表 11-4　不同期初標的資產價格下之買進禿鷹策略的特徵

St	Price	Max	CP	STstar
16000	4.9672	87.6032	(15859, 16243)	16050
15000	3.9567	88.6138	(15853, 16249)	16050
17000	4.1891	88.3814	(15854, 16247)	16050
16041	4.9688	87.6016	(15859, 16243)	16050

說明：第 1～5 欄分別表示期初標的資產價格、禿鷹策略價格、到期利潤最大值、二損益平衡點區間以及到期利潤最大值所對應的到期標的資產價格。

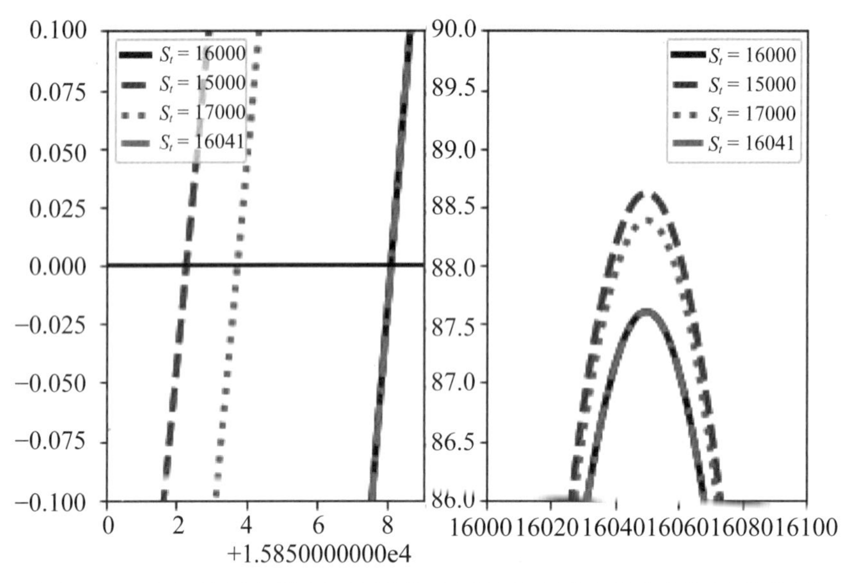

圖 11-30　不同期初標的資產價格下之買進禿鷹策略的到期利潤曲線

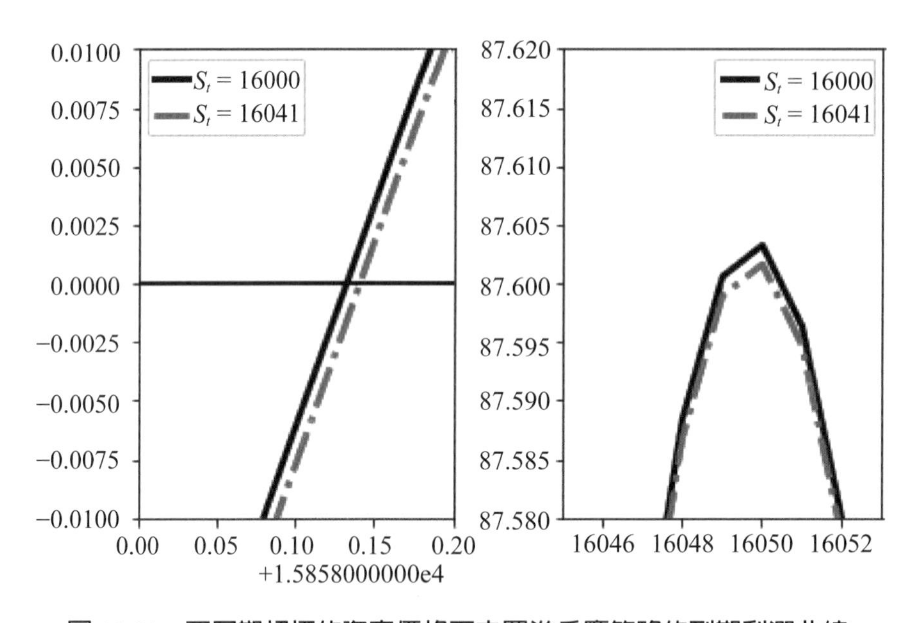

圖 11-31　不同期初標的資產價格下之買進禿鷹策略的到期利潤曲線

首先，我們從表 11-4 內可看出期初標的資產價格離履約價愈遠如 15,000 或 17,000，不僅對應的禿鷹策略價格竟然愈低而且二損益平衡點之間的距離也愈大，同時對應的到期利潤最大值亦愈大。有意思的是，表 11-4 內亦顯示出不管期初標的資產價格爲何，到期利潤最大值所對應的到期標的資產價格皆爲 16,050。接下來，我們來看期初標的資產價格分別爲 16,000 與 16,041 的情況，從圖 11-31 內可看出後者的二損益平衡點之間的距離較小，同時對應的到期利潤最大值也較低。因此，從圖 11-30 與 11-31 或表 11-4 內的結果，我們懷疑買進禿鷹策略可能存在價格最大值或到期利潤極值的情況；或者說，面對例如圖 11-23 的條件，投資人若欲使用（買進）禿鷹策略，其對應的最佳買點爲何？

爲了解決上述疑問我們想像若是面對如圖 11-23 內的條件，若於不同期初標的資產價格下，使用（買進）禿鷹策略，結果會如何？圖 11-32 繪製出上述結果。從圖 11-32 內，我們發現不同期初標的資產價格下禿鷹策略價格與到期利潤竟然分別出現最大值與最小值的情況；也就是說，從圖 11-32 內，我們發現期初標的資產價格若爲 16,041，對應的禿鷹策略價格竟然最高而對應的到期利潤竟然最低。相反地，期初標的資產價格若離 16,041 愈遠，不僅對應的禿鷹策略價格愈低，同時對應的到期利潤愈高。我們需要再驗證看看。

爲了澄清上述疑惑，我們從圖 11-32 的結果內挑出期初標的資產價格分別爲 12,000、16,041 與 17,999，重新計算上述三種期初價格下買進禿鷹策略的到期利潤，而其結果則繪製如圖 11-33 所示。我們發現期初標的資產價格爲 12,000 的禿鷹策略價格爲 0.0699 以及二損益平衡點所對應的到期標的資產價格爲 15,777 與 16,327；另一方面，對應的到期利潤最大值約爲 92.5005。讀者亦可以計算期初標的資產價格爲 17,999 的結果。值得注意的是，圖 11-33 顯示出不同期初標的資產價格所得到的買進禿鷹策略的到期利潤最大值所對應的到期標的資產價格皆爲 16,050。因此，若與表 11-4 內的結果比較，期初標的資產價格爲 12,000 竟然是買

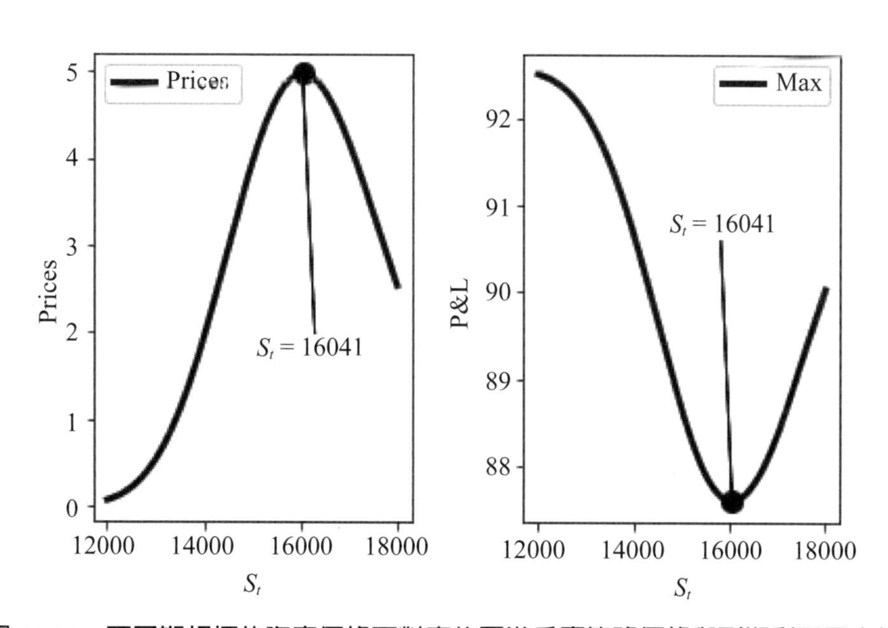

圖 11-32　不同期初標的資產價格下對應的買進禿鷹策略價格與到期利潤最大值

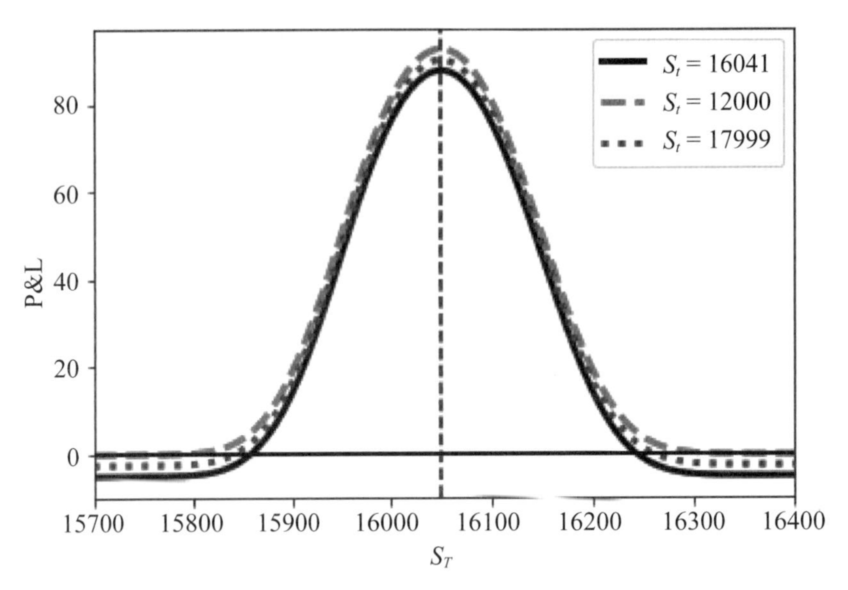

圖 11-33　期初標的資產價格分別為 12,000 與 16,041 下的買進禿鷹策略的到期利潤曲線

進禿鷹策略的最佳首選。當然，面對圖 11-23 內的條件，我們未必能挑選到例如期初標的資產價格爲 12,000，不過上述結果已顯示出應挑選離期初標的資產價格爲 16,041 愈遠愈好。

最後，我們當然可以自設一個能計算最高禿鷹策略價格以及最低到期利潤的函數指令如：

```
def MaxPricesCondorC(S0,K1,K2,K3,K4,r,q,T,sigma):
    Prices = np.zeros(len(S0))
    maxC = np.zeros(len(S0))
    for i in range(len(S0)):
        Condor = ExCondorC(S0[i],K1,K2,K3,K4,r,q,T,sigma)
        Prices[i] = Condor[1]
        maxC[i] = max(Condor[2])
    for j in range(len(S0)):
        if Prices[j] == max(Prices):
            break
    for k in range(len(S0)):
```

```
            if maxC[k] == min(maxC):
                break
        return S0[j],Prices[j] ,S0[k],maxC[k]
MaxPricesCondorC(St,K1,K2,K3,K4,r,q,T,sigma)
# (16041, 4.968847170857771, 16041, 87.60160040196261)
```

讀者可以檢視看看。根據圖 11-23 內的條件，我們只更改履約價分別為 90、95、100 與 105，其餘不變，讀者可嘗試解釋圖 11-34 的結果。

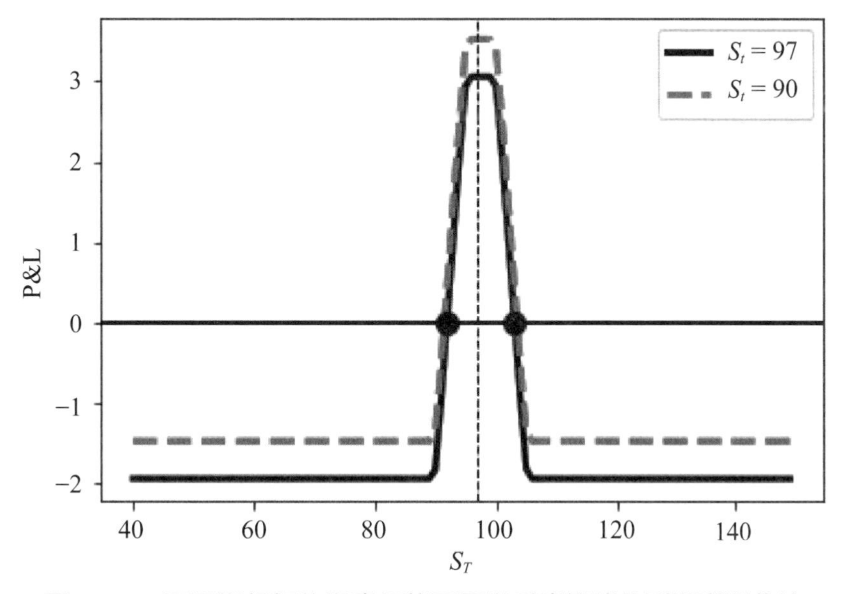

圖 11-34　不同期初標的資產價格下買進禿鷹策略的到期利潤曲線

11.2.3 禿鷹策略的避險參數

現在我們檢視禿鷹策略的避險參數。根據圖 11-23 內的條件，圖 11-35 與 11-36 分別繪製出不同期初標的資產價格下買進禿鷹買權策略與買進禿鷹賣權策略的價格與對應的避險參數。我們發現二策略的價格與避險參數竟皆完全相同；換言之，我們所討論到的禿鷹策略，可以用禿鷹買權策略或是禿鷹賣權策略表示。

若檢視圖 11-35 或 11-36 內的結果，可以發現買進禿鷹策略的價格與避險參數其實有點類似於買進蝶式策略的價格與避險參數如圖 11-12 所示；因此，本節的分析類似於 11.1.3 節。我們隨意從圖 11-35 或 11-36 內挑選若干結果，整理後可列表如表 11-5 所示。我們從表 11-5 內可看出買進禿鷹策略的 Delta、Gamma 或 Rho 值並不大，故標的資產價格或利率的變動對禿鷹策略價格的影響較小；有意思的是，對應的 Theta 與 Vega 值較出乎意料之外。例如：若期初標的資產價格為 16,000 或 16,041，則對應的 Theta 與 Vega 值分別為正數值與負數值，隱含著買進禿鷹策略並不存在著「時間侵蝕」因子以及適用於波動愈大禿鷹策略價格愈低的環境。雖說如此，表 11-5 亦列出期初標的資產價格離履約價較遠如 12,000 或 18,000 的情況，可發現對應的 Theta 與 Vega 值的「符號」已改變，此種結果類似於 11.1.3 節。

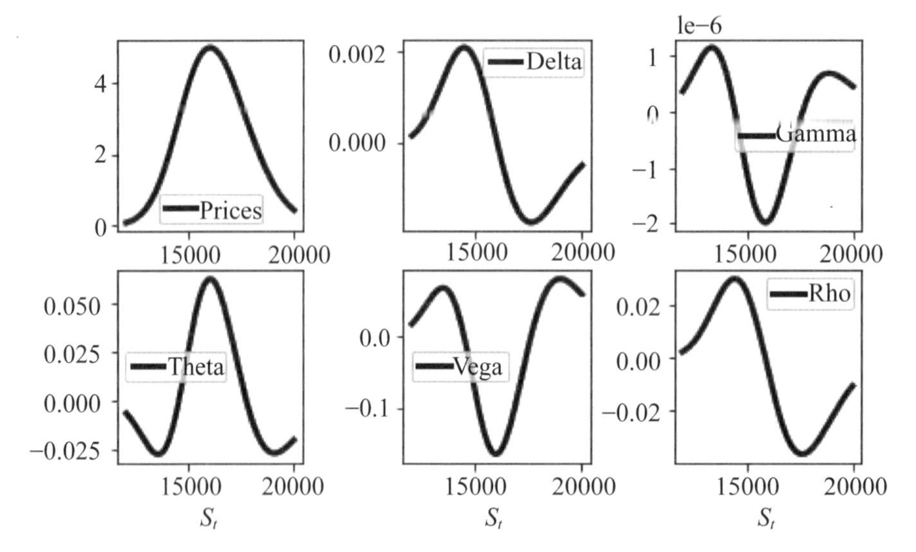

圖 11-35　不同期初標的資產價格下之買進禿鷹買權策略的價格與避險參數

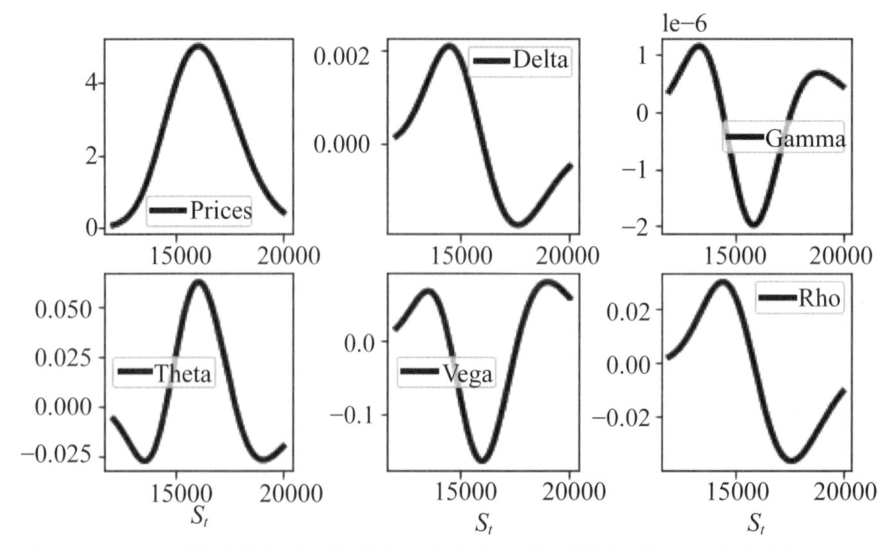

圖 11-36　不同期初標的資產價格下之買進禿鷹賣權策略的價格與避險參數

表 11-5　買進禿鷹策略的價格與避險參數

	S0 = 16000	S0 = 12000	S0 = 18000	S0 = 16041
Price	4.9672	0.0699	2.5373	4.9688
Delta	0.0001	0.0002	−0.0016	0
Gamma	0	0	0	0
Theta	0.0627	−0.0066	−0.0101	0.0628
Vega	−0.1656	0.0168	0.0388	−0.1654
Rho	−0.004	0.0022	−0.0352	−0.0055

說明：S0 與 Price 分別表示期初標的資產價格與禿鷹策略價格。

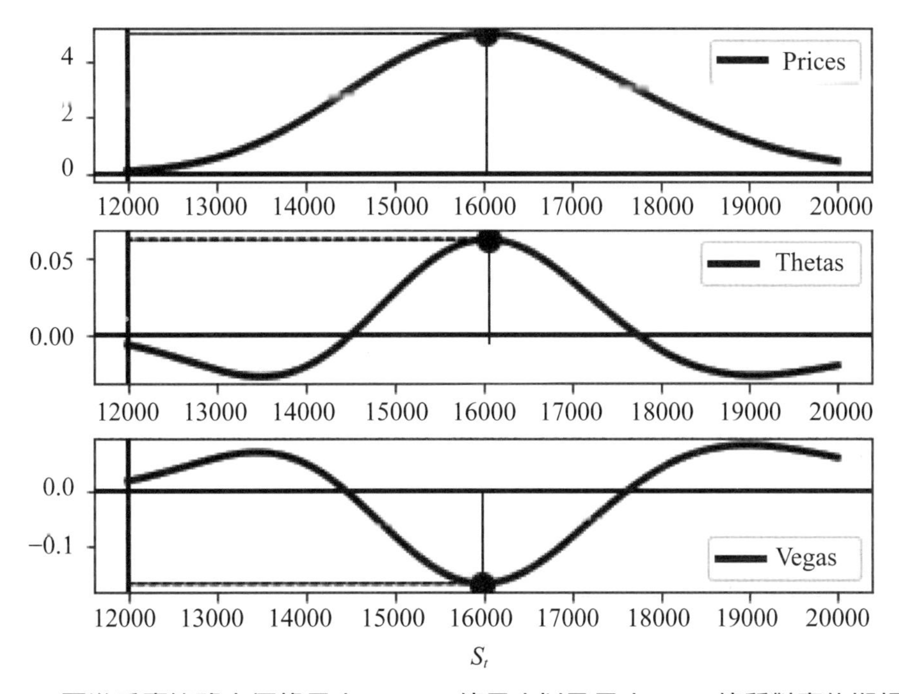

圖 11-37　買進禿鷹策略內價格最大、Theta 值最大以及最小 Vega 值所對應的期初標的資產價格

面對圖 11-35 的結果，我們倒是可以像 11.1.3 節以自設函數指令方式分別找出買進禿鷹策略內價格最大、Theta 值最大、Vega 值最小以及所對應的期初標的資產價格（可以參考所附檔案）；換言之，根據圖 11-35 或 11-36 內的結果，我們不難找出並繪製上述極值，如圖 11-37 所示。根據圖 11-37 內的結果，我們發現買進禿鷹策略內價格最大、Theta 值最大以及 Vega 值最小所對應的期初標的資產價格分別爲 16,041、16,047 與 15,988；也就是說，面對圖 11-23 內的條件，若買進禿鷹策略

的投資人希望 Theta 值最大或是 Vega 值最小，則該投資人可以選擇期初標的資產價格為 16,047 或 15,988 買入[⑥]。

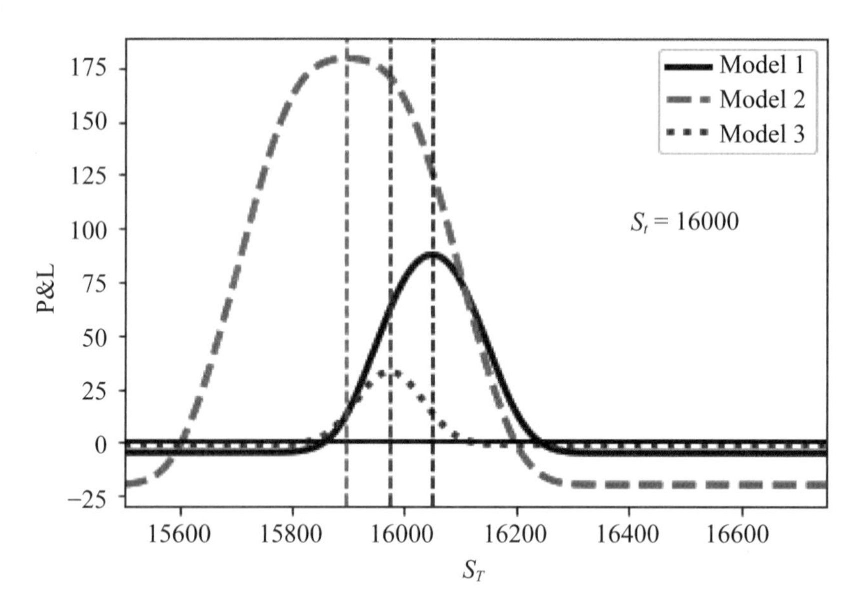

圖 11-38 **不同履約價間隔之買進禿鷹策略之到期利潤曲線，其中** Model 1: 15,900-16,000-16,100-16,200、Model 2: 15,600-15,800-16,000-16,200 **與** Model 3: 15,900-15,950-16,000-16,050

於尚未檢視重要選擇權價格之影響因子的影響之前，我們先來看禿鷹策略之不同履約價之間的間隔改變的影響。根據圖 11-23 內的條件以及使用期初標的資產價格為 16,000，我們額外多考慮了二種禿鷹策略，可以參考圖 11-38 與表 11-6；換言之，圖 11-38 與表 11-6 除了仍使用圖 11-23 內不同履約價之間的間隔為 100（Model 1），另外尚考慮不同履約價之間的間隔分別為 200 與 50（Model 2 與 3）。我們從圖 11-38 與表 11-6 內可發現買進禿鷹策略之不同履約價之間的間隔變大具有下列的特徵：到期利潤會「擴大」、禿鷹策略價格較高、到期利潤最大值會增加以及到期利潤最大值所對應的到期標的資產價格仍介於第 2 與 3 履約價中間。

---

⑥ 面對三個期初標的資產價格如 16,041、16,047 與 15,988，讀者可以嘗試繪製出對應的買進禿鷹策略的到期利潤曲線。可以預期的是，到期利潤最大值（所對應的到期標的資產價格為 16,050）由小變大、禿鷹策略價格由大變小以及二損益平衡點的距離由小變大。讀者可以驗證看看。

表 11-6　圖 11-38 的結果

	Price	P&L	Max	Max_ST
Model 1	4.9672	(15859, 16243)	87.6032	16050
Model 2	19.9653	(15603, 16198)	179.4102	15900
Model 3	1.2485	(15828, 16123)	32.8434	15975

說明：第 2～5 欄分別表示禿鷹策略價格、二損益平衡點、到期利潤最大值以及到期利潤最大值所對應的到期標的資產價格。

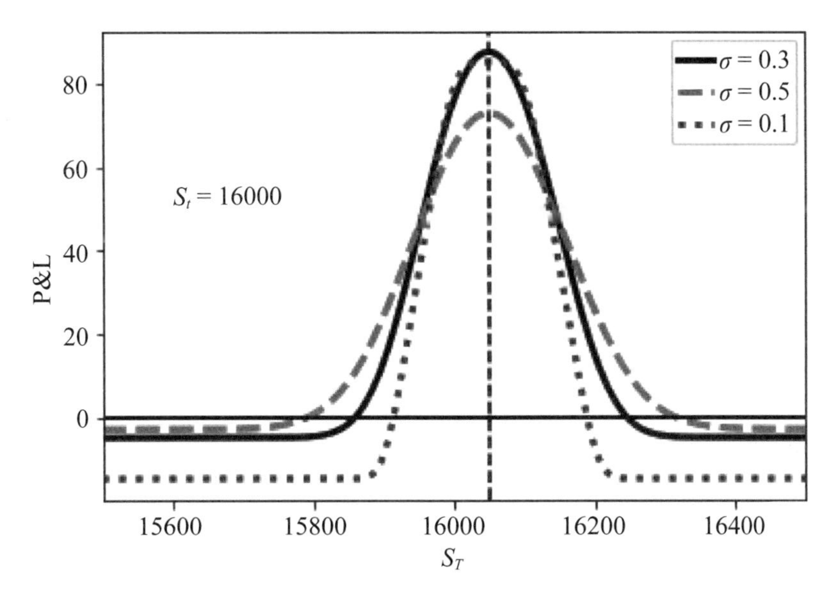

圖 11-39　不同波動率下的買進禿鷹策略的到期利潤曲線

表 11-7　圖 11-39 的結果

sigma	Prices	P&L	Max	Max_ST
0.3	4.9672	（15859, 16243）	87.6032	16050
0.5	2.9759	（15792, 16312）	72.8741	16050
0.1	14.7871	（15913, 16187）	85.2042	16050

說明：第 1～5 欄分別表示波動率、禿鷹策略價格、二損益平衡點、到期利潤最大值以及到期利潤最大值所對應的到期標的資產價格。

接下來，我們檢視不同波動率下買進禿鷹策略的影響。仍根據圖 11-23 內的條件，我們亦額外多考慮波動率分別為 0.5 與 0.1 的情況。使用期初標的資產價格為 16000，圖 11-39 分別繪製出不同波動率下買進禿鷹策略的到期利潤曲線；另外，表 11-7 列出圖 11-39 結果的特徵，可以分述如下：

(1) 波動率上升會使禿鷹策略的價格下降、二損益平衡點的距離會擴大以及到期利潤最大值變小。
(2) 波動率下降會使禿鷹策略的價格上升、二損益平衡點的距離會縮小以及到期利潤最大值變小。
(3) 到期利潤最大值與波動率之間應存在一個最大值，如圖 11-39 或表 11-7 內的波動率等於 0.3，不過因圖 11-39 或表 11-7 只檢視波動率為 0.1、0.3 與 0.5，故我們並不知何波動率可以產生到期利潤最大值？
(4) 圖 11-39 或表 11-7 係皆使用期初標的資產價格為 16,000。我們已經知道若考慮不同的期初標的資產價格條件下，禿鷹策略價格會有出現最大值的情況，此當然對於禿鷹策略的買方不利，但是反而對於禿鷹策略的賣方有利；因此，我們有必要找出不同波動率下，最大禿鷹策略價格所對應的期初標的資產價格，圖 11-40 繪製出上述結果。
(5) 圖 11-40 的結果似乎顯示出波動率愈大，禿鷹策略價格最大所對應的期初標的資產價格愈高，我們可以進一步驗證看看。
(6) 利用圖 11-40 的結果，讀者可以試著更改圖 11-39 內的期初標的資產價格，看看結果為何？
(7) 也許，期初標的資產價格為 16,000 對於買方而言，禿鷹策略的價格仍偏高。

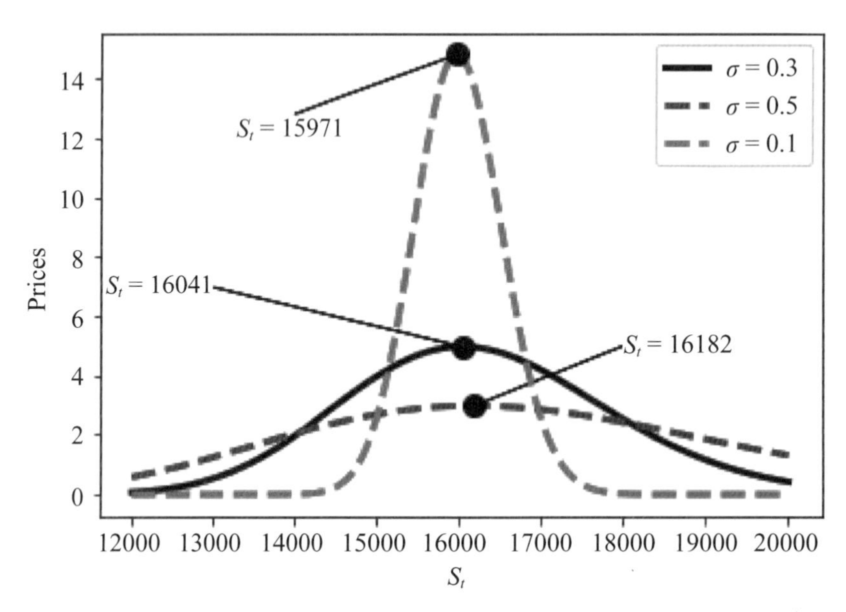

圖 11-40　不同波動率下所對應的禿鷹策略價格

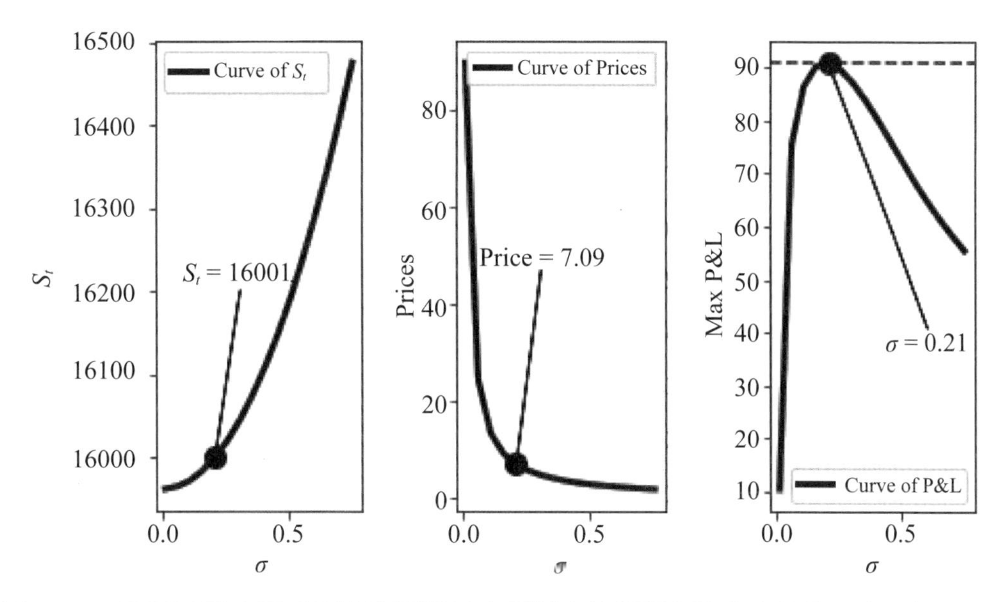

圖 11-41　不同波動率下禿鷹策略價格最大所對應的期初標的資產價格（左圖）、禿鷹策略價格（中圖）與到期利潤最大值（右圖）

利用圖 11-23 內的條件，我們只更改波動率，其餘不變，圖 11-41 分別繪製出不同波動率下，禿鷹策略價格最大所對應的期初標的資產價格（左圖）、禿鷹策略價格（中圖）以及買進禿鷹策略的到期利潤最大值（右圖）。圖 11-41 的特色可分述如下：

(1) 圖 11-32 的結果提醒我們於不同期初標的資產價格下，禿鷹策略存在價格最大以及（買進）禿鷹策略的到期利潤最大值之最小值。
(2) 換句話說，令上述極值所對應的期初標的資產價格爲 S0。就禿鷹策略的買方而言，應避免使用 S0，即不使用上述 S0，不僅成本價會降低，同時到期利潤最大值亦會上升；同理，就禿鷹策略的賣方而言，則應使用上述 S0。底下所稱的期初標的資產價格，指的就是上述 S0。
(3) 圖 11-41 的左圖顯示出波動率與期初標的資產價格之間呈現正關係，即波動率愈大，對應的期初標的資產價格愈高，此結果與圖 11-40 的結果一致。
(4) 圖 11-41 的中圖顯示出波動率與禿鷹價格之間呈現負關係，即波動率愈大，對應的禿鷹價格愈低。值得注意的是，上述禿鷹價格是使用圖 11-41 左圖內的期初標的資產價格計算。
(5) 圖 11-41 的右圖顯示出波動率與（買進）禿鷹的到期利潤最大值之間呈現最大

值存在的可能。

(6) 例如：若波動率爲 0.21，則（買進）禿鷹的到期利潤最大值約爲 90.86，明顯高於表 11-7 內的到期利潤最大值；另一方面，波動率爲 0.21 所對應的禿鷹策略價格爲 7.09 以及 S0 爲 16,001，可以參考圖 11-41 內的黑點。

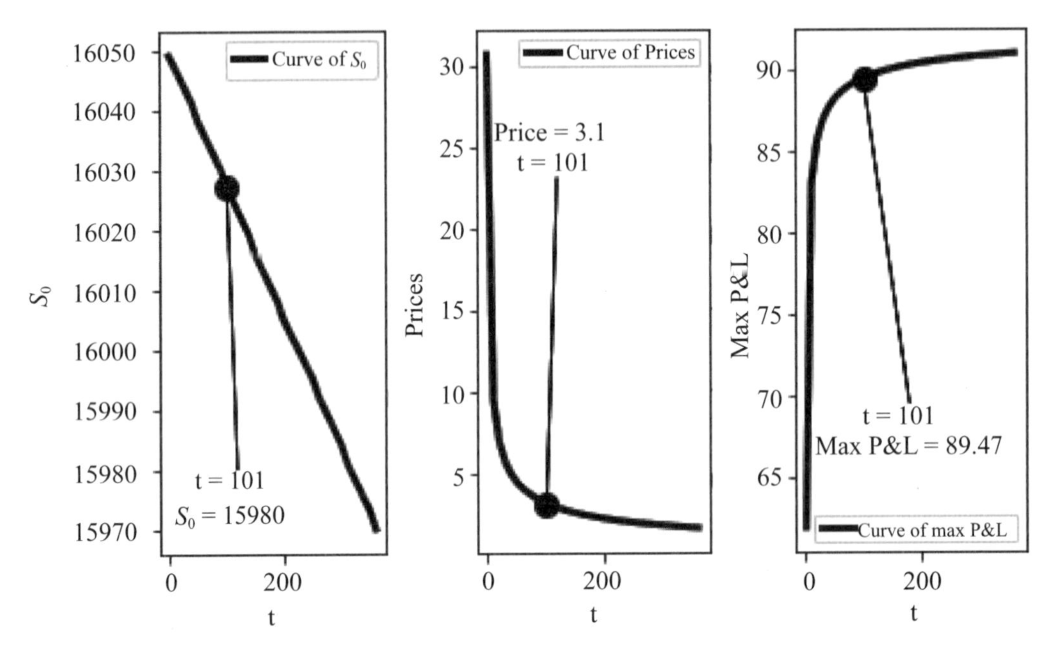

圖 11-42　不同到期期限下禿鷹策略價格最大所對應的期初標的資產價格（左圖）、禿鷹策略價格（中圖）與到期利潤最大值（右圖），其中 t 表示離到期日的天數

我們繼續檢視不同到期期限下禿鷹策略的特徵。根據圖 11-23 內的條件再額外考慮不同的到期期限，圖 11-42 繪製出類似圖 11-41 的結果，其特色可分述如下：

(1) 從圖 11-42 的左圖可看出到期期限愈長，禿鷹策略價格最大所對應的期初標的資產價格愈低。
(2) 從圖 11-42 的中圖可看出到期期限愈長，禿鷹策略價格最大值愈低。
(3) 從圖 11-42 的右圖可看出到期期限愈長，買進禿鷹策略的到期利潤最大值愈高。
(4) 圖 11-42 的結果亦可以利用圖 11-43 或 11-44 解釋。例如：圖 11-43 分別繪製出 t（離到期日的天數）爲 1、21 與 101 日的買進禿鷹策略的到期利潤曲線，而圖 11-44 則分別繪製出禿鷹策略價格與買進禿鷹策略之到期利潤最大值曲線；換言之，從圖 11-43 或 11-44 內可發現於不同到期期限下，買進禿鷹策略的確存在價格最大值以及到期利潤最大值有存在最小值的情況。

(5) 就賣方而言，應挑選禿鷹策略價格最大值所對應的期初標的資產價格如圖 11-42 的左圖所示。就買方而言，則應避開。

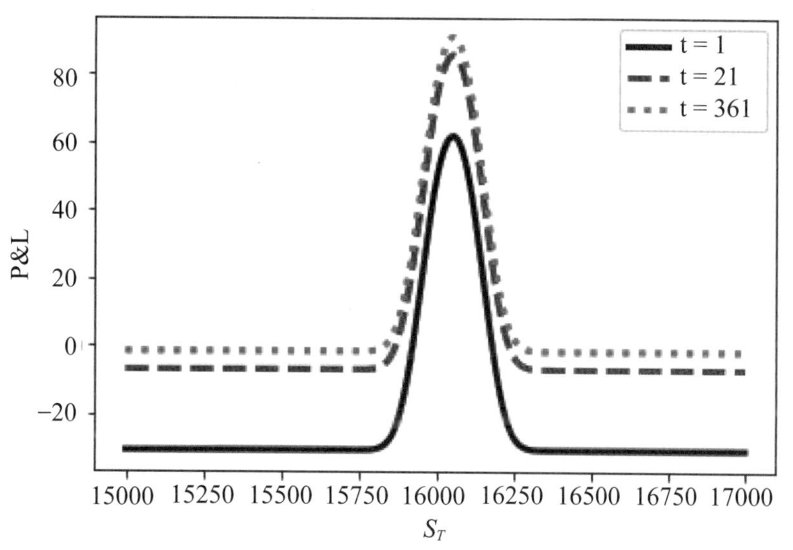

圖 11-43　不同到期期限下買進禿鷹策略的到期利潤曲線，其中 t 表示離到期日的天數

我們繼續檢視利率的影響。仍根據圖 11-23 內的條件，圖 11-45 額外考慮了利率為 0.2 與 0.01 的情況並分別繪製買進禿鷹策略的到期利潤曲線。我們從圖 11-45 的左圖可看出利率的影響並不大，不過為了能分別出不同利率的影響，我們將圖 11-45 內的左圖放大如中圖與右圖所示。當然，圖 11-45 的繪製首先我們可以先找出禿鷹價格最大所對應的期初標的資產價格，即按照利率為 0.2、0.06 與 0.01 的順序，分別為 15,797、16,041 與 16,129。接著，我們計算出對應的禿鷹價格分別為 4.89、4.97 與 5.00；換言之，從圖 11-45 內，我們發現利率上升，買進禿鷹策略的到期利潤最大值會增加（中圖），同時二損益平衡點之間的距離會擴大（右圖）。類似圖 11-42，圖 11-46 繪製出不同利率的結果，而其特色可分述如下：

(1) 從圖 11-45 或 11-46 內，可發現利率上升禿鷹價格最大以及所對應的期初標的資產價格皆會下降，同時買進禿鷹策略的到期利潤最大值會增加。
(2) 利率與上述禿鷹價格最大、期初標的資產價格與買進禿鷹策略的到期利潤最大值之間幾乎呈現「線形」的關係。

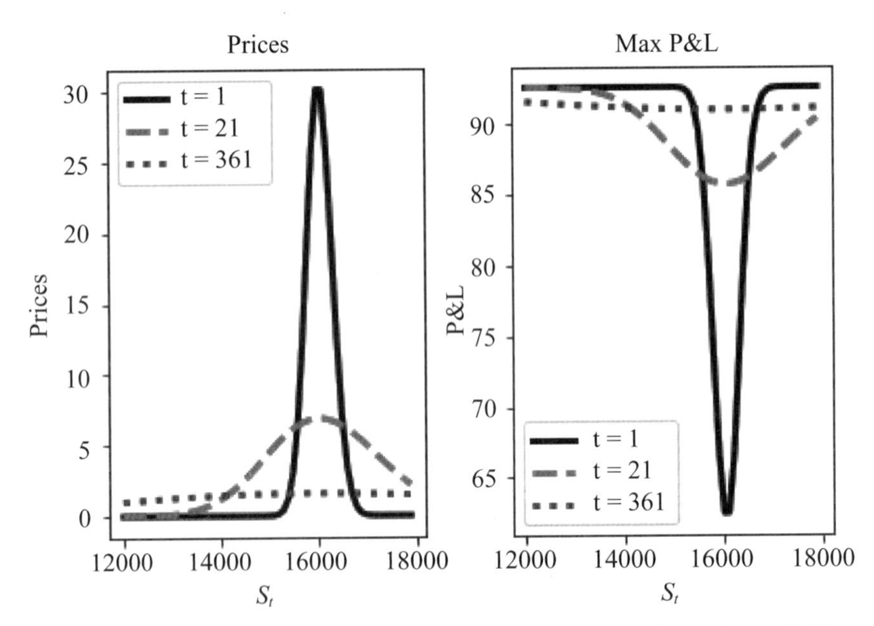

圖 11-44 不同期限下買進禿鷹策略價格與到期利潤最大值，其中 t 表示離到期日的天數

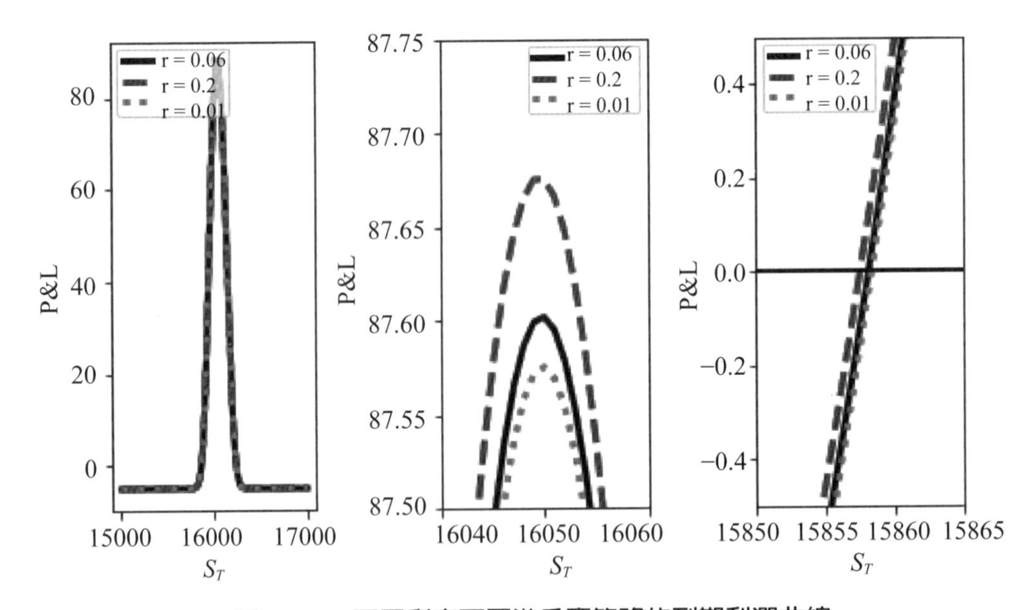

圖 11-45 不同利率下買進禿鷹策略的到期利潤曲線

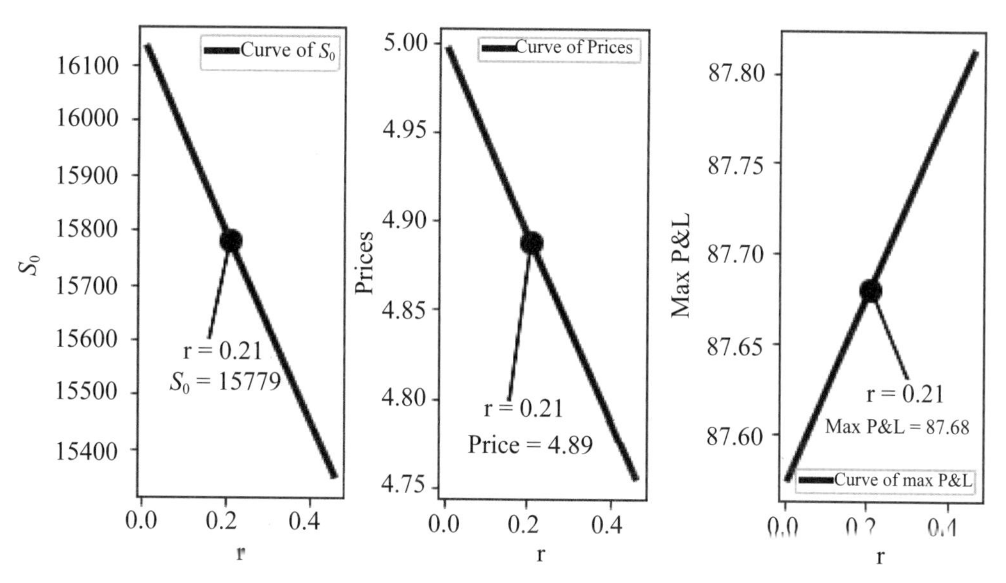

圖 11-46 不同利率下禿鷹策略價格最大所對應的期初標的資產價格（左圖）、禿鷹策略價格（中圖）與到期利潤最大值（右圖）

最後，我們檢視不同到期期限之買進禿鷹策略的價格與避險參數，根據圖 11-23 內的條件，圖 11-47 繪製出上述結果，其特色可分述如下：

(1) 我們可看出買進禿鷹策略的 Delta、Gamma 與 Rho 值皆不大，隱含著標的資產價格或利率因子的影響力皆不高。
(2) 因對應的 Theta 值皆爲正數值而且愈接近到期日，Theta 值反而愈大，隱含著愈接近到期日，禿鷹策略的價格反而愈高；因此，就買方而言，選擇愈接近到期日買進禿鷹策略反而愈不利。
(3) 愈接近到期日買進禿鷹策略的 Vega 值不僅爲負數值，而且其幅度反而愈大，故若預期波動愈小，及早買進禿鷹策略反而較爲有利。

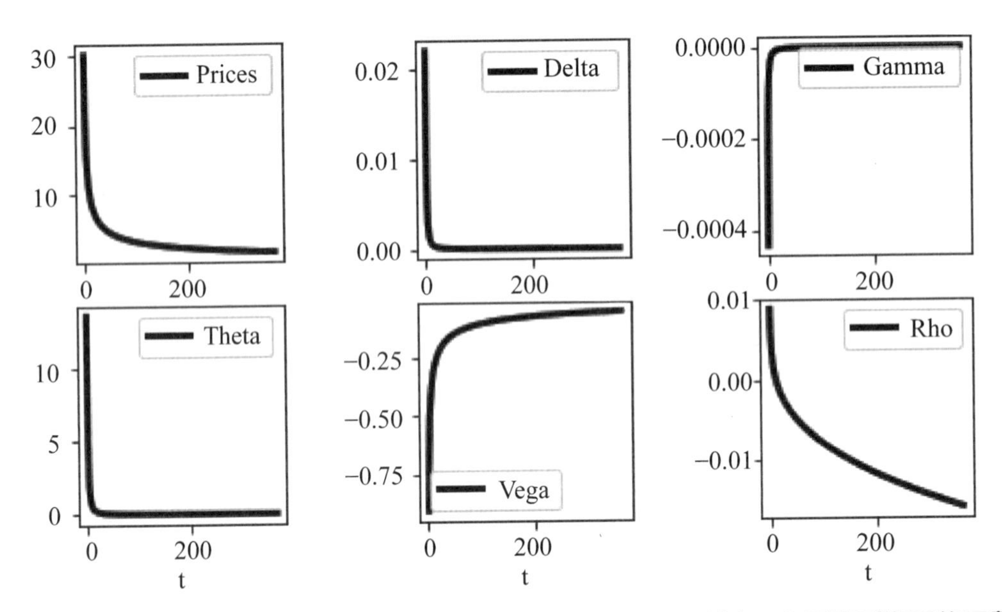

圖 11-47　不同到期期限之買進禿鷹策略的價格與避險參數，其中 t 表示離到期日的天數

日曆價差策略

日曆價差（calendar spreads）策略是於不同到期期限下，同時使用同類型選擇權（例如擁有相同標的資產）以取得特定的市場狀態。日曆價差策略可以分成二類，其一稱爲水平價差（horizontal spreads）或稱爲時間價差（time spreads）策略，另一則稱爲對角價差（diagonal spreads）策略。水平價差策略是由同類型且相同履約價但是到期期限不同的買權與賣權所構成，而對角價差策略則將水平價差策略內的履約價改爲不同。

水平價差或對角價差策略已略顯複雜，我們看看。

12.1 水平價差策略

如前所述，買進水平價差策略可以分成買進水平價差買權策略與買進水平價差賣權策略二種；因此，首先我們必須分別上述二種策略的差異。接下來，檢視買進水平價差策略的特徵以及對應的避險參數。

12.1.1 何謂水平價差策略？

假定存在下列條件：

```
K = 16000;r = 0.06;q = 0.01;sigma = 0.3
T1 = 40/365;T2 = 60/365
S01 = 16000
```

即對應的買權與賣權皆擁有相同的標的資產。上述買權與賣權的到期期限可分成離到期日爲 40 日與 60 日二種，我們分別用 T1 與 T2 表示。所謂的「買進水平價差買權策略」是指同時：

賣出一口到期期限爲 T1 的 16,000 買權與買進一口到期期限爲 T2 的 16,000 買權

同理，「買進水平價差賣權策略」是指同時：

賣出一口到期期限爲 T1 的 16,000 賣權與買進一口到期期限爲 T2 的 16,000 賣權

因此，賣出水平價差買權或賣權策略可類推。

利用上述條件與定義，我們發現買進水平價差策略可以分成二階段檢視：

第一：於 T1 期，到期期限較短的買權或賣權已到期，不過因到期期限較長的買權或賣權尚未到期，故對應的「到期利潤曲線」形狀有些奇特。例如：圖 12-1 分別繪製出於 ATM 處買進水平價差買權與賣權策略的「到期利潤曲線」。我們發現上述二曲線位置頗爲接近（左圖），因此將其分成用中圖與右圖表示，其中上述「到期利潤曲線」的特徵，可以參考表 12-1。

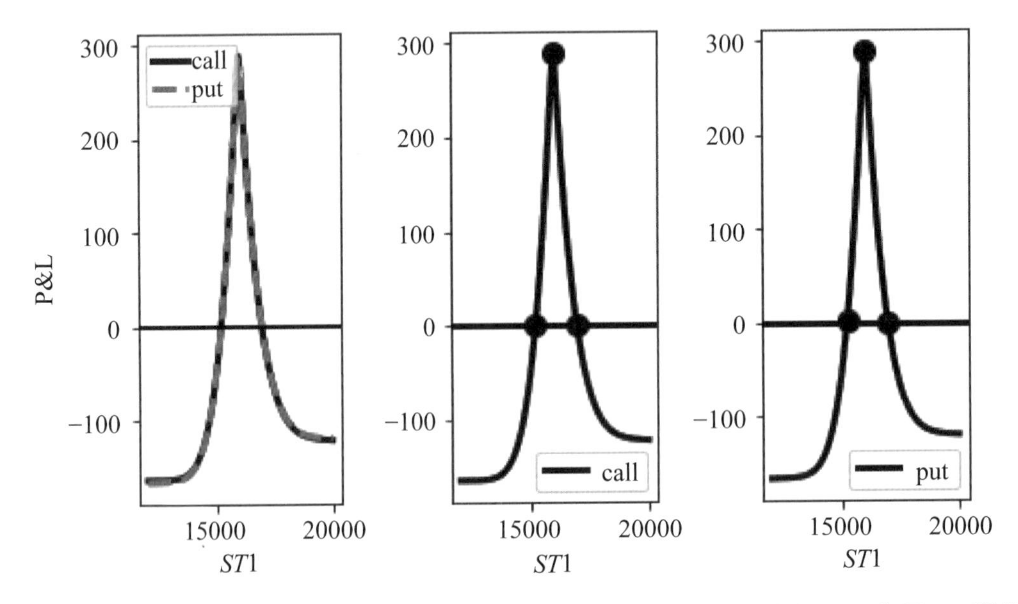

圖 12-1　買進水平價差買權與賣權策略於 T1 的到期利潤曲線，其中 ST1 表示 T1 期的標的資產價格

表 12-1　於 T1 期下買進水平價差買權與賣權策略的到期利潤特徵

	Price	Max_T	Max_CAL	CP_1	CP_2
Long time cal. spreads (call)	162.7384	16004	287.6361	15217	16977
Long time cal. spreads (put)	119.3213	16004	287.3837	15220	16978

說明：第 2～6 欄分別表示水平價差策略價格、到期最大利潤所對應的標的資產價格、到期最大利潤值、左側損益平衡點所對應的到期標的資產價格與右側損益平衡點所對應的到期標的資產價格。

第二：於 T1 期，買進水平價差買權與賣權策略分別只剩下到期期限較長的買權與賣權價格曲線。

從上述第一與二階段可看出買進水平價差買權與賣權策略之差異，可以分述如下：

(1) 第一階段的買進水平價差買權與賣權策略的「到期利潤曲線」的特徵差異並不大。例如：於表 12-1 內可看出上述「到期利潤曲線」的最大值（或所對應的到期標的資產價格）以及二損益平衡點所對應的到期標的資產價格的差距並不大。
(2) 於表 12-1 內唯一有差距的是，買進水平價差買權策略價格大於買進水平價差賣權策略價格。
(3) 表 12-1 與圖 12-1 皆是使用期初標的資產價格為 16,000，倘若期初標的資產價格不為 16,000 呢？根據圖 12-1 的條件，圖 12-3 分別繪製出不同期初標的資產價格下之水平價差買權與賣權價格（左圖）以及於 T1 期對應的到期利潤最大值（右圖），我們發現後者差距不大，但是前者（左圖）卻依舊顯示出水平價差買權價格普遍高於水平價差賣權價格。因此，就買方而言，應選擇水平價差賣權；而就賣方而言，則應選擇水平價差買權策略。
(4) 圖 12-2 顯示出第二階段的情況，即買進水平價差買權策略屬於看多標的資產行情，而買進水平價差賣權策略則屬於看空標的資產行情。

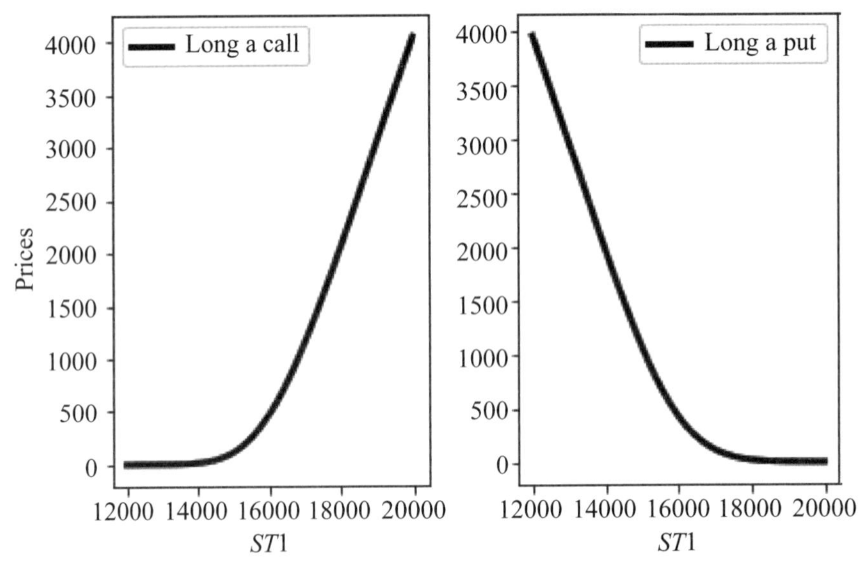

圖 12-2 到期期限為 T2-T1 的買進買權與賣權

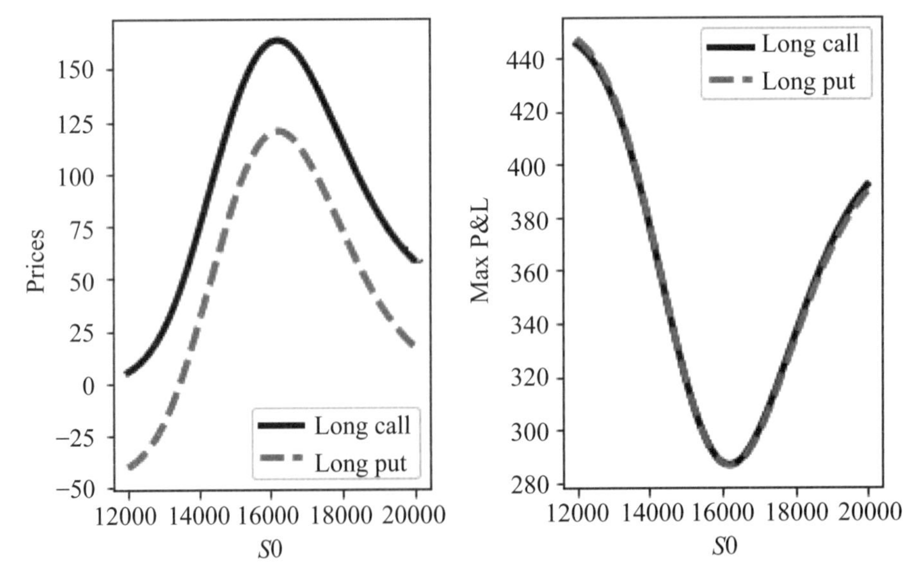

圖 12-3 不同期初標的資產價格之水平價差買權與賣權價格（左圖）以及於 T1 期買進水平價差買權與賣權策略之到期利潤最大值，其中 S0 表示期初標的資產價格

因此，若從上述第二階段來看，買進水平價差買權（賣權）策略只不過是於買進到期期限較長之 T2 買權（賣權）之外，額外再賣出到期期限較短之 T1 買權（賣權）而已。有意思的是，於 T1 期的買進水平價差買權與賣權策略的「到期利潤曲線形狀不僅奇特而且頗為類似。例如：根據圖 12-1 的條件，圖 12-4 分別繪製出期

初標的資產價格分別爲 15,000、16,000 與 16,198 的買進水平價差買權與賣權策略[①]於 T1 期的「到期利潤曲線」，我們發現上述買權與賣權策略的「到期利潤曲線」形狀的確非常類似，甚至於二個損益平衡點的位置亦差距不大[②]。

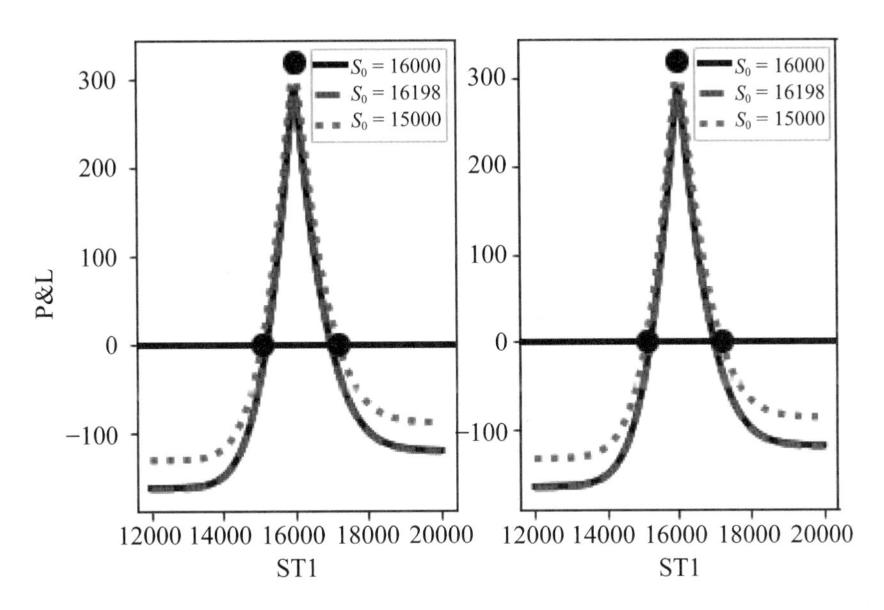

圖 12-4 不同期初標的資產價格下於 T1 期買進水平價差買權（左圖）與賣權（右圖）策略之到期利潤曲線

雖說如此，於圖 12-4 內，我們可以進一步發現買進水平價差買權策略價格仍皆高於對應的買進水平價差賣權策略價格。我們可以看出來爲何會如此，即若將圖 12-3 的左圖拆解可得圖 12-5，即根據定義水平價差價格曲線是由 T2 價格曲線減 T1 價格曲線取得，而圖 12-5 分別繪製後二者；換言之，透過買權與賣權平價關係如（3-9）式可得：

$$c_t(T_2)-c_t(T_1)-\left[p_t(T_2)-p_t(T_1)\right]=S_t\left[e^{-q(T_2-t)}-e^{-q(T_1-t)}\right]-K\left[e^{-r(T_2-t)}-e^{-r(T_1-t)}\right] \quad (12\text{-}1)$$

① 就買進水平價差買權策略而言，上述三個期初標的資產價格分別可對應至 OTM、ATM 與 ITM。就買進水平價差賣權策略而言，可類推。

② 12.1.2 節會介紹如何計算損益平衡點。若讀者有參考所附的檔案，可發現買進水平價差賣權策略的損益平衡點位置是根據買進水平價差買權策略所繪製而成。

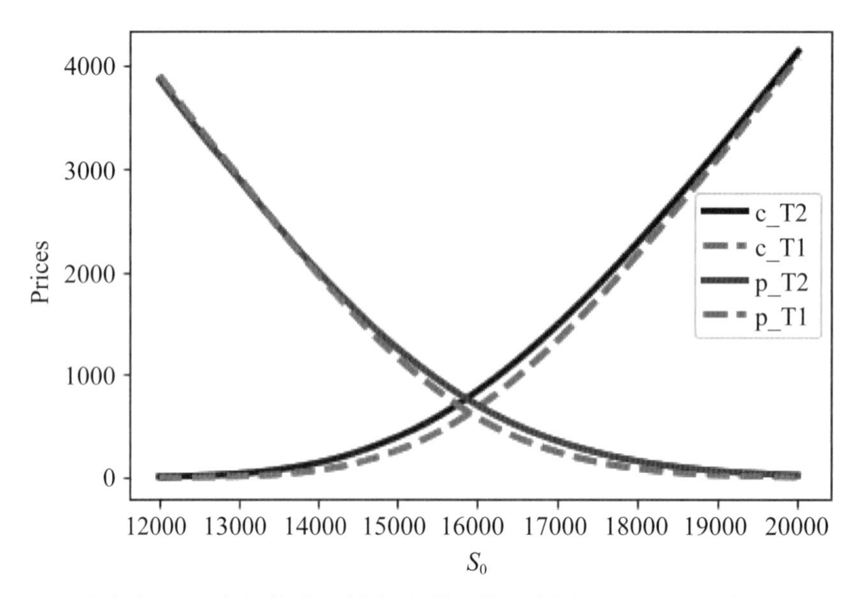

圖 12-5　**不同期初標的資產價格之買權與賣權價格，其中** c_T1 **表示到期期限為** T1 **之買權價格曲線，其餘可類推**

即我們將（3-9）式內買權與賣權價格的其他影響因子省略而只保留到期期限 T1 與 T2[3]。（12-1）式不難證明，讀者可試試。

（12-1）式可用於說明爲何水平價差買權策略價格會高於對應的水平價差賣權策略價格，即根據圖 12-1 內的條件，我們額外多考慮 r 與 q 皆爲 0.2 的情況，圖 12-6 分別繪製出（12-1）式內等號右側的三種情況。我們發現 q 值較大如爲 0.2 時，圖 12-6 內的 H 值皆爲負數值，反而水平價差賣權策略價格較高；或者說，根據圖 12-1 的條件，圖 12-6 的結果指出水平價差買權策略價格較高。讀者可檢視看看。

③ 即到期期限爲 T_1 與 T_2。

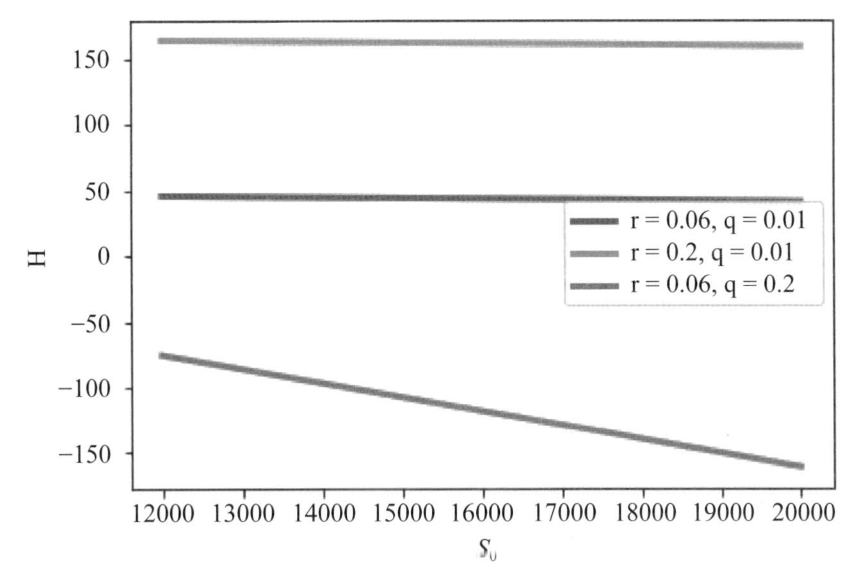

圖 12-6 不同期初標的資產價格下之 $H = S_0\left[e^{-qT_2} - e^{-qT_1}\right] - K\left[e^{-rT_2} - e^{-rT_1}\right]$

12.1.2 水平價差策略的特徵

於 12.1.1 節內，我們已經知道水平價差買權與賣權策略的差異，或者說根據圖 12-1 的條件，水平價差賣權策略價格較水平價差買權策略價格低。本節將進一步介紹水平價差策略的特徵，為了說明起見，我們就不再強調水平價差買權與賣權策略的差異，即有時會隨意選擇上述二策略之一作說明。

首先，我們檢視圖 12-4 的特徵，可以分述如下：

(1) 圖 12-4 的特徵亦可列表如表 12-2 所示。

(2) 雖說 12.1.1 節曾說明水平價差策略可分成二階段來看，不過因例如買進水平價差買權（賣權）策略於 T1 期可賣出到期期限為 T2 的買權（賣權），故反而於 T1 期的買權（賣權）的「到期利潤曲線」比較重要。

(3) 就圖 12-4 而言，可知採取買進水平價差買權（賣權）策略的投資人預期 T1 期的標的資產價格有可能會落於二個損益平衡點之間，因此買進水平價差買權（賣權）策略亦屬於一種「無方向型」的策略；或者說，從圖 12-4 內曲線形狀來看，買進水平價差買權（賣權）策略倒有點類似「賣出跨式」策略。同理，若是賣出水平價差買權（賣權）策略，於 T1 期的「到期利潤曲線」則繪製如圖 12-7 所示，即圖 12-7 內曲線形狀類似「買進跨式」策略。

表 12-2 圖 12-4 的特徵

	Prices_c	Max_c	BP_c	Prices_p	Max_p	BP_p
S01	162.7384	287.6361	(15217, 16977)	119.3213	287.3837	(15220, 16978)
S02	163.6252	286.7492	(15221, 16972)	120.3165	286.3885	(15224, 16973)
S03	131.4495	318.925	(15088, 17173)	87.4852	319.2198	(15089, 17180)

說明：S01、S02 與 S03 分別表示期初標的資產價格爲 16,000、16,198 與 15,000。第 2～4 欄（第 5～7 欄）分別表示水平價差買權（賣權）價格、買進水平價差買權（賣權）價格於 T1 期之到期利潤最大值與二損益平衡點所對應的 T1 期之標的資產價格。

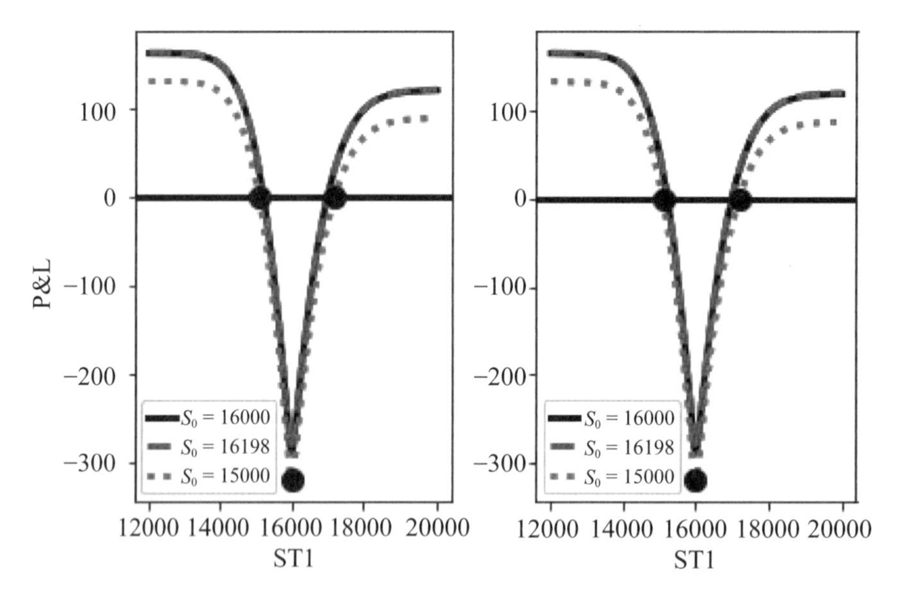

圖 12-7 不同期初標的資產價格下於 T1 期賣出水平價差買權（左圖）與賣權（右圖）策略之到期利潤曲線

從圖 12-4 或 12-7 內可看出 T1 期的到期利潤曲線存在三個臨界點，我們依舊可以自設一個函數指令找出，即試下列指令：

```
def CalCriticalPointsC(S0,K,r,q,T1,T2,sigma):
    Cal = ExCalenderC(S0,K,r,q,T1,T2,sigma)
    ST = Cal[0]
    Pro = Cal[2]
    maxC = max(Pro)
    for i in range(len(ST)):
```

```
        if Pro[i] == maxC:
            break
    for j in range(len(ST)):
        if Pro[j] > 0:
            break
    rev = np.arange(len(ST)-1,1,-1)
    for h in rev:
        if Pro[h] == maxC:
            break
    for k in rev:
        if Pro[k] > 0:
            break
    return i,j,h,k
```

即上述函數指令係找出買進水平價差買權策略於 T1 期的三個臨界點，讀者可以試改為買進水平價差賣權策略。我們看看如何使用上述函數指令：

```
CP1C = CalCriticalPointsC(S01,K,r,q,T1,T2,sigma)
# (4004, 3217, 4004, 4977)
ST[CP1C[0]] # 16004
ST[CP1C[1]] # 15217
ST[CP1C[3]] # 16977
call1c[4004] # 287.6360641605552
call1c[3217] # 0.05696806265768828
```

即於 ATM 下，買進水平價差買權策略的三個臨界點分別落於 ST 內的第 4,004、3,217 與 4,977 個位置；換言之，利潤最大值為 287.64 而對應的 T1 期標的資產價格為 16,004，其次二個損益平衡點所對應的 T1 期標的資產價格分別為 15,217 與 16,977。圖 12-8 繪製出上述結果，讀者可檢視看看[4]。

---

[4] 利用上述函數指令所計算的損益平衡點所對應的到期利潤並非等於 0。例如：圖 12-8 左側的損益平衡點所對應的到期利潤約為 0.06，我們當然可以修改至到期利潤等於 0，不過對應的標的資產價格差距不大。

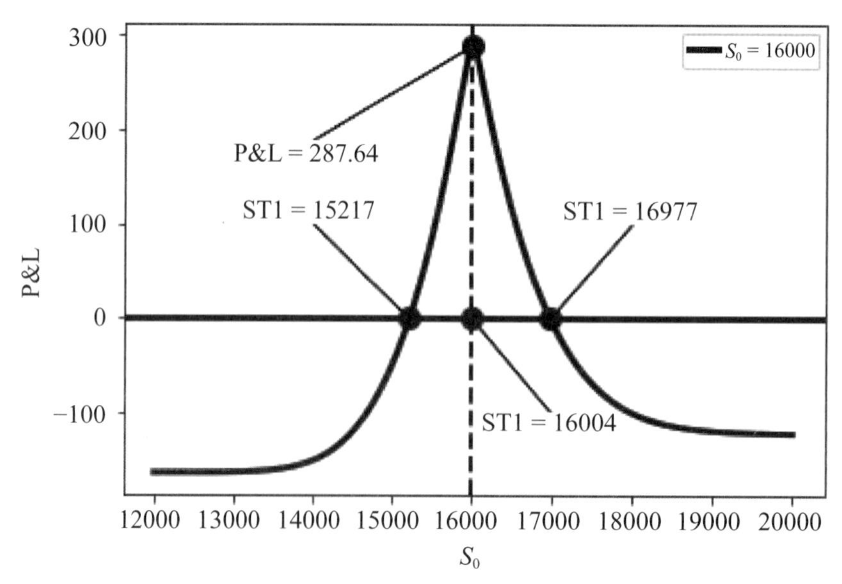

圖 12-8　**買進水平價差買權策略於** T1 **期之到期利潤曲線**

知道水平價差策略的特徵後，接下來我們檢視圖 12-3 的結果。我們發現於不同期初標的資產價格下，水平價差買權或是賣權策略價格竟然存在「最大值」以及 T1 期最大到期利潤之「最小值」。因此，就買方而言，豈不是應該避免上述「極值」；而就賣方而言，豈不是應該接近上述「極值」。換句話說，投資人若想使用水平價差策略，豈不是應慎重考慮何期初標的資產價格較為恰當嗎？我們舉一個例子看看。

我們重新繪製圖 12-3 內的買進水平賣權策略的例子如圖 12-9 所示。為了找出圖內的「極值」，我們仍自設一個函數如：

```
def MaxPricesCalenderP(S0,K,r,q,T1,T2,sigma):
    Prices = np.zeros(len(S0))
    maxC = np.zeros(len(S0))
    for i in range(len(S0)):
        Cal = ExCalenderP(S0[i],K,r,q,T1,T2,sigma)
        Prices[i] = Cal[1]
        maxC[i] = max(Cal[2])
    for j in range(len(S0)):
        if Prices[j] == max(Prices):
```

```
            break
    for k in range(len(S0)):
        if maxC[k] == min(maxC):
            break
    return S0[j],Prices[j] ,S0[k],maxC[k]
MaxPP = MaxPricesCalenderP(ST,K,r,q,T1,T2,sigma)
# (16210, 120.3198728992611, 16210, 286.3851278836446)
```

換句話說，透過上述函數指令我們發現若於期初標的資產價格爲 16,210 買進水平價差賣權，此時對應的最大價格爲 120.32；另外，於 T1 期所對應的最大到期利潤爲 286.39，而從圖 12-9 內可看出此爲最小値。讀者亦可以練習找出買進水平價差買權的「極値」。

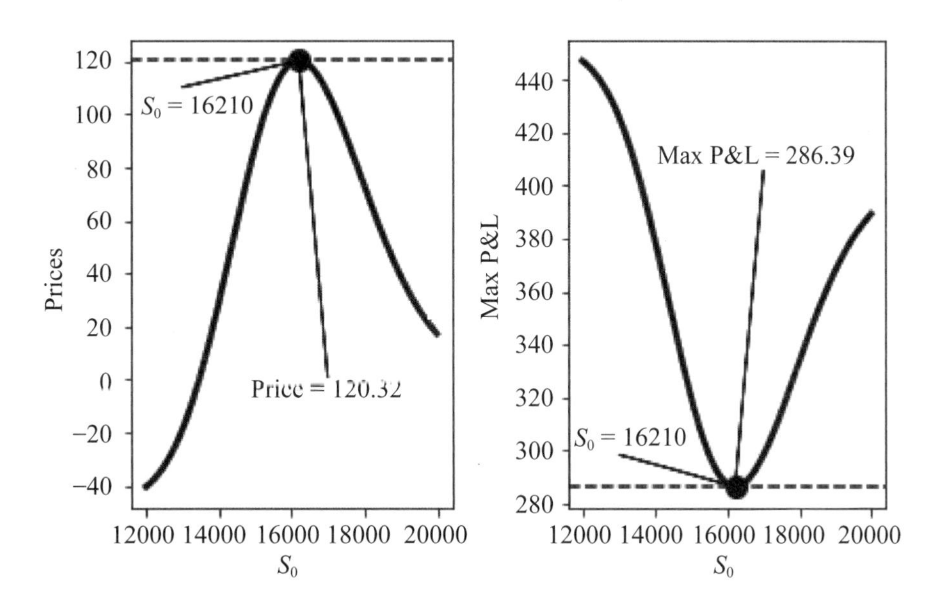

圖 12-9　不同期初標的資產價格下買進水平價差賣權策略價格與 T1 期到期利潤最大値

根據圖 12-1 的條件，圖 12-10 進一步繪製出期初標的資產價格分別爲 16,210 與 20,000 的買進水平價差賣權策略於 T1 期的到期利潤曲線。於圖 12-9 內我們已經知道水平價差賣權價格最高爲 120.32，而其所對應的期初標的資產價格與 T1 期的到期利潤最大值分別爲 16,210 與 286.39。爲了顯示使用其他期初標的資產價格與 16,210 的差異，於圖 12-10 內我們另外考慮期初標的資產價格爲 20,000 的情

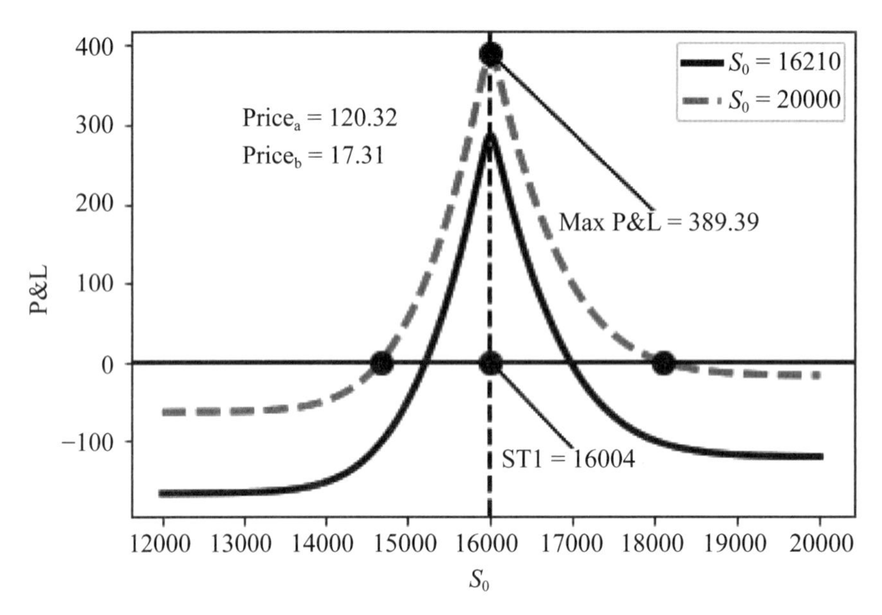

圖 12-10　不同期初標的資產價格下買進水平價差賣權策略於 T1 期之到期利潤曲線

況，而其對應的水平價差賣權價格與 T1 期的到期利潤最大值 17.31 與 389.39。有意思的是，從圖 12-10 內可看出 T1 期的到期利潤最大値皆出現在標的資產價格爲 16,004 處；另一方面，使用期初標的資產價格爲 20,000，於 T1 期的到期利潤的二損益平衡點之間的距離也會擴大。讀者亦可以使用其他的期初標的資產價格如 15,000，比較看看。

圖 12-10 內的例子說明了根據圖 12-1 內的條件，我們有辦法事先計算出水平價差賣權最高價格所對應的期初標的資產價格爲 16,210；換言之，欲買進水平價差賣權的投資人爲了降低購買成本以及提高 T1 期的到期利潤，反而必須避開使用期初標的資產價格爲 16,210，愈遠愈佳。圖 12-10 內使用期初標的資產價格爲 20,000 只是爲了便利說明而已。從以上的分析可看出水平價差策略與蝶式或禿鷹策略有些類似。

12.1.3 水平價差策略的避險參數

如前所述，買進水平價差策略是於買進到期期限較長的買權（賣權）之際，同時又賣出到期期限較短的買權（賣權），我們可以預期前者的價格與避險參數會因後者而有變化。以圖 12-1 的條件爲例，表 12-3 列出於期初標的資產價格下買進水平價差賣權策略的價格與避險參數，其特色可以分述如下：

表 12-3　圖 12-1 的條件，期初標的資產價格為 16,000

	T2	−T1	T2−T1
Price	707.85	−588.529	119.3213
Delta	−0.4482	0.4578	0.0096
Gamma	0.0002	−0.0002	0
Theta	−5.3076	6.7719	1.4643
Vega	25.6251	−20.9919	4.6332
Rho	−12.9514	8.6713	−4.2801

說明：第 2～4 欄分別表示買進 T2 到期之賣權、賣出 T1 到期之賣權與買進水平價差賣權。

(1) 讀者可以嘗試列出買進水平價差買權策略的價格與避險參數。
(2) 檢視表 12-3 內的結果，可以發現水平價差賣權策略的價格與對應的避險參數值的幅度（依絕對值來看）皆下降了。我們從表 12-3 內可看出端倪。例如：到期期限較長的賣權（買權）價格應較到期期限較短的賣權（買權）價格高，故結合到期期限長與短的賣權（買權）的水平價差價格有部分相互抵消而變得價格較低。類似的情況，亦出現在其他的避險參數上。
(3) 從表 12-3 內可發現買進水平價差賣權策略的 Delta 與 Gamma 值皆接近於 0，隱含著 T1 期標的資產價格變動對於水平價差價格的影響較小。
(4) 有意思的是，我們檢視買進水平價差賣權策略的 Theta、Vega 與 Rho 值，除了原本到期期限長的賣權的幅度降低外，上述 Theta、Vega 與 Rho 值的符號有可能改變。例如：仍使用圖 12-1 的內容以及期初標的資產價格爲 16,000，圖 12-11 分別繪製出隨 t 日經過的 Theta、Vega 與 Rho 值，其中 t 爲 1 至 40 日。我們可看出買進水平價差賣權策略的 Theta 竟然隨時間經過爲正數值，我們可從上述水平價差賣權策略的 Theta 的組成成分看出端倪。類似的情況亦可檢視 Vega 與 Rho 值。

瞭解水平價差策略的價格與避險參數的特徵後，圖 12-12 與 12-13 分別根據圖 12-1 的條件分別繪製出不同期初標的資產價格下買進水平價差賣權與買權策略的價格與避險參數，其特色可分述如下：

(1) 於不同期初標的資產價格下，從上述二圖可看出除了價格與 Rho 值之外，買進水平價差賣權與買權策略的其餘避險參數差距不大。
(2) 上述二策略的 Delta 與 Gamma 值皆接近於 0。

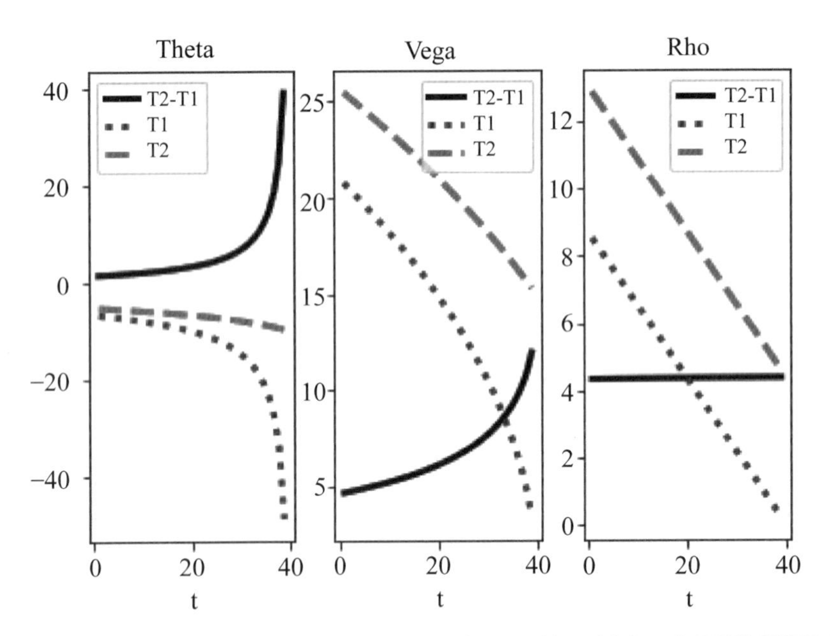

圖 12-11　買進水平價差賣權之 Theta、Vega 與 Rho 值，其中 t 表示離到期的天數

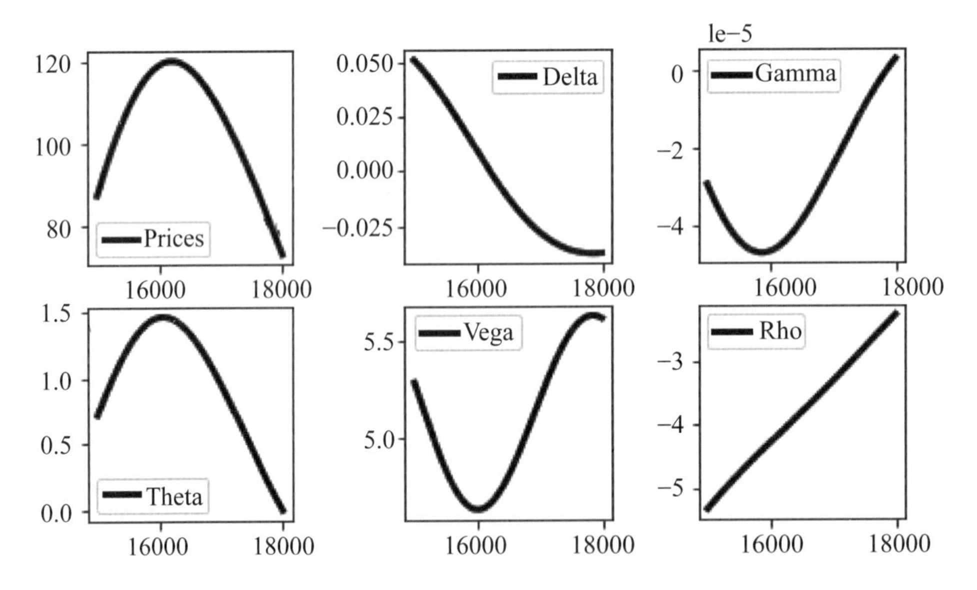

圖 12-12　不同期初標的資產價格下買進水平價差賣權策略的價格與避險參數

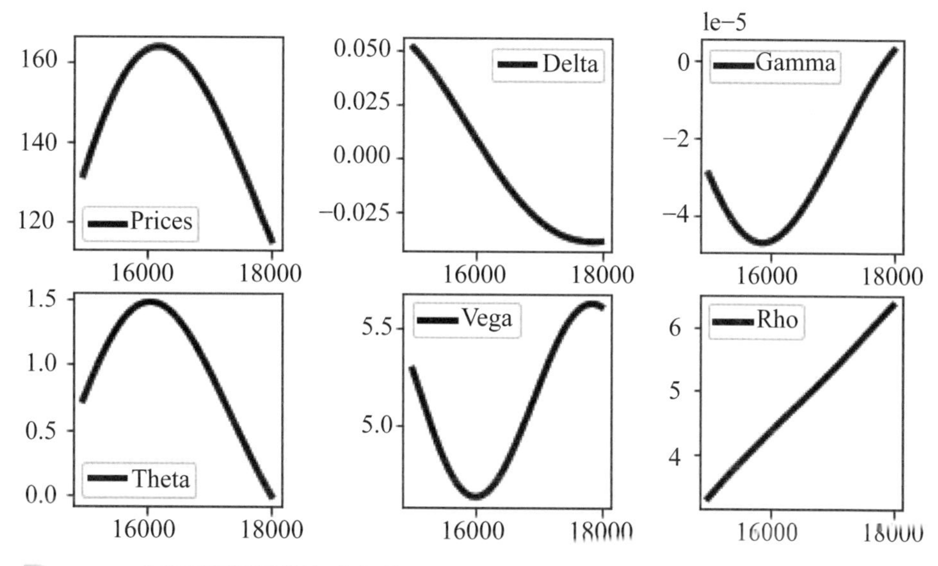

圖 12-13 不同期初標的資產價格下買進水平價差買權策略的價格與避險參數

(3) 上述二策略的 Theta 值皆爲正數值，隱含著「時間」並不會侵蝕水平價差策略的價格。

(4) 上述二策略的 Vega 值皆爲正數值，隱含著波動率愈大，水平價差策略的價格愈高。

(5) 買進水平價差賣權策略的 Rho 值皆爲負數值，而買進水平價差買權策略的 Rho 值卻皆爲正數值，隱含著利率對上述策略價格的影響並不相同。

檢視圖 12-12 或 12-13 的結果，可以發現 Theta 與 Vega 值皆有出現「極值」的情況，我們亦可自設一個函數找出上述極值所對應的期初標的資產價格，試下列指令：

```
def CalThetaVegaP(S0,K,r,q,T1,T2,sigma):
    thetas = np.zeros(len(S0))
    vegas = np.zeros(len(S0))
    for i in range(len(S0)):
        all1 = CalenderPG(S0[i],K,r,q,T1,T2,sigma)
        thetas[i] = all1.loc['Theta'].item()
        vegas[i] = all1.loc['Vega'].item()
```

```
    for j in range(len(S0)):
        if thetas[j] == max(thetas):
            break
    for k in range(len(S0)):
        if vegas[k] == max(vegas):
            break
    rev = np.arange(len(S0)-1,1,-1)
    for h in rev:
        if vegas[h] == min(vegas):
            break
    return j,k,h,S0[j],S0[k],S0[h]
```

即上述 CalThetaVegaP(.) 函數可用於找出買進水平價差賣權策略的最大 Theta 值以及最大 Vega 值與最小 Vega 值所對應的期初標的資產價格。我們舉一個例子看看：

```
CalThetaVegaP(St1,K,r,q,T1,T2,sigma)
# (1068, 2856, 1010, 16068, 17856, 16010)
```

即根據圖 12-1 的條件，就買進水平價差賣權策略而言，我們發現於期初標的資產價格為 16,068 處存在最大 Theta 值；另一方面，於期初標的資產價格為 17,856 與 16,010 處分別存在最大 Vega 值與最小 Vega 值，可以參考圖 12-14。

上述「極值」應該屬於「局部」的情況，即若我們擴充圖 12-14 內的期初標的資產價格的範圍，對應的買進水平價差賣權策略的 Theta 與 Vega 值曲線，則繪製如圖 12-15 所示。我們發現除了 Vega 仍存在最大與最小值之外，Theta 亦存在最大與最小值。從圖 12-15 內可發現 Theta 的最大值仍不變，但是最小值卻出現在期初標的資產價格離履約價較遠處，類似的情況亦出現於 Vega 的「極值」上。換言之，直覺而言，也許圖 12-14 的結果較為合理，不過值得注意的是，那只是屬於「局部的極值」。

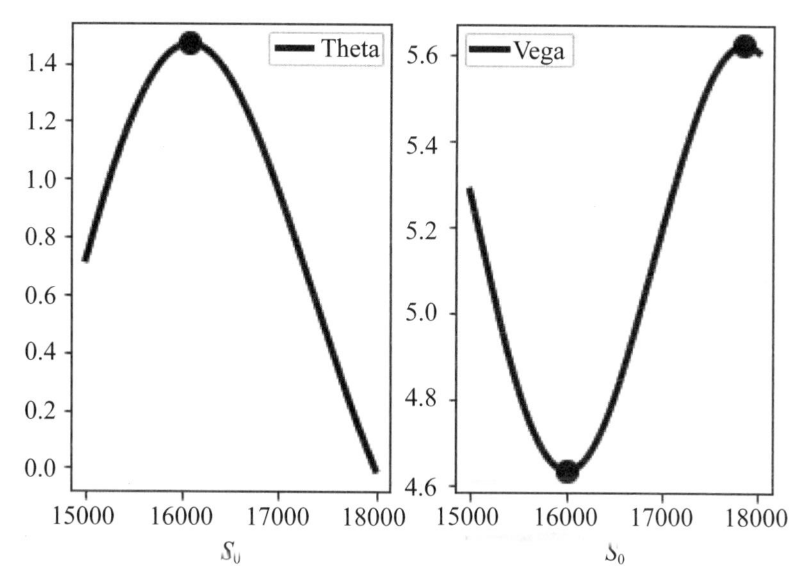

圖 12-14　買進水平價差賣權策略之最大 Theta 值以及最大 Vega 與最小 Vega 值

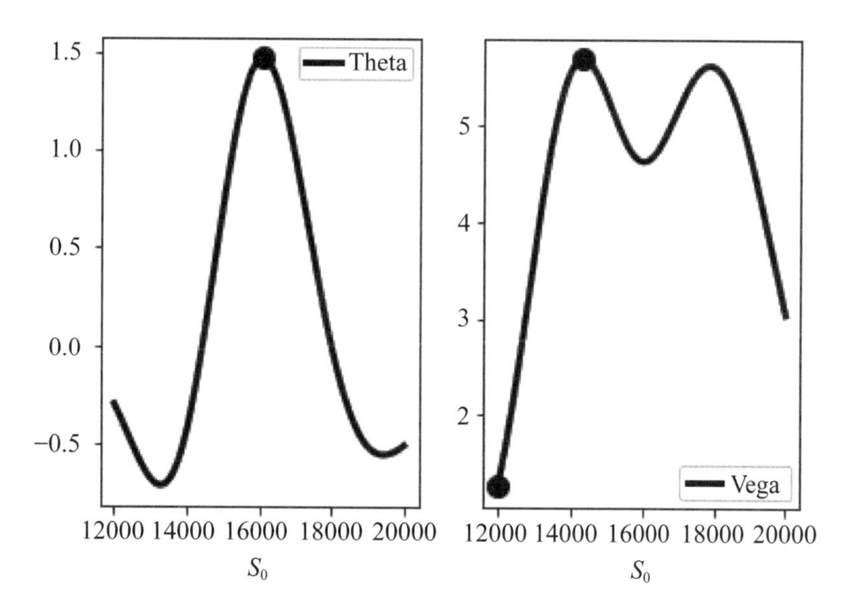

圖 12-15　買進水平價差賣權策略之最大 Theta 值以及最大 Vega 與最小 Vega 值

接下來，我們檢視選擇權之價格影響因子變動對於水平價差策略的影響。底下皆用圖 12-1 內的條件。使用期初標的資產價格為 16,000 下，圖 12-16 分別繪製出波動率為 0.3 與 0.5 的買進水平價差賣權策略於 T1 期的到期利潤曲線。我們發現波動率由 0.3 上升至 0.5，除了水平價差策略價格由 119.32 上升至 211.85 之外，從圖 12-16 內可看出對應的 T1 期的到期利潤曲線相當於往上升，使得最大到期利潤不僅提高同時二損益平衡點的差距亦擴大；有意思的是，最大到期利潤所對應的 T1 期標的資產價格差距不大。讀者可以檢視看看。

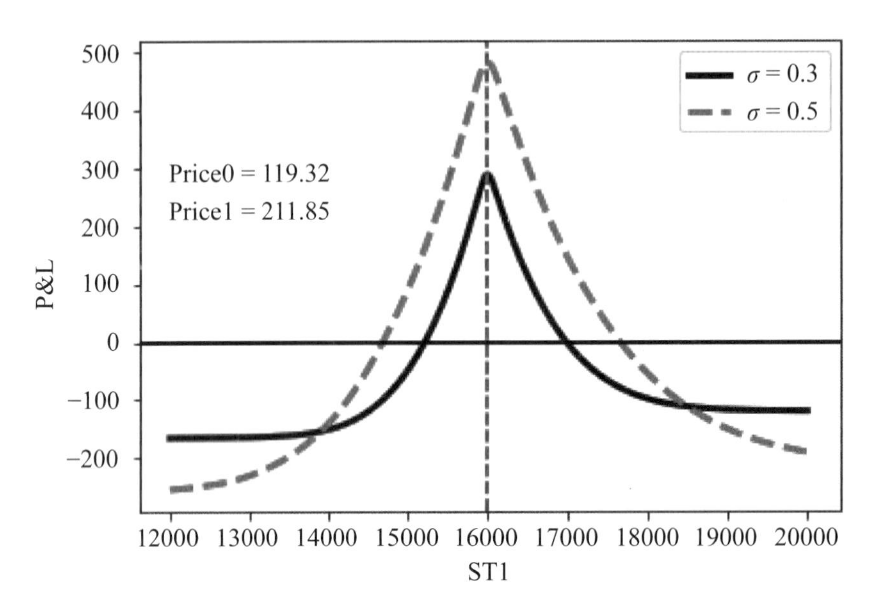

圖 12-16　不同波動率下買進水平價差賣權策略於 T1 期的到期利潤曲線，其中 Price0 與 Price1 分別表示波動率為 0.3 與 0.5 的水平價差賣權策略價格

我們再檢視到期期限改變下買進水平價差賣權策略的情況。首先我們檢視圖 12-17 的結果。於圖 12-1 的條件下，圖 12-17 額外再考慮離到期日 20 與 120（於圖內分別用 t1 與 t2 表示）以及期初標的資產價格爲 16,000 下的買進水平價差賣權策略，因此後者相當於到期期限之間的時間差距擴大了。我們發現雖然到期期限之間的時間差距擴大不僅提高了水平價差策略價格，同時 T1 期之最大到期利潤也增加了（所對應的標的資產價格未必相同），但是二損益平衡點之間的差距卻縮小了。讀者可以參考所附的檔案檢視，例如：最高到期利潤由 287.38 上升至 334.84，而二損益平衡點所對應的 T1 期到期標的資產價格由 15,220-16,978 縮至 15,309-16,981。

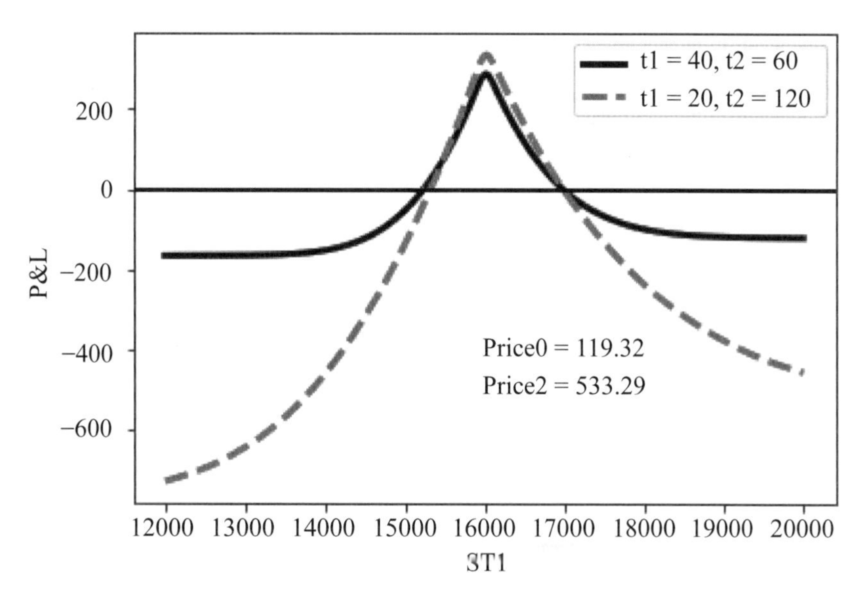

圖 12-17 到期期限改變下的買進水平價差賣權策略的 T1 期到期利潤曲線，其中 Price0 與 Price2 分別對應的水平價差賣權策略價格

接著，我們檢視圖 12-18 的例子。仍使用圖 12-1 內的條件，不過將到期期限改成 T1=1/365 與 T2 = 2/365, 3/365,⋯, 120/365，其餘不變；另外，我們考慮使用三種期初標的資產價格分別為 15,800、16,000 與 16,200。圖 12-18 分別繪製出不同到期期限下買進水平價差賣權策略價格（左圖）以及於 T1 期之最大到期利潤（右圖）的結果，而其特色可分述如下：

(1) 到期期限差距愈大，水平價差策略價格愈高。
(2) 於相同到期期限下，期初 ATM 的水平價差策略價格最高，ITM 次之，最低為 OTM。
(3) 到期期限差距愈大，買進水平價差賣權策略於 T1 期之最大利潤遞增，不過遞增的速度隨到期期限的差距愈大而遞減；但是就期初 ITM 而言，到期期限差距愈大，於 T1 期之最大利潤最終反而會下降。
(4) 到期期限差距愈大，買進水平價差賣權策略於 T1 期之最大利潤於期初 OTM 遞增的速度最大，ITM 次之，最低為 ATM。
(5) 上述 (1)～(4) 的結果，讀者可檢視所附之檔案。
(6) 或者我們可從圖 12-18 內挑選二種結果分別繪製如圖 12-19 與 12-20 所示，讀者可檢視看看。

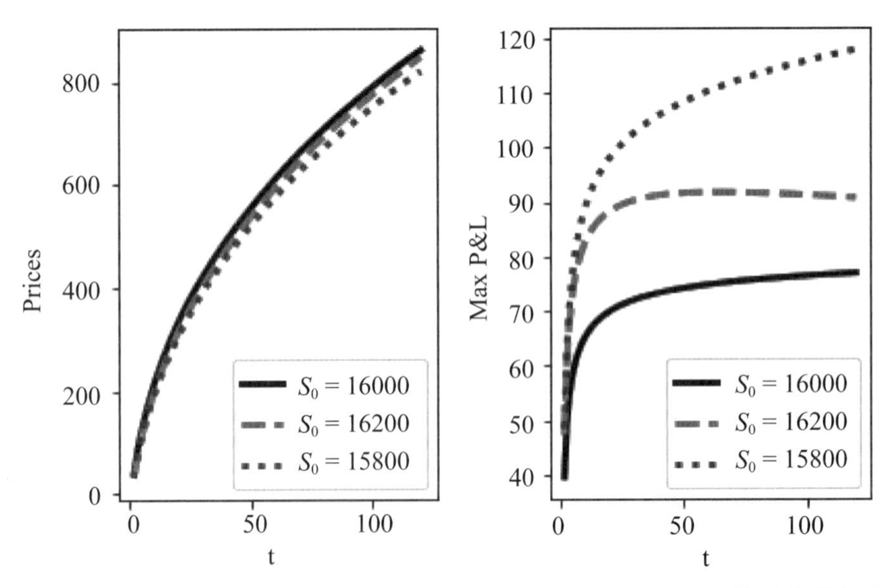

圖 12-18　到期期限為 T1 = 1/365 與 T2b 之買進水平價差賣權策略價格（左圖）與 T1 期到期利潤最大值（右圖），其中 S0 與 T2b = t/365 分別表示期初標的資產價格與 t = 2,3,⋯,120

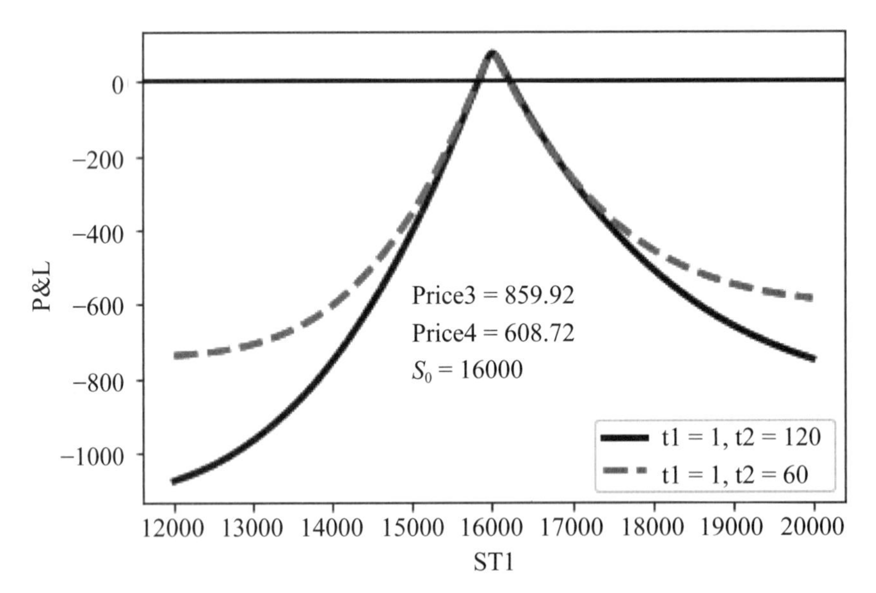

圖 12-19　不同到期期限下買進水平價差賣權策略於 T1 期的到期利潤曲線

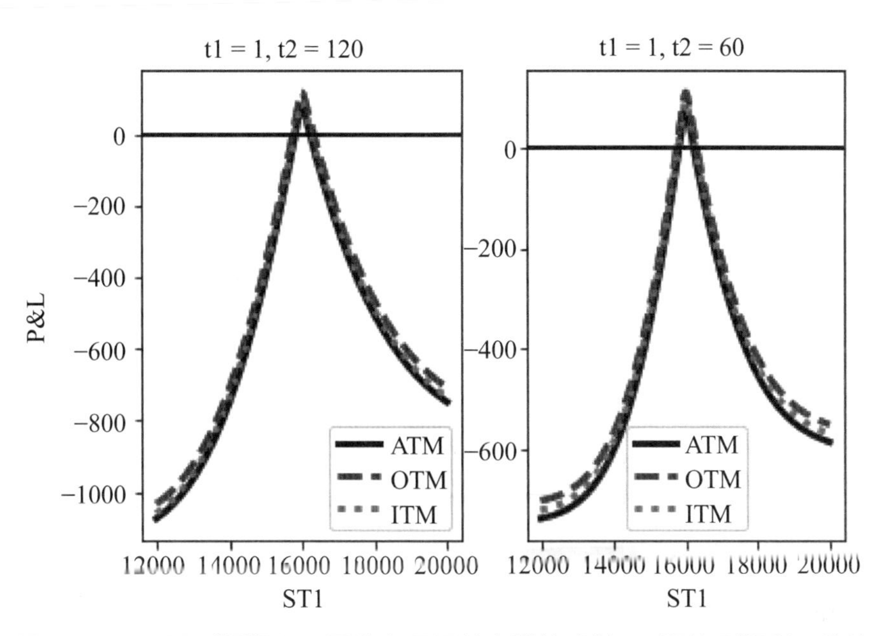

圖 12-20 不同到期期限下買進水平價差賣權策略於 T1 期的到期利潤曲線

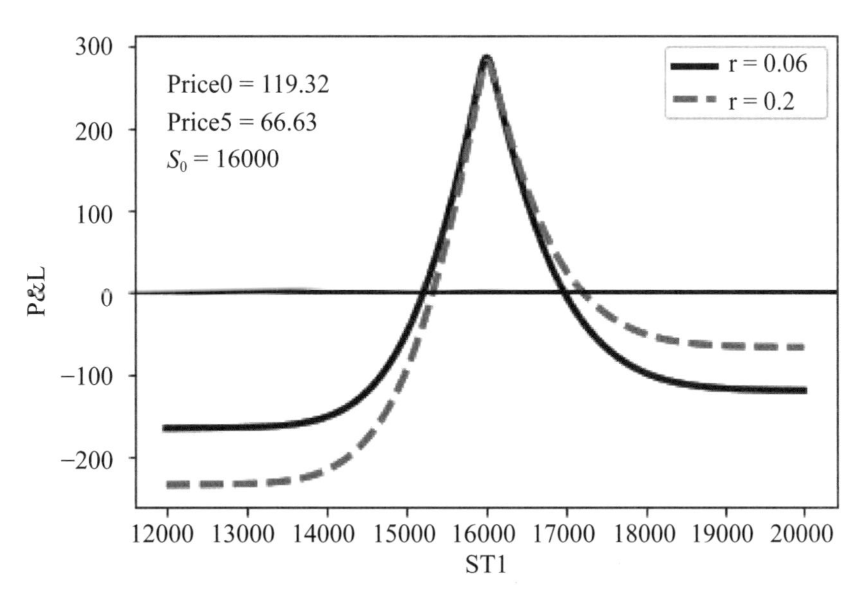

圖 12-21 不同利率下買進水平價差賣權策略於 T1 期的到期利潤曲線，其中 Price0 與 Price5 為對應之水平價差賣權策略價格

我們繼續檢視利率因子對於水平價差策略價格的影響。仍使用圖 12-1 的條件與期初標的資產價格爲 16,000，圖 12-21 繪製出利率分別爲 0.06 與 0.2 的買進水平價差賣權策略於 T1 期的到期利潤曲線。我們發現利率由 0.06 上升至 0.2，水平價

差策略價格會從 119.32 降至 66.63，而 T1 期的最大到期利潤由 287.38 降至 282.35（對應的 T1 期標的資產價格由 16,004 移至 16,009）以及二損益平衡點區間由 15,220-16,978 改爲 15,338-17,211 區間。因此，若與例如圖 12-16 的結果比較，可知利率的影響程度較低。

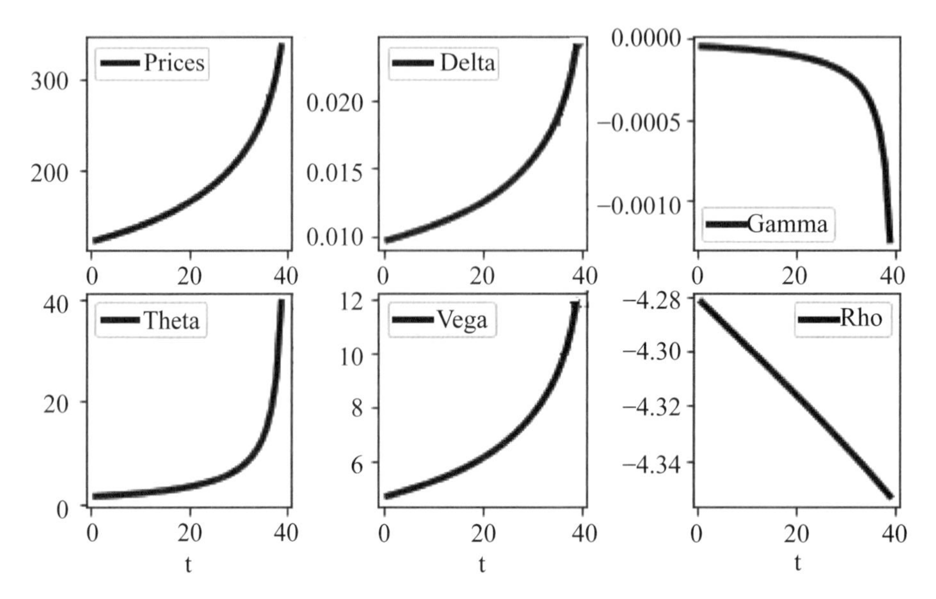

圖 12-22　買進水平價差賣權策略的價格與避險參數，其中 t 表示已經過的天數

最後，我們來看若圖 12-1 的條件固定沒變，隨著時間經過買進水平價差賣權策略的價格與避險參數如何變化？以圖 12-22 爲例，該圖是描述期初維持 ATM 的情況，其特色可分述如下：

(1) 隨著時間經過，可看出買進水平價差賣權策略的價格竟然逐漸升高，隱含著買方愈晚買進愈不利；相反地，就賣方而言，愈晚買進愈有利。
(2) 水平價差策略價格隨著時間經過愈高，我們發現此乃因對應的 Theta 值爲正數值所造成的。
(3) 隨著時間經過，可看出買進水平價差賣權策略的 Vega 值亦逐漸升高，隱含著於接近 T1 期到期前波動率愈大，水平價差策略價格的波動亦愈大。
(4) Delta 與 Gamma 值皆較小，隱含著標的資產價格變動對於水平價差策略價格的影響並不顯著。
(5) 雖然從 Rho 值的結果可看出隨著時間經過，Rho 值的幅度變大，隱含著利率上升會降低水平價差策略價格，不過圖 12-22 已提醒我們該力道並不大。

(6) 圖 12-22 的結果是期初使用 ATM，讀者可以練習看看若期初改為 ITM 或 OTM，結果會如何？

12.2 對角價差策略

若與水平價差策略的條件比較，對角價差策略多了一個履約價，其餘不變；換言之，對角價差策略牽涉到同時買進（賣出）二種買權或賣權，其中買權與賣權擁有相同的標的資產，但是履約價與到期期限皆不相同。或者說，對角價差策略是同時使用水平價差與垂直價差策略。

從底下可看出對角價差策略分析與水平價差策略分析非常類似，我們看看。

12.2.1 何謂對角價差策略？

對角價差策略亦可以分成對角價差買權與賣權策略二種。先考慮下列的條件：

```
K1 = 16000;r = 0.06;q = 0.01;sigma = 0.3
T1 = 120/365;T2 = 365/365;K2 = 16100
S01 = 16000
```

即存在二個履約價與二個到期期限。我們檢視表 12-4 內所定義的對角價差策略。例如：根據上述條件，買進對角價差買權策略是指同時：

賣出一口到期期限為 T1（離到期有 120 日）履約價為 16,100 的買權與買進一口到期期限為 T2 履約價為 16,000 的買權

表 12-4 將上述買進對角價差買權策略以函數 DiagCL(.) 型態表示，至於其他函數型態可類推。比較特別的是，根據表 12-4 可看出 DiagCL(.) 與 DiagCS(.) 之間，其實只差一個「負號」，DiagPL(.) 與 DiagPS(.) 之間亦是如此。

於 T1 期，我們可繪製出上述買進對角價差買權策略的到期利潤曲線，如圖 12-23 內之左上圖所示（圖 12-23 內各圖的期初標的資產價格為 16,000）。讀者可想像其餘各圖的情況。就上述買進對角價差買權策略或 DiagCL(.) 的投資人而言，也許我們較難接受上述投資人看多未來標的資產，不過應注意於 T1 期該投資人尚有 T2-T1 未到期的 16,000 買權。或者說，檢視圖 12-23 內之右上圖的賣出對角價

差買權策略或 DiagCS(.) 的 T1 期到期利潤情況；也許，我們可以只留意 T1 期的情況，而未必特別注意使用上述策略的投資人對於未來的預期。

表 12-4　對角價差策略

選擇權	買（賣）方	T1	T2	K1	K2	預期
買權	(a) 買方	賣	買	買	賣	看漲
	(b) 賣方	買	賣	賣	買	看跌
賣權	(c) 買方	賣	買	賣	買	看跌
	(d) 賣方	買	賣	買	賣	看漲

說明：依所附檔案內之函數的設定方式，(a)～(d) 分別可稱為 DiagCL(.)、DiagCS(.)、DiagPL(.) 與 DiagPS(.)。

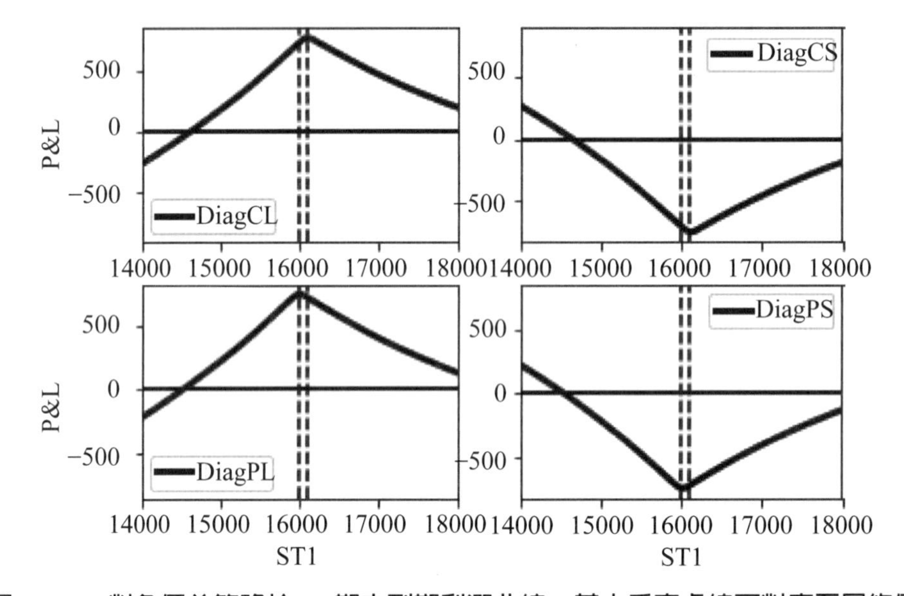

圖 12-23　對角價差策略於 T1 期之到期利潤曲線，其中垂直虛線可對應至履約價

若檢視圖 12-23 內之各圖，可知於 T1 期對角價差策略的到期利潤曲線有三個臨界點，分別是最大利潤與二個損益平衡點，其中根據定義 DiagCL 與 DiagCS 以及 DiagPL 與 DiagPS 的二個損益平衡點是相同的，但是 DiagCL 與 DiagPL 存在到期利潤最大值，而 DiagCS 與 DiagPS 卻存在到期利潤最小值。另一方面，從圖 12-23 內亦可看出對角價差買權策略與對角價差買權策略於 T1 期的到期利潤曲線形狀頗為類似；因此，我們有必要先找出上述到期利潤曲線上的三個臨界點。

試下列指令：

```
def DiagCriticalPointsCL(S0,K1,K2,r,q,T1,T2,sigma):
    Cal = ExDiagCL(S0,K1,K2,r,q,T1,T2,sigma)
    ST = Cal[0]
    Pro = Cal[2]
    maxC = max(Pro)
    for i in range(len(ST)):
        if Pro[i] == maxC:
            break
    for j in range(len(ST)):
        if Pro[j] > 0:
            break
    rev = np.arange(len(ST)-1,1,-1)
    for h in rev:
        if Pro[h] == maxC:
            break
    for k in rev:
        if Pro[k] > 0:
            break
    return i,j,h,k
```

上述指令是找出買進對角價差買權策略的三個臨界點，其餘策略可類推。我們來看上述函數如何使用？試下列指令：

```
DIAGCL1 = DiagCriticalPointsCL(S01,K1,K2,r,q,T1,T2,sigma)
# (4113, 2636, 4113, 6946)
ST[4113] # 16113
ST[2636] # 14636
ST[6946] # 18946
```

即於期初標的資產價格爲 16,000 下，買進對角價差買權策略於 T1 期最大到期利潤以及二個損益平衡點所對應的標的資產價格分別爲 16,113、14,636 與 18,946；或者說，期初標的資產價格爲 16,000 下，買進對角價差買權策略的投資人預期 T1 期的標的資產價格會落於 14,636 與 18,946 之間，而最大利潤則位於 16,113。其餘策略可類推。

因此，我們可以計算出圖 12-23 或表 12-4 內各種策略於 T1 期的三個臨界點，列表如表 12-5 所示。如前所述，對角價差買權與賣權策略以及買進與賣出之間存在著相似處，我們可以從圖 12-23 內找出上述策略於 T1 期的到期利潤曲線，重新繪製如圖 12-24 所示。雖然我們發現對角價差買權與賣權策略的結果頗爲接近，不過從表 12-5 內卻可看出後者的價格明顯較低。我們從上述分析結果可看出對角價差策略的分析非常類似 12.1 節的水平價差策略分析。我們再進一步檢視看看。

表 12-5　圖 12-23 內各圖的特徵

	Prices	Max_Min	Max_ST1	PL
DiagCL	1083.974	762.9774	16113	(14636, 18946)
DiagCS	−1083.97	−762.977	16113	(14636, 18946)
DiagPL	569.5809	740.5373	16012	(14541, 18589)
DiagPS	−569.581	−740.537	16012	(14541, 18589)

說明：第 2～5 欄分別表示對角價差策略價格、T1 期到期利潤最大值（最小值）、T1 期到期利潤最大值（最小值）所對應的標的資產價格 ST1 與 T1 期到期利潤之二損益平衡點所對應的標的資產價格。

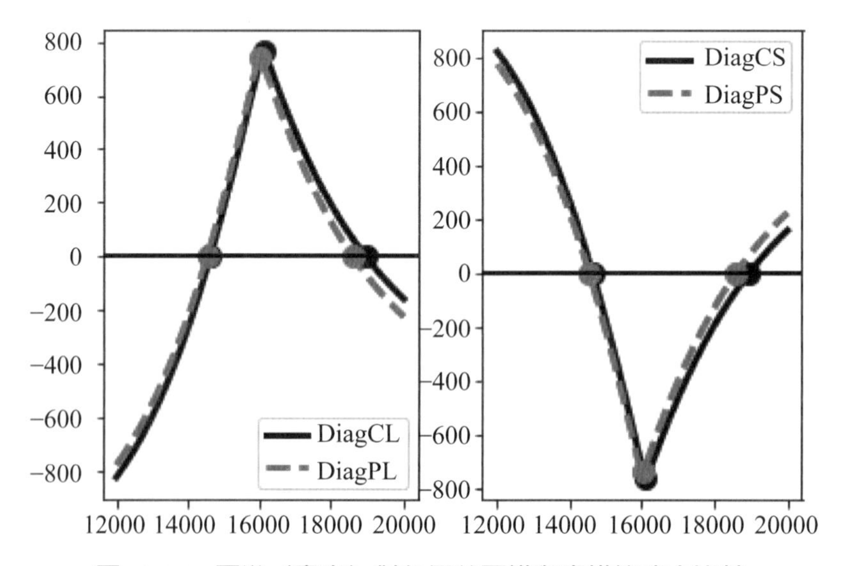

圖 12-24　買進（賣出）對角價差買權與賣權策略之比較

圖 12-23 或表 12-5 的缺點是只使用期初標的資產價格爲 16,000，我們當然必須檢視其他的期初標的資產價格。仍使用圖 12-23 內的條件，圖 12-25 繪製出不同期初標的資產價格下，對角價差買權與賣權策略價格以及 T1 期之買進對角買權與賣權策略之最大利潤。我們發現於圖 12-23 的條件下，不管期初標的資產價格爲何，對角價差買權策略價格皆較對應的對角價差賣權策略價格高；至於 T1 期之買進對角買權與賣權策略之最大利潤則差異不大。

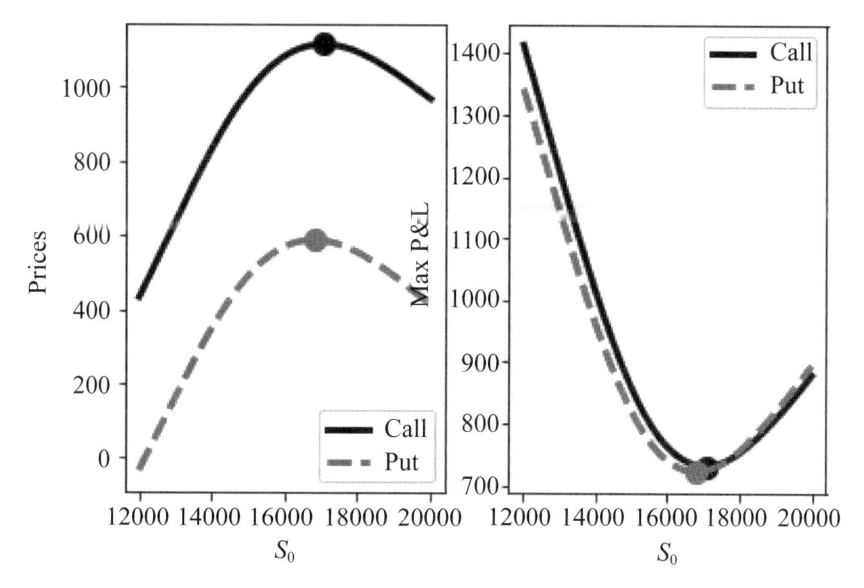

圖 12-25　不同期初標的資產價格下之買進對角買權（賣權）策略價格以及 T1 期最大到期利潤

上述對角價差買權與賣權策略價格之間的差距，我們當然可修正（12-1）式看出端倪，讀者可嘗試看看。我們可以從圖 12-6 內的例子說明。例如：仍使用圖 12-23 的條件，不過只修改 q 值爲 0.2，其餘不變，圖 12-26 繪製出類似圖 12-25 的情況。我們可看出此時對角價差買權策略價格皆較對應的對角價差賣權策略價格低，而 T1 期之買進對角買權與賣權策略之最大利潤則差異較大；換言之，根據圖 12-23 的條件，雖然 T1 期的到期利潤差距不大，但是對角價差賣權策略價格較便宜。

我們再來檢視圖 12-25 的情況。我們不僅發現對角價差買權與賣權策略價格存在最大值，同時 T1 期之最大利潤亦存在最小值，我們當然希望能找出上述極值所對應的期初標的資產價格爲何？以 DiagPL 爲例，試下列指令：

```
def MaxPricesDiagPL(S0,K1,K2,r,q,T1,T2,sigma):
    Prices = np.zeros(len(S0))
    maxC = np.zeros(len(S0))
    for i in range(len(S0)):
        Cal = ExDiagPL(S0[i],K1,K2,r,q,T1,T2,sigma)
        Prices[i] = Cal[1]
        maxC[i] = max(Cal[2])
    for j in range(len(S0)):
        if Prices[j] == max(Prices):
            break
    for k in range(len(S0)):
        if maxC[k] == min(maxC):
            break
    return S0[j],Prices[j] ,S0[k],maxC[k]
MaxPP = MaxPricesDiagPL(ST,K1,K2,r,q,T1,T2,sigma)
# (16796, 587.616666200227, 16796, 722.5015034995195)
```

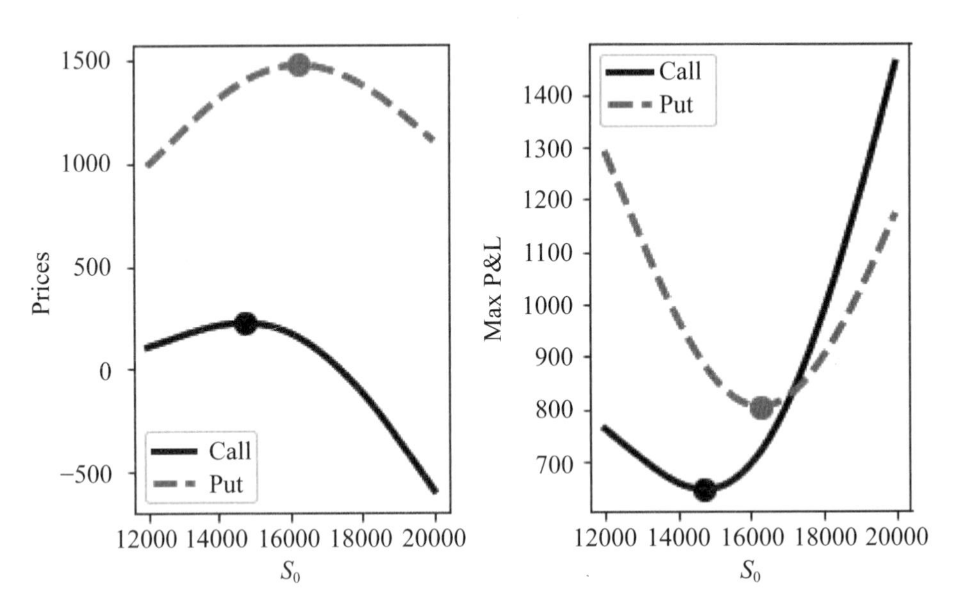

圖 12-26　將圖 12-25 內的 q 值改為 0.2，其餘不變

即利用上述函數 MaxPricesDiagPL(.)，我們發現若使用期初標的資產價格為 16,796，不僅對角價差賣權策略價格最高（價格約為 587.62），同時買進該策略於 T1 期之最大利潤值卻最低（約為 722.50）；有意思的是，上述「極值」所對應的期初標的資產價格皆相同。

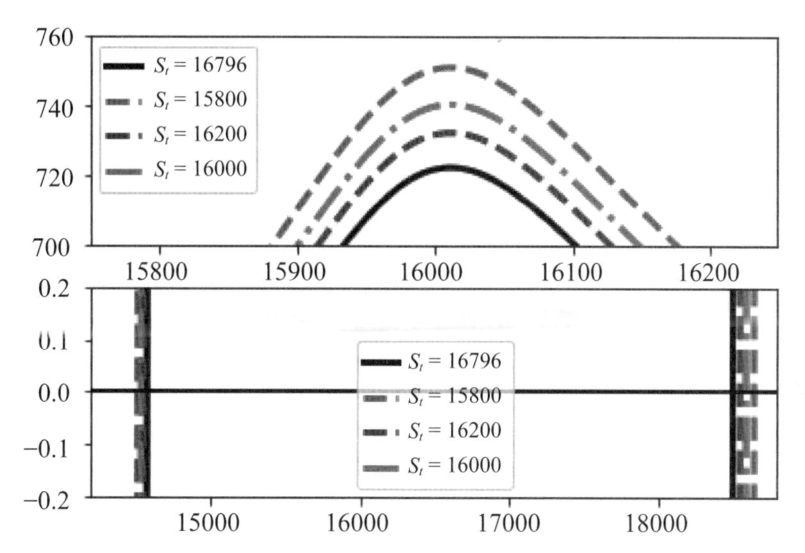

圖 12-27 不同期初標的資產價格下之買進對角賣權策略價格以及 T1 期最大到期利潤的二個損益平衡點

表 12-6 圖 12-27 的特徵

	Prices	Max	Max_ST1	PL
S0 = 16000	569.5809	740.5373	16012	(14541, 18589)
S0 = 15800	558.9597	751.1584	16012	(14517, 18643)
S0 = 16200	577.6697	732.4485	16012	(14559, 18549)
S0 = 16796	587.6167	722.5015	16012	(14559, 18549)

說明：第 2～5 欄分別表示對角賣權策略價格、T1 期最大到期利潤、T1 期最大到期利潤所對應的 T1 期標的資產價格與二損益平衡點所對應的 T1 期標的資產價格。

瞭解上述 MaxPricesDiagPL(.) 函數後，我們舉一個例子說明。圖 12-27 繪製出 4 個期初標的資產價格下之買進對角價差賣權策略於 T1 期的到期利潤（為了清楚分別，該圖只繪製出部分結果）；另一方面，圖 12-27 的特徵則列表如表 12-6 所示。我們從表 12-6 或圖 12-27 的結果，可看出若期初使用標的資產價格為 16,796，所對應的對角價差賣權策略價格最高、最大到期利潤最小以及二損益平衡點之間的距離最小，明顯對於買方不利；或者說，考慮上述 4 個期初標的資產價格，若期初使用標的資產價格爲 15,800，明顯對買方有利。

表 12-6、圖 12-25 或 12-27 的結果提醒欲使用買進對角價差賣權策略的投資人注意，利用已知例如圖 12-23 的條件，我們可以先計算出並且避開對角價差賣權策略價格最高所對應的期初標的資產價格愈遠愈佳。

12.2.2 對角價差策略的特徵與避險參數

如前所述，對角價差策略的特徵與避險參數分析，其實頗類似 12.1 節的水平價差策略分析，我們看看。例如：表 12-7 延續表 12-6 的條件列出 4 個期初標的資產價格的買進對角價差賣權策略價格以及對應的避險參數，其特色可分述如下：

表 12-7　買進對角價差賣權策略的價格與避險參數

	S0 = 15800	S0 = 16000	S0 = 16200	S0 = 16796
Price	558.9597	569.5809	577.6697	587.6167
Delta	0.0818	0.0688	0.056	0.0204
Gamma	−0.0001	−0.0001	−0.0001	−0.0001
Theta	1.9198	1.969	1.9983	1.9739
Vega	24.1649	24.0092	23.9409	24.215
Rho	−48.8482	−47.8385	−46.846	−43.9531

說明：Price 與 S0 分別表示對角價差賣權策略的價格與期初標的資產價格。

(1) 如前所述，買進對角價差賣權策略的投資人預期於 T1 期標的資產價格會落於二個損益平衡點之間如圖 12-23 所示，故買進對角價差賣權策略仍屬於風險與利潤皆有限的投資策略；相反地，賣出對角價差賣權策略則屬於利潤有限但是卻有無限風險的投資策略。
(2) 讀者亦可列出其餘策略的價格與避險參數。
(3) 如前所述，根據圖 12-23 的條件可知對角價差賣權策略的最高價可對應至期初標的資產價格爲 16,796，我們可從表 12-7 看出上述可能。
(4) 買進對角價差賣權策略的 Delta 與 Gamma 値皆不大，隱含著標的資產價格的變動影響不大。
(5) 有意思的是，買進對角價差賣權策略的 Theta 爲正數値，隱含著愈接近到期日，對角價差賣權策略的價格愈高。

(6) 值得注意的是，買進對角價差賣權策略的 Vega 與 Rho 值皆較大（依絕對值來看）[⑤]，前者隱含著買進對角價差賣權策略價格對於波動率較敏感，而後者則隱含著利率的變動會影響對角價差賣權策略的價格。

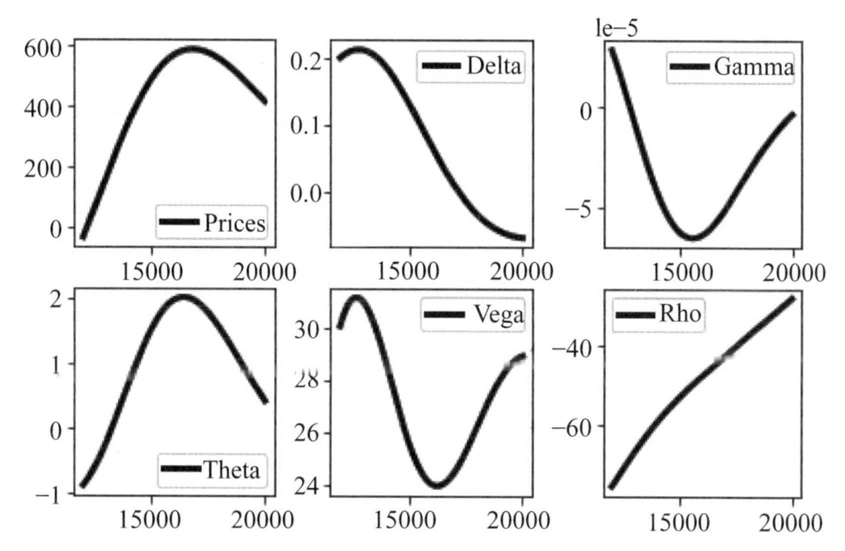

圖 12-28 不同期初標的資產價格下買進對角賣權策略的價格與避險參數

表 12-7 只列出 4 個期初標的資產價格的情況，我們當然希望能找出更多的可能；換言之，根據圖 12-23 的條件，圖 12-28 繪製出不同期初標的資產價格下，買進對角賣權策略的價格與避險參數，其特色可分述如下：

(1) 對角賣權策略的價格存在最大值，而對應的 Delta 與 Gamma 值皆不大。
(2) 對應的 Theta 亦存在最大值。
(3) 對應的 Vega 存在最小值。
(4) 期初標的資產價格愈高，對應的 Rho 值愈小。
(5) 讀者可以試繪製出對角買權策略的價格與避險參數。

我們還是希望能找到 Theta 之最大值與 Vega 的最小值所對應的期初標的資產價格，畢竟知道上述期初標的資產價格可提供給買進或賣出對角賣權策略的投資人參考。試下列指令：

---

⑤ 相當於二種賣權的 Vega 與 Rho 值（依絕對值）相加。

```
def DiagThetaVegaPL(S0,K1,K2,r,q,T1,T2,sigma):
    thetas = np.zeros(len(S0))
    vegas = np.zeros(len(S0))
    for i in range(len(S0)):
        all1 = DiagPLG(S0[i],K1,K2,r,q,T1,T2,sigma)
        thetas[i] = all1.loc['Theta'].item()
        vegas[i] = all1.loc['Vega'].item()
    for j in range(len(S0)):
        if thetas[j] == max(thetas):
            break
    for k in range(len(S0)):
        if vegas[k] == min(vegas):
            break
    return j,k,S0[j],S0[k]
DiagThetaVegaPL(ST,K1,K2,r,q,T1,T2,sigma)
# (4404, 4261, 16404, 16261)
```

利用上述 DiagThetaVegaPL(.) 函數，我們發現圖 12-28 內的 Theta 最大值與 Vega 最小值所對應的期初標的資產價格分別爲 16,404 與 16,261，而該結果則重新繪製如圖 12-29 所示。換言之，根據圖 12-29，若買進對角價差賣權策略的投資人於期初標的資產價格爲 16,404，我們來看隨著時間經過它會如何變化？圖 12-30 繪製出期初標的資產價格分別使用 16,404、15,500、17,500 與 16,796 的隨時間經過的買進對角價差策略價格與 T1 期最大利潤的變化，其中 16,404、15,500、17,500 與 16,796 所對應的期初買進對角價差賣權策略價格分別爲 583.39、538.16、575.49 與 587.62，即期初標的資產價格爲 16,404 與 16,796 的買入價格最高。

因對應的 Theta 爲正數值，故隨著時間經過，從圖 12-30 內可看出對角價差賣權策略價格會上升而 T1 期最大到期利潤值會下降。我們發現期初標的資產價格選擇 16,404，若其他情況皆不變，隨著時間經過，對應的對角價差賣權策略價格幾乎皆處於最高價位，同時 T1 期最大到期利潤則幾乎處於最低水準。因此，除了可以選擇期初標的資產價格爲 16,796（價格最高）之外，賣出對角價差賣權策略的投資人亦可以選擇期初標的資產價格爲 16,404；或者說，買進對角價差賣權策略的投資人於期初應亦選擇避開標的資產價格爲 16,404。

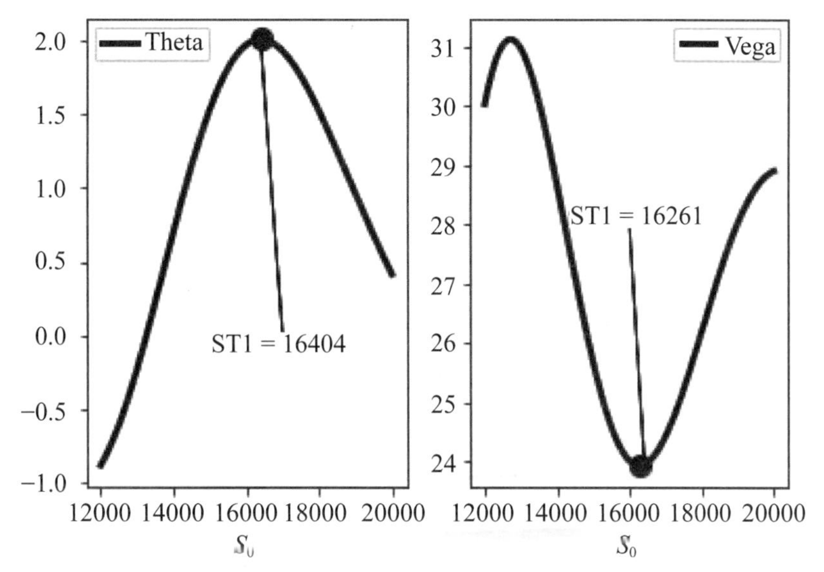

圖 12-29　不同期初標的資產價格下之買進對角價差賣權之 Theta 與 Vega 值

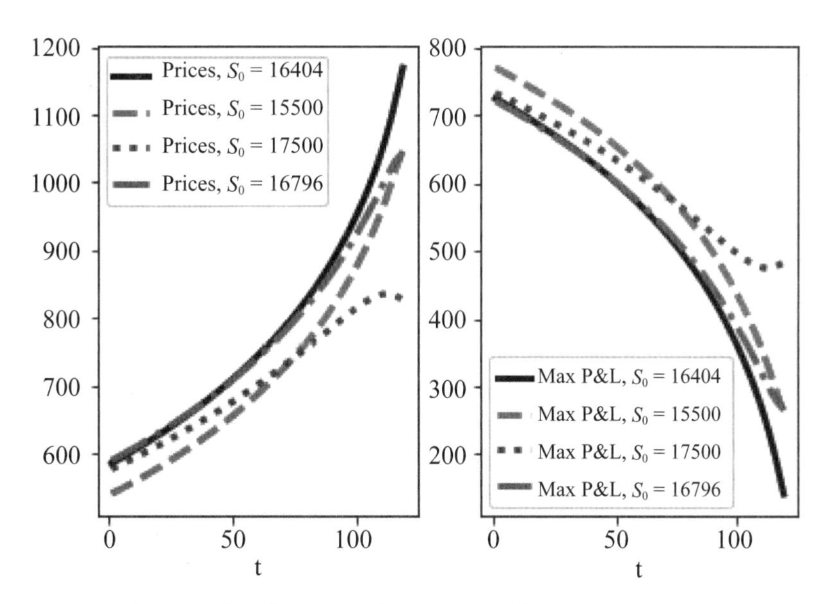

圖 12-30　不同期初標的資產價格下買進對角價差賣權策略的價格與 T1 期最大到期利潤隨時間的變化，其中 $t = 1,2,\cdots,119$

買進對角價差賣權策略的投資人於期初若選擇標的資產價格為 16,261，從圖 12-29 的右圖可看出對應的 Vega 值為最低，隱含著標的資產價格波動愈大，反而對角價差賣權策略價格的波動愈小，可以參考圖 12-31。根據圖 12-23 內的條件，圖 12-31 繪製出期初標的資產價格分別為 15,500 與 16,261 的買進對角價差賣權策略隨時間經過的價格與 Vega 值。從圖 12-31 內可看出雖然期初標的資產價格為 16,261 的對角價差賣權策略價格較高（左圖），但是對應的 Vega 值卻較低（右圖），顯示出若期初選擇標的資產價格為 16,261，反而可以降低標的資產價格波動的影響。

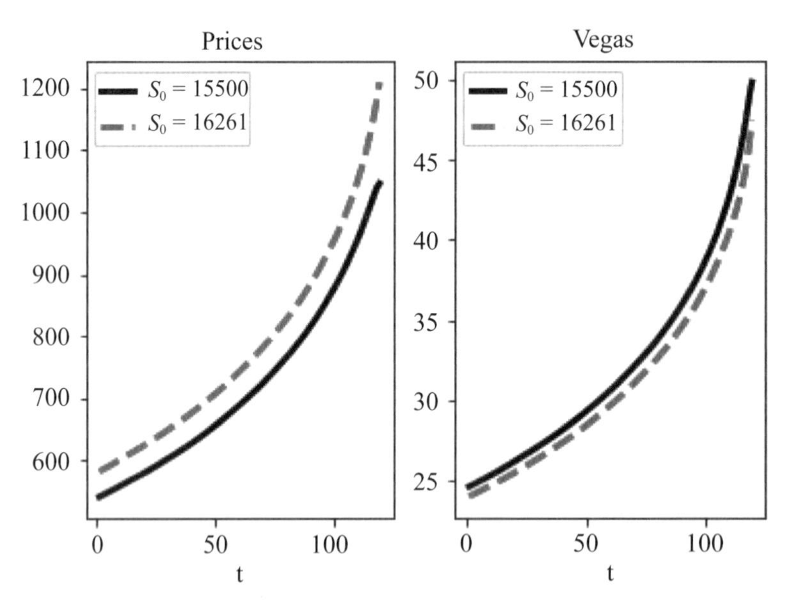

圖 12-31　**不同期初標的資產價格下之買進對角價差賣權之隨時間經過的價格與** Vega **值，其中** $t = 1,2,\cdots,119$

瞭解如何計算對角價差策略的避險參數後，我們來檢視選擇權價格影響因子改變後的情況。首先，我們根據圖 12-23 內的條件，再額外考慮另一個履約價為 16,500，其餘不變。圖 12-32 繪製出於期初標的資產價格為 16,000 下的買進 16,000-16,100 與 16,000-16,500 對角價差賣權策略於 T1 期的到期利潤曲線。我們發現履約價由 16,100 改為 16,500，不僅對角價差賣權策略價格會上升，同時 T1 期的到期利潤曲線往左移動如圖 12-32 所示。讀者可以嘗試找出最大到期利潤值分別為何以及所對應的 T1 期標的資產價格為何；另一方面，亦可檢視二損益平衡點的位置改變為何？

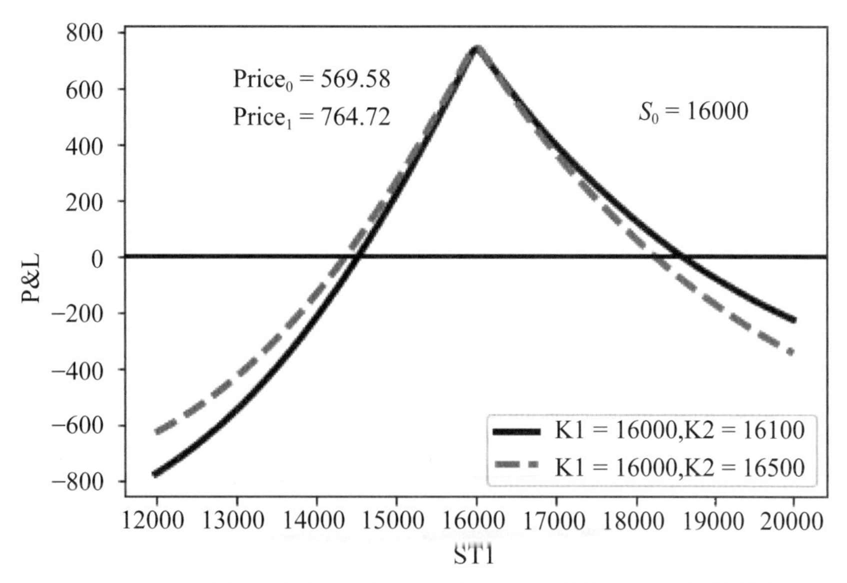

圖 12-32　二個履約價之間的間隔改變的買進對角價差賣權策略

接下來，我們檢視圖 12-33 的例子。仍根據圖 12-23 內的條件，除了到期期限分別爲 120 與 365 日的情況之外，圖 12-33 額外考慮到期期限分別爲 20 與 40 日的買進對角價差賣權策略。從圖 12-33 內可發現 120-365 日的買進對角價差賣權策略於 T1 期的到期利潤曲線所涵蓋的範圍幅度皆大於 20-40 日的買進對角價差賣權策略。讀者亦可以檢視看看上述二策略的價格與重要的臨界點。

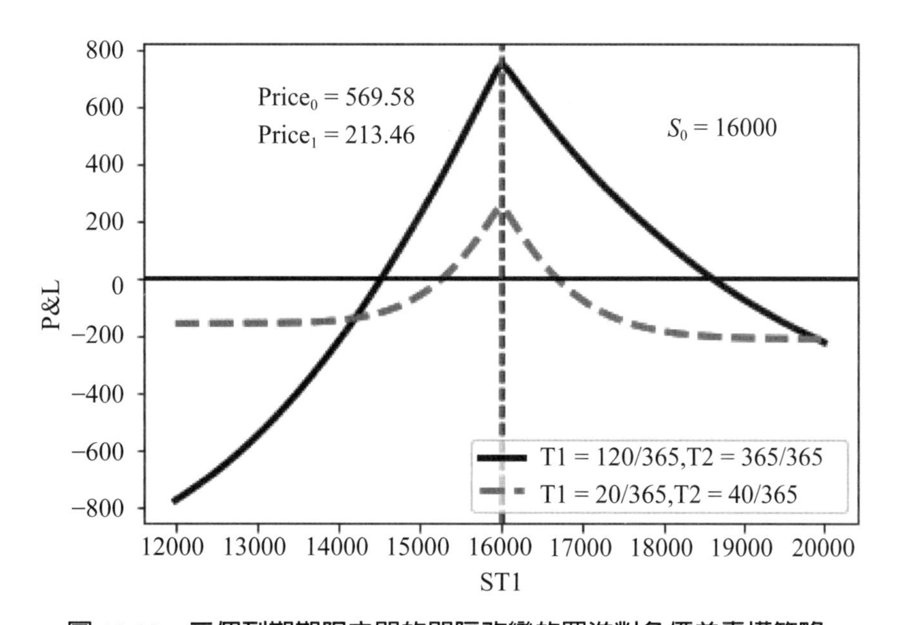

圖 12-33　二個到期期限之間的間隔改變的買進對角價差賣權策略

我們繼續檢視波動率改變如何影響對角價差策略。根據圖 12-23 的條件，我們亦額外考慮波動率為 0.5 的情況。圖 12-34 分別繪製出於波動率為 0.3 與 0.5 下，買進對角價差賣權策略於 T1 期的到期利潤曲線；比較特別的是，於圖 12-34 內，我們分別使用期初標的資產價格為 16,000 與 16,261，其中後者可對應至 Vega 值最小。我們發現波動率上升不僅對角價差策略價格會提高，同時於 T1 期的到期利潤曲線整個往上移動。有意思的是，期初選擇標的資產價格為 16,261，波動率上升引起上述到期利潤曲線整個往上移動的幅度小於期初選擇標的資產價格為 16,000 的情況，讀者可以檢視看看。

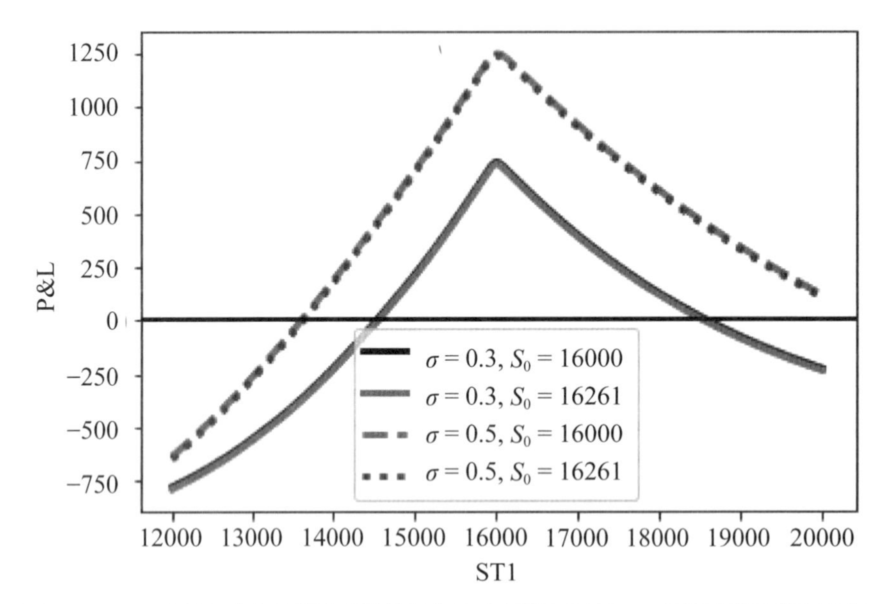

圖 12-34　不同波動率下的買進對角價差賣權策略於 T1 期的到期利潤曲線

接著我們繼續檢視利率的影響力。仍使用圖 12-23 的條件，我們亦額外考慮了利率為 0.2 的情況，圖 12-35 繪製出於利率分別等於 0.06 與 0.2（期初標的資產價格皆為 16,000）的買進對角價差賣權策略於 T1 期的到期利潤曲線。我們發現高利率除了對角價差賣權策略價格較低，同時整個 T1 期的到期利潤曲線竟然往右下角移動。讀者亦可檢視看看。

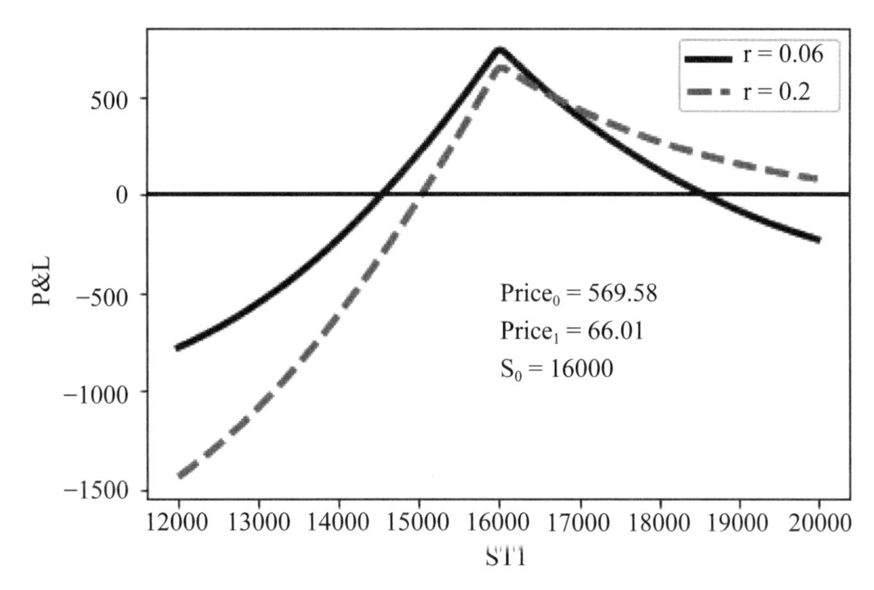

圖 12-35　不同利率下的買進對角價差賣權策略於 T1 期的到期利潤曲線

最後，圖 12-36 繪製出隨時間經過買進對角價差賣權策略的價格與避險參數變化（根據圖 12-23 的條件），其特色可分述如下：

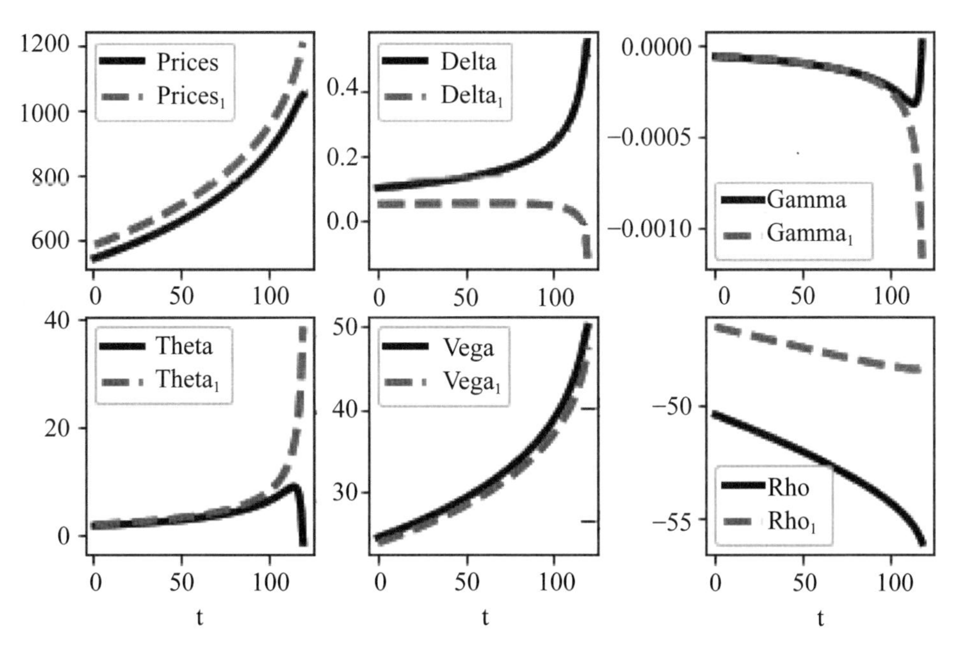

圖 12-36　隨時間經過買進對角價差賣權策略的價格與避險參數，其中「下標」為 1 是使用期初標的資產價格為 16,261，而其他全數使用期初標的資產價格為 16,000；另外，t = 1,2,⋯,119 日

(1) 不同期初標的資產價格的選擇仍有差異，此尤其表現在 Delta、Gamma 與 Rho 值的變化上。
(2) 因 Theta 值為正數值，故隨著時間經過，離 T1 到期日愈近，對角價差賣權策略的價格愈高。
(3) 由於離 T1 到期日愈近，買進對角價差賣權策略的 Vega 值愈大，故愈接近 T1 到期日，對角價差賣權策略的價格易受到標的資產價格波動的影響。
(4) 讀者可嘗試計算其餘如對角價差買權策略的價格與避險參數。

參考文獻

Biswas, M. (2018), *Best Option Trading Strategies for Indian Market: Your Handbook for Option Trading Strategies with Plenty of Case Studies and Examples*, Kindle Edition.

Black, F. and M. Scholes (1973), "The pricing of options and corporate liabilities", *Journal of Political Economy*, 81, 637-659.

Bossu, S. and P. Henrotte (2012), *An Introduction to Equity Derivatives: Theory and Practice*, Second Edition, Wiley.

Farid, J.A. (2015), *An Option Greeks Primer – Building Intuition with Delta Hedging and Monte Carlo Simulation Using Excel*, Palgrave Macmillan.

Haug, E.G. (2003), "Know Your Weapon, Part 1 and 2,", *Wilmott Magazine*, May and August.

Haug, E.G. (2010), *The Complete Guide to Option Pricing Formulas*, Second edition, McGraw.

Hull, J.C. (2018), *Options, Futures, and Other Derivatives*, 9th edition, Pearson.

Jabbour, G.M. and P.H. Budwick (2010), *The Option Trader Handbook: Strategies and Trade Adjustments*, Wiley.

Jarrow, R. and A. Chatterjea (2019), *An Introduction to Derivative Securities, Financial Markets, and Risk Management*, second edition, World Scientific Publishing Co. Inc.

Levy, J.A. (2011), *Your Options Handbook: The Practical Reference and Strategy Guide to Trading Options*, Wiley.

Merton, R. C. (1973), "Theory of rational option pricing", *Bell Journal of Economics and Management Science*, 4, 141-83.

Natenberg, S. (2015), *Option Volatility and Pricing: Advanced Trading Strategies and Technique*, Second edition, McGraw.

Passarelli, D. (2012), *Trading Option Greek: How Time, Volatility, and Other Pricing Factors Drive Profits*, Second edition, Wiley.

Saliba, A.J., J.C. Corona and K.E. Johnson (2009), *Option Spread Strategies*, BLOOMBERG PRESS.

Sinclair, E. (2010), *Pricing and Volatility Strategies and Techniques*, Wiley.

Ursone, P. (2015), *How to Calculate Options Prices and Their Greeks: Exploring the Black Scholes Model from Delta to Vega*, Wiley.

中文索引

英文索引

國家圖書館出版品預行編目資料

選擇權交易：使用Python語言／林進益著.－－初版.－－臺北市：五南圖書出版股份有限公司，2022.10
面； 公分
ISBN 978-626-343-345-8(平裝附光碟片)

1.CST: Python(電腦程式語言) 2.CST: 期貨交易 3.CST: 選擇權

312.32P97 111014341

1HAN

選擇權交易：使用Python語言

作　　者 — 林進益
發 行 人 — 楊榮川
總 經 理 — 楊士清
總 編 輯 — 楊秀麗
主　　編 — 侯家嵐
責任編輯 — 吳瑀芳
文字校對 — 陳俐君
封面設計 — 王麗娟
出 版 者 — 五南圖書出版股份有限公司
地　　址：106台北市大安區和平東路二段339號4樓
電　　話：(02)2705-5066　傳　　真：(02)2706-6100
網　　址：https://www.wunan.com.tw
電子郵件：wunan@wunan.com.tw
劃撥帳號：01068953
戶　　名：五南圖書出版股份有限公司
法律顧問　林勝安律師事務所　林勝安律師
出版日期　2022年10月初版一刷
定　　價　新臺幣550元